火灾调查科学与技术

2023

HUOZAI DIAOCHA KEXUE YU JISHU

全国火灾调查技术学术工作委员会编写

天津大学出版社
TIANJIN UNIVERSITY PRESS

图书在版编目（ＣＩＰ）数据

火灾调查科学与技术. 2023 / 全国火灾调查技术学术工作委员会编写. -- 天津 : 天津大学出版社, 2024.4
ISBN 978-7-5618-7694-7

Ⅰ. ①火… Ⅱ. ①全… Ⅲ. ①火灾－调查 Ⅳ. ①TU998.12

中国国家版本馆CIP数据核字(2024)第059738号

出版发行	天津大学出版社	
地　　址	天津市卫津路92号天津大学内(邮编：300072)	
电　　话	发行部：022-27403647	
网　　址	www.tjupress.com.cn	
印　　刷	廊坊市瑞德印刷有限公司	
经　　销	全国各地新华书店	
开　　本	889mm×1194mm　1/16	
印　　张	18.25	
字　　数	578千	
版　　次	2024年4月第1版	
印　　次	2024年4月第1次	
定　　价	80.00元	

《火灾调查科学与技术 2023》编委会

前　言

改革转隶以来,火灾调查工作已成为消防救援机构从火灾中吸取教训、堵塞漏洞、补齐短板、完善机制的重要手段,是加强事中事后监管、确保消防安全责任落实的有力抓手。国家消防救援局党委高度重视火灾调查处理工作,在工作机制、技术装备、人才储备等方面均有明显改进和加强。大力推动火灾调查技术学术发展,不断提升火灾调查业务水平和科技含量,成为当前和今后一个时期消防工作的重要课题。

全国火灾调查技术学术工作委员会作为国家消防救援局主管的学术组织,具有自身的独特优势和极高的学术影响力,一直以来在各位专家、委员齐心协力,担当作为下,充分发挥了学术交流平台的作用,对推动火调事业发展提供了有力的技术支撑。《火灾调查科学与技术》论文集作为学术委员会的重要刊物,聚焦火调新科技、新理念、新思路,从火灾调查与处理、火灾防控与治理、火调装备与技术、火灾调查案例与分析等方面进行了交流和共享,在全国火灾调查人员交流业务、展示成果、传播文化方面始终发挥着重要作用。本期论文集在征稿过程中,共收到全国 31 个消防救援总队近 110 篇论文。为确保论文质量,编委会专门邀请多位火灾调查专家进行审稿,从中遴选出"火灾调查工作发展与思考""火灾调查科学研究及应用""新能源火灾调查"等多个专题的 60 余篇优秀论文汇编成册。

当前,火灾调查事业蓬勃发展,新观念、新思想、新方法、新成果不断涌现。《火灾调查科学与技术》论文集将着眼于行业前沿动态,融汇先进科学技术,继续坚持"专业""精益""创新"理念,为全国火灾调查人员搭建文化交流平台,也希望大家能够一如既往地支持和参与火灾调查技术学术工作委员会工作,为《火灾调查科学与技术》奉献更多高质量论文,共同为火灾调查发展建言献策、助力加油!对长期以来关心支持全国火灾调查技术学术工作委员会工作的各级领导和火灾调查技术人员,编委会在此致以由衷感谢。选录论文若有疏漏和不妥之处,敬请广大读者批评指正。

全国火灾调查技术学术工作委员会

《火灾调查科学与技术》编委会

2023 年 11 月于天津

目 录

新能源火灾调查

对某新能源客车停车场火灾的调查与启示

赵术学[1]，郑紫欣[2]

（1.海南省消防救援总队，海南 海口 570100；2.三亚市消防救援支队，海南 三亚 572000）

摘 要：现在新能源汽车有逐年增加的趋势，其安全性尤其是火灾风险受到广泛关注。本书对某新能源客车停车场火灾进行调查，运用航拍观察、视频分析、网格勘验、痕迹物品现场连线分析等多种方法分析认定起火时间、起火部位（点）和起火原因等，为类似火灾调查提供启示与参考。

关键词：消防；新能源汽车；火灾调查；起火原因

1 火灾基本情况

某日某停车场发生火灾，近 70 辆新能源客车过火，无人员伤亡。

1.1 涉火车辆情况

涉火车辆为同一汽车生产公司生产的两款纯电动新能源客车。由于车辆合同纠纷，该批车辆被法院查封并指定由汽车生产公司负责保管，且保管期间不得移动、使用、转卖并注意保护等。

1.2 停车场情况

该停车场位于市郊某农村空地处。该场地于2013 年确权到村小组。2021 年，该场地被村民李某租赁给某物业管理有限公司，后又被该公司转租给涉案的汽车生产公司停放该批车辆。该停车场长约105 m，宽约 72.9 m，车辆间隙为 1.5~3 m 不等。该停车场周边环境如下：东侧由北向南依次为池塘和空地，池塘和空地以东有一南北向村间土路，可通往北侧民宅；西侧为树林，树林以西有一南北向土路，可通往北侧民宅；南侧为东西向村间土路，与停车场东侧、西侧土路相交；北侧为民宅，停车场与民宅之间有砖砌围墙；东北侧与民宅之间为菜地。

2 火灾调查情况

火灾发生后，市政府组织消防、住建、资规、科工

信、公安、交通等部门成立联合调查组，调查组下设原因组、管理组和综合组。其中，火灾原因调查组根据工作需要分成现场勘验、调查询问、现场制图、现场建模、电子物证、现场照录、财产损失统计等 7 个工作小组。

2.1 调查询问情况

经调查询问了解，该批车辆此前曾停放在另一场地。由于场地租赁纠纷，前一场地出租方曾擅自变卖过该批车辆的部分电池抵顶场地租赁费。汽车生产公司报警后，警方介入，前一场地出租方又将已被卖出的电池收回。

2.2 现场勘验情况

火灾现场面积较大，利用无人机进行航拍，获得了现场整体概貌。为方便勘验和分析，根据车辆停放和过火情况将现场标识为 A、B 两个区域，并根据车辆停放次序依次对车辆进行编号。（图 1）

图 1 现场航拍图

作者简介：赵术学，男，满族，现任海南省消防救援总队火灾调查高级专业技术职务，从事火灾调查工作 20 多年。地址：海南省海口市龙华区龙昆南路 170 号，570100。

根据火灾发现人拍摄的早期视频资料,结合现场勘验观察和无人机航拍观察,发现 A4 至 A7 排车辆烧毁程度依次减轻;A2、A3 排车辆烧毁程度重,其中 A3-1 至 A3-3 车辆烧毁程度最重,且 A3-2 车身下塌幅度最大。初步确定起火部位为 A3-1 至 A3-3 车辆所在区域,重点怀疑是 A3-2 车辆首先起火。

将 A3-1、A3-2、A3-3 车辆周边划分为若干个网格,对各网格物品残骸叠压状态及烧损情况进行勘验,发现 4 号网格内的 A3-2 车辆西北角紧靠电池舱侧的护板防水格栅被烧熔化,仅在面向电池舱方向的右上角有局部残余,防水格栅外侧护板未见熔化痕迹;6 号网格,即 A3-2 车辆东北角地面,护板残骸在电池舱对应的右上部熔化缺失,下部较完整。初步判断,A3-2 号车后部的电池首先起火。(图 2、图 3、图 4)

图 2　勘验网格划分

图 3　4 号网格情况

图 4　6 号网格情况

进一步对 A3-2 车辆进行勘验发现,整车燃烧变色痕迹呈西重东轻,西北侧电池舱处燃烧最为严重,电池舱内中间的电池包支撑架以上部分周围结构燃烧破坏痕迹较电池包支撑架下方重,电池包烧损严重,电池包外壳鼓胀变形。车内座椅均过火倾倒,其中北侧座椅倾倒较南侧严重,西侧座椅倾倒较东侧严重。座椅两侧车身有明显的燃烧破坏痕迹,且西侧较东侧严重,两侧燃烧破坏程度均由北向南逐渐减轻。最北侧座椅后侧车身有明显的燃烧变色痕迹,且由西向东依次减轻。车尾处高压控制盒盖外侧有变色痕迹,盒内断路器烧损程度由西侧向东侧逐渐减轻,盒内西侧上方铜排后侧金属熔融,西侧下方熔断丝燃烧破坏痕迹由西向东、由南向北逐渐减轻。

A3-1 车辆西侧由北向南第 2 个窗框燃烧破坏程度北重南轻,上部窗框缺失。利用连线法以两侧竖向窗框燃烧终止处为起点拉两条直线交 A3-1 车辆东侧窗下檐线,其尽端均指向 A3-2 车辆西北侧电池舱所在区域。(图 5)

图 5　连线法的应用

对 A3-2 车辆西北侧电池舱的电池包进行专项勘验发现，该电池包整体呈倒置状态，其与车辆之间的线路均未连接，电池包外壳有多处机械损伤痕迹，且向外鼓胀，并在边角区域有熔化、烧失、穿洞现象。打开电池包勘验发现，模组内部有独立破坏痕迹，且有导线熔痕。

对停车场内未过火的其他电池包进行勘验发现，多个电池包外表有机械破坏痕迹，有的出现破损。测量某电池包发现，正极和外壳之间的电压为 54.9 V，负极和外壳之间的电压为 77.1 V，正负极之间的电压为 132.1 V。

2.3　视频分析情况

起火场所位置较为偏僻，且该场地无监控。调查中调取 119 指挥中心的所有报警电话，针对报警电话逐一进行排查核实，对报警人当时所在位置、目击情况及身份进行核查，发现大多数报警人是路过游客及附近工作人员，报警人李某、吕某及田某等在现场目击了初期情况。并在停车场周边建筑高位查找有效监控视频等，采集周边监控及手机视频若干。

分析手机视频发现，起火场所北侧民宅住户吕某在其住宅 2 层向西南方向拍摄到了起火部位，起火部位恰好位于其所处位置和起火场所西南角一通信塔的连线上；游客田某拍摄的视频可确认起火部位位于 A3-2 和 A3-3 车辆车尾处，且 A3-2 车辆西北侧燃烧迅猛。（图 6）

图 6　手机视频定位分析

通过"火察"视频处理系统微变分析周边监控视频，发现 12 时 18 分 22 秒许停车场上方未见异常，12 时 24 分 22 秒许开始出现明显的红色板块和黄色板块，12 时 27 分 19 秒许出现烟雾，12 时 27 分 22 秒许烟雾显著增大，12 时 34 分许在监控中可以肉眼观察到烟雾。（图 7）

图 7　监控视频微变分析确认起火时间

2.4　物证鉴定情况

现场从 A3-2 车辆西北侧电池舱内电池包内部提取了带有熔痕的电气线路送有关鉴定机构鉴定，鉴定结论显示，电气线路熔痕为电热熔痕。

3　起火原因认定

3.1　起火时间认定

119 指挥中心于 12 时 38 分接到报警；分析监控视频资料显示，12 时 27 分 19 秒许出现烟雾，12 时 27 分 22 秒许烟雾显著增大。因此，综合认定起火时间为 12 时 27 分许。

3.2　起火部位认定

根据视频分析及现场勘验情况，车辆燃烧变色痕迹、车辆车身下塌程度、车辆车尾散热结构烧损痕迹等均反映火灾是从 A3-2 车辆向四周车辆蔓延，认定起火部位为 A3-2 新能源客车。

3.3　起火点认定

根据现场勘验连线法指向 A3-2 新能源客车西北侧电池舱，A3-2 新能源客车车尾处高压控制盒右下角燃烧痕迹较左侧、上侧重，其车内座椅燃烧痕迹呈由北向南逐渐减轻，车身燃烧变色痕迹呈西侧重东侧轻，西北侧电池舱处电池包烧损严重，电池包外壳鼓胀变形，电池包外壳有电熔烧穿孔洞，电池包内电池烧蚀严重，电气线路存在大量熔痕。因此，综合认定起火点为 A3-2 新能源客车西北侧电池舱的电池包。

3.4　起火原因认定

经过走访排查，调取现场周边监控视频，通过现场勘验、矛盾核查、案件及涉案人员复查等，排除了放火嫌疑及小孩玩火、生活用火、遗留火种等引发火灾的可能。

监控视频资料显示，停车场周边未见燃放烟花爆竹、焚烧垃圾飞火等现象。

锂电池本身具有自燃起火风险,且该批电池由于看护保养不善,存在机械损伤、乱丢乱放情形,客观上加大了故障风险。该批电池仍有一定余电,鉴定结论显示电线熔痕为电热熔痕,在准确认定起火点且已排除其他原因的基础上,认定起火原因为A3-2 新能源客车西北侧电池舱内电池包故障起火引燃周边的可燃物蔓延成灾。

4 启示

该调查应用到了航拍观察、视频分析、网格勘验、痕迹物品现场连线分析、原场景现场复原、余电对比测量等多种调查分析方法,对快速准确分析和认定起火原因发挥了重要作用。

参考文献

[1] 张玉斌,张熠欣,程婧园.浅析新能源电动汽车火灾调查方法 [J]. 消防科学与技术,2020,39(10):1456-1458.
[2] 林烨,黄国忠,肖凌云,等.基于深度调查的电动汽车火灾原因分析技术 [J]. 消防科学与技术,2021,40(1):145-148.
[3] 刘子华.电动汽车锂电池火灾特性及灭火技术 [J]. 电子技术与软件工程,2020(1):68-69.
[4] 张斌,陈克,张得胜.锂离子电池火灾调查方法 [J]. 消防科学与技术,2018,37(10):1449-1452.
[5] 张金专.专项火灾调查 [M].北京:中国人民公安大学出版社,2019.

对一起储能装置火灾事故的调查与思考

张加伍

（临沂市消防救援支队，山东 临沂 276037）

摘 要：随着新能源产业的发展，储能装置类火灾调查日渐增多。在实践中，应从起火燃烧类型、火灾发展速度、火焰及烟雾特征、是否具有电气火灾现场特点等方面，及时开展调查询问、现场勘验、视频分析、技术鉴定，以综合分析认定火灾原因。本文以一起储能装置火灾事故的调查为例，综合分析认定起火原因，排除外来火源、遗留火种、自燃、摩托车电气线路故障引发火灾，不排除装置电气故障引发火灾的可能性，最后认定起火原因为装置电气故障引发火灾。

关键词：储能装置；新能源火灾调查；现场勘验；视频分析；物证鉴定

2023 年 3 月 5 日 21 时 53 分，山东省临沂市消防救援支队指挥中心接到报警，称位于罗庄区盛庄街道附近路段一辆半挂车起火，无人员被困。接警后，辖区消防救援站迅速出警处置，及时将火灾扑灭。

1 火灾事故基本情况

经调查了解，起火地址位于罗庄区盛庄街道清河南路与西中环路交会处南 200 m 路西，起火对象为重型半挂牵引车和重型仓栅式半挂车，过火面积约 30 m²，火灾烧损车辆及其所载物流货物、事发路段的绿植苗木等物品。

1.1 起火经过和火灾扑救情况

经调查，起火车辆 3 月 5 日凌晨从外地运送货物至临沂承运货物运输的物流公司，并停放于该公司院内。当日 8 时左右，该公司组织卸货，约 10 时车上货物全部卸清。然后，该公司工人开始给该车装货，一直至 19 时左右。20 时许，该车司机来到该公司，与工人一起用篷布将车辆和所载货物进行了覆盖。21 时 20 分许，该车辆开出物流公司后，沿事发路段由北向南行驶；几分钟后，在经过一交通信号灯后，司机突然从后视镜看到车辆左后侧挡板上方有火苗，于是紧急停车。停车后，司机首先拨打了 119 报警电话，然后告知了物流公司老板。因火势太大，司机不敢靠近救火，就在车辆南侧等待消防救援。

1.2 起火车辆及当日天气情况

经现场勘验，事故车辆位于清河南路与西中环路交会处由北向南的右侧行驶道路上，车头朝南，车尾朝北，车辆周边地面散落着过火货物，半挂车及其装载的货物部分过火。事故车辆西侧为道路绿植及苗木，东侧、北侧、南侧均为由北向南行驶的道路（图 1）。调查人员依程序对事故车辆基本信息、维修保养和参保情况及事发过程进行了调查，且当日天气有霾，温度 21 ℃，湿度 34%，西南风 ≤ 3 级。

图 1 事故车辆及其货物过火情况

作者简介：张加伍，男，汉族，学士，现任山东省临沂市消防救援支队高级专业技术职务，一级消防指挥长，主要从事火灾事故调查工作。地址：山东省临沂市兰山区 北城新区汶河路 92 号，276037。电话：0539-8965698；传真：（0539）8965616。邮箱：linyifire@163.com。

2　火灾事故调查

依据《火灾事故调查规定》和《山东省火灾事故调查处理规定（试行）》等法律法规，辖区消防救援大队成立事故调查组。通过现场勘验、调查取证、检验鉴定和综合分析等，查清了火灾原因。期间，临沂市消防救援支队派出火灾调查技术人员协助开展火灾原因调查工作。

2.1　起火时间的认定

经调查，临沂市消防救援支队指挥中心于当日 21 时 53 分 01 秒接到报警；经调取发生火灾时道路卡口的监控视频，对冒烟、出现明火的时间进行分析比对，确认当日 21 时 51 分 49 秒，该半挂车左侧区域有明火突然喷出。结合火灾发展规律，综合认定起火时间为 2023 年 3 月 5 日 21 时 51 分许。

2.2　起火部位的认定

经调查，综合认定起火部位位于该重型仓栅式半挂车车厢内中部东侧，即图 1 中箭头指向区域。

2.2.1　火灾发现人员指认

经调查走访火灾第一发现人（当事司机）得知，其从后视镜发现着火的时候，火是从车厢中部东侧向外着的，等他下车后，发现火苗已经烧到车厢顶。经本人现场指认，在火灾扑救过程中，能够看到车厢中部东侧火势最猛烈；当打开该部位的挡板时，能够观察到有火焰从一货物装置开口处喷出（图 2 左上），夹杂蓝色火焰喷射。经对该车装载货物调查，在物流货单中未明确表述货物名称；经现场勘验，发现该装置端部有一铭牌，标称为"机车用锂离子电池系统"（为便于表述，下文统一简称为"装置"）。

图 2　起火部位示意图

2.2.2　查看监控视频

经现场勘验，事故车辆途经路段有交警道路卡口视频监控。调查人员对发生火灾时监控视频的镜像文件进行了完整性校验，并现场对该镜像文件进行了数据收集、提取。经监控视频分析，火灾发生前，事故车辆未发生异常。当日 21 时 51 分 49 秒（经校准，视频时间与北京时间一致），该半挂车左侧区域有明火突然喷出，随即发生火灾。

2.2.3　火灾蔓延痕迹

经现场勘验和痕迹比对，事故车辆车厢内中部东侧区域装载的货物烧损程度相对较重，且车厢内前部、尾部货物的燃烧痕迹均呈斜坡状图痕，整车装载货物及车体的烧损痕迹呈现以起火部位为中心向周围蔓延痕迹，即图 1 中上中部箭头指向区域）。在装置开口处、车辆挡板外侧呈"V"形燃烧痕迹（图 2 上），而打开车辆挡板后，靠近起火部位的车辆挡板内侧呈倒"V"形燃烧痕迹（图 2 下）。

2.3　起火点的认定

经调查，该起火灾起火点位于该半挂车车厢内中部东侧装载的装置处。

2.3.1　火灾蔓延痕迹

经对半挂车车厢内中部东侧区域进行细项勘验，发现随车装载的装置上方及周边堆放的货物过火程度较重，且过火及烟熏痕迹由该区域向周边蔓延，物品燃烧残骸向该区域坍塌。经对该装置装车位置还原、双向观察比对（图 3），结合油漆变色、金属变形变色情况，现场燃烧痕迹呈现以该装置为中心向周围蔓延痕迹。装置上封盖油漆基本未变色，开启后对比封盖内外，呈内重外轻、火焰由内向外蔓延痕迹，且该金属外盖鼓胀外凸，边缘呈压力释放型破坏痕迹。比对装置两侧过火变色情况，近开口处金属变色、有烟熏痕迹，远开口处另一端金属表面漆尚保持原色，没有烧损、过火痕迹（图 3）。以金属护框为分隔，将装置分为 A、B、C 三个区域（图 3 下），火灾蔓延痕迹呈现以 B 区近中心部位为中心向周围蔓延痕迹，且经装置开口处火势突破保护进而蔓延扩大。

图3　起火点示意图一

2.3.2　现场勘验

经对装置表面金属盖板进行清理,盖板内外侧过火痕迹整体较轻,金属表面油漆及线路绝缘材料大部分未过火,尚保留原色;但近开口处过火痕迹较重,金属变色,油漆烧失,呈"V"形燃烧痕迹(图2上)。经拆解勘验,以B区近中心部位烧损痕迹最重,金属汇流排、卡箍、连接线等存在烧熔、熔断、缺失等痕迹,有喷溅熔珠散落在起火部位周围(图4)。

图4　起火点示意图二

2.3.3　物证分析鉴定

在现场勘验过程中,对装置内起火部位的金属汇流排、卡箍、电气连接部件等进行物证提取,并送应急管理部消防救援局天津火灾物证鉴定中心进行技术鉴定。经鉴定,送检的物证熔痕为电热熔痕。

2.4　起火原因的认定

经调查询问、现场勘验、视频分析、物证鉴定,分析认定起火原因,排除外来火源、遗留火种、自燃、摩托车电气线路故障引发火灾,不排除装置电气故障引发火灾的可能性,综合认定起火原因为装置电气故障引发火灾。

2.4.1　排除外来火源引燃起火

经查阅物流公司及事发路段监控视频资料,以及询问相关当事人,装车期间至起火时段无可疑人员接触货物或接近事故车辆;司机反映车辆行驶过程车况正常,无故障或报警等异常提示,也未经过明火或危险作业区域,可以排除外来火源引燃起火。

2.4.2　排除吸烟等遗留火种引燃起火

经查阅物流公司监控视频资料,询问相关装车工人和站场工作人员,装车的两名工人在装货期间没有吸烟等可能遗留火种行为,起火时间前进出事发现场人员无动火行为,且火灾燃烧特征不符合遗留火种引燃起火特征。司机在出发前未饮酒,离开物流公司后在车内吸了一支烟,但至事发路段前已抽完并将烟头放入车内烟灰缸内,至事发前未再抽烟,结合沿途监控视频确定的行驶时间,抽烟行为与起火时段不对应。篷布是从上往下对全部货物进行覆盖,下沿大约遮盖至车辆仓栅中间部位,即使有飞火或飞出烟头也不会掉落到车厢内;而且车辆盖布为塑料篷布,属于烟头不能引燃的化纤塑料类材料。经查看事故车辆途经路段道路卡口监控视频发现,火灾发生前,事故车辆在道路卡口正常等待交通信号通行,此时车辆盖布完好无异常;车辆在刚通过道路卡口后,半挂车左侧区域有明火突然喷出,随即发生火灾,起火特征明显不符合微弱火源引燃起火特征。

2.4.3　排除自燃引发火灾

经了解,事故车辆所装货物为物流百货。事发后,物流公司经查看监控视频,比对货物清单,未发现存在易燃易爆危险或容易引发火灾的物品。经现场勘验及询问相关当事人,确认事故车辆未装运自燃物质且火灾燃烧特征不符合自燃物质引燃起火特征。

2.4.4　排除摩托车电气线路故障引发火灾

在火灾原因调查过程中,司机认为起火原因应该是装运货物中有易燃物品引发的火灾,因为有些时候货物可能和货物清单的名称不能一一对应。而物流公司怀疑为沿途烟头引燃或者轮胎起火引发火灾,有托运户怀疑可能是承运的摩托车引起火灾。现场勘验也发现,该车装运一辆摩托车,车辆包装内充填物及外包装木托尚有残留,车体过火,且上重下轻;摩托车载铅酸蓄电池已烧损,电源连接线有熔痕,且有搭铁现象(图5)。调查重点围绕摩托车是否处于起火部位(起火点),电气熔痕与火灾原因有无关系进行。如上文所述,根据火灾现场烧损轻重、蔓延痕迹、烟熏程度等,确定了起火部位,确认该摩托车不在起火部位（起火点）。根据《火灾原因认定规则》（XF 1301—2016）认定起火原因，应首先确定起火部位（起火点）；不在起火部位（起火点）的电气痕迹（物证）不作为火灾原因认定依据。因此，排除摩托车电气线路故障引发火灾的可能（电源连接线熔痕及搭铁现象应该是火灾造成）。

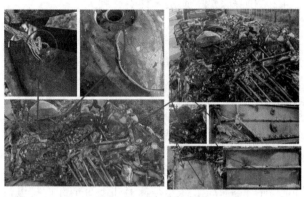

图 5　排除摩托车电气线路故障引发火灾

2.4.5　认定为装置电气故障引发火灾

经调查询问，司机从后视镜看到火苗的时候，火焰向东侧喷射出来大概 1 m 多长，下车后又听到车厢内好像有什么泄漏一样发出"呲呲"声，火苗已经烧到车厢顶，当时车厢底部还没有火也没有烟。经司机现场指认，当时火焰是从该装置开口处喷出，呈蓝色火焰喷射。结合监控视频分析，认为起火初期火灾燃烧特征符合锂电池热失控起火特征。

经对装置进行拆解勘验，发现电池系统内部分金属板出现击穿痕迹的孔洞；有多处金属汇流排、卡箍、电气连接部件被熔断，部分熔断后的金属导线端部有熔痕，散落的熔珠表面有金属光泽。装置盖板内侧有烟熏和熔珠喷溅痕迹，起火部位外侧对应部位有变色变形痕迹。内部电池组部分电芯出现穿孔、炸裂、缺损、烧失痕迹。实验理论表明，热失控的先后顺序与最早加热模组及蔓延路径方向有很大关系。

经调查，确认起火初期呈现爆闪光亮，火光迅速增强，持续性爆闪以及后期火势发展迅速等特征，整体状态符合锂电池火灾故障形式特征。在起火部位提取的金属汇流排、卡箍、电气连接部件等物证送检后，鉴定结论为电热熔痕。因此，综合分析起火原因为储能装置内发生电气故障引发电池热失控起火。

3　对本起火灾事故调查认定的思考

随着新能源产业的发展，储能装置类火灾调查日渐增多。在实践中，应从起火燃烧类型、火灾发展速度、火焰及烟雾特征、是否具有电气火灾现场特点等方面，及时开展调查询问、现场勘验、视频分析、技术鉴定，以综合分析认定火灾原因。

3.1　要合理排除其他火灾原因

火灾原因认定应在火灾现场勘验、调查询问以及物证鉴定等环节取得证据的基础上，进行综合分析，科学做出认定结论。储能装置火灾除具备新能源火灾特点外，同样也具备电气火灾特点，认定时应满足：起火时或者起火前的有效时间内，储能装置的电气线路、电气设备处于通电或带电状态；电气线路、电气设备存在短路、过载、接触不良、漏电等电气故障或者发热等痕迹；电气故障点或发热点处存在能够被引燃的可燃物；可以排除其他起火原因。

3.2　认定火灾原因应首先确定起火部位（起火点）

火灾原因认定应首先认定起火部位（起火点），并查明起火燃烧特征。认定引火源和起火物可以用实物证据直接证明，也可用证据间接证明，并同时具备下列条件：引火源和起火物均在起火部位（起火点）内；引火源的能量足以引燃起火物；起火部位（起火点）具有火势蔓延条件。储能装置类火灾认定，应首先确定引发火灾的装置处于起火部位（起火点），并符合其他认定条件。在火灾现场情况较复杂和物证材质较特殊的情况下，判定物证痕迹性质时，应根据宏观形态、金相组织、微观形貌、成分分析等特征进行综合判定，给出判定结果。

参考文献

[1] 应急管理部消防救援局. 火灾调查与处理：中级篇 [M]. 北京：新华出版社，2021.

[2] 公安部消防局. 火灾事故调查 [M]. 北京：国家行政学院出版社，2015.

[3] 张加伍，崔永合，周金刚. 分析认定起火点和引火源的探讨 [J]. 消防科学与技术，2011（10）：973-976.

[4] 王鑫，梁国福. 视频分析技术在火灾事故调查中的应用 [J]. 消防科学与技术，2019（3）：452-454.

[5] 张良，张得胜，陈克，等. 基于模组加热的新能源汽车火灾试验研究 [J]. 安全与环境学报，2023（10）：3600-3605.

[6] 应急管理部消防救援局. 火灾调查与处理：高级篇 [M]. 北京：新华出版社，2021.

[7] 孟庆庚. 储能系统火灾事故调查与防治对策 [J]. 消防科学与技术，2023（1）：142-145.

[8] 中华人民共和国应急管理部. 电气火灾痕迹物证技术鉴定方法 第4部分：金相分析法：GB/T 16840.4—2021[J]. 北京：中国标准出版社，2021.

对一起新能源电动汽车火灾的事故调查与分析

张 磊

（闵行区消防救援支队,上海 闵行 200000）

摘 要: 近年来,由于电动汽车动力蓄电池火灾事故的不断增多,引起了社会的广泛关注。本文针对一起电动汽车底盘撞击事故引发的火灾进行分析,以现场勘验和数据分析为重点,认定了起火部位和火灾原因,且对动力蓄电池系统的碰撞安全进行了研究,进而提出了电动汽车动力蓄电池火灾的预防措施。

关键词: 电动汽车;动力电池;热失控;事故分析;预防措施

1 基本情况

1.1 事故基本情况

2021 年 1 月 19 日 19 时许,车主李某某驾驶某型号纯电动汽车驶入上海某小区地下车库,在驶入车库内直行约 50 m 的位置发生火灾,车辆完全过火,并导致车库内停放的 2 部车辆和车库内部装饰、设备管路等不同程度烧损,车库总面积约 3 000 m²,过火面积约 10 m²。消防救援人员,到场后经搜索确认无人员被困情况,火灾造成损失估值约 80 万元。

1.2 事故车辆基本情况

事故车辆为某型号纯电动汽车,生产日期为 2020 年 10 月 18 日,销售日期为 2020 年 11 月 27 日,行驶里程为 2 182 km,无售后维修记录,电池类型为三元锂离子电池,冷却方式为液冷,电池总能量为 74 kW·h,由 4 416 节 18 650 电池组成,整个电池包由四个模组串联组成,其中两个模组由 23 块电池砖串联组成,另两个模组由 25 块电池砖串联组成,每块电池砖由 46 个单体电池并联组成。

2 火灾事故调查情况

2.1 起火部位认定

2.1.1 事故调查访问情况

通过对事故车辆车主李某某的询问得知,车辆在行驶进入车库不久后,车辆的底盘过减速带后刮到雨水槽的盖板（这个位置平时就有车过时盖板间的撞击声）,车身伴有明显的振动,车主随即停车,约七八秒后引擎盖位置和主驾驶位下面有黑色浓烟冒出,车主下车后不久车内就出现火光并伴有大量浓烟,在车主离开车库时听到车辆位置"啪啪"的爆炸声。

2.1.2 事故现场勘验

车辆进入车库内地面基本平整,除减速带外无明显异常的突起部位和坑洼部位。事故车辆停靠在地下车库主干道距离车库进口约 50 m 处,周围无可燃物,车身整体过火,车身壳体和前后防撞梁裸露,无明显撞击痕迹,四扇铝制门已完全熔化变形,驾驶舱内烧毁严重,车辆四周玻璃、方向盘及电子设备控制面板等全部烧毁,前后座椅包裹的材料全部烧毁,只残留座椅骨架,车内地板上有大量碳化物,靠左侧主驾驶位地板面轻微突起,地板整体完整,无穿透痕迹。通过举升车辆发现,下部电池包的外保护盖板整体无火烧痕迹（图 1）,在电池包的左侧（主驾驶位置下部）保护板上有直径约 10 cm 的椭圆形的缺口,缺口处盖板局部材料向内凹陷,有不规则撕裂痕迹（图 2）,缺口周边不光滑,产生的表面毛刺向上,缺口内可见数节 18 650 电池,内部有燃烧痕迹（图 3）。从现场电池包的残留痕迹分析,起火部位位于车辆底盘下电池包的左侧缺口处。

作者简介:张磊,男,上海市闵行区消防救援支队工程师,主要从事消防火灾调查工作。地址:上海市闵行区莘松路 585 号,200000。

图 1　电池包保护板情况

图 2　电池包的左侧(主驾驶位置下部)保护板缺口

图 3　电池包的左侧电池壳体受损破裂情况

2.2　火灾原因认定
2.2.1　事故信息分析

　　2021 年 1 月 19 日 19 时 17 分 15 秒车辆速度为 25 km/h,19 时 17 分 15 秒车辆检测到碰撞信号,19 时 17 分 16 秒驾驶员踩下制动踏板,19 时 17 分 19 秒车辆完全停止,19 时 17 分 19 秒车辆检测到故障码 BMS_a170_SW_Limp_Mode,19 时 17 分 23 秒驾驶员松开制动踏板,19 时 17 分 47 秒车辆监测到高压电池绝缘故障的故障码,如图 4 所示。

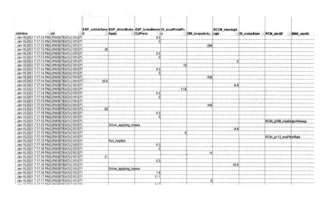

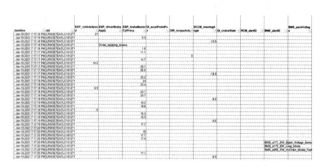

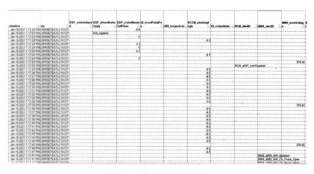

图 4　车辆监测信息

　　在该时间段内,车辆速度(单位为 km/h)变化如图 5 所示,加速踏板位置(%)变化如图 6 所示,制动踏板变化如图 7 所示,制动系统主缸压力变化如图 8 所示,车辆检测到碰撞信号如图 9 所示,车辆高压电池系统在碰撞后检测到绝缘故障如图 10 所示。

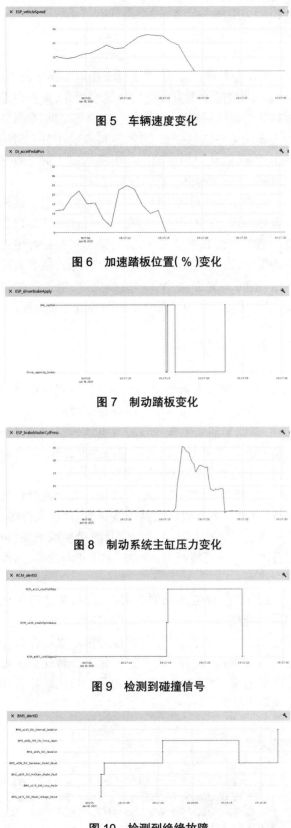

图5 车辆速度变化

图6 加速踏板位置(%)变化

图7 制动踏板变化

图8 制动系统主缸压力变化

图9 检测到碰撞信号

图10 检测到绝缘故障

2.2.2 火灾原因分析

通过对小区车辆进出监控和车辆信息平台提供(电池管理系统 BMS)数据进行分析,事故车辆在

2021年1月19日19时15分许进入小区,19时17分许进入地下车库,19时17分15秒车辆速度为25 km/h,19时17分15秒车辆检测到事故信号的发生,19时17分16秒驾驶员踩下制动踏板,19时17分19秒车辆完全停止,同时车辆检测到故障码,19时17分23秒驾驶员松开制动踏板,19时17分47秒车辆监测到高压电池绝缘故障的故障码。通过分析,车辆发生事故后4秒车辆停下,28秒后系统记录绝缘阻抗(短路故障)的警告。

2.3 事故原因认定

2.3.1 综合判断

通过上述的访问调查、现场勘验和数据分析,从车辆速度、驾驶员踩下制动踏板,以及车辆高压电池系统识别到的故障码分析,数据与驾驶员描述情况基本一致。根据现场勘验和综合分析,认为该起事故起因为该纯电动汽车底盘因与外部物体碰撞,使车辆底部的高压电池发生变形或移位,进而引起电池壳体及内部电芯的损坏及短路,最终引发火灾。

2.3.2 事故移交

机动车辆因碰撞、刮擦、翻覆直接导致燃烧的,按交通事故统计,由交警部门负责处理。机动车辆在停放状态或行驶过程中因人为不慎或本体故障等发生燃烧的,按火灾事故统计,由消防部门负责处理。根据火灾事故和交通事故处理责任权限,该起事故为驾驶员李某某驾驶某型号纯电动汽车因单车碰撞事故进而引发火灾,属于交通事故,故将相关信息和材料移交给公安交管部门并开展善后处理工作。

3 动力蓄电池系统的碰撞安全分析

动力蓄电池的碰撞安全设计,可以从系统外和系统内两个方面考虑。系统外主要考虑电池包的布置位置、车辆碰撞传力路径及车身底盘等为电池包做的防护设计。系统内则主要考虑动力蓄电池箱体自身及内部结构件的强度和刚度设计。

(1)在系统外部,根据动力蓄电池包在整车上不同的安装位置,其碰撞防护设计有所不同,主要包括乘员舱内和舱外两种情况。

①对于布置在乘员舱内的电池,由于受到车身框架保护,其受外部机械力影响相对较小,因此主要考虑电池包在惯性力作用下脱开,从而危及乘员舱内人员安全的情况。为避免此类安全问题,应合理布置电池包安装点,并加强安装点结构设计,以满足

强度要求。

②对于动力蓄电池布置在乘员舱外的车辆，在发生极端碰撞情况下，可能由于车体结构发生较大的变形，导致电池包被挤压或尖锐物侵入的情况，最终引起电池包内部结构短路。调查显示，频繁的电动汽车爆燃事件部分是由于碰撞导致电池包内部短路所引起。因此，对于安装在乘员舱外的电池包，在开发过程中需要考虑电动汽车在实际道路行驶过程中可能遇到的正面碰撞、侧面碰撞、偏置碰撞、追尾碰撞、柱碰和托底等复杂工况，而电动汽车基本都是承载式车身，车身骨架结构由车体主结构件及相关覆盖件焊接而成，从碰撞时力的传递路径分析出发，碰撞中关键零部件包括前防撞横梁、前纵梁、门槛梁、地板横梁、A 柱、B 柱、C 柱及后纵梁等。基于基础车身结构，通过关键零部件材料、结构及部分搭接结构的优化设计，增加车身整体强度，提升碰撞性能，最大限度地在整车级别有效吸能，使冲击力避开动力蓄电池，使其结构功能保持完好。

（2）对于电池系统本身的碰撞安全设计，可以从电池外壳部分（包括箱体、护板等）和电池内部设计两个方面考虑。

①整车发生正碰、后碰及侧碰时，由于碰撞能量较大，超出车身吸能结构的能力，所以需要对电池箱体做一定的吸能设计，避免造成电池出现过大变形、电池模组触点和电气部件因过高的冲击加速度，进而导致电池系统内部短路，引发安全事故。

《电动汽车用动力蓄电池安全要求》（GB 38031—2020）中的挤压测试要求：动力蓄电池箱体在 x 和 y 方向，需承受半径为 75 mm 的半圆柱体，以不大于 2 mm/s 的速度，挤压至挤压力达到 100 kN（或挤压形变量达到挤压方向的整体尺寸的 30%），并保持 10 min，试验期间及试验后 2 h 内，无起火或爆炸等现象。这对电池箱体的设计提出了要求，即电池箱体应该有足够的强度和刚度，保证电池箱体内部空间的侵入量在一定合理的范围内，以保护内部电池及电气部件。

因此在电池箱体的材料选型及结构设计过程中，可考虑采用挤压成型的铝合金作为箱体的主体材料，箱体的多级空腔结构可吸收整车碰撞的剩余能量，防止箱体内部的电芯及元器件因过大的冲击加速度而造成内部短路；通过合理的结构设计，铝合金型材可提供足够的刚度，减小由箱体内部空间侵入导致的电芯过度变形。同时，空腔结构也可以进

一步减少电池系统重量，对提升电池系统能量密度具有重要意义。

②在电池箱体结构开发设计阶段，可以通过材料、结构优化等方法，使电池包在相同碰撞工况下，尽可能缩短电池垂直方向的压缩变形量，避免电芯短路。在碰撞过程中，应避免电芯局部变形，尽可能让更多的电芯参与变形吸能，这样有利于分散碰撞冲击能量，防止个别电芯因冲击能量过大而导致突发短路，从而引起更严重的热失控。

如果车体和箱体吸能不足导致碰撞力直接传递到电池内部，在电池包内部高压电气部件之间以及高压电气部件和车身之间，则需要尽可能做好绝缘防护设计，避免短路或者漏电，对于带液冷或者直冷的电池包，需要提高热管理结构强度，增加防护设计，避免碰撞过程中冷却介质泄漏导致短路或漏电。

4　几点注意事项

（1）使用防火阻燃材料和防碰撞材料对电池包进行保护，避免有易燃性或可燃性的物质与其直接接触，降低车辆发生碰撞事故对电池包结构造成损伤的程度。提升电池包的防撞击性能，降低正常使用情况下电池包发生破裂的可能性。

（2）汽车电池包在安装和使用过程中应严格按照规范操作，尤其要注意其安装位置、使用条件等，当电池包发生损坏或老化时应及时维修或更换，确保各个零部件完整好用，注意按时维护与保养，远离安全隐患。

（3）在扑救电池类的火灾事故时，要注意灭火剂的合理使用。总结该起火灾的扑救经验，对于此类电池火灾事故，应将使用大量持续水喷淋作为扑救的主要方式，采用干粉和二氧化碳扑救此类火灾无明显效果，故建议不采用干粉和二氧化碳扑救此类火灾事故。

参考文献

[1] 中华人民共和国公安部. 电气火灾痕迹物证技术鉴定方法 第 1 部分：宏观法：GB/T 16840.1—2008[S]. 北京：中国标准出版社，2009.

[2] 廉玉波，等. 电动汽车动力系统安全性设计与工程应用 [M]. 北京：机械工业出版社，2022.

[3] 金河龙. 火灾痕迹物证与原因认定 [M]. 长春：吉林科学技术出版社，2005.

[4] 雍艾华，殷天时. 一起电动汽车自燃事故的调查及体会 [J]. 消防科学与技术，2017,36(4)：578-580.

对一起锂电池火灾调查与分析

郭 亮

（武汉市消防救援支队，湖北 武汉 430000）

摘 要：锂离子电池是一种二次电池（充电电池），它主要依靠锂离子在正极和负极之间移动来工作，目前广泛用于手机、相机、电动工具、电动汽车、储能、通信基站等。由于锂电池引发火灾的案例时有发生，本文通过一起典型的锂电池火灾案例调查，分析锂电池火灾的特点，为调查与分析此类火灾提供借鉴。

关键词：火灾调查；锂离子；新能源

1 火灾基本情况

2022年9月27日1时58分，武汉市消防救援支队指挥中心接到报警，称位于武汉市某区某公馆B座1305室发生火灾，火灾造成大卧室和客厅部分区域过火，形成多个起火部位，起火部位之间没有燃烧蔓延痕迹，如图1所示。

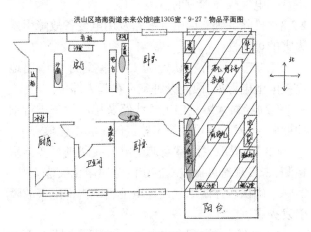

图1 火灾现场平面图

2 火灾调查认定情况

2.1 起火部位分析认定

（1）大卧室内烧损严重，且呈现上重下轻、南重北轻的痕迹特征。南侧区域的空调以及下方的长条

座椅烧损严重，部分烧失；由南向北放置的麻将桌、凳子等物品呈现出由南向北的烧损痕迹，且上重下轻，如图2所示。

图2 大卧室火灾现场概貌

（2）客厅内烧损痕迹虽相对大卧室整体较轻，但现场却呈现局部严重烧损痕迹，其中以南墙地面放置的锂电池电源处最为明显。该区域放置有两个锂电池电源，其中一个为圆柱形电池，另一个为软包电池。圆柱形电池的塑料外壳烧失，内部的多个单体圆柱形电池爆喷，部分爆喷的电池壳体跌落至较远的客厅和卧室区域；软包电池铁质外壳受热变色，内部软包电池烧损裸露出负极铜箔；锂电池电源放置地面地板处严重烧损，木地板炭化烧失明显，对应的南墙墙面上也呈现低位的墙皮变色、剥落和烟熏痕迹，如图3所示。

作者简介：郭亮，男，武汉市消防救援支队火调技术处中级专业技术职务，主要从事火灾事故调查工作。地址：武汉市江汉区姑嫂树路36号，430000。

图 3　客厅锂电池存放处燃烧情况

（3）客厅内其他区域也形成了独立的起火点，在吧台处烧毁了一个工具包，沙发处有烧损痕迹，如图 4、图 5 所示。

图 4　客厅吧台处燃烧情况

图 5　客厅沙发燃烧情况

假设大卧室内最先起火，应在形成连续的燃烧蔓延痕迹后将客厅内的锂电池电源烧损继而引发电池爆炸，但现场并未发现大卧室和锂电池电源之间有燃烧蔓延痕迹。同时，客厅区域烧损较轻，整体呈现高位受温和烟熏痕迹，低位除锂电池电源处外并没有烧损痕迹，多数低位放置的物品仍保持完好，因此由大卧室至客厅没有发现有燃烧蔓延途径，且大卧室起火由于距离较远也不易产生热辐射引发锂电池着火爆炸。因此，分析认定此起火灾的起火部位位于 1305 室客厅内，起火点为客厅南墙地面锂电池电源处。

2.2　起火原因分析认定

2.2.1　排除人为放火的可能性

（1）起火部位在 1305 室内，火灾发生时 1305 室的大门处于锁闭状态，在此情况下外人无法进入室内实施放火。

（2）1305 室的房屋及屋内物品均未购置保险，不存在自身放火骗取保险的可能。

（3）客厅起火处未发现有放火痕迹特征，也未发现外来液体助燃剂和容器。

2.2.2　排除客厅内电气线路故障引发火灾的可能性

在客厅起火点处安装有墙壁插座，除此外该区域未发现有其他电气线路存在。经对墙壁插座检查，插座线路完整，插套完好，未发现有短路或接触不良等电气故障形成的痕迹。

2.2.3　排除大卧室内电气线路及用电设备故障引发火灾的可能性

（1）起火点分析认定为 1305 室客厅内南墙地面锂电池电源处，因此大卧室不在起火部位。

（2）经对大卧室内电气线路及用电设备进行细项勘验，未发现有可做技术鉴定的金属熔化痕迹。

（3）经提取大卧室空调的电气线路进行实验室检测，未发现有可做技术鉴定的金属熔化痕迹。

2.2.4　确认客厅南墙地面锂电池电源内部电气故障引发火灾

（1）经调查询问和现场查看，客厅南墙地面处放置有锂电池电源，起火前基本处于满电状态。

（2）现场查看圆形锂电池烧损严重，外壳烧失，内部多个单体锂电池烧损后爆喷，同时在周围区域也发现爆喷后形成的喷溅锂电池残骸。

（3）现场勘验时在客厅和大卧室的木门上发现锂电池爆炸后形成多个点状的喷溅物，上述喷溅物是锂电池爆喷后遗留在木门表面上的锂系物，表明锂电池电源发生爆炸后向大卧室方向形成了一定距离的喷溅火。

（4）在对发生爆炸后的锂电池检查时发现锂电池连接的电源线上有金属熔化痕迹，提取该线路并经实验室检测后，鉴定为电热作用形成的熔痕。该结论说明存在锂电池电源线发生短路故障引发锂电池爆炸的可能。另外，经现场勘验发现锂电池爆炸后形成的多个单体锂电池爆喷的痕迹，确定是电池内部热失控引发锂电池电源爆炸引起火灾。

3 锂电池火灾特点分析

3.1 锂电池燃烧能形成多个不连续的起火点

调查组在大卧室门口、客厅沙发及吧台处发现有圆形锂电池残骸，上述情况说明圆形锂电池电源发生故障后造成单体电池热失控，致使单体电池发生爆炸后向四周喷溅。锂电池电源和东侧烧损严重的大卧室之间没有形成连续的蔓延痕迹，锂电池电源处形成孤立的自身烧损痕迹。由于锂电池电源的单体电池喷溅距离较远，可通过跳跃式的蔓延火源造成有一定距离的大卧室内部起火，因此形成了多个不连续的起火点。

3.2 火场中燃烧重的部位不一定是起火部位

该火灾大卧室内燃烧充分，导致最初调查人员认为起火部位位于大卧室内，但是锂电池电源和东侧烧损严重的大卧室之间没有形成连续的蔓延痕迹，锂电池电源处形成孤立的自身烧损痕迹。由于锂电池电源的单体电池喷溅距离较远，可通过跳跃式的蔓延火源造成有一定距离的大卧室内部起火，而锂电池附近没有其他起火物，加之房间较封闭，锂电池能量释放完后，火灾没有进一步的扩大，形成了起火部位燃烧程度较其他部位轻。

3.3 锂电池在未充电的情况下能发生火灾

该起火灾的认定，当事人一直不能理解的是锂电池未充电，但却发生火灾。大量数据表明，锂电池电源内部发生热失控后引发单体电池爆炸起火，进而引发火灾的事故大量存在，三星 Note7 电池爆炸的原因是手机内部的布局为曲面屏，牺牲了电池舱稳定的环境，外力易导致电池内部短路。2018 年 2 月 25 日南航一架飞机上旅客所携带行李在行李架内冒烟并出现明火，就是旅客所携带充电宝冒烟并着火，事发时充电宝未在使用状态。因此，在火灾事故调查中，一定要分析火灾现场锂电池存放、充电情况，该起火灾也是如此。

参考文献

[1] 李丽. 锂离子电池火灾危险性及扑救对策探讨 [C]// 2016 消防科技与工程学术会议论文集. 中国消防协会, 2016:520-522.
[2] 王青松, 平平, 孙金华. 锂离子电池热危险性及安全对策 [M]. 北京: 科学出版社, 2017.

对新能源汽车火灾的探索

彭泽铎,王良宇

(中国消防救援学院,北京　110000)

摘　要:随着市场上的新能源汽车数量逐年增加,新能源汽车火灾的处置成为消防救援队伍新的课题。本文通过对市场情况的调研、锂电池的研究和案例的对比,来分析新能源汽车火灾的问题和难点,以便为新能源汽车火灾的补救和处置提供帮助。

关键词:三元锂电池;磷酸铁锂电池;燃烧;燃烧温度;化学抑制剂;火灾调查

1　绪论

1.1　课题提出的背景

新能源汽车区别于传统汽车使用燃料,其采用新能源进行驱动。由于新能源汽车在车辆的供能资源、动力控制、驱动方式方面不同于传统汽车,所以对于新能源汽车火灾的扑救和处置勘探是一个全新的课题。

1.2　国内新能源汽车情况

从 2021 年开始,我国新能源汽车数量开始连续增长。根据国家统计局发布的《中华人民共和国 2022 年国民经济和社会发展统计公报》显示,2022 年我国新能源汽车产量为 700.3 万辆。截至 2022 年底,全国新能源汽车的市场占有率为 27%。对比应急管理部公布的 2021 年全国消防接处警与火灾情况,新能源汽车火灾在 2021 年共发生 3 000 余起,呈高速增长态势。由于新能源汽车的火灾风险总体高于传统汽车,所以这类新兴业态发展积累的消防安全风险也逐渐显现。预计未来处置新能源汽车火灾将成为抢险救援的重要部分。因此,消防救援队伍面对这类新型火灾,应当提高专业化建设,加强救援能力水平,完善"全灾种、大应急"形势下处置新型问题的能力。

1.3　课题的研究意义

通过本文对新能源汽车火灾的研究,了解新能源汽车火灾事故起因,建立处置新能源汽车火灾思路框架,细化新能源汽车火灾处置情况,深入挖掘专项救援能力,对未来应对新能源汽车火灾带来启示。

2　新能源汽车火灾概述

2.1　新能源汽车常见火灾原因

新能源汽车火灾按主要发生部位可分为两类,即电池模块火灾和电池外模块火灾。电池模块火灾具体细分为电芯内部故障、采样线短路、电池管理系统(BMS)故障和其他电源线路故障。电池外模块火灾主要分为两类:外来因素火灾(人为纵火、遗留火种、其他起火原因)和自身因素火灾(高压/低压设备故障,电气线路故障,如短路、过负荷、接触不良和局部过热)。

将新能源汽车火灾情况细分,又可分为汽车在静止停放时燃烧、充电中燃烧、行驶中燃烧、启动中燃烧、撞击后车身起火和充电后行驶起火等。新能源汽车火灾发生时间主要集中在夜间(占比 79%),充电状态时燃烧占 68%。依据 2022 年上半年国内新能源汽车自燃事件统计,其中磷酸铁锂电池、三元锂电池发生火灾占比较高,故应该对这两类电池结构重点关注,进一步寻求最大优化处置方案。

2.2　新能源汽车常见起火部位及电池分析

通过对新能源汽车火灾的介绍,了解到最为常见的新能源汽车火灾原因是电池模块故障。结合目前市场上的汽车电池类型,最为常见的电池种类为燃料电池、蓄电池,故主要对这两类电池进行分析。

燃料电池主要是将氢等燃料的电化学能转化成电能,以提供动力。

作者简介:彭泽铎(1997—),男,内蒙古消防救援总队乌兰察布消防救援支队,中国消防救援学院学员。地址:北京市昌平区南口镇南雁路 4 号,110000。电话:15648120119。邮箱:1216151839@qq.com。

蓄电池主要有三元锂电池(包括 NCM 三元锂电池和 NCA 三元锂电池)、磷酸铁锂电池、镍氢电池、铅酸电池。

三元锂电池又称三元锂聚合物,是以锰酸镍钴或铝镍钴为正极的锂电池。它的主要优点是与相同体积的电池相比电池密度更高,有一定的抗低温能力,循环性能良好,电池容量衰竭率低。同时,其缺点也显著,相对比其他电池热稳定性差,化学反应十分强烈,一旦发生碰撞或电池短路,很容易释放氧分子,电解液在高温作用下迅速燃烧,几分钟内迅速发生爆炸。

通过对动力锂离子电池热失控火灾实验模型的研究可知,锂电池具有两个升温阶段、一个降温阶段,当电池加热 0~250 s 时平稳升温,在 250~500 s 时温度骤升,电池温度在 570 ℃ 以上后自然降温,如图 1 所示。特别需要注意,电池电解液与正负极物质在火焰燃烧下直接分解挥发 HF、CO 可燃气体,电池单体两端喷射较长火焰。

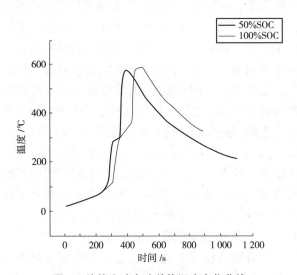

图 1 外热实验电池单体温度变化曲线

磷酸铁锂电池,是指采用磷酸铁锂作为正极材料的锂离子电池。这一类电池的特点是不含贵重金属元素(如钴等),所以造价低于三元锂电池。在实际使用中,磷酸铁锂电池具有耐高温、安全稳定性强、价格便宜、循环性能更好等优势;其缺点是能量密度较三元锂电池仍有不小的差距,在气温低于 -10 ℃ 条件下衰减速度快,通过测试经过不到 100 次充放电循环,电池容量就下降到初始容量的 20%,所以在寒冷地区不建议使用磷酸铁锂电池供电。

3 新能源汽车火灾案例

3.1 上海闵行区特斯拉自燃爆炸火灾

2021 年 1 月 19 日 19 时 4 分,位于上海闵行区一小区车库的特斯拉 Model3 因底部电池被碰撞而发生自燃并爆炸。当地消防大队接到报警后出动三辆消防车于 19 时 25 分到达事发现场,立刻铺设水带,使用消防泡沫处置起火车辆,大约 40 分钟明火被扑灭。火调人员第一时间赶赴火灾现场,开展事故调查。此起车辆火灾的起火点为三元锂电池处。整个车辆全部烧毁,烧损程度呈下重上轻的痕迹特征;四侧车门被炸飞,前机舱盖被掀起(图 2);机盖内侧有一个梯形的凹陷,电池组烧毁严重(图 3);玻璃全部碎掉,内饰与座椅完全烧光,轮胎基本完好。

图 2 特斯拉 Model3 正面烧损情况

图 3 特斯拉 Model3 侧面烧损情况

3.2 成都电动货车起火自燃事故

2022 年 11 月 17 日凌晨 2 时,成都市某处一辆电动货车在充电站快充时突然温度异常发生火灾。根据现场监控视频可知,电动货车首先底部冒出烟雾,3 分钟后大量浓烟飘出,5 分钟后发生爆炸并导致车辆侧翻(图 4)。消防救援人员接到报警后立刻到达现场对火势进行扑救。30分钟后明火熄灭，但周围车辆均受到不同程度波及。火调人员第一时间到达现场，经过勘查综合认定起火原因为电动货车动力电池热失控发生爆燃(图5)。

图4 电动货车爆炸后发生侧翻的情况

图5 电动货车电池组爆炸后情况

3.3 珠海某广场新能源汽车自燃事件

2022年6月12日，珠海市某广场停放的新能源汽车起火，起火部位为车头部位，随后几秒内前机舱内冒出浓烟，据目击人反映，事故发生后几分钟车辆内部有多次爆炸声响。广场安保人员发现事故后，第一时间报警并使用干粉灭火器进行灭火，但随后不久该车辆突然发出巨大爆炸声响，该起火车辆火势突然加大，并很快将车辆覆盖，10分钟后消防救援人员赶到现场进行扑火，扑火过程中出现大量的刺鼻浓烟。特别需要提示注意的是，明火扑灭后，该车辆出现复燃现象，消防救援人员再次进行二次灭火。通过图6可以看到，该车辆事故结束后车头部位基本被烧毁，主要部件基本已经报废。

图6 某新能源汽车自燃情况

4 根据案例对锂电池类汽车火灾的处置

4.1 对三元锂电池着火火灾的处置及方法

三元锂电池火灾具有易爆炸、易喷火、难以控制、扩散性强等特点，处置过程更需要提高专业度，加强安全防护措施。新能源汽车制造厂商在汽车设计时应注意保护电池模块，避免存在被硬物撞击而产生火灾。消防救援人员应熟悉掌握车辆结构，了解车辆电池材质，对不同的电池模块位置有大体研判。能够第一时间控制火势，降低温度减少爆炸次数及爆炸可能。消防队员在施救过程中更应该注重安全距离，根据调查可知，锂电池燃烧爆炸喷火的极限距离为10 m，对此应设有安全保护设施及安全灭火距离。其中，安全保护设施应具有抗爆炸的功能，安全灭火距离应大于10 m。明火扑灭后要采用红外热成像仪反复进行观察，确保安全后再靠近。

4.2 对磷酸铁锂电池着火火灾的处置及方法

面对磷酸铁锂电池火灾，主要采用雾化喷射灭火剂、安全隔离、冷却电池等方式进行处理。采用雾化喷射灭火剂的种类主要有干粉或气雾型灭火剂，对灭火剂的要求是不带电导性、高浓度。灭火剂的喷射方向应与火源方向垂直，并且要确保火源周围的密闭性。如果火势较大，需要增大水枪喷射量或同时使用多个水枪协同灭火。同时使用水枪辅助进行冷却，防止电池自燃爆炸和增加电荷安全电场。磷酸铁锂电池明火扑灭后，仍需花费大量时间冷却。尤其是电池组及其周围有可能会产生二氧化碳等有害气体，应及时清理，避免二次污染。

通过对磷酸铁锂电池爆炸的案例分析可以看出，由新能源电池引起的火灾事故，首先是发现难，因为电池发生热失控后，才会冒出有毒的白色烟气，此时其内部早已在剧烈反应,且十分迅速,几分钟内就能迅速燃烧;其次是灭火难,明火易灭,内部的反应仍无法触及;最后是灾后抑制难,电池可反复复燃,需要使用大量的水给电池降温来确保处置安全。

4.3 分析三元锂电池和磷酸铁锂电池区别

三元锂电池和磷酸铁锂电池虽然都是新能源锂电池,但由于不同的化学构成和特点,因此在发生火灾时的表现有所不同。对比案例和大量的实验数据可以了解到,三元锂电池和磷酸铁锂电池是存在差异性的,见表1。在燃烧温度上,三元锂电池的燃烧温度高于磷酸铁锂电池。在化学稳定性上,磷酸铁锂电池更高一些,较难因电池内部的电化学反应失控而引发火灾,而三元锂电池因为化学构成特点和高能量密度,较容易因电池内部化学反应不稳定而导致火灾。特别需要注意的是,三元锂电池具有一定的空气敏感性,如果电池已经受损并被打开,容易触发内部反应,从而导致火灾;而磷酸铁锂电池在被损坏或打开后,内部化学反应比较平稳,能够在一定程度上抑制火灾风险。所以,消防救援人员进行施救时应注意电池类型,避免操作错误。

表1 三元锂电池和磷酸铁锂电池燃烧温度、稳定性、与空气接触的对比

电池种类	燃烧温度	稳定性	空气接触
三元锂电池	最高燃烧温度1 000 ℃	内部化学稳定性低,比较活跃	内部化学反应平稳
磷酸铁锂电池	最高燃烧温度500~600 ℃	内部化学稳定性高	具有空气敏感性

总体来说,相对于三元锂电池,磷酸铁锂电池的化学稳定性、安全性能等较高,三元锂电池的事故伤亡率要显著高于磷酸铁锂电池,三元锂电池一旦起火,蔓延速度十分快,往往在一瞬间火势就会失控,而磷酸铁锂电池燃烧则会经历一个过程。如果可以在处置新能源汽车火灾时进行区分,第一时间了解电池模块类型,可以缩短救援时间,减少伤亡。

5 新能源汽车火灾思考

新能源汽车的普及带来了更加环保和节能的出行方式,同时也带来了新的安全隐患。消防救援队伍作为处置各类风险灾害的国家队主力军,面对新能源汽车火灾数量逐渐增多的形势,应通过分析事故起因和燃烧特点,构建抑制火灾燃烧的三个关键要素,进一步精化救援过程,推动灭火和防火工作,有效降低火灾事故发生概率,最大限度减少人员伤亡和经济损失。

通过市场调研,目前市场上的新能源汽车中,锂电池汽车的市场占有率较大。在大量案例分析后,发现此类锂电池汽车在发生燃烧后仅数分钟内即迅速发生爆炸,并且多次发生爆炸。因此,必须转变思路,由被动救援向主动防护发展。建议在易损坏的电池模块周围设置化学抑制剂,并通过温度传感器接收电池温度信息,通过监测温度来研判是否燃烧起火。当出现高温燃烧情况时第一时间进行化学抑制,从而可以有效限制电池模块燃烧温度,控制其燃烧范围,保护周围模块的安全,最大限度减少车辆的烧毁程度,减少经济损失,同时为车主和周围人群提供充足的撤离时间。

目前,市场上实现抑制锂电池燃烧的化学抑制剂主要有二氧化碳、离子交换树脂和硅酸铝盐等。其中,二氧化碳是一种可用于灭火的化学抑制剂,可以在短时间内有效抑制火势,并将燃烧的锂离子电池冷却降温;离子交换树脂是一种可吸附电池内电解液和金属离子的化学抑制剂,可在一定程度上限制或减缓锂电池燃烧的影响;硅酸铝盐则是常用的灭火剂之一,能迅速形成一层防护膜,阻止氧气进入锂电池,减少火焰的蔓延以及帮助扑灭火源。如何合理实现不同情况下的抑制降温是一个难点,将化学抑制剂与车辆自身保护系统相结合是未来要探索发展的。为避免锂电池燃烧事故的频频发生,更应通过火灾调查来推动生产厂商构建安全的防火体系,通过安全设计、严格检测和科学管理等手段,保证锂电池的安全性,从而实现由被动救援向主动防护的转变。

参考文献

[1] 高明泽,宋志龙,王勇. 软包锂离子电池高温实验及其残留物分析[C]// 中国消防协会火灾原因调查专业委员会2019学术交流会论文集. 中国消防协会,2019:1-5.
[2] 李冲. 新能源风口到来,衍生产业"蓄势待发"[J]. 华东科技,2022(8):10-11.
[3] 特斯拉选了磷酸铁锂电池,它真的比三元锂电池好吗?[J]. 设备管理与维修,2021(23):前插4.

对一起由锂电池热失控引发的较大亡人火灾调查与分析

刘荔维,陈奕江

(四川省消防救援总队,四川　成都　610031)

摘　要:本文介绍一起由锂电池热失控引发的较大亡人火灾的调查程序和方法,分析锂电池热失控的现场痕迹,梳理、总结火灾调查流程与家庭防火工作的经验与教训。

关键词:火灾调查;锂电池;调查程序;现场痕迹;事故教训

1　引言

　　2023 年 2 月 2 日晚,广安市某住宅发生火灾,造成 4 人死亡、3 人受伤。通过现场勘验、调查询问、视频分析等手段综合认定为电动平衡车充电过程中锂电池内部故障热失控引发火灾。本文通过回溯该事故的调查过程,分析锂电池火灾调查认定程序与火灾事故教训。

2　火灾基本情况

　　2023 年 2 月 2 日 23 时 41 分,广安市广安区某小区 1 幢 2 单元 401 室居民住宅发生火灾,造成 4 人死亡、3 人受伤,直接财产损失 202 635.33 元,过火面积约 133 m²。

2.1　起火住宅基本情况

　　起火住宅(401 室)所在的某小区 1 幢为"L"形建筑,砖混结构,建筑高 23.7 m,共 7 层,首层为商铺,2~7 层为单元式居民住宅,1 幢 2 单元位于"L"形建筑南北向部分,一梯 2 户。

　　起火住宅入户门朝西面,内部为错层结构,下层分别为客厅、饭厅、厨房、厕所,上层分别为 3 间卧室(西北角卧室为 1 号卧室,东北角卧室为 2 号卧室,东侧卧室为 3 号卧室)及厕所,上下层经 8 步步梯连通(高差约 1.2 m),面积约 146.2 m²。(图 1)

作者简介:刘荔维(1989—),男,四川省消防救援总队火调技术处,初级专业技术职务,主要从事火灾调查工作。地址:四川省成都市金牛区迎宾大道 518 号,610031。

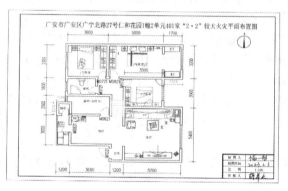

图 1　起火住宅平面布置图

2.2　起火经过与初期火灾处置

2.2.1　火灾发现经过

　　据蒋某碧(伤者,火灾第一发现人)描述,其当晚在 3 号卧室看了十多分钟小视频后休息,看见卢某华(死者,蒋某碧的丈夫)的手机屏幕亮了一下就熄屏了,过了四五分钟后听见客厅有异响,遂开门到客厅查看,发现客厅充满黑色浓烟。

　　据彭某铰(第一报警人)描述,其于 23 时 40 分和同学刘某辰在高岩人行天桥上看彩灯,突然发现对面居民楼起火遂报警。

2.2.2　初期火灾处置经过

　　蒋某碧发现火灾后,先跑至客厅打开入户门进行排烟,然后返回客厅开窗,此时出现明火并迅速扩大,其立即逃出入户门并在门口呼喊家人,后跑至二楼室外走道呼救。

　　胡某明(小区值班保安)听见有人呼喊、看到有人向下逃生后,立即赶到 1 幢二楼室外疏散走道打开该建筑通向建安北路疏散楼梯的门,然后打开小区大门,随即拨打电话通知供电所、天然气公司断电断气,并拨打 110 报警。

3 起火原因认定过程

3.1 起火时间认定

据蒋某碧的证言反映,她在卧室休息后,听到客厅方向传来异响,四五分钟后出现数声异响,于是打开 3 号卧室门前往客厅查看,发现客厅充满了浓烟,并先后打开入户门及客厅外窗通风排烟,因出现猛烈明火,被迫(蒋某碧身体局部被火烧伤)逃出入户门并在门口呼喊家人,后跑至二楼室外走道呼救。小区起火单元楼二层楼梯间监控拍摄到其第一次出现在二楼室外走道时间为"2023 年 2 月 2 日 23 时 42 分 26 秒"。

据报警人彭某铰的证言反映,他于 2023 年 2 月 2 日 23 时 40 分许和同学刘某辰在高岩人行天桥上看彩灯时发现对面居民楼起火,于是立即打电话报警,广安市消防救援支队指挥中心接到其报警时间为"2023 年 2 月 2 日 23 时 41 分 1 秒"。

据报警人彭某铰手机拍摄火灾视频显示,其拍摄时间为"2023 年 2 月 2 日 23 时 41 分 12 秒",视频画面显示明火从临建安北路的东墙外窗(401 室客厅外窗)窜出,火势处于猛烈燃烧阶段,同时其北侧 2 间卧室有浓烟冒出。

据天网"建安北路 - 银顶街"街口监控显示,2023 年 2 月 2 日 23 时 40 分 52 秒,建安北路地面首次出现火光反射现象;据 1 幢 2 层楼梯间监控显示,2023 年 2 月 2 日 23 时 41 分 53 秒,开始有人沿 1 幢 2 单元楼梯逃生。

据专业视频分析软件对天网"思源广场图书馆"监控的分析结果显示,某小区 1 幢 2 单元 401 室东侧客厅外窗在 2023 年 2 月 2 日 23 时 32 分 51 秒开始出现高亮现象,持续时间为 9 秒。(图 2)

图 2 401 室东侧客厅外窗出现高亮现象

综上所述,结合火灾发生发展蔓延规律,认定起火时间为 2023 年 2 月 2 日 23 时 30 分许。

3.2 起火部位认定

据报警人彭某铰证言以及对其拍摄视频分析证实,彭某铰发现火灾时,401 室临建安北路 3 个房间的外窗均有烟、火冒出,火焰最大处为 401 室客厅外窗部位。

据天网"思源广场图书馆"监控显示,2023 年 2 月 2 日 23 时 40 分 54 秒,401 室临建安北路东外墙客厅窗户处最先有火光出现。

据蒋某碧反映,其打开卧室门后发现客厅充满浓烟后,摸索前行(未开灯),先打开入户门排烟,又去开客厅窗户,后沿着南墙(电视墙)向西前行,后通过入户门逃生。

现场勘验显示,401 室客厅、餐厅、错层卧室走廊、1 至 3 号卧室全部过火,厨房、阳台有烟熏痕迹,整体呈现火灾由客厅向其他部位蔓延的特征。客厅过火情况北部重于南部、东部重于西部,火灾痕迹呈现以客厅东北角为中心向四周蔓延的特征。(图 3)

图 3 起火部位过火蔓延由重到轻示意图

综上所述,认定此次火灾起火部位位于某小区 1 幢 2 单元 401 室客厅东北角。

3.3 起火原因认定

3.3.1 对起火部位电动平衡车进行专项勘验

在现场勘验过程中,在起火部位(客厅东北角)发现 8 寸电动平衡车、1 号插线板、充电器的残骸,其中包括 8 寸电动平衡车烧毁残存构件及数节圆柱形锂电池钢质外壳残骸,残存构件为电动平衡车车轮 2 个、转向轴 1 个,车轮内圈约 120 mm,残存圆柱形锂电池钢质外壳残骸长 65 mm、直径 15 mm,共 9 节,排列较为整齐,火烧严重。(图 4)

图 4　残存圆柱形锂电池烧损情况

客厅东部，距东墙 0.46 m、距南墙 2.8 m 处，发现 1 节锂电池钢质外壳残骸（21 号物证），烧损严重，壳体底部（电池负极）出现鼓包现象，并有一长约 1 mm 的细小裂缝痕迹。（图 5）

图 5　21 号物证

在客厅中部另发现 10 寸电动平衡车烧毁残存构件及数个圆柱形锂电池残骸，残存构件为电动平衡车车轮 1 个、转向轴 1 个，车轮内圈约 100 mm，残存圆柱形锂电池钢质外壳残骸长 65 mm、直径 15 mm，共 13 节，火灾前该电动平衡车位于客厅东南角，由于空调垮塌砸落至客厅中部；另在客厅东南角空调残骸下方、电视柜下方发现 8 节锂电池钢质外壳残骸。

3.3.2　对起火部位发现的锂电池进行专项勘验

现场共发现 31 节锂电池钢质外壳残留物（图 6）。

在 31 节锂电池钢质外壳残留物中，有 1 节锂电池钢质外壳负极没有任何连接的特征，应为使用锂电池的其他用具所有；另外的 30 节锂电池钢质外壳负极都有连接片或焊接痕迹，应为通过连接形成电池组。详细观察发现，有 20 节锂电池残留物呈现每 2 节锂电池并联后串联形成 36 V 电池组特征（图 7）；有 10 节电池组呈现单节直接串联形成 36 V 电池组特征（图 8）。结合调查获取的该室住户火灾前电动平衡车网购信息、现场提取到的锂电池残留

物数量和询问情况确认，两个锂电池组为同一品牌、型号分别为 8 寸和 10 寸的 2 个电动平衡车使用，对应的续航里程分别为 15~25 km 和 20~25 km，起火前 8 寸电动平衡车位于客厅东北角靠近沙发处并处于充电状态。经拆解同款电动平衡车进行对比勘验、综合分析，判断 10 寸电动平衡车中应为 20 节锂电池两两并联后串联成 36 V 电池组；8 寸电动平衡车应为 10 节锂电池单节直接串联形成 36 V 电池组。

图 6　锂电池钢质外壳残留物

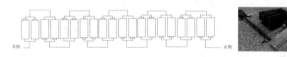

图 7　20 节锂电池组连接示意图

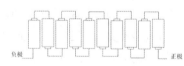

图 8　10 节锂电池组连接示意图

现场勘验时发现 21 号锂电池残留物物证钢质外壳的负极连接片呈单向连接特征，应为串联连接方式。同时，结合发现 21 号锂电池残留物物证的空间位置，判断 21 号锂电池残留物物证应为 8 寸电动平衡车 10 节串联锂电池组中分离出的 1 节锂电池残留物。

通过对 31 节锂电池残留物的钢质外壳的痕迹特征仔细检查后发现，其中 30 节锂电池的钢质壳体未发现有穿孔或者撕裂痕迹，仅有 21 号锂电池残留物物证的钢质外壳负极底部出现明显的鼓胀和一个撕裂口痕迹（图 9），且壳体内部无任何电芯材料。

图9 21号物证钢制外壳撕裂口

3.3.3 电动平衡车曾出现不能正常使用情形

据袁某琼(蒋某碧原二儿媳)反映,401室使用的2台10寸和8寸电动平衡车于2021年6月17日网购;据卢某琪反映,8寸电动平衡车很少使用,曾出现过开机后经拍打方可使用现象,存在续航能力减弱情况,火灾发生前该电动平衡车因电量耗尽才进行充电。

3.3.4 锂电池热失控引发火灾分析

当电池放置较长时间时,电池会发生自放电从而达到过放电的情况,导致电池负极和集流器的损坏,并在再次充电时阻止锂离子在负极上的嵌入,引发锂枝晶的生长,刺穿隔膜,因此在充电过程中锂电池内部会发生短路故障,内短路导致电池内部急剧发热,温度迅速上升。一方面,电池内热造成隔膜、电解液和正负极材料受热分解释放出大量可燃气体,使电池内部压力迅猛上升,实验数据表明该压力最高可达18 bar,从而形成电池钢质外壳鼓胀现象;另一方面,电池内短路放电电弧和局部内热可使电芯材料和钢质外壳局部受热软化,有时会在钢质外壳上形成熔化孔洞。此外,当电池内压剧烈上升时,泄压阀来不及泄压,外壳上的软化部位是整个外壳的薄弱点,将首先被突破形成撕裂口,内压继续升高时,电池将发生燃烧爆炸,单体电池从电池组上分离,电芯材料从正极部位突破冲出,电芯材料因受爆炸冲击会被撕裂成碎片,与在起火部位附近(火灾现场客厅东北角靠近沙发处)提取到大量电芯碎片情况一致。其余的30节锂电池受火场高温作用,内部压力升高速度相对较慢,首先是电池正极处密封垫被破坏,所以都均呈现正极片和电芯整体冲出的现象,钢质外壳上不会出现撕裂口。

综合上述分析,21号锂电池残留物物证的钢质外壳负极底部出现明显的鼓胀和一个撕裂口特征,表明在两台电动平衡车电池组的30节锂电池中,有且仅有21号锂电池残留物物证曾发生过内短路的热失控故障,进而在电动平衡车内半封闭相对绝热环境中发生了热失控火灾,并在其他电池间扩展蔓延,引燃电动平衡车以及周边可燃物致灾。

4 启示与教训

4.1 本次火灾事故调查相关启示

4.1.1 要全面寻找锂电池残留物

在本次火灾现场勘验中,调查人员通过3天的时间对火灾现场进行了全面勘察、寻找,提取31节18650锂电池钢质外壳残留物,找到大量电芯材料喷射后形成的碎片残留物,为后续的分析认定提供了完整的物证体系。

4.1.2 要充分了解电池的连接方式

在本次火灾调查中,调查人员面对现场提取的大量电池钢质外壳残留物并没有束手无策,而是充分观察每一节电池残留物的连接方式,并与同款电动平衡车内部电池连接情况进行比对,将全部电池进行归类,从而锁定与起火部位相关的电池残留物。

4.1.3 要对电池残留物进行细致勘验

本次火灾现场提取的电池钢质外壳残留物均有不同程度的损伤与不同的痕迹,如重压变形、撞击变形、火烧变色等,调查人员对每一节电池钢质外壳都进行了细致勘验,分析每一处损伤、每一处痕迹的形成原因,最终找到了最能够证明起火原因的毫米级痕迹物证。

4.2 本次较大亡人火灾事故教训

4.2.1 当事人不明灾情、盲目处置,没有第一时间通知室内其他人员及时疏散

火灾最早发现人在卧室先后两次听到客厅异常声响,发现客厅充满浓烟,在摸索中打开入户门,继而去打开客厅外窗。其在不知道危险位置、来源情况下,简单盲目做通风排烟处理,没有立即通知错层建筑上层卧室内的其余6人马上疏散。结果导致明火出现猛烈燃烧,产生大量高温烟气并迅速扩散,导致卧室内其他人员错失安全疏散最佳时机。

4.2.2 电动平衡车在室内紧靠易可燃物充电,造成比电动自行车更严重后果

起火的电动平衡车使用的是锂电池电源,当天晚上在起火住宅客厅充电,无人看管,且紧靠布艺沙发。本来电动平衡车的锂电池容量和自身易可燃材料数量往往小于普通电动自行车,但"电动平衡车+布艺沙发"组合的火灾后果却远大于普通电动自行车,一旦起火燃烧猛烈、蔓延迅速,并伴随产生大量高温有毒烟气,直接威胁现场人员生命安全。

4.2.3 当事人面对灾情火势,慌乱无措,火灾第一发现人及受困人员均未报警

起火住宅内7人均未电话报警,第一个报警电

话是路人发现火势突破起火住宅客厅外窗后拨出。蒋某碧看到起火后，在入户门外原地哭喊，后跑到二楼外走道，董某芳听见哭喊打开卧室门看到浓烟返回待救，这一时段自始至终无人报警。如报警及时，消防救援队到场可提前 3~5 分钟，为灭火救援、抢救生命赢得宝贵时间。

4.2.4 当事人避险应对不当，无法逃生时未有效关闭卧室门，导致迅速引火入室

蒋某碧查看情况时，完全打开 3 号卧室门，客厅燃烧产生的高温烟气迅速涌入，在 3 个卧室中，该房间起火时间最早，烧得最重，2 人死于现场，消防救援队到场时该卧室已不见明火；2 号卧室门正对楼梯通道，打开约 20° 角（应是室内儿童发现情况后，打开室门烟气窜入，情急之下未关严），消防救援队到场时，该房间燃烧处于猛烈阶段，室内两名儿童死亡；1 号卧室门完全关闭，消防救援队到场时，该卧室门仅顶部燃烧，室内未过火，母女 2 人获救。

4.2.5 错层建筑下层厅室起火，火灾烟气对上层卧室居住人员安全威胁更大

本次起火住宅为错层结构，上层为卧室、下层为客厅等活动区域，上下层之间通过 8 步步梯连通，高差为 1.2 m，上下层以及步梯上方均采用木质吊顶，客厅起火燃烧产生的高温热烟气由于热对流作用向层高较高的部分流动，导致错层结构上层的卧室区域迅速被高温热烟气充满，封闭疏散通道，导致人员无法逃生，同时高温热烟气会快速引燃木质吊顶、卧室门等可燃物，导致在卧室避险的难度较大。

参考文献

[1] 应急管理部消防救援局. 火灾调查与处理:高级篇 [M]. 北京:新华出版社,2021.
[2] 毛斌斌. 18650 型三元锂离子电池热失控临界条件及火灾动力学研究 [D]. 合肥:中国科学技术大学,2021.
[3] 邓志彬,孙强,贺元骅.18650 型锂离子电池热失控火灾扩展触发条件研究 [J]. 消防科学与技术,2018,37(5):690-693.
[4] 黄沛丰. 锂离子电池火灾危险性及热失控临界条件研究 [D]. 合肥:中国科学技术大学,2018.

对一起新能源电动汽车单向集成电源系统 起火事故的调查与体会

丁 可

（聊城市东阿县消防救援大队，山东 聊城 252000）

摘 要：随着新能源汽车数量的迅速增加，越来越多的新能源汽车火灾也不断出现在大众的视野中，该类火灾的调查手段和技术也日益完善。本文以一起新能源电动汽车火灾事故为例，通过调查询问、现场勘验、后台监控数据分析和检验鉴定等手段，最终确定了单向集成电源系统首先起火，以期为同类新能源电动汽车火灾事故调查提供参考。

关键词：新能源；电动汽车；单向集成电源；电热

自国家将新能源汽车作为战略性新兴产业以来，新能源电动汽车行业得到突飞猛进的发展，电动汽车的数量急剧增加。与此同时，越来越多的新能源汽车火灾也不断出现在大众视野中，引起了社会各界对电动汽车火灾风险的关注。本文以一起电动汽车火灾事故为例，通过调查询问、现场勘验、后台监控数据分析和检验鉴定等手段，最终确定了单向集成电源系统首先起火，以期为同类新能源电动汽车火灾事故调查提供参考。

1 火灾基本情况

2023 年 3 月 5 日 11 时 38 分，某地消防救援大队指挥中心接到报警，称位于某村庄的大棚发生火灾。经调查，发生火灾的大棚为一仓库。该起火灾烧损电动汽车一辆以及大棚、废旧家具等物品，未造成人员伤亡。

2 火灾事故调查过程

2.1 调查询问情况

火灾事故发生后，火灾调查人员分别对车辆所有人、第一发现人进行了询问。通过对起火车辆所有人询问得知，起火车辆购置于 2022 年 10 月，用于

运营网约车，属于营运车辆。3 月 5 日 8 时左右将车停于仓库内，并连接好充电桩，使用手机操控充电，然后关闭仓库门到卧室休息，11 点 30 分左右接到邻居的电话，才知道仓库起火。通过对第一发现人询问得知，其在仓库外的道路上经过时，听到了异常响声，随即发现仓库东南角出现火焰，仓库的其他部位还未着火。

2.2 现场勘验情况

起火车辆前后保险杠总成、前车灯、右后车灯、左右后视镜均烧损缺失或脱落，前保险杠总成外壳熔融物贴地一面局部漆膜残留且黏附未烧损的树叶，左右后视镜支架、左后车灯残留；驾驶室顶盖前部、前机舱盖右后部边缘、前挡风窗框下横梁局部外壳漆膜脱落，前机舱盖右部、右前翼翼子板锈蚀，前机舱盖左部、前立柱、左前翼、左前车门局部、右侧车门、右后翼子板外壳变色，车身其余部位外壳保留较好，如图 1 所示。

前后挡风及左右车窗玻璃均破碎脱落，大部分玻璃残骸呈碎片状，集雨板及仪表台均右部玻璃残骸呈熔融状；前后车牌及托架脱落，车牌漆膜变色；左前、右前轮胎橡胶层均大部分缺失，贴近地面处少量残留，轮毂漆膜锈蚀、变色，右后轮胎橡胶层胎侧缺失、胎冠残留，左后轮胎未失压；驾驶室内仪表台、方向盘、座椅、内饰及物品等不同程度烧损，蒸发器右上部漆膜变色，后排座椅坐垫及靠背海绵层局部残留，座椅、底板及后备箱处碳化物残留较多，地胶整体保留较好；驾驶室内壁漆膜锈蚀、变色，如图 2 所示。

作者简介：丁可（1985—），男，汉族，山东肥城人，聊城市东阿县消防救援支队中级专业技术职务，主要从事火灾事故调查工作。地址：山东省聊城市东昌府区陈庄路 56 号，252000。

图 1 起火车辆外观照片

图 2 起火车辆仪表盘、方向盘、后排座椅烧损情况

前机舱盖底面右中部锈蚀,其余部位变色;前保险杠护板及右侧支撑架缺失,左侧支撑架残留;空调冷凝器上部残留,下部局部缺失,其框架左侧固定板变色,右侧固定板脱落;位于前机舱内右后部的ABS泵外壳局部烧损,输油管路未脱落;驾驶室及前机舱电路系统过火,部分导线绝缘护套烧损缺失,线芯裸露;高压电池箱位于车辆底盘中部,箱体整体保留较好;位于右前翼后部的车载直流充电插座与充电枪插头未分离,充电枪外壳炭化残留,导线绝缘护套缺失,线芯裸露,经检验未见异常,如图3所示。

图 3 起火车辆前机舱盖变色及充电枪残骸

位于前机舱内右中部的单向集成电源系统合金外壳底板中部及后部缺失,其余部位外壳残留,多组导线接插件外壳均上部炭化、下部灰化,内部集成电路板、电气元件裸露;单向集成电源系统集成电路板后部有金属高温变色痕迹,其中1组导线接线端子与集成电路板连接处破损严重,该区域多组铜质导线局部缺失,作为物证现场提取,如图4所示。

图4 起火车辆单向集成电源系统外壳破损及电路板变色
情况

起火车辆东南侧约1 m处金属柜外壳西侧立面局部烟熏,合金铭牌轻微烧损,其上方放置的充电桩高分子聚合材料外壳东部残留,西部熔融、缺失,附近地面处电源线绝缘护套局部未烧损,电源控制开关外壳缺失,内部电气元件、接插件未见异常,如图5所示。

图5 起火车辆充电桩、电源线及控制开关烧损情况

2.3 后台监控数据分析情况

通过分析起火车辆后台监控数据得知,该车于8时3分开始处于停车充电状态,SOC值为28%;11时20分,车辆状态变为"未充电状态",总电流由-10.5 A突变为0.1 A(负值表示充电),此时SOC值为47%。此时间段内,电池单体电压最高值、电池单体电压最低值均未发现异常,最高温度为17 ℃。起火车辆总电流数据曲线图如图6所示。

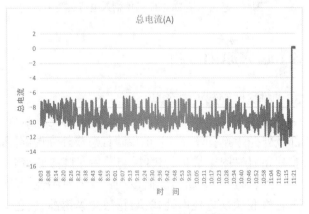

图6 起火车辆总电流数据曲线图

对车辆充电数据进行分析,11时22分,DCDC高压输入电流由0.125 A突变至0,如图7所示;DCDC高压输入电压由384 V降至43 V,1秒后DCDC高压输入电压降至30 V,再经过1秒后DCDC高压输入电压降至0 V,如图8所示。

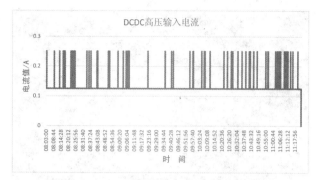

图7　起火车辆 DCDC 高压输入电流曲线图

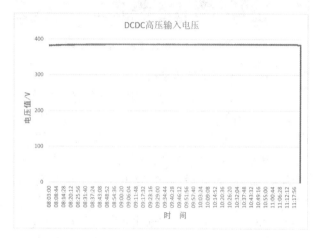

图8　起火车辆 DCDC 高压输入电压曲线图

3　起火原因分析

3.1　排除地面起火的可能

根据起火车辆烧损情况进行分析:对比车身外部及外壳漆膜、车灯烧损,前保险杠总成外壳局部漆膜残留且黏附未烧损的树叶,与前后车牌漆膜变色相一致;对比各组轮胎烧损,左前、右前轮胎烧损较重且橡胶层贴近地面处残留,轮毂漆膜锈蚀、变色,不符合轮胎先起火及可燃液体低位燃烧的特征,可排除车辆前后侧地面区域先起火的可能性。

3.2　排除充电桩及其线路起火的可能

起火车辆东南侧金属柜外壳西侧立面局部烟熏,合金铭牌轻微烧损,充电桩外壳烧损东轻西重,附近地面处电源线绝缘护套局部未烧损,证明其西部为迎火面。充电枪外壳炭化残留,车载直流充电插座、充电枪插头及导线、充电桩电源控制开关未见异常,可排除充电桩及其线路先起火的可能性。

3.3　排除电池组起火的可能

对比前保险杠护板及支撑架、空调冷凝器烧损,符合火势由右向左蔓延的特征,且空调冷凝器烧损

上轻下重;ABS 泵外壳局部烧损;高压电池箱整体保留较好。通过分析车辆后台监控数据得知,自 8 时 3 分充电开始至 11 时 22 分 51 秒传输最后一组数据,电池最高温度为 17 ℃,如图9所示。电池单体电压最高值变化幅度为 0.006 V,电池单体电压最低值变化幅度为 0.006 V。结合充电系统后台数据制作的时间轴,如图10所示。因此,可以排除电池组起火的可能性。

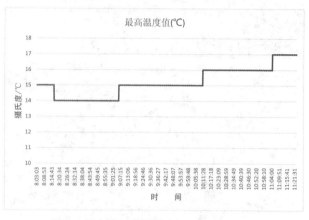

图9　起火车辆电池最高温度数据曲线图

图10　起火车辆后台监控数据关键节点时间轴

3.4　排除驾驶室内起火的可能

驾驶室顶盖前部、前机舱盖右后部边缘、前挡风窗框下横梁局部外壳漆膜脱落,符合火势由前向后、由右向左蔓延的特征;集雨板及仪表台均右部车窗玻璃残骸呈熔融状,证明其经历了由低温到高温的火场升温过程;驾驶室内蒸发器右上部漆膜变色,后排座椅坐垫及靠背海绵层局部残留,座椅、底板及后备箱处碳化物残留较多,地胶整体保留较好,内壁漆膜锈蚀、变色,不具备起火部位特征,以上情况证明火势由前机舱右部向周围蔓延。

3.5　存在单向集成电源系统首先起火的可能

单向集成电源系统合金外壳底板中部及后部缺失,与前机舱盖底面右中部漆膜锈蚀、多组导线接插件外壳烧损上轻下重相一致,证明前机舱内右中部经历了局部火场高温,可排除单向集成电源系统上

方区域先起火的可能性;物证单向集成电源系统集成电路板与导线接线端子连接处铜质布线断口区域金相组织与基体的结构不同,晶体间隙较大,内部有少量孔洞,符合电热作用特征。以上情况证明,前机舱内右中部先起火,单向集成电源系统集成电路板与导线接线端子连接处发生电热故障,与车辆后台监控数据记载的总电流、DCDC 输入电流、DCDC 输入电压数据曲线反映的故障现象一致。因此,起火原因可以认定为车辆单向集成电源系统集成电路板与导线接线端子连接处发热引起燃烧。

4 心得与体会

(1)与传统汽车火灾相比,电动汽车火灾具有自身的特点,但在火灾调查过程中,仍要先确定起火部位、起火点,然后在起火点寻找起火原因。在勘验过程中,需对电动汽车各组成部分进行细致的排查,尤其是电池组、充电系统要进行专项勘验。通过研究物证痕迹,分析判断火势发展趋势,确定起火部位、起火点。

(2)由于电动汽车的电池组由多个电池模块通过串联、并联组成,一部分电池单体的损坏不会使电池组失去电能。在火灾事故调查过程中,调查人员务必做好个人防护以及勘验前的断电工作,防止触电事故的发生。

(3)新能源电动汽车的监控平台会对车辆的状态、电池 SOC 值、电池单体电压和温度、充电系统输入输出电压和电流等数值进行实时采集与传输。在火灾事故调查过程中,全面调取并分析后台监控数据,既能提高电动汽车火灾的调查效率,又能够佐证调查结果。

参考文献

[1] 张得胜,张良,陈克,等. 电动汽车火灾原因调查研究 [J]. 消防科学与技术,2014(9):1091-1093.
[2] 邓玉梅. 电动车火灾多发的调查分析与认定思考 [C]//2014 中国消防协会科学技术年会论文集. 中国消防协会,2014:361-363.
[3] 雍艾华,殷天时. 一起电动汽车自燃事故的调查及体会 [J]. 消防科学与技术,2017(4):578-580.
[4] 陈风月,王金生,江城城,等. 纯电动汽车自燃原因分析及预防 [J]. 农机使用与维修,2021(12):13-15.
[5] 常万森. 浅谈电动车火灾事故的调查 [J]. 消防科学与技术,2014,33(2):230-232.
[6] 中华人民共和国公安部. 电气火灾痕迹物证技术鉴定方法 第1部分:宏观法:GB/T 16840.1—2008.[S] 北京:中国标准出版社,2009.

对一起电动汽车火灾的原因认定与分析

史立辉

（石家庄市消防救援支队，河北　石家庄　050000）

摘　要：近年来，随着电动汽车的保有量快速增长，相关的火灾事故频发，引发了社会对其消防安全问题的广泛关注。本文以一起电动汽车火灾事故为例，通过调查询问、现场勘验、视频分析、电子数据分析物证鉴定等手段确定原因，并着重对电动汽车动力电池包的勘验进行针对性探讨，为电动汽车火灾调查提供参考和依据。

关键词：电动汽车；火灾调查；锂电池

2018 年 9 月 28 日 2 时 6 分，位于石家庄市裕华区的某充电设施服务有限公司胜南站发生火灾。经调查，该充电设施服务有限公司是一家专门给新能源类型电动汽车提供充电服务的机构，此次火灾共造成 7 辆电动汽车及 7 套充电桩不同程度过火。该火灾发生后，火调人员对火灾现场进行勘验，结合调查询问、现场勘验、视频分析、电子数据分析、物证鉴定等综合分析认定起火原因为 4 号汽车左侧电池舱内电池故障引发火灾，并对电动汽车起火原因进行了分析。

1　现场勘验情况

被烧损的 7 辆电动汽车从东向西依次编号为 1~7 号汽车（图 1），7 辆车除 1 号电动轿车车头朝北外，其余 6 辆电动厢式货车均为车头朝南。从东向西前 3 辆车未充电，后四辆车处于快充状态。1 号车仅车尾左后方车漆及车灯受损，其余部位未发现过火痕迹，四处轮胎完好；2 号车整车过火，车尾部较轻，东侧前后两处轮胎软化，西侧前后两处轮胎过火后仅剩轮毂；3 号车整车过火严重，车头过火后向西侧倾斜，两侧轮胎全部烧损仅剩轮毂；4 号车全部过火，车身向东侧倾斜，东侧前后轮及西侧前轮仅剩轮毂，西侧后轮未过火；5 号车东侧前后轮仅剩轮毂，西侧轮胎轻微过火；6 号车整车过火，尾部较轻，东侧前轮仅剩轮毂，西侧轮胎轻微软化；7 号车左前侧倒车镜火烤受损，驾驶室上方部分车漆受损。

图 1　1~7 号电动汽车烧损情况

7 辆电动汽车分别对应 7 套充电桩，其中 3 号汽车对应的 3 号充电桩和 4 号汽车对应的 4 号充电桩过火最为严重，且 4 号充电桩过火痕迹重于 3 号充电桩。充电桩上方设有顶棚，1 号车上方顶棚完好，2~6 号车上方顶棚过火后烧损脱落，7 号车上方顶棚还有残留。对比 3 号车和 4 号车上方的顶棚固定架，3 号车上方的固定架烟熏过火痕迹较轻，西侧较重，4 号车上方的固定架过火严重，且向下弯曲出现变形（图 2）。

作者简介：史立辉（1980—），男，石家庄市消防救援支队火调技术处工程师，主要从事火灾事故调查工作。地址：河北省石家庄市北二环东路 143 号，050000。

图2　3、4号车上方顶棚固定架烧损情况

图3　4号车燃烧蔓延痕迹

重点对4号车进行勘验，4号车西侧后轮未过火，驾驶室背板过火变色痕迹呈东（主驾）重西（副驾）轻，发动机舱内的铝质散热器过火后脱落，且东侧熔化较西侧严重，该车后货箱摆放的货物受火烤后均向东南侧倾倒（图3）。4号汽车由3号充电桩充电，充电线由3号充电桩引出，经过3、4号汽车之间，接入4号车左侧驾驶员下方的充电口，该电线绝缘皮大部分已被烧毁，露出5股铜导线，其中3股较粗的为动力线缆，另2股较细的分别为充电控制线和CP线，其中的3根主线有1根铜线出现熔痕并缺失将近2 cm，其余铜导线完好无熔痕。

电动汽车的电池分为两大部分，分别设置在汽车底部左右两侧，将两块电池舱取下后平铺在地面，打开电池舱盖，内部为18650电池，左侧电池舱前部的电池分布散乱，部分电池仅剩外壳，中后部电池依旧排放整齐，右侧电池舱内电池排放整齐；左侧电池上铺就的绝缘材料过火痕迹明显重于右侧电池舱绝缘物；且左侧电池舱的边缘密封条左半部过火全部烧损，右半部密封条仅炭化，同时观察右侧电池舱，整个电池舱的边缘密封条完好（图4）。

图4　电池舱内部燃烧痕迹

2　视频分析情况

该充电桩顶棚西端有一向东拍摄的监控摄像头,调取监控视频显示,2018 年 9 月 28 日 1 时 46 分 57 秒,由西向东数第 4 辆电动汽车东南侧的充电桩显示面板上的一个指示灯突然灭掉(图 5),经现场核实该指示灯为充电指示灯,正常充电时该指示灯处于常亮状态,充电完成或非正常断开时该指示灯熄灭。1 时 46 分 57 秒后,由西向东数第 4 辆车东侧开始有烟冒出,20 多秒后该辆车东侧充电桩显示面板上的灯光已被烟雾遮挡,1 分钟后该辆车东侧的所有灯光完全被烟雾遮挡(图 6)。1 时 51 分 35 秒,有火花从由西向东第 4 辆车底部溅落到电动汽车正前方;1 时 51 分 37 秒该辆车东南侧喷出火焰,此后电动汽车处于明火燃烧状态(图 7)。

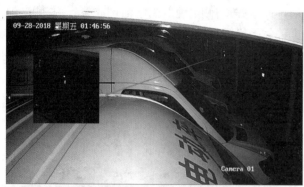

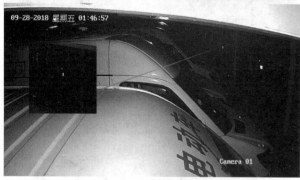

图 5　充电桩控制面板指示灯熄灭

图 6　出现烟雾

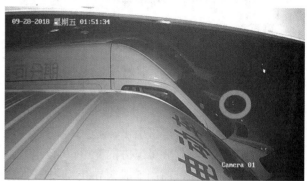

图 7　出现火花溅落和明火燃烧

3　电子数据分析情况

调取电动汽车后台数据,即每 10 秒钟记录 1 次。1 时 49 分前电池电量、电压逐渐增加,充电电流逐渐降低,温度最高单体一直为 21 号,温度为 33 ℃,稍高于环境温度,各种数据正常,汽车处于正常充电状态。1 时 49 分 10 秒数据为正常充电的最后一个数据,显示电池已充电 91%、电池电压为 640.2 V、充电电流为 18.8 A。1 时 49 分 20 秒充电状态为 INVALID(无效的),显示电池已充电 91%、电池电压为 640 V、充电电流为 0,温度最高单体由 21 号 33 ℃ 突变为 27 号 53 ℃,其他数据无异常(图 8)。1 时 49 分 40 秒后无数据。因该充电设施服务有限公司投入运营不久,充电桩还未联网,故未提取到充电桩后台数据。

图8　电动汽车后台数据

4　对起火原因的分析认定

4.1　起火部位认定

起火部位为由东向西数第4辆电动汽车,主要依据如下:

（1）4号车对应的4号充电桩烧毁较其他充电桩严重;

（2）4号车上方对应的顶棚固定架过火最为严重;

（3）4号车烧毁最重,由此向两侧逐渐减轻;

（4）监控视频显示4号车位置最先冒烟和出现明火。

4.2　起火点认定

起火点为4号车左前部,主要依据如下:

（1）4号车发动机舱内铝质散热器残留左少右多;

（2）4号车驾驶室背板过火变色痕迹左重右轻;

（3）4号车后货箱摆放的货物受火烤后均向左前侧倾倒;

（4）监控视频显示4号车左前处最先出现明火。

4.3　起火原因认定

起火原因为4号车左侧电池舱内前部电池故障所致,主要依据如下:

（1）查看监控视频,在火灾发生前无人员在4号车附近出现,可以排除放火的可能;

（2）经鉴定,4号车左前部地面上的充电电缆上的熔痕为火烧熔痕,可以排除充电电缆引发火灾的可能;

（3）4号车在后台数据断开前,检测到某电池单体温度异常升高;

（4）4号车左侧电池舱前部的电池分布散乱,部分电池仅剩外壳。

综上所述,通过对火灾现场认真细致地勘验,结合监控视频、汽车后台数据,综合分析认定该起火灾

为4号汽车左侧电池舱内前部电池故障所致。

5　调查体会

在此起火灾事故的认定过程中,不但根据监控视频、现场痕迹准确认定了起火部位、起火点,还根据鉴定结论、汽车后台数据、痕迹特征分析出造成电动汽车着火的直接原因,并对电动汽车动力电池包进行了详细研究,主要经验和体会总结如下。

5.1　现场勘验是火灾调查的基础

火灾现场勘验是火调工作最基本、最主要的工作,由于火灾现场的客观性和规律性,以及火灾证据的系统性,决定了火灾原因的认定必须以火灾现场勘验所取得的证据为基础,尤其是起火部位、起火点的认定更要以现场痕迹为依据。新能源汽车虽然是新兴产物,但是在火灾蔓延规律上与传统汽车具有一致性,在现场勘验上与普通火灾是一样的。该火灾就是在现场勘验的基础上,根据物体烧损程度、金属变形变色等痕迹特征准确认定的起火部位、起火点。

5.2　新技术的运用为调查新能源汽车火灾提供了有力帮助

新能源汽车有别于普通车辆的一个特点就是有后台数据。新能源汽车为火灾调查人员提供的一个非常有力的抓手就是后台数据,根据电流变化、温度变化,可以非常明确地指向某一个部位。电池各种变化曲线和认定痕迹高度吻合,这就是数据和痕迹吻合提供的认定火灾原因的技术支撑。另外,还可以采用新技术对提取的物证进行分析鉴定,常采用的技术手段主要有扫描电棒、X光显微镜等,可对车辆金属体熔化痕迹以及电池进行鉴定。

5.3　新能源汽车火灾调查提供了新的课题

因与传统内燃机汽车在燃料供给和驱动方式上有所区别,新能源汽车火灾事故的致灾机理、蔓延燃烧方式和火后痕迹都具有新的特点。新能源汽车大多以锂电池为储能载体,锂电池内部故障造成热失控后会有火焰喷出造成火灾,但是该火焰温度不足以熔化铁质品,即电池舱外壳,而电池内部发生故障喷出火焰的同时,电池内的电量基本消耗殆尽。相反,未发生故障的电池内部电量充足,在外火蔓延过来时,电池与铁质外壳搭铁,在电热作用下外壳上形成孔洞。本案例中,最先发生故障的左电池舱外壳孔洞较少,而右电池舱外壳孔洞较多（图9）,电池舱外壳上形成的轻重痕迹与传统火灾痕迹相反。在随

后调查的另一起电动汽车火灾中,发生故障的电池舱与另一电池舱相比,外壳上的孔洞也比较少,证明了该孔洞形成的机理,为以后调查电动汽车火灾提供了理论依据。

图 9　电池舱外壳孔洞

5.4　存在的不足

因调查新能源汽车火灾经验不足,在该事故调查中存在以下不足:一是在提取监控视频后,未校对时间,造成视频画面 1 时 46 分 57 秒充电桩显示面板上的充电指示灯灭掉并开始有烟冒出后,1 时 49 分 10 秒电动汽车后台数据仍有记录,这两个时间点在逻辑上存在矛盾;二是在提取到电动汽车后台数据,经查看得到 27 号电池温度异常后,未与厂家联系确认 27 号电池具体位置,如能确定 27 号电池布置在起火点处,不仅能够证明起火原因认定的正确性,还能找到故障电池做进一步研究。

参考文献

[1] 周晓佳. 一起电动汽车火灾事故的原因认定与分析 [J]. 中国设备工程,2022(17):178-179.

[2] 刘义祥. 火灾调查 [M]. 北京:机械工业出版社,2021.

对一起光伏电站火灾事故的原因认定与分析

陈　力，郭世琦

（金华市消防救援支队永康大队，浙江　永康　321300）

摘　要： 本文介绍了永康市日辉新能源有限公司火灾事故原因调查过程。通过火灾现场勘查、调查走访、光伏后台数据分析等方法厘清了火灾蔓延过程、起火原因，同证人证言构成了完整的证据链，得出起火原因为光伏架空电缆故障喷溅的电火花引燃下方塑料配件等可燃物，并总结了此类火灾事故的灾害成因及调查体会。

关键词： 光伏电站；电缆；逆变器；架空层；火灾；火灾调查；现场勘验

1　火灾基本情况

2023 年 1 月 17 日 11 时 10 分许，浙江省永康市经济开发区九州西路 551 号永康市日辉新能源有限公司发生火灾，火灾造成建筑顶层光伏板、逆变器、塑料配件烧毁，过火面积约 1 500 m²，直接财产损失约 200 万元。

起火建筑坐北朝南呈一字型排列，东西长约 150 m，南北宽约 24 m，占地面积约 3 600 m²，钢筋混凝土结构，共三层，均为永康市常鸿塑料制品有限公司生产车间及仓库，一层为厂区总配电房、注塑车间、装配车间，二层为原料仓库、车间办公室，三层为成品、半成品仓库，屋顶加设高约 4 m 钢结构架空层，架空层内为永康市常鸿塑料制品有限公司堆放的割草机塑料、橡胶等配件，架空层顶部为永康市日辉新能源有限公司铺设的太阳能光伏板，其他光伏发电配套设备（即逆变器、电缆等）安装在架空层内，此次火灾事故造成架空层西侧割草机塑料、橡胶等配件及太阳能光伏板过火烧毁，过火面积约 1 500 m²，未造成人员伤亡。

2　火灾事故调查情况

2.1　火灾现场勘验

2.1.1　环境勘验

该起火灾发生于浙江省永康市经济开发区九州

西路某公司。整体观察起火建筑，顶层架空层西侧区域过火烧毁，东侧未见明显过火痕迹，三层西北侧靠外墙区域有过火痕迹，其他区域未过火，整体烟熏痕迹明显；对起火建筑外围进行勘验，起火建筑西侧为空地，南侧为过道及毗邻仓库，北侧为市政道路，东侧为空地；鸟瞰起火建筑屋顶烧毁情况，西侧区域除西北角部分太阳能光伏板未烧毁，其他位置太阳能光伏板已烧毁脱落，西南角及南侧中部部分彩钢板屋顶烧毁变形，整个屋顶西侧钢梁变形变色严重；东侧太阳能光伏板及彩钢板未见明显过火痕迹，见图 1、图 2。

2.1.2　初步勘验

勘验起火建筑三层，其为永康市常鸿塑料制品有限公司成品仓库，该成品仓库西北侧靠外墙区域成品割草机及半成品塑料件部分烧毁，该位置外墙窗户玻璃烧毁脱落，铝合金窗户烧损变形，在北侧外墙第六根立柱位置发现有一烧毁落水管残骸及孔洞，勘验该位置对应地面，该位置货物烧毁最为严重，且三层货物烧毁痕迹呈发散状向东、西、南三个方向逐渐减轻，见图 3、图 4。

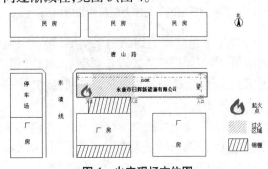

图 1　火灾现场方位图

作者简介：陈力，男，浙江省消防救援总队金华支队永康大队，初级专业技术职务，主要从事消防监督检查及火灾事故调查工作。地址：浙江省金华市永康市西城街道飞凤路 46 号，321300。

图 2　永康市日辉新能源有限公司整体过火情况

图 3　三层成品仓库过火情况

图 4　三层成品仓库北侧货物烧毁情况

勘验起火建筑屋顶钢结构架空层,架空层屋顶在西南角、中部等局部位置设置彩钢板,其他位置均为太阳能光伏板,架空层内堆放割草机塑料、橡胶等配件。整体观察架空层过火情况,西北角空地未过火,其顶部太阳能光伏板烟熏痕迹明显,西侧其他区域全部过火,局部彩钢板顶变形变色坍塌,大面积太阳能光伏板烧毁脱落,割草机塑料配件熔融物、木质

托盘碳化物、太阳能光伏板烧毁物等胶结在地面;勘验架空层东侧区域,顶部太阳能光伏板完好,架空层内割草机塑料配件完好,未见过火痕迹,见图5、图6。

图 5　架空层屋顶光伏板过火烧毁情况

图 6　架空层内割草机塑料配件过火烧毁情况

2.1.3　细项勘验

对架空层西南角进行勘验,彩钢板整体由北向南坍塌,同时由西向东扭曲,观察彩钢板烧毁情况,彩钢板南侧变形变色重于北侧,其中第 11 块彩钢板南侧烧毁最为严重,最南侧一段烧毁脱落;勘验西南角区域钢立柱情况,由南至北共 6 根钢立柱,其中 1、2 号立柱由西向东、由南向北弯曲,3 号立柱由南向北稍向东弯曲,3-2 号立柱由北向南倾斜,4-2 号立柱由北向南倾斜;勘验西南角区域钢梁情况,由南向北第 1 至 6 根钢横梁均不同程度向南弯曲变形;观察西南角区域南侧墙面,石灰抹面呈 V 形剥落,东西两侧、门洞周围烧毁情况相对较轻,其他位置石灰抹面完全脱落,墙体红砖裸露;勘验西南角区域由西向东 4 个开间地面烧损情况,该区域地面货物全部过火烧毁,塑料熔融物与木质托盘胶结在地面,整体观察,第 3 开间烧毁最为严重,木质托盘基本烧毁,只剩下木质底座,见图 7 至图 12。

图7　架空层西南角彩钢板屋顶烧毁情况

图8　架空层西南角钢立柱弯曲变形情况

图9　架空层西南角钢梁弯曲变形情况

图10　架空层西南角钢梁、钢柱弯曲变形情况

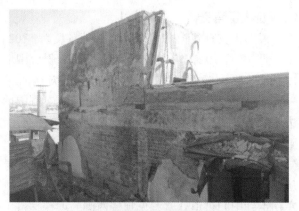

图11　南侧墙体石灰抹面剥落情况

图12　架空层西南角木质托盘烧毁情况

2.1.4　专项勘验

对西南角区域光伏电缆及金属桥架进行勘验，由南侧墙体向北至3号立柱区域光伏电缆及金属桥架完全过火烧毁，离南墙向北0.9~1.5 m范围内地面有烧毁后的铝芯电缆及呈击穿、熔融状态的金属桥架碎片；继续向北勘验，在3号立柱北侧地面（离南墙向北1.7 m）位置发现烧毁脱落的铝芯电缆及金属桥架固定横挡方管与金属桥架黏结物，横挡方管与金属桥架外观呈黑色，横挡方管一端有明显高温烧割痕迹；观察该位置立柱，在立柱离地约2.4 m位置有明显高温烧割痕迹，同时立柱在烧割位置呈现折点，对该立柱进行拉直复原，立柱上烧割痕迹位于横挡方管焊接位置下方，对该位置铝芯电缆、金属桥架碎片、横挡方管与金属桥架黏结物进行提取送检。

对3号立柱周围金属件剩磁进行测量，3号立柱底座、折点、顶端剩磁测试峰值分别为1.3 mT、0.9 mT、1.1 mT；3号立柱正下方的金属桥架烧毁物剩磁测试峰值分别为1.2 mT、1.1 mT、1.0 mT；3号立柱以南部分金属件剩磁测试峰值分别为0.8 mT、0.7 mT；3号立柱以北部分金属件剩磁测试峰值分别为0.9 mT、0.8 mT。

2.2 证人证言资料

根据火灾现场第一发现人谭某笔录反映：2023年1月17日10时50分许起床后在家中阳台围墙边抽烟（起火建筑西北侧大约50 m），突然听到"嘭"的一声，转头就看到对面厂房楼顶西南侧围墙边位置着火了，当时有浓烟冒出，其他的位置没有看到烟，大概过了五六秒钟就看到明火。

根据第一到场人唐某某笔录反映：当时唐某某从三楼乘坐货梯上顶楼仓库领配件，到达顶楼后，刚左拐走到中间过道处就看见顶楼西侧靠近楼梯口位置有火烧起来，当时明火烧得很大，烟也很大。随后就跑到顶楼由南向北第3根、由西向东第6根承重柱附近拿起灭火器往顶棚位置灭火。

根据永康市日辉新能源有限公司俞某某（光伏发电厂家技术员）笔录反映：屋顶的太能阳光伏板通过串联分24路连接到逆变器，逆变器通过交流电缆连接到并网柜，交流电缆沿北墙墙角自东向西敷设，敷设到靠西边的位置后，向上架空到3 m高度再向南敷设至起火厂房西南角楼梯间门口，最后穿过楼梯间沿南侧外墙敷设至一楼低压配电室，电缆敷设均是沿金属桥架内敷设。

2.3 逆变器厂家后台运行数据

根据逆变器厂家提供的后台运行数据显示：型号为DW100K-HT，序列号为H100KHTU213G0075的光伏并网逆变器中 Vpv1-Vpv2、Ipv1-Ipv11、Ipv13-Ipv17、Ipv19-Ipv20、Vac1-Vac3、Iac1-Iac3、Istr1、Istr-Istr5、Istr8、Istr9、Istr11、Istr13、Istr14、Istr16、Istr20、Pac、ReactivePower、PE、Efficiency、Iso-Impedance 等数值在2023年1月17日11时8分之前未见明显波动，在2023年1月17日11时10分时出现明显大幅波动，部分项目数值出现0（后台每2分钟取一次数值，且数值为瞬时值），见图13。

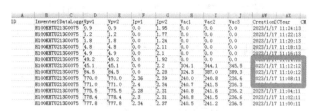

图13　逆变器后台运行数据

3 火灾事故原因认定情况

（1）对架空层过火区域用电设备及线路进行勘验，该区域照明灯具灯座及电线接头未发现熔融及断股痕迹，经过该区域照明用电、风机用电线路相对完整，未出现断股现象。

（2）对西南角过火区域进行勘验，离南墙向北0.9~1.5 m范围内地面有烧毁后的铝芯电缆及呈击穿、高温灼烧熔融状态的金属桥架碎片，在3号立柱北侧地面（离南墙向北1.7 m）位置发现烧毁脱落的铝芯电缆及金属桥架固定横挡方管与金属桥架黏结物，横挡方管一端有明显高温烧割痕迹，观察该位置立柱，在立柱离地约2.4 m位置有明显高温烧割痕迹，同时立柱在烧割位置呈现折点。

（3）对3号立柱周围金属件剩磁进行测量，以3号立柱为圆心金属件剩磁值最大（1.3 mT），随着半径增加，剩磁逐渐衰弱（0.7 mT），且测试值均大于或等于0.7 mT。

（4）结合询问笔录和走访了解，2023年1月17日10时50分许谭某在家中阳台围墙边抽烟，突然听到"嘭"的一声，然后就看到对面厂房楼顶西南侧围墙边的位置有浓烟冒出，大概过了五六秒钟就看到明火；唐某某在起火建筑顶楼中间楼梯正北过道位置看见顶楼西侧靠近楼梯口位置有火在烧，随后就跑到顶楼由南向北第3根、由西向东第6根承重柱附近拿起灭火器就往顶棚位置灭火。

（5）根据逆变器厂家提供的后台运行数据分析，在2023年1月17日11时8分之前数值未见明显波动，在1月17日11时10分时出现明显大幅波动，部分项目数值出现0（后台每2分钟取一次数值，且数值为瞬时值），说明光伏发电装置在1月17日11时8分到10分之间发生了故障。

（6）根据送检物证鉴定报告，将现场提取的铝芯电缆、金属桥架碎片、金属桥架横挡支架与金属桥架黏结物送检，该试样为电弧作用形成的熔痕。

综上所述，最终认定起火原因是光伏架空电缆故障喷溅的电火花引燃下方塑料配件等可燃物。

4 灾害成因分析

4.1 光伏电站施工建造未严格按图施工

经核对该光伏电站施工图纸，永康市日辉新能源有限公司在建造时未严格按照设计施工，擅自将铜芯电缆更换为铝芯电缆，且存在铝芯电缆上多处串接接头压接不规范，多个逆变器零线接线柱未接零等情形，大大提升了该光伏电站发生事故的风险，见图14至图17。

图 14 铜芯电缆换为铝芯电缆

图 17 并网柜零线接线柱未接零

4.2 光伏电站维护使用管理不规范

经后期现场勘验,永康市日辉新能源有限公司在光伏发电后,并网柜内防孤岛装置长期处于停用状态,使得该光伏电站长期处在孤岛效应高发且无法及时消除的状态下运行;此外,在观察并网柜时还发现,现场并网柜刀隔离开关处于未完全闭合状态,其中有三分之一衔片处于空置状态,致使发生事故后刀隔离开关金属衔片出现过流发热熔融现象,见图 24、25。

4.3 使用单位安全意识极其薄弱

导致该起火灾事故蔓延扩大的主要原因是将顶层架空层违规作为塑料配件仓库使用。光伏电站本就是火灾高发场所,而使用单位置安全生产于不顾,使其长期处于不安全环境状态下,在架空层内堆放大量易燃可燃塑料配件,发生故障后迅速引燃下方塑料堆垛物。此外,使用单位在改变架空层使用性质后未按要求配备相应消防设施器材,火灾发生后,现场施救人员第一时间只能取用手提式干粉灭火器进行扑救,无法对初期火灾进行有效堵截,从而导致火灾迅速蔓延扩大。

图 15 铝芯电缆串接接头压接不规范

5 光伏电站火灾的防范与对策

5.1 严格按照国家标准使用光伏组件、组装光伏设备

近年来,随着光伏电站的快速发展,市场上光伏组件、设备低价竞争现象日益增多,因此使用单位在建造光伏电站时要严把组件、设备质量关,严防缺陷组件及设备上线运行。同时,要严格按照光伏电站

图 16 逆变器零线接线柱未接零

设计要求建造，不得聘请无资质厂家进行施工安装，施工过程要全程派员监督，确保电缆走线、接地保护、排水设计等符合国家标准。

5.2 完善光伏电站自动监控水平

据统计，光伏电站中的火灾事故 80% 以上是由漏电、短路、过负荷、接触电阻过大、电弧等原因造成，而此类事故往往是可以通过相关自动监控系统、报警系统提前预知的。因此，应在光伏发电系统中增配相应自动监控预防系统与相关脱扣机构联动，从而达到预警保护功能，避免事故发生。

5.3 加强光伏设备日常维护保养

一般来说，光伏电站的理论使用寿命在 20~25 年，但随着光伏电站投入运行年限增加，出现相关电气设备、电子元器件老化，电缆绝缘层破裂，端子触点松动，光伏板采光性能降低等问题，这些原因极易引发次生灾害，危害人身安全，甚至造成火灾事故发生。因此，光伏电站在使用过程中必须定期维护，防止光伏设备带病运转、超期服役、超负荷运行。

5.4 增强使用单位消防安全意识

光伏电站使用单位要深知光伏火灾的危险性及事故后果的严重性，要定期开展安全警示教育培训，通过典型案例举一反三提高消防安全意识，消防安全责任人、消防安全管理人、危险作业人员以及易产生重大事故隐患的其他关键岗位人员要有辨识危险源，采取应急措施，分析影响消防安全因素的能力，一旦发生火灾，能够使火灾事故风险处于可控状态，保障设备、人身、财产安全。

参考文献

[1] 杨红运,章涛林,周晓冬,等.光伏太阳能电池板火灾危险性研究[C]// 高等学校工程热物理第二十届全国学术会议论文集——燃烧学专辑.中国高等教育学会工程热物理专业委员会.2014:77-84.
[2] 赵锋锋.分布式光伏电站的消防安全评价研究[D].上海:上海应用技术大学,2019.
[3] 刘璟璇,高源辰,杨志豪,等.光伏电站电气火灾监控预警系统研究[J].科技创新与应用,2020(23),98-101.
[4] 杨鲲鹏.光伏电站该如何提高抗灾能力[N].中国电力报,2016-7-16(009).

对一起新能源汽车火灾案例的痕迹分析

孙 杰,陈伟东

(中山市消防救援支队,广东 中山 528429)

摘 要: 随着世界石油储量下降和环境保护问题日益严重,许多汽车厂家纷纷转型,开始研发新能源汽车,新能源汽车保有量持续增长。由于研发技术等多方面原因,新能源汽车质量参差不齐,新能源汽车发生火灾的数量也在不断增长。本文以一起纯电动新能源汽车火灾为例,对火灾痕迹进行分析,以期交流提升新能源汽车火灾的调查技能。

关键词: 新能源;纯电汽车;动力电池;火灾痕迹

1 火灾基本情况

2023 年 1 月 3 日 6 时 14 分许,黄圃消防救援站接指挥中心出动指令,某小区地下车库车辆发生火灾,消防救援人员到场后于 6 时 35 分将火灾扑灭,过火面积约 6 m²,烧损纯电动汽车一台,无人员伤亡。

2 现场燃烧痕迹分析

2.1 前机舱燃烧痕迹

纯电动汽车前机舱一般包括整车控制单元(VCU)、高压配电盒(PDU)、三合一电驱系统、集成电源系统(IPS)、电池系统冷却水壶、电驱系统冷却水壶、高压电池包加热器、电驱动冷却系统水泵、制动油壶等部件。机舱内的燃烧痕迹易受高压线束、塑料保护壳等可燃物和制动油液等助燃物影响,分析火势蔓延方向时应考虑这些影响因素。

勘验事故车辆机舱内部,前机舱内部过火严重,12 V 蓄电池、VCU、三合一电驱系统、MCU、高压线束烧损严重,但是前保险杠、大灯等外部零件完好;发动机舱上部较下部烧损严重,左侧因制动油壶油液助燃、可燃物多等因素,较右侧烧损严重;铝合金材质的散热器总成上部右侧已烧损缺失,但接近可燃物多的左侧结构烧损缺失较轻(说明散热器右

作者简介:孙杰,男,中山市消防救援支队黄圃大队,中级专业技术职务,主要从事消防监督和火灾调查工作。地址:中山市黄圃镇兴圃大道消防救援大队,528429。电话:18824997119。

侧上部较左侧先过火,且受热时间更长、温度更高,见图 1。

图 1 前机舱烧蚀情况

2.2 车辆外观及内部燃烧痕迹

车辆外观主要包括车门、挡风玻璃、轮胎、轮毂、侧裙、轮眉等部件,车辆内部主要包括内饰、座椅、顶棚、后备箱、车内物品等部件。纯电动新能源汽车动力电池基本位于底盘部位,电池故障起火,火势从底盘向上、向前、向后蔓延,最先起火的部位火势持续时间长,烧穿密封胶条,从而向车内蔓延,对应的车内内饰部位也会相应过火痕迹较重,所以车辆外观过火痕迹应与内部过火且痕迹结合勘查,重点查看密封胶条、检修口、玻璃窗等内外连接的部位,综合分析火势蔓延方向,从而找到起火部位。

此起火灾,起火的电池模组高温,导致周边电池持续热失控,并向电池模块左侧蔓延,且在后排座椅左侧再次烧穿电池总成上盖,由于此时热失控已进入爆发期,电池总成上盖左侧穿孔时喷出火焰较右侧穿孔时要大,并迅速引燃动力电池左上方毛毡及左后轮、左后挡泥板、左后轮胎等可燃

物,在极短时间内形成较大火势,造成左后门外侧有大面积熏黑痕迹(图2);左侧火势虽大,但起火时间较右侧短(图3),还不足以烧穿左侧门洞胶条、门内饰板并蔓延到车内,故形成门外侧大面积熏黑,而门内饰板却烧损轻微的痕迹特征。左后门饰板、门把手等只是表面变色,结构基本完好,右后门饰板烧损、变形,且部分脱落、缺失,与之靠近的副驾座椅靠背面(靠右后排座椅侧)皮质包覆物已烧损缺失(图4至图6);前排内饰烧损痕迹相对轻微,座椅包覆物基本完整。从痕迹可见,火势是从后排座椅右侧、右后门区域最先蔓延至驾驶室内,并从该位置向车内其他区域蔓延。

图 2　　事故车辆左侧烧损情况

图 3　　事故车辆右侧烧损情况

图 4　　右后门内饰烧损情况

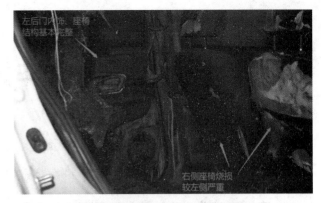

图 5　　事故车辆左后门内饰烧损情况

图 6　　事故车辆后挡风玻璃及左右内饰烧损情况

2.3　动力电池燃烧痕迹

动力电池一般由上盖、模组连接片、高压连接线、电池模组、导热结构胶、密封圈、低压线束、底部板等组成。勘验时应先查看高压输出接口是否完好,在做好绝缘防护的前提下,先观察动力电池上盖和底部板烧损情况,再进一步勘验电池电芯,查看电芯外观是否有炸裂痕迹,铜锡箔、铝锡箔氧化和熔融情况。

此起火灾,高压输出接口、高压线接插头外观完好(图7);靠近右后轮、后排座椅右侧下部区域动力电池铝合金底壳有熔融并重新凝固成圆盘状铝合金块状物,其左侧(后排座椅左侧下部)铝合金底壳也存在熔融并烧穿痕迹。勘验车辆底盘电池内部及周边,电池总成在后排座椅区域凸起,电池组模块左、右两侧已烧穿,且右侧较左侧烧损塌陷严重,两侧穿孔处可见已烧损的三元锂电池芯,电池芯铜箔氧化严重,铝箔则均已熔融缺失;电池总成上盖表面覆盖一层较厚的毛毡,毛毡左侧的中间烧损缺失,右侧烧损缺失区域面积较左侧大;电池右后部位有一区域明显呈白灰状,且有燃烧击穿痕迹;电池内部均有不同程度的烧毁痕迹,见图8至图10。

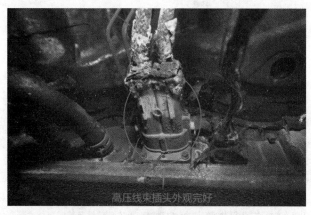

图 7　动力电池高压插头外观完好

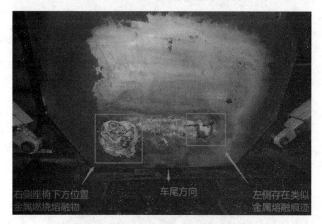

图 8　动力电池后端两侧金属熔融痕迹

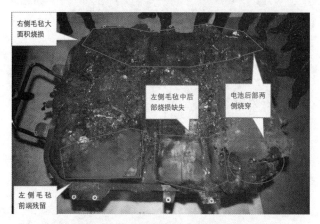

图 9　动力电池后端烧穿,右侧毛毡大面积缺失

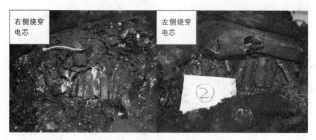

图 10　左右两侧烧损电芯

3. 后台数据分析

通过调取事故车辆后台数据后发现，2023 年 1 月 3 日 5 时 53 分 28 秒事故车辆开始出现电池高温三级报警,后续出现一系列电池报警状态,因此可以得出结论——电池最早出现故障,进而明确勘验重点为电池,同时也为确定起火时间提供一定的参考依据。(图 11、图 12)

事故车辆后台数据显示,首先是出现了单体电池欠压报警,15 s 后出现绝缘报警,34 s 后出现电池温度差异报警。在大约 5 min 内出现了单体电池高温报警到整体车载储能装置的报警过程,说明电池出现了快速的热失控状况,符合瞬时式热失控的特征。瞬时式热失控是指车辆发生事故前的历史数据无明显异常报警,发生事故时瞬间出现电压、温度等状态的物理量变化,并随之发生热失控状况,整个过程区间为分钟级别甚至秒级别。

	报警等级	报警类别	报警开始时间	报警结束时间	报警状态	CCS报警状态	CCS解除状态
1	三级报警	电池高温报警	2023-1-03 05:53:28		故障中	成功	不发送
2	三级报警	单体电池欠压报警	2023-1-03 05:53:29		故障中	成功	不发送
3	一级报警	绝缘报警	2023-1-03 05:53:44		故障中	待发送	不发送
4	一级报警	温度差异报警	2023-1-03 05:54:18		故障中	待发送	不发送
5	三级报警	车载储能装置类型欠压报警	2023-1-03 05:58:09		故障中	成功	不发送

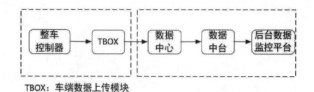

图 11　事故车辆后台数据情况

图 12　事故车辆后台数据传输流程

4. 综合分析

4.1　车辆起火前状态分析

事故车辆动力电池为江苏时代新能源科技有限公司生产的三元锂离子动力电池总成系统,查询相关资料得知,该电池总成为 61.3 kW · h,在电量耗尽情况下,用该充电桩充电需充电时间为 61.3 kW · h ÷ 7 kW=8.76 h,按剩余 20% 电量开始充电,需 61.3 kW · h × 80% ÷ 7 kW=7.01 h,按剩余 30% 电量开始充电,需 61.3 kWh × 70% ÷ 7 kW=6.13 h。车辆 0 时开始充电，6 时左右被发现起火,车辆充电

口盖仍为打开状态,起火时应处于充电末期。

3.2 车辆火灾痕迹分析

结合整车及动力电池总成烧损痕迹、车辆处于充电末期等情况进行综合分析,判断充电过程中三元锂离子动力电池总成系统右后部位电池模块(后排座椅右侧正下方区域)内部发生故障、引发热失控起火,并烧穿树脂材料的电池总成上盖,火势向前后、向左侧蔓延;电池模块内部(后排座椅中部、左侧模块)受右侧热失控起火高温影响,持续发生热失控起火,并在左侧再次烧穿电池总成上盖。

综上分析,起火时间为 2023 年 1 月 3 日 5 时53 分;起火部位为该新能源汽车底盘部位动力电池;起火点为该新能源汽车底盘部位动力电池右后部位电池模块;起火原因为该新能源汽车三元锂离子电池内部故障引发热失控,导致车辆起火事故。

参考文献

[1] 向格. 一起新能源电动汽车火灾的调查及体会 [J]. 武警学院学报,2019(6):17-21.

[2] 张玉斌,张熠欣,程婧园. 浅析新能源电动汽车火灾调查方法 [J]. 消防科学与技术,2020,39(10):1456-1458.

[3] 刘振刚,张得胜,陈克,等. 电动汽车火灾危险性及其鉴定技术研究 [J]. 消防技术与产品信息,2018(7):33-37.

一起厢式电动货车火灾事故调查分析

宁成伟

（武汉市黄陂区消防救援大队,湖北　武汉　430300）

摘　要：本文介绍一起在道路上行驶中的厢式电动货车因主驾后座存放软包锂电池引发火灾,短时间内造成驾驶员死亡,消防大队与交警大队联合调查利用车辆厂家后台数据分析起火过程,为以后针对运输行业提出指导性意见。

关键词：厢式电动货车;软包锂电池;起火点;火灾原因;火灾调查

1　火灾基本情况

2023 年 2 月 5 日 18 时 44 分,武汉市消防支队指挥中心接群众报警位于武汉市黄陂区 318 国道某路段一辆厢式电动货车停放在道路中间,迅速调集消防站赶赴现场实施救援。到场后经破拆打开车门后发现驾驶员（男,36 岁）斜靠副驾驶座位上,经 120 现场确认人员死亡。后经交警大队邀请消防大队一起参与调查,通过对车辆现场勘查、调取车辆后台数据和司法鉴定意见书分析还原起火过程。

2　现场勘查情况

起火车辆为一轻型厢式电动货车,左侧车门有破拆痕迹外其他部位完好,驾驶室玻璃上均有烟薰痕迹,除主驾座位后有明显烧痕外,仪表盘无过火痕迹,货厢内物品完好,见图 1 至图 3。

图 1　车辆外观

作者简介：宁成伟,男,汉族,武汉市黄陂区消防救援大队工程师,主要从事火灾事故调查工作。地址:武汉市黄陂区前川街百锦街消防站,邮编 430300。电话:18802707606。

图 2　驾驶室内痕迹

图 3　主驾座椅后侧烧痕

3　起火时间、起火点的分析与认定

3.1　起火时间分析认定

因无火灾初期时发现的群众,在调取车辆后台数据后发现车速在 17：41：28、17：41：38、17：41：48、17：41：58、7：42：08、7：42：18 这 6 个时间段采取的车速分别 39.9、5.2、8.5、8.1、3.4、0 且在 17：42：18 后直到群众报警后车速一直为 0，分析可得此时车内出现问题司机减速停车，可以认定起火时间为 17 时 41 分许，见图 4。

数据采集时间	车速	里程	档位	制动状态
2023-02-05 17:41:28	39.9	84 931.0	自动 D 挡	无效
2023-02-05 17:41:38	5.2	84 931.0	自动 D 挡	无效
2023-02-05 17:41:48	8.5	84 931.0	自动 D 挡	无效
2023-02-05 17:41:58	8.1	84 931.0	自动 D 挡	无效
2023-02-05 17:42:08	3.4	84 931.0	自动 D 挡	无效
2023-02-05 17:42:18	0.0	84 931.0	自动 D 挡	无效
2023-02-05 17:42:28	0.0	84 931.0	自动 D 挡	无效
2023-02-05 17:42:38	0.0	84 931.0	自动 D 挡	无效
2023-02-05 17:42:48	0.0	84 931.0	自动 D 挡	无效
2023-02-05 17:42:58	0.0	84 931.0	自动 D 挡	无效
2023-02-05 17:43:08	0.0	84 931.0	自动 D 挡	无效
2023-02-05 17:43:18	0.0	84 931.0	自动 D 挡	无效

图 4　车辆车速后台数据

3.2　起火点分析认定

主驾座椅后面烧痕呈 V 形痕且靠近底部处烧痕严重，主要物品为塑料制品，其中有一电极金属夹、导线和软包锂电池，金属夹前端部分烧熔，软包锂电池全部烧毁。主驾座椅后方塑料地垫烧损，下方安全带信号线绝缘层炭化。通过驾驶室内烟薰、火烧痕迹确定起火点分析认定为主驾驶座椅后方，见图 5

图 5　主驾座椅后方烧痕

4　起火原因的初步分析与认定

4.1　排除外来人员放火的可能性

根据消防员到场时车门和车窗处于关闭状态，是经破拆进入驾驶室内可排除外来人员放火的可能。

4.2　排除车辆碰撞引发火灾的可能

该箱式货车主驾车门为消防破拆造成，未发现车体有因碰撞漏油线路烧损情况。

4.3　排除货物或车辆自身故障引发火灾

箱式货车内物品完好，仪表盘及下方线路完好。主驾座椅下方安全带信号线绝缘烧损未发现有电气故障痕迹。根据车辆厂家提供的车辆后台数据未发现异常数据，见图 6 所示。

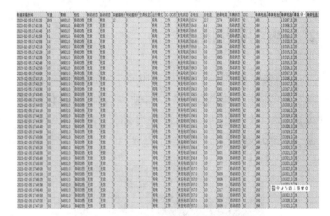

图 6　车辆电压、电流及电池相关数据

4.4　排除车主吸烟引发火灾的可能

车座后物品主要为塑料等高份子材料，烟头难以点燃。烟头引发火灾时间相对较长，温度缓慢上升，火灾初期人员有充足的时间进行逃生。

4.5　确认主驾座椅后方软包锂电池故障引发火灾

软包锂电池位于起火点处且烧痕最为严重，电池周边其他物品过火烧损相对较轻。见图 7

图 7 主驾座位后发现的软包锂电池及物品

4.6 通过现场勘查、死者身体烧痕和车辆后通数据分析还原起火过程

2023 年 2 月 5 日 17 时 41 分许司机在开车过程中后座软包锂电池发现故障开始冒烟,司机发现异常迅速减速停车(车辆车速后台数据),由于事发突然司机未想到是座椅后部锂电池出现故障或盲目自信可以处置所以未在第一时间内打开车门逃生(发现时车门车窗处于锁闭状态)。因冒烟部位处于身后不便于观察和扑救,司机解开安全带移至副驾侧进行扑救时右手被烧伤且吸入大量高温有毒气体导致晕迷丧失意识直至死亡。由于车门紧锁,窗户上附着烟尘从外部无法看清驾驶室内部情况且前期未能引起过路车辆和群众注意导致从发生火灾到群众报警间隔一个小时。

综上所述,该起火灾的起火原因分析认定为厢式电动货车主驾座椅后方软包锂电池发生故障后产生的高温有毒烟气迅速充斥驾驶室密闭空间,车主在处置过程中吸入高温烟气导致丧失意识无法逃生。

4 体会

通过了解引起火灾的软包电池做为电动货车的启动电源,软包锂电池体积较小携带方便深受货车司机喜爱。因市场产品质量鱼目混杂及软包锂电池在车体存放时易造成摩擦、挤压、碰撞易发生故障引发火灾事故,今后我们对运输行业部门及车主在规范使用锂电池方面进行指导和培训。

参考文献

[1] 公安部消防局. 火灾事故调查 [M]. 北京:国家行政学院出版社, 2015.
[2] 中华人民共应急管理部 XF 839——2009:火灾现场勘验规则 [S]. 北京:中国标准出版社,2009
[3] 应急管理部消防救援局. 火灾调查与处理. 高级篇 [M]. 北京:新华出版社,2020.

对一起充电宝火灾事故的调查

陈 琨

(江西省消防救援总队,江西 南昌 330025)

摘 要: 本文利用火灾现场典型痕迹特征体系,准确认定一起亡人火灾事故起火原因,为依法处理火灾侵权诉讼提供了证据,总结了准确认定起火点空间位置对提高起火原因查清率的重要作用,归纳形成了火源位置影响顶棚射流阻碍火势水平蔓延的规律,提出了开展火灾风险产品类型诱因调查可以推动消防安全治理模式向事前预防转型的观点。

关键词: 火灾;移动电源;锂电池;调查

1 引言

充电宝一般指移动电源,是一种个人可随身携带,自身能储备电能,主要为手持式移动设备等消费电子产品(如手机、笔记本电脑)充电的便携充电器,特别应用在没有外部电源供应的场合。其主要组成部分包括用作电能存储的电池和稳定输出电压的电路(直流-直流转换器),绝大部分的移动电源带有充电器,为内置电池充电。伴随充电宝的广泛使用,因充电宝引发的火灾事故屡见不鲜,例如,2018年2月25日,中国南方航空CZ3539(广州—上海虹桥,机型B77W)航班在登机过程中,一名已登机旅客所携带行李在行李架内冒烟并出现明火,机组配合消防和公安部门及时进行处置,未造成进一步损失;2023年5月29日,北京地铁7号线一节车厢内一女子携带的充电宝发生爆炸,地铁工作人员及时灭火,到站后乘客均按要求下车,并在车厢外等候下一班车。加强充电宝类产品引发火灾事故的调查,从本质安全角度强化火源管理,具有积极的现实意义。

2 典型火灾事故调查

2.1 火灾基本情况

2021年8月15日,某市场一商铺发生火灾,过火面积约120 m²,火灾造成直接经济损失176万元,并造成在二层居住的1名女性住户死亡。

起火商铺坐南朝北,地上3层,建筑高15 m,南北长10.5 m,东西宽3.8 m,建筑面积约139 m²,一层由某快递公司租用作为快递分拣点,二、三层由郭某租用作为住宅,楼顶有房东自行搭建的彩钢板房用作杂物仓库。建筑内各层由一敞开楼梯连通,一至二层楼梯段堆放大量房东的杂物。

一层商铺中部及北侧为快递分拣堆放区,南侧为快递货架区及现浇楼梯。敞开楼梯门洞处使用木龙骨胶合板双面贴石膏板隔断分隔,石膏板隔断下方中部向西留有约2 m高门洞,可通向楼梯梯段及楼梯底部空间。楼梯通过转角平台通向二层,转角平台南侧可通过一钢质防盗门向南直通室外。通向二层的梯段与二层楼板交汇处也使用了木龙骨胶合板双面贴石膏板封堵。起火建筑一、二层复原图如图1所示。

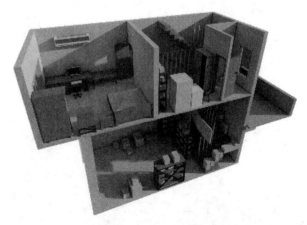

图1 起火建筑一、二层复原图

作者简介:陈琨(1977—),男,江西省消防救援总队副处长,高级专业技术职务,专业技术一级指挥长,主要从事火灾事故调查处理工作。地址:江西省南昌市洪城路966号,330025。

2.2 火灾发现经过

火灾当天，快递员宗某、胡某先后于 7 时 50 分左右来到起火建筑一层商铺开始快递分拣工作，宗某于 10 时 22 分驾驶快递三轮车离开，直至起火前未返回；11 时 7 分胡某驾驶快递三轮车离开。户外监控视频显示，11 时 12 分 12 秒，路过群众吴某发现起火建筑楼顶冒烟遂报警。死者手机通话记录显示，11 时 12 分 30 秒，死者发现卧室外有烟，打电话向正在上班的男友郭某求救。11 时 13 分 5 秒，即路人发现楼顶冒烟后约 53 秒，一层商铺卷帘门上方摇窗玻璃炸裂掉落到周边，周边群众得知火情后，于 11 时 14 分许打开一层商铺内卷帘门，此时商铺内南部全部过火，室内上部有浓重烟气。

2.3 调查难点

该起亡人火灾的第一发现人是距离起火建筑较远的路人，其看见建筑顶层冒烟。起火时间临近中午时分，商铺周边人员活动频繁，在一层商铺卷帘门关闭的情况下，火场周边群众没有发现火情异常现象，直到远处路人跑来告知火情，周边群众得知火情后才打开起火商铺一层卷帘门，多个目击证人证实一层仅仅是楼梯附近的南部区域有火，靠近大门的中北部区域没有燃烧。初步勘验一层商铺烧损情况与证人证言相吻合，商铺北侧大部分未过火，西墙中部、东墙北侧地面各有一个快递包裹堆放点，两处包裹堆放点大部分未过火，且均为南侧局部轻微过火；一层顶部烟熏痕迹较重，南侧抹灰层局部破损掉落，中部及北侧仅烟熏；一层南侧货架区及楼梯物品全部过火。一层局部过火，二层以上烧毁严重，最先起火的是一层还是二层，涉及不同责任主体，迫切需要依法查明火灾原因。

2.4 起火点认定

经勘验，通向一层转角平台的楼梯段铁质扶手过火中部受热向北有明显弯曲变形（图 2）。通向二层的楼梯段底部水泥层大面积脱落；石膏板隔断整体过火，隔断上部及楼梯段与二层楼板交汇处隔断烧损严重仅剩木龙骨框架，残留的 2 根竖向木龙骨中，南侧的与横向木龙骨交汇处烧损缺失，北侧的基本完好（图 3）。现场呈现从一层南部区域通过楼梯向上蔓延的痕迹特征。

图 2　铁质扶手弯曲变形痕迹

图 3　木龙骨烧损痕迹

一层南部货架区，紧靠石膏板隔断北侧贴近东墙东西向设有两组置物架，分别为 1、2 号置物架，靠近 1 号置物架沿东墙南北向设有 3 号置物架，靠近一层西南角第一跑楼梯沿西墙南北向设有 4 号置物架（图 4）。1、2 号置物架为同类型的铁质框架、铁丝衬网、木质背板，两个置物架尺寸均为长约 0.9 m、高约 1.8 m,各有上、中、下三块宽 0.3 m 的金属活动置物隔板,除 1 号置物架上方隔板在原处外,其余隔板均塌落,2 号置物架上部铁丝衬网变形向下弯曲;1、2 号置物架木质背板过火烧损,2 号置物架木质背板底部部分残留,背板北侧严重炭化,南侧保留木质本色。3 号置物架长 0.97 m、高 1.75 m,隔板宽 0.3 m,共四层,隔板上物品烧损严重,金属框架及隔板受热变形,形变程度上部重于下部、南侧重于北侧(图 5)。4 号置物架长 1.15 m、高 1.34 m,木质隔板宽 0.6 m,共三层,隔板上方物品残留堆积较多,上层木质隔板中部烧穿呈长 85 cm、宽 33~52 cm 不规则孔洞,中层隔板烧穿呈长 53 cm、宽 8~28 cm 不规则孔洞,底层隔板仅表面炭化,该置物架整体金属结构变形及烧损上部重于下部、南侧重于北侧,整体向东南倾斜(图 6)。紧靠 4 号置物架北侧的快递堆基本未过火。楼梯底部空间有一张木质电脑桌残骸,电脑桌底部地面一电脑机箱过火烧毁,电脑桌整体表面炭化上部重于下部,桌面中部偏东处破损严重形成孔洞,东部抽屉西侧近桌面烧损缺失一角(图 7)。

图 4 一层商铺烧损情况

图 5 1、2、3 号置物架烧损痕迹

图 6 4 号置物架烧损痕迹

图 7 电脑桌烧损痕迹

综上所述,认定起火点位于起火商铺一层南侧距南墙 1.51~1.81 m、距东墙 1.6~1.8 m、距地面高约 1.55 m 的 2 号置物架上层隔板处。

2.5 起火原因认定

调查人员将在 2 号置物架北侧距南墙 1.8 m、距东墙 1.6 m 处地面发现并提取的移动电源(充电宝)的 2 个电池芯及 1 个电路板残骸(图 8)送至检验部门做检验鉴定。经鉴定,送检的检材锂电池残骸(20211420-W01)烧损,内部正负极材料、隔膜、电解液燃烧炭化严重,铝质集流器熔化缺失,其中一个单体电池芯体内部存在局部变形褶皱痕迹,褶皱痕迹附近的铜质集流器上发现有熔化痕迹(编号为 20211420-W01-01),20211420-W01-01 熔痕其主要成分为铜(Cu)、碳(C)和氧(O),20211420-W01-01 熔痕为短路熔痕(图 9)。

综合起火点处快递包裹品名调查等证据情况,认定起火原因为起火点处放置的移动电源(充电宝)内置的锂离子电池芯体内部短路导致锂离子电池热失控起火引燃周边快递包裹等可燃物继而引发火灾。

图8　起火点对应地面发现的充电宝残骸

20211420-W01 检材锂电池集流器
上的熔痕外观（原始）

20211420-W01 检材锂电池集流器
上的熔痕外观（清理后）

20211420-W01-01 短路熔痕
的微观形貌

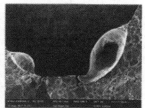
20211420-W01-01 短路熔痕
的微观形貌

图9　充电宝残骸电气熔痕鉴定

2.6　火灾延伸调查

经调查，起火建筑虽然未改变使用性质（一层为商铺产权登记，二层以上为住宅产权登记），但是产权及承租方在承租过程中均未明确各自消防安全责任。起火建筑一层经营区域与二、三层居住区域无有效防火分隔措施，建筑各楼层及一、二层连接楼梯处堆放大量可燃物品，二层设置无逃生口的防盗窗等问题隐患长期存在，是火灾发展蔓延扩大和造成人员伤亡的主要原因。群众消防安全意识薄弱，被困人员发现火灾后惊慌失措，与人通话长达5分钟，而未第一时间报警，也无法冷静应对果断选择正确路线逃生，火势扩大后仍然在烟雾中大声呼喊加速了烟气吸入，错过了宝贵的逃生时机。同时，调查人员还对起火充电宝的销售渠道、采购记录、品牌型号等情况进行了调查取证。

3　调查总结

3.1　火灾事故调查要站稳人民立场

火灾调查人员要树牢群众观点，贯彻群众路线，践行为民宗旨，发挥好火灾事故认定书作为处理火灾事故的法定证据作用，努力服务于司法诉讼活动，保障当事人合法权益。火灾原因认定不仅是业务工作，更是法律工作。本案例在原因调查和延伸调查过程中，立足火场痕迹体系和证人证言，认定了充电宝故障引发火灾事故的事实，为火灾侵权司法诉讼提供了证据。法院经过质证、审理，判决充电宝生产企业承担主要民事赔偿责任。

3.2　准确认定起火点空间位置是提高查清率、准确率的关键

受到勘验技术和现场复原条件等因素的影响，调查实践中通常只是认定起火部位，或者认定起火点的空间范围较大，这不利于查清起火原因。不排除认定泛滥现象的背后，技术上的主要原因就是起火点没有查清。通过证据体系准确认定起火点后，起火源的调查一般就简单易行了，尤其是认定距离地面有一定高度的起火点空间位置后，起火源往往具有唯一性。本案例中充电宝残骸物证的鉴定结论起到了精益求精的作用，但即便遇到鉴定结论不理想的情况，也不影响火灾原因认定；但可能在民事诉讼的判决中弱化火灾事故认定书的证明力。

3.3　火源位置对于火灾蔓延途径有较大影响

多起火灾调查实践证实，当火源位置靠近竖向楼梯时，由于顶棚射流形成困难会造成水平方向火势蔓延受阻。这合理解释了本案例中一楼卷帘门关闭情况下周边群众没有及时发现火情异常的原因。因此，当火场存在这种起火源位置特殊的情况时，要科学分析证人证言，不要被表象所误导。

3.4　火灾事故调查应主动服务于火灾风险产品的质量管理

本案例中引发火灾的充电宝为正规品牌产品，用户购置使用时间不长，产品尚处于质保期内。虽然其被快递员日常频繁使用，但是起火时没有充电，处于满电静置状态。尽管日常使用细节难以准确调查核实，但是充电宝类锂电池产品的火灾危险性应当引起足够关注。2023年3月14日，国家市场监管总局发布《关于对锂离子电池等产品实施强制性产品认证管理的公告》（2023年第10号），明确规定"质量不超过18 kg，包含锂离子电池和/或电池组，具有交直流输入/输出的可移动式电源（产品代

码 0914）新纳入强制性产品认证（CCC 认证）范围，适用国家强制标准（GB 31241—2022）《便携式电子产品用锂离子电池和电池组安全技术规范》（代替 GB 31241—2014）"。可见，社会对于火灾风险产品存在一个逐步认知、修正安全标准的过程。提高产品安全标准是提升产品本质安全，有效维护公共安全的治本之策。因此，火灾事故调查应强化起火物的调查统计，建立全国统一、共享的大数据平台，为起火物风险辨识提供基础数据。地市级以上消防部门可以根据起火物风险辨识情况组织类型火灾诱因调查，及时向有关主管部门和企业推送火灾风险产品改进建议书，甚至可以尝试建立火灾风险产品召回制度，努力推动消防安全治理模式向事前预防转型。

参考文献

[1] 刘义祥. 火灾调查 [M]. 北京：机械工业出版社，2021.

[2] 金河龙. 火灾痕迹物证与原因认定 [M]. 长春：吉林科学技术出版社，2005.

[3] 应急管理部消防救援局. 火灾调查与处理：高级篇 [M]. 北京：新华出版社，2021.

[4] 应急管理部消防救援局. 火灾调查与处理：中级篇 [M]. 北京：新华出版社，2021.

火灾调查工作发展与思考

强化火灾调查处理工作的现实意义与对策

崔　蔚

（江苏省消防救援总队，江苏　南京　210009）

摘　要： 消防体制改革后，随着消防审核验收职能的移交，火灾调查处理在消防工作中越显重要。本文阐述了火灾调查处理工作的现实意义，分析了当前火灾调查处理在思想认识、职责权限争议和工作能力中存在的问题，从完善法律法规制度、加强人才队伍培养、提升调查组织能力等方面，提出了加强火灾调查处理工作的对策建议，旨在进一步加强火灾调查处理工作，促进社会面消防安全责任的落实。

关键词： 火灾调查处理；意义；对策

1　引言

火灾调查是《中华人民共和国消防法》赋予消防部门的一项重要法定职责。党的二十大报告强调，要推进国家安全体系和能力现代化，坚决维护国家安全和社会稳定。火灾调查处理作为新时代消防救援工作的重要组成部分，涉及千家万户、各行各业，事关人民群众生命财产安全，做好火灾调查处理工作对于防范重大风险、维持社会和谐稳定有着重要意义。在火灾事故的直接原因调查层面，消防部门有丰富的实践经验，但是在火灾事故调查组牵头组织的处理工作中暴露出对间接原因调查、事故责任认定以及调查结果应用等方面还有较大的欠缺。

2　强化火灾调查处理工作的现实意义

2019 年，中共中央办公厅、国务院办公厅印发《关于深化消防执法改革的意见》，明确指出"强化火灾事故倒查追责，逐起组织调查造成人员死亡或造成重大社会影响的火灾，倒查工程建设、中介服务、消防产品质量、使用管理等各方主体责任，严肃责任追究"，对火灾调查工作提出更高要求和更严标准，从原来单一的调查起火原因逐渐向要查清间接原因、分析灾害成因、查明事故责任、提出整改意

见等全方位转变。近两年，各地相继出台了火灾事故调查处理方面的规定，江苏省人民政府办公厅也于 2022 年 6 月 24 印发实施了《江苏省火灾事故调查处理规定（试行）》，明确消防部门牵头对火灾事故进行调查处理，这对于消防部门在新时期的发展是一个机遇，但同时对于火灾调查人员来讲也是一个巨大的挑战。强化火灾调查处理工作在现阶段具有以下现实意义。

一是现实需要。在工作实践中发现有大量的火灾事故没有得到有效处理，单一的调查起火原因仅是认定火灾的直接原因，间接原因调查、灾害成因分析、事故责任认定则并未涉及，难以达到事故调查"一案四查"的要求。尤其是对部门监管责任是否履行到位的调查处理，要依靠政府调查组的组织开展。作为主管消防工作的部门，理应作为牵头部门组织查清原因、责任，以更好地推进消防工作。

二是法理支持。《消防法》明确了消防部门开展火灾调查的法定职责；《火灾事故调查规定》明确了火灾调查程序和内容；《消防安全责任制实施办法》明确了消防部门组织或参与调查处理工作，明确了亡人或有社会影响的火灾事故由相应的政府组成调查组开展调查处理；《关于深化消防执法改革的意见》也明确指出"强化火灾事故倒查追责，逐起组织调查造成人员死亡或造成重大社会影响的火灾"。

三是职责所在。《综合性消防救援队伍整合改革方案》明确了消防部门"依法行使消防安全综合

作者简介： 崔蔚，女，汉族，工程硕士研究生，现任江苏省消防救援总队高级专业技术职务、高级指挥长，长期从事火灾调查和消防监督工作。地址：江苏省南京市鼓楼区月光广场 6 号，210009。电话：13801589991。

监管职能,组织指导火灾事故调查处理相关工作";《消防法》明确了消防部门火灾调查的法定职责,事实上消防部门又是火灾事故调查的专业技术部门,按照组成政府调查组时应遵循的精简效能原则,消防部门牵头组织火灾事故调查处理亦是理所当然。

四是初心使然。火灾调查处理的目的是查明火灾事实真相,深刻汲取事故教训,严肃追究事故责任,教育警示社会公众,促进消防安全责任落实,不断改进消防工作水平,全面提升社会面火灾防控能力。消防救援队伍作为与老百姓贴得最近、联系最紧的队伍,初心使命就是为人民谋幸福。火灾调查处理工作直接或间接地涉及人民群众利益,所以做好火灾调查处理工作也是勇于担当、忠诚为民的火调人维护社会公平正义、坚守矢志不渝的初心使然。

五是地位作用凸显。火灾调查处理是火灾防控的先导性和基础性工作;火灾调查处理是推进消防安全责任落实的"刀把子";火灾调查处理是消防救援队伍的重要核心技术;火灾调查处理是消防救援队伍服务群众需求的重要窗口。

3 当前火灾事故调查处理工作存在的问题

3.1 消防部门内部上下还未形成统一的思想认识

作为政府调查组牵头部门,要组织协调其他部门做好各项工作,确保调查处理结果获得党委政府肯定和社会各界认可。但是,消防部门内部还存在上热下冷、不愿组织、不会组织现象,部分人员存在安于现状的思想,认为火灾事故调查只需做好技术调查部分的工作即可,而涉及亡人及有影响火灾事故的调查,也一直是单打独斗状态,局限于部门调查的思维,没有做到跳出来站在政府调查组的角度,充分调动各方力量,发挥合力,从而统筹协调好调查处理工作。

3.2 火灾事故调查处理的职责权限存在边界交叉现象

由于火灾事故和生产安全事故的概念存在交叉,对于生产经营活动领域发生的且表现形式为火灾的事故,各地政府领导对相关法律法规的深刻含义了解不够,出于思维惯性,多数直接签批由应急管理部门牵头调查处理,部分是在消防部门主动争取下获批牵头调查处理。在现实情况中,主要是生产经营活动领域的火灾事故,其调查处理工作存在部门职责权限不明晰、牵头组织单位不固定的问题,给消防部门的调查处理工作造成被动。

3.3 消防部门牵头做好调查处理的综合能力亟待加强

火灾事故调查处理除查清火灾原因外,还要全面调查确认各方责任、提出问责处理建议、研究针对性改进措施、开展防范和整改措施落实情况评估等,牵头调查处理不仅需要具备高超的专业水平、严密的逻辑思维、较强的程序意识、良好的协调能力、过硬的文字功底,还需要对政府及有关部门工作职责、规章规范、履职情况、常见疏漏、行政风险等方面有所掌握。但是,在现实情况中,现阶段基层火灾调查人员在上述能力方面还存在不小的差距,调查处理引领作用不明显,整体工作质量不够高。消防部门内部相关业务处(科)室还未形成常态化的配合工作机制,有时候不能确保充足且稳定的人力、精力投入政府调查组,牵头组织力度不够,工作进度迟缓,不能及时回应党委政府和社会各界,在事故调查中处于被动参与的局面。

4 强化火灾调查处理工作的对策建议

4.1 建章立制,加强火灾调查处理相关法律法规、制度机制建设

虽然消防部门在作为牵头单位组织进行调查处理方面还存在一些不足,但由于现实所需,职责使命所在,也有法理支撑作为基础,当前迫切需要建立完善火灾调查处理相关法律法规、制度机制,首先要尽快全面出台火灾事故调查处理相关规定和实施细则,从顶层设计上确立消防部门在火灾事故调查处理中的主导定位,妥善解决"由谁牵头"的焦点问题,提前化解事故性质模糊、调查主体混淆的现实矛盾,为基层开展火灾事故调查处理提供有力政策支撑;其次要规范调查处理工作,将实践中形成的很多行之有效的举措总结出来,将这些好的经验和做法固化成机制、转化成实效。笔者所在总队正在研究制定《江苏省较大火灾事故查处挂牌督办办法》《全省重大火灾事故调查处理工作预案》,以统一规定相关组织程序、工作要求等。

关于火灾事故和生产安全事故存在边界交叉的实际问题,《中华人民共和国安全生产法》第二条明确,"在中华人民共和国领域内从事生产经营活动的单位(以下统称生产经营单位)的安全生产,适用本法;有关法律、行政法规对消防安全和道路交通安

全、铁路交通安全、水上交通安全、民用航空安全以及核与辐射安全、特种设备安全另有规定的,适用其规定。"按照法律冲突解决原则、法条竞合原则,特别法优于一般法,则生产经营单位发生的火灾事故即使也可能是生产安全事故,也应当优先适用《消防法》。因此,建议凡是以火灾形式呈现的事故(即火灾事故),需要成立政府调查组开展调查的,均应由消防部门作为调查组的牵头调查部门组织调查,调查组组长由人民政府相关负责人或者本级消防部门负责人担任。

4.2 锻造队伍,抓紧培养会组织、懂处理的火灾事故调查处理行家能手

在实际工作中,往往就算消防部门拥有牵头组织调查火灾事故的权力,但调查人员的组织协调处理能力却远远不够。提升调查人员队伍的整体组织处理能力,对于消防部门胜任牵头组织火灾事故调查处理这一职责有着重要意义,也是亟须解决的课题。

一是各级领导要高度重视、主动牵头。要积极与政府和相关部门沟通协调,争取火灾调查处理的主导权,充分发挥消防安全综合监管作用和专业优势。既要培养懂调查、知法律、会处理的专业技能型人才,也要培养会组织、能指挥、善协调的组织领导型人才,进而打造素质过硬、业务精湛、配合默契的火灾事故调查处理专业队伍。应挑选火灾事故调查组织处理方面的专业骨干组建省、市两级火灾事故调查处理服务队,明确服务队成员身份和管理制度,建立火灾事故调查处理联动协作机制,以上率下、分级培训、锻造队伍、提升能力。

二是要注重积累经历、积蓄能力。紧紧依托全国火灾调查资深专家和领军人才技术支撑,发挥各行业领域专家对火灾事故调查的专业指导作用,学习借鉴其他生产安全事故调查处理的经验做法,全方位审视已完成的火灾调查处理过程,全链条反思调查处理工作存在的问题,努力争取打一仗进一步,全面改进各项工作。

三是强化火灾调查处理实战。要牢牢抓住牵头组织火灾事故调查处理的时代契机,一旦出现规定情形的火灾事故,坚决做到"一快三争",即火灾调查过程中要当机立断,及时向政府报告立案调查和火灾事故调查组组成建议;争技术组的绝对垄断,用高效精准的原因认定赢得尊重信服;争管理组的牵头地位,用全面深入的调查参与掌控全局主动;争综合组的地方支持,用运转有效的协调保障确保调查

顺畅。通过调查处理收集整理政府部门的"三定"职责和监管职能,深入了解社会单位的消防安全主体责任,在一起起实战中尽快提升能力,培养一批火灾事故调查处理行家能手。

4.3 抢抓机遇,提升消防部门在政府和社会上的地位和话语权

火灾调查处理的核心任务是查明火灾原因、查清火灾责任,但其价值远不止于此。火灾调查在整个消防工作中的定位应该是防火工作的引导者、灭火救援的评价师、责任追究的建议人、消防宣传的素材库、法规标准的智囊团、科研课题的发现源。因此,正确认识火灾调查的作用,准确把握火灾调查的定位,科学构建运行顺畅的调查组织,通过火灾调查处理优化消防治理模式、促进消防治理能力、提升消防治理水平,是新形势下火调队伍职业定位、职能定性、发展定向的必由之路。在当前全国积极推行"政府主导、消防牵头"开展火灾调查处理的大好背景下,各级消防部门要挺身而出、锐意进取,坚决做到思想认识上下统一、牵头组织当仁不让、调查组成科学编配、调查能力应付裕如、追责问责秉持公心,利用大量的牵头组织实践来不断学习方法、完善措施、总结经验,用令人信服的调查报告,赢得各方认可尊重,也赢得火灾调查事业的影响地位和美好蓝图。

5 结语

火灾事故调查处理是消防部门的一项法定职责,也是一项兼具政策性、技术性、法律性的行政行为,其开展是否能够做到及时、准确、有效,对于维持火灾形势稳定、维护人民群众生命财产安全具有十分重要的意义。只有不断采取多维度举措,全方位提升火灾调查队伍的综合能力,才能更好地应对日益复杂的火灾现场,用好用活火灾调查处理这个"刀把子",为树立消防救援队伍良好形象和地位、精准把控火灾成灾原因和防控方向、改进消防各项工作筑牢坚实基础。

参考文献

[1] 中华人民共和国消防法 [I].2021.
[2] 中华人民共和国安全生产法 [I].2021.
[3] 应急管理部消防救援局.火灾调查与处理:中级篇 [M].北京:新华出版社,2021.
[4] 国务院办公厅.关于印发消防安全责任制实施办法的通知(国办发〔2017〕87号).2017.
[5] 公安部令第121号.火灾事故调查规定 [I].2012.

刍议火灾与消防

李 剑

（天津市消防救援总队，天津 300090）

摘 要：本文以马克思主义为指导，纠正了火灾的定义，明确了火灾预防的方向，并从主体上阐明了社会公众的消防专业与消防队伍的专业消防之间的区别与联系。同时批判了消防队伍的监督检查并非预防火灾，而是灭火救援熟悉的本质属性，指明火灾调查才是消防队伍预防火灾的根本方法，对消防救援队伍改革发展具有重要指导意义。

关键词：火灾；消防；监督检查；火灾调查

1 引言

消防，即消灭火灾和预防火灾。火灾是消防工作的中心。那么，什么是火灾？如何预防火灾？如何消灭火灾？谁来预防火灾？谁来消灭火灾？这些是消防工作应当深入研究的问题。

2 用火和火灾

与火灾相对的是用火。要搞清楚什么是火灾，还要从用火与火灾的关系说起。

2.1 辩证唯物论角度下的用火和火灾

"火"——作为物质，远早于人类存在于世界，它最初只能被发现，不能被创造，这是物质第一性原理。最初人不能控制火，火只要出现就危害人的生命、摧毁已有文明，最初只有火灾，没有用火。当意识反作用于"火"，人们发现并掌握了火的规律，并对其加以控制，才开始有了用火，这是意识第二性原理。人类在与火灾长期斗争的实践中，始于利用火的燃烧直接产生的热能、光能，由此也开启了人类能源使用的历史进程，再到热能、动能、电能、光能等各种能量的相互转换，推动了人类社会文明的进步。

2.2 唯物辩证法角度下的用火和火灾

用火和火灾是一对矛盾。其统一性表现为二者同宗同源，"火"是它们固有的自然属性，是燃烧的客观物态；用火是通过控制获取燃烧产生的能量，火灾是通过控制将其消灭，但人的意识作用于火的目的都是控制。其对立性表现为用火和火灾是以人的意识加以区分的火的社会属性，用火对人有利、促进人类社会发展进步；火灾对人有害、危及人的生命财产安全。其关联性表现为用火是在总结火灾规律的基础上，对控制方法加以创新和修正，以期待更好地用火和避免再次发生火灾。

2.3 实践论角度下的用火和火灾

人类首先通过实践认识到火的危害，从而选择躲避；而后发现火的一些片面的规律，开始对火有了低级的控制；随着认识的不断深入，用火和火灾此消彼长，人们将更多的规律上升为真理并转化为常识，通过再实践、再认识，不断循环往复地螺旋式上升，形成了现在多种多样的能源使用形式。随着对用火和火灾的继续调查和研究，人们会获取更为丰富的能源使用方法。

因此，用火来源于火灾。

3 火灾的定义

《消防词汇 第 1 部分：通用术语》（GB/T 5907.1—2014）2.3 条定义：火灾是在时间或空间上失去控制的燃烧。其中有两个问题：一是失去人的行为的控制才是火灾，还是超出人的意识的控制就是火灾；二是失控多长时间才是火灾，失控多大空间才是火灾。带着这两个问题，我们来探讨火灾的定义。

人们希望利用燃气烧饭，但不希望锅内的食材

作者简介：李剑（1979—），男，天津市消防救援总队，高级专业技术职务，主要从事火灾调查工作。地址：天津市南开区南马路 708 号，300090。

起火;人们希望安全输配电力,但不希望电线短路起火;人们希望机器正常运转,但不希望机器故障起火……所有的"希望"是可控的用火,所有的"不希望"是失控的火灾。这些不希望的、失控的火灾的出现,一是生产生活用火用电过程中出现错误行为,如乱扔烟头、用火用电离人、违章动火作业、危化品混存等;二是控制装置衰减老化,如燃气软管年久脱落、电气线路绝缘脆化、电气设备部件老化失效等。无论是错误行为还是衰减老化,二者在量变积累后达到临界点,突变为火灾。由此可见,火灾是生产生活用火用电过程中的错误行为或者衰减老化持续量变积累后突变为失控燃烧的质变结果。这个结果是人们不希望看到的、不想要的、意料之外的燃烧,是超出人的意识的控制的燃烧。这个结果只要出现,就是火灾。它不以其持续的时间长短和扩散的空间大小来加以衡量。因此,无论是扑救了几天的山火,还是一闪即灭的爆燃;无论过火面积是几万平方米,还是一两平方米——都是火灾。

火灾包含着前因和后果。错误行为或者衰减老化及其量变积累是前因;当它突变为失控的燃烧后,其持续的时间长短和扩散的空间大小只是后果。因此,火灾的发生是定性的结论,即错误行为或者衰减老化及其量变积累只要突破临界点,火灾就已经发生;火灾发生后,人们试图通过消灭的方法遏制它在时间和空间上的蔓延扩大,用以减少生命和财产的损失。现行的火灾定义片面地关注火灾后果而忽视前因,试图用时间或空间的定量分析来定义火灾,认为人的行为在短时间内将火灾控制在相对小的范围内并加以消灭的情形不是火灾,只有持续时间长、扩散空间大的火灾才是火灾。这是孤立地、片面地就火灾论火灾,而无视用火的规律及其与火灾的关联性,是形而上学导致的错误。

由此可见,超出人的意识的控制的燃烧就是火灾,失去人的行为的控制的燃烧更是火灾。火灾的定义,应更正为失控的燃烧。

4　火灾的预防和消灭

火灾发生后,都要消灭。火灾被消灭,通常有三种情形:一是自生自灭;二是社会公众消灭;三是社会公众无法消灭,报警后由消防队伍消灭。错误的火灾定义将自生自灭和社会公众消灭的火灾视为可控,否定它们是火灾;只承认"报警"后由消防队伍消灭的火灾才是火灾。这种以是否"报警"区分燃烧的可控与失控、界定火灾的未然和已然,是极其错误的。这种界定标准狭隘地将社会公众在火灾发生后的发现、控制和消灭的行为,以及社会公众在火灾发生前为了发现、控制和消灭火灾所做的准备(设置消防间距、消防分区、消防通道和消防设施等)设定为预防火灾,而否定其消灭的本质属性。

这里没有使用"防火间距、防火分区"等规范上的术语,因为有人认为:"为了使火灾不蔓延扩大而设置的防火间距、防火分区,不也是在防火吗?"其实不然。灭火的基本原则就是"先控制、后消灭"。设置所谓的防火间距、防火分区,其目的都是将已发生的火灾先行控制在一定范围内,最终目的还是消灭,这些设施只不过是"先控制、后消灭"原则中的控制设施,是为消灭火灾而设置的,和预防无关。因而,无论之前的《建筑设计防火规范》,还是现行的《建筑防火通用规范》,均应更名为《建筑消防设计规范》以及《建筑消防通用规范》。

火灾既已发生,全社会的一致目标都是要将其消灭。社会公众能自救则自救,不能自救则逃生报警,由消防队伍施救。二者只是消灭的主体不同,但绝不能因此而否定社会公众的自救属于消灭火灾,更不能错误地将社会公众的自救和为了消灭火灾所做的准备工作定义为预防火灾,这是目标导向的错误。

错误的火灾定义曲解了预防的实质意涵。真正的预防,是将生产生活用火用电的错误行为或者衰减老化及其量变积累终止于火灾发生前,其目标不着火。因此,预防是在用火时预防,正确用火就是预防。预防火灾是定性的目标,只有防得住和防不住之分,预防的成败在于生产生活用火用电的错误行为或者衰减老化及其量变积累是否突破临界点,进而超出人的意识的控制,由此来区分燃烧的可控与失控,界定火灾的未然和已然。类比于国防的"御敌于国门之外",火灾的预防就是要"御火于未燃之时"。

因此,火灾的预防和消灭,以前因和后果为目标对象加以区分,其中:斩断前因,以不发生火灾为目标是预防;遏制后果,以压缩火灾的时空范围为目标是消灭。同时,用火是大量的、必然的,火灾是个别的、偶然的,用火就是防火,这也是"预防为主、防消结合"的应有之义。

5　消防专业与专业消防

5.1　社会公众的消防专业

消防涉及各行各业和千家万户。每个生产经营单位,每个家庭,都有自己的消防工作。大到核电站、危化品生产储存运输、商场、酒店、学校、医院等,小到早餐摊位、服装商铺、理发店以及每一个住宅,从法规标准、使用规则及应用常识上都有各自消防工作的内容。这是社会公众的消防专业。

按门类分,有建筑的消防专业,有学校的消防专业,有医院的消防专业,有商场的消防专业,有酒店的消防专业,有工厂的消防专业,有仓储物流的消防专业,有家庭生活的消防专业等,不一而足。各领域虽然都有消防专业,但它们不以预防火灾和消灭火灾为各自主业,建筑行业以施工建设为主业,学校以教书育人为主业,医院以治病救人为主业,商场酒店以开门纳客为主业,工厂以生产制造为主业,仓储物流以储存运输为主业,万家灯火以四季平安为主业;各领域的消防专业只是保障其生产经营和家庭生活避免火灾侵扰。每一个领域的消防专业都有各自的特点,包含生产工艺流程火灾危险环节、动火作业流程和火源控制、用电负荷测算、使用何种建筑、设置何种消防设施等,要保障生产生活的消防安全,就要使生产经营从业者和居家生活的人们掌握各自的消防专业。这是社会公众实现安居乐业的消防工作职责。

5.2　消防队伍的专业消防

消防救援是随着社会分工细化而产生的一个职业。火灾是消防队伍的工作对象,消防队伍以消灭火灾和预防火灾为主责主业,消防队伍的全部工作都是围绕"火灾"开展的,消防队伍所从事的是专业消防。

对比社会公众的消防专业和消防队伍的专业消防,二者目标相同,因为这个世界上除了放火犯,没有人希望发生火灾,因此不着火和不着大火是包括消防队伍在内的全社会的共同目标,二者的区别如下。

一是矛盾的主次不同。社会公众以生产经营和家庭生活为主要矛盾,消防安全是次要矛盾,消防专业只是各自主责主业中的一部分;消防队伍以灭火救援和调查研究火灾为主要矛盾,生产生活用火用电是次要矛盾,社会公众的消防专业是专业消防的各个分支。

二是工作方法不同。社会公众的职责是遵守消防法规标准,在火灾发生前确保自身职责范围内不发生火灾,并为可能出现的火灾的控制和消灭做好准备,并科学应对已发生的火灾;消防队伍在接到报警后,为人民消灭火灾,在接到火灾报警后,为人民

调查火灾,并帮助社会公众总结火灾规律,用以改变生产生活方式、增强消防安全能力水平、增加社会消防投入、改正错误行为等,避免再次发生火灾。

三是衡量标准不同。社会公众的消防工作标准是定性的,只有"0"和"1"之分,即发生火灾就是错误,发生大火更是毁灭性的打击,可以导致家破人亡、企业破产;消防队伍工作是定量指标,即一定周期内消灭了多少火灾,调查了多少火灾,再根据这些基础数据总结火灾规律,推动生产生活方式变革,调整地区消防政策和消防投入,以及调配消防队伍人员实力等。

因此,"119火警"是社会公众与消防队伍各自职责的分界线、分水岭。火灾发生前,正确地生产生活用火用电,是社会公众的预防职责;火灾发生后,社会公众发现、报警、控制和消灭火灾,以及在火灾发生前为了发现、报警、控制和消灭火灾所做的准备工作,是社会公众的消灭职责。火灾发生前,消防队伍对辖区的熟悉预案演练,以及接到报警后,消防队伍的灭火救援,是消防队伍的消灭职责;接到报警后,消防队伍调查火灾事实、总结火灾规律、广而告之宣传,是消防队伍的预防职责。只有社会公众与消防队伍各司其职,才能共同维护全社会的消防安全。

6　监督检查与火灾调查

6.1　监督检查

将社会公众消灭火灾以及在火灾发生前为了消灭火灾所做的准备工作设定为预防火灾本就是错误的。而消防队伍检查社会公众在火灾前为了消灭火灾所做的准备工作的消防监督检查,更不是在防火。

消防监督检查,大致有三个步骤:一是知晓单位情况,即了解单位消防安全状况;二是判定合规性,即用法规标准衡量单位消防安全状况;三是处理不合规情况,即对不合规情况做出处理。消防监督检查的实质内容是社会公众在火灾前为了消灭火灾所做的准备工作,只不过在知晓单位情况后人为地增设了判定合规性和处理不合规情况两项职责,却完全混淆了消防队伍和社会公众的职责。下面逐一分析这三项工作流程。

6.1.1　知晓单位情况

消防队伍灭火救援有六熟悉,即熟悉道路水源,熟悉单位数量种类,熟悉事故处置对策,熟悉单位建筑情况(包括消防间距、消防分区、消防通道等),熟

悉单位消防设施(包括消防水系统和自动报警喷淋系统),熟悉单位消防组织架构。六熟悉中的后三项与消防监督检查内容无异,包括之前的建设工程消防设计审核、竣工验收,以及现行的消防监督检查,其本质是灭火救援的图纸熟悉、竣工熟悉和日常熟悉。消防队伍熟悉的目的是节省侦查和灭火救援时间,以便更好地处置各类灾害事故,最大限度地保护人民生命财产安全。这些本就属于灭火救援的工作范畴,由消防队伍换一批人再了解一遍,实属狗尾续貂,况且经调研,灭火救援人员对单位的熟悉程度要超过消防监督人员。因此,在消防队伍内部也要各司其职。

6.1.2 判定合规性

知彼知己,百战不殆。消防队伍的灭火救援熟悉是知彼的过程,制定预案是知己的工作,其目的是时刻准备着消灭火灾,保护人民生命财产安全。消防队伍在熟悉的基础上,应当结合辖区实际制定预案,从人员、装备、编成、作战等多方面查找灭火救援是否存在力有不逮的问题,如果存在,就要加紧备战,拿出切实可行的预案。而单位现状是否符合其本行业内部的消防法规标准,本应由单位主体和监管部门自行判定,如有不合规情况,由单位主体自行改正,同时由监管部门监督改正,消防队伍至多将熟悉情况和预案问题通报被熟悉单位及其行业监管部门,可在多方会商下协调解决预案问题。当前,单位主体和监管部门多以消防工作专业性强为由对自身职责进行推诿,但是管行业必须管安全、管生产必须管安全,人们从事一定的生产经营,就必须精通这一行业内部的各项法规标准,任何行政监管部门监管本行业生产经营,也应当精通所属条线下的消防安全法规标准,如果不精通,可以学习,但"常常不是先学好了再干,而是干起来再学习,干就是学习!"消防队伍可以当单位主体和监管部门的教员,在熟悉、会商时指导他们掌握本行业、本部门的消防管理,但不是像现在一样在火灾前越俎代庖地替他们管理。

6.1.3 对不合规情况的处罚

如果说前两项工作与消防队伍灭火救援尚有关联,那么在火灾前由消防队伍对不合规情况进行处罚,则与消防队伍最是毫无任何因果关系,这也是消防监督检查最大的弊端。因为消防队伍熟悉这些情况是为了灭火救援,而不是来判定合规与不合规的,更不是来处罚不合规情况的。在发生火灾前,社会公众的这些消防工作都属于本行业领域的消防专

业,管行业必须管安全、管生产必须管安全,这些消防专业就应当由各行业监管部门负责。这固然是《消防法》第70条的错误导致的结果,但更多的也是行业监管部门与消防队伍推诿扯皮的结果;其结果是消防队伍一下子如泥牛入海,使自己深陷其中而无法自拔,而一旦着了大火,消防队伍本应是调查处理火灾的,结果却成了第一个被调查处理的人,岂不怪哉!

6.2 火灾调查

消防队伍为人民调查火灾,帮助人民群众预防火灾和减少火灾危害。火灾调查与灭火救援一样,是消防队伍密切联系群众的又一个坚实的纽带。火灾调查是消防队伍预防火灾的主要职责,火灾调查就是消防队伍的火灾预防工作。查清火灾事实,总结火灾规律,并将其宣传到全社会,用以提高社会公众的消防安全能力。

火灾调查有四个任务,起火原因和成灾原因是基本事实,火灾责任和火灾教训是衍生事实。四者相结合,构成了一起火灾的完整事实。所有火灾事实都需要证据支撑,调查取证需要耗费大量人力、财力、物力和精力,每一项证据的取得都是艰苦卓绝的。根据《行政诉讼法》,火灾调查证据包括书证、物证、证人证言、嫌疑人陈述、勘验笔录、鉴定报告、电子物证、视听资料,共八类。犹如盖房子,四项任务是梁,八类证据是柱,两者相结合搭建起消防队伍火灾预防工作的四梁八柱框架结构。

6.2.1 起火原因和成灾原因

起火原因主要是燃烧三要素及其相结合的条件,成灾原因主要是火灾自发生到被扑灭的全过程。但这些都是表面事实,消防队伍还要对造成火灾原因的深层次问题开展调查。

火灾基本情况包括:起火场所类型及周边情况,起火建筑结构参数,涉及土地、建筑、单位、物品等权属关系(包括物权关系、租赁关系、保险关系、承运关系、质保关系等)。从中可勾勒出火灾事实的基本脉络。

起火原因在查清燃烧三要素后,还要溯源可燃物和点火源所涉物品的生产时间、安装时间、安装方法、使用方法等,从中找出生产生活用火用电的错误行为或者衰减老化及其量变积累的事实,从中总结规律,用于改进用火方法和制定修订法规标准。

成灾原因以起火原因为起点,以火灾损失为基础,勾勒出火灾蔓延扩大的事实。火灾损失包括死亡人员、受伤人员和财产损失。对于死伤人员,着重

起火前的活动情况、死亡位置和体态,以及伤者在火场中的感受和逃生情况,以便分析死者在火场中的生理和心理状态,以及总结火场求生的有效方法。同时,还要查清损失数额。

除以上调查物态特征外,更要调查人的行为动机,追溯火灾的全生命过程,研究人的心理行为,从中揭示人的利益诉求与消防安全的矛盾关系。

6.2.2　火灾责任和火灾教训

火灾责任是现行法规标准已有规定,由于行为人未遵守规定而导致火灾发生和蔓延扩大而应负的责任。每一个法规标准都是无数历史火灾教训的总结,并通过合法程序制定出来的,对其他公众人群具有约束力。消防救援队伍要查清起火原因中有无违章动火、乱扔烟蒂、混存危化品等违规操作导致失控燃烧的出现,查清灾害成因中有无使用性质与耐火等级不符、占用防火间距、扩大防火分区等违章行为导致火灾蔓延扩大,并对上述行为依法予以严肃处理,以彰显法律效力。同时,将处理结果向同类型场所宣传,起到警示社会的作用。

火灾教训是现行法规标准未作规定,或者火灾事实没有违反现行规定,但确实导致起火原因和灾害成因的情况。法规标准的制定具有滞后性,现行法规标准是在总结历史火灾事实的基础上制定的,而现实发生的火灾为法规标准的制定修订提供新的事实依据。其包括三种情况:一是安全处理烟蒂、灶火需要值守等一些常识没有写入法律,导致追责无据;二是锂电池、光伏发电、清水电池等新型能源使用以及一些新材料、新工艺没有消防安全标准,应当根据火灾调查结论予以制定;三是随着经济发展、人口素质的变化,根据火灾调查结论对现有法规标准进行修订。制定、修订的法规标准同样要向全社会宣传,以期提升全社会的消防安全意识水平。

7　结语

消防队伍是党的队伍,为人民服务是党的宗旨,消防队伍为人民消灭火灾,保护人民生命财产安全,为人民调查火灾,防范化解重大安全风险,消防队伍是为人民服务的队伍。消防队伍要坚持以人民为中心,一切为了人民、一切依靠人民。灭火救援要一腔热血心系人民安危,火灾调查要理性分析人民诉求,消防宣传要合理疏导人民矛盾,各项工作要做到相信人民、依靠人民、发动人民,打一场维护全社会消防安全的人民战争。

参考文献

[1]　肖前,黄楠森,陈晏清. 马克思主义哲学原理 [M]. 北京:中国人民大学出版社,1994.

以火灾调查处理为抓手推动消防安全综合治理体系建设

郑效桥

（四川省消防救援总队，四川 成都 610036）

摘 要：本文通过对近几年四川省火灾事故调查处理情况的总结梳理，详细阐述了通过火灾调查处理推动消防安全综合治理的重要意义，介绍了如何利用省级规范性文件做好火灾事故调查处理工作，并以此为抓手推动消防安全综合治理体系建设，为全国其他省份做好新时代火灾事故调查处理工作提供参考。

关键词：调查处理；综合治理；体系建设

1 四川省近三年火灾事故调查总体情况

2020—2022 年，四川省共发生火灾 106 583 起，全省各级消防救援机构共开展火灾事故调查 5 008 起，占火灾总数的 4.70%，其中一般程序火灾事故调查 2 477 起，简易程序火灾事故调查 2531 起，主要情况如下。

一是持续关注火调质量提升。近年来，四川省消防救援总队高度重视火灾调查工作，总队党委出台《关于进一步加强火灾调查队伍建设的意见》，联合公安厅制定出台《涉火案（事）件现场调查协作机制》，与多个高校院所建立合作机制，在全省建立施行火灾调查集中调动机制、分片区协作机制、远程指导问诊机制等，全省火灾调查工作发展政策保障逐步形成并完善；先后举办火灾调查优秀案例评选会、片区典型火灾调查案例研讨会、赴高校院所学习培训、火灾调查大比武活动二十余次，全省监督执法人员火灾调查业务能力得到了质的提升；全省投入经费，除配齐个人防护、器材工具箱等基本调查装备外，还配备了火灾事故调查车辆、三维激光扫描建模系统、电子证据取证与恢复系统等一系列高精尖装备，并在全国第一批建成省级火调技术中心，全省火灾事故调查装备硬件建设取得了长足进步。2020—2022 年，全省开展火灾调查分别为 1 161 起、1 777 起、2 071 起，亡人火灾查清率分别为 31.33%、78.69%、95.05%，呈逐年上升趋势。

二是不断深化延伸调查理念。2019 年底，应急管理部消防救援局在全国部署开展火灾延伸调查工作以来，四川省消防救援总队高度重视、积极响应，先后召开工作研讨部署会十余次，制定下发《关于开展火灾延伸调查强化追责整改工作的贯彻意见》《关于进一步加强火灾延伸调查相关工作的通知》《关于进一步规范火灾延伸调查工作的通知》等多个文件，实行每季度网上巡查、资料审查、实地督查"三查"制度，对发现的问题及时通报并跟踪督促整改，对重点问题实行"带案下访"，向全省各级消防救援机构不断灌输火灾延伸调查的重要意义。三年来，全省共开展火灾延伸调查 272 起，各级消防救援机构专兼职火灾调查人员，从最初的"不愿干、不想干、不敢干"逐步转变为"愿意干、想要干、能干好"，通过延伸调查，在查明火灾直接原因的基础上，对火灾发生的诱因、灾害成因以及防火灭火技术等相关因素开展深入调查，分析查找火灾风险、消防安全管理漏洞及薄弱环节，提出针对性的改进意见和措施，推动相关行业、部门和单位发现整改问题并追究责任。

三是着力推动调查成果转化。三年来，全省消防救援机构通过火灾延伸调查向公安机关移送案件 221 件次，提请属地政府给予相关责任人党纪、政务或组织处理 177 人，移送相关行业部门给予相关单位或个人行政处罚 75 起，给予相关党政机关或行业部门通报批评、约谈处理 178 次，发现提出典型火

作者简介：郑效桥（1982—），男，四川省消防救援总队，副处长、中级专业技术职务，主要从事火灾调查、消防科技等工作。地址：四川省成都市金牛区迎宾大道 518 号，610036。

隐患 889 处,提出整改措施及建议 1 156 条。调查部门监管责任,推动消防基础设施建设,如开江县经开区兴乐康蚕丝家纺厂永红副食库房"11·16"火灾发生后,通过调查推动当地政府和相关行业部门维修新建市政消火栓 300 余处;调查使用管理责任,倒逼单位落实主体责任,如射洪市百货大楼有限责任公司总店"6·19"火灾发生后,通过调查对单位责任人依法进行处罚、移送司法机关,并制作警示教育片推动其他单位落实主体责任;调查工程建设责任,震慑工程建设违法行为,如西昌市马道街道润达市场"11·29"火灾发生后,通过调查将土建和消防工程施工方向当地住建部门进行移送,实施联合惩戒,并向其他设计、审查和施工单位发出警示函;调查中介服务责任,严厉打击弄虚作假行为,如成都市锦江区恒大华府"9·22"火灾发生后,通过调查对消防维保单位出具虚假报告的行为进行了处罚,并抄送相关部门撤销其营业资格;调查梳理共性问题,推动相关标准制定修订,如成都市金牛区抚琴西南街 45 号院 1 栋 1 单元 2 楼 6 号"3·31"火灾发生后,通过调查消防救援机构联合西南交通大学进行调研论证,推动制定地方标准《成都市居住场所电气消防安全管理规程》。

2　通过火灾调查推动综合治理重要意义

火灾调查的核心任务是查明火灾原因、查清火灾责任,但其价值远不止此。笔者认为,火灾调查在整个消防工作中的定位应该是防火工作的引导者、灭火救援的评价师、责任追究的建议人、消防宣传的素材库、法规标准的智囊团、科研课题的发现源。因此,正确认识火灾调查的作用,准确把握火灾调查的定位,科学构建运行顺畅的调查组织,对优化消防治理模式、促进消防治理能力、提升消防治理水平至关重要。

一是把握历史沿革,认识职责使命。从"四不放过"调查至灾害成因调查、技术调查,这是火灾调查从全面到专业的改变过程;从延伸调查至调查处理,又是火灾调查从单一到综合的演化进程。由此可见,火灾事故调查处理是数十年来火灾调查内容深度不断调整,调查职责使命认识不断深化的结果,目的就是为了紧紧依靠政府、抓住部门提升调查处理的层级和力度,既是强化火灾调查"后半篇"结果

运用的有效手段,也是抓住追责刀把、提升消防地位的必由之路,更是实现消防综合治理的重要抓手。

二是行业部门参与,警醒提示履职。在调查处理过程中,各相关行业部门进驻调查组,在组长统一领导下开展调查处理工作。一方面,能够充分发挥各自行业优势,按照调查组的分工和要求完成相应调查工作,充分了解履职情况、细化厘清事故责任;另一方面,更能够通过参与调查深入认识火灾,系统梳理行业职责、全面掌握工作要求,明白在消防安全综合治理的框架下应该做什么,不能做什么,使"三管三必须"要求深耕入心、落实到底。

三是总结火灾规律,指引精准防控。通过对一个地区、一段时期火灾原因的调查和灾害成因的揭示,往往能够最为直观地反映出该地区该时段的火灾形势和高危风险,进而分析出最值得关注和最需要监管的区域、行业、单位、场所。以即时火灾为导向,提示防控重点,调整治理重心,将有限的监管力量投入关键的风险领域,把最大的发生概率预警到相关的责任主体,通过总结由火灾调查显示的火灾规律,势必能够指导我们更好地进行防灾、减灾、救灾。

四是提出防范建议,加强火灾预防。火灾预防不仅仅是预防不着火,还要预防着火后不成灾,尤其是不成大灾。起火原因调查重点是什么引火源在什么条件下引燃了什么可燃物,灾害成因分析重点是着火后火是如何从起火点蔓延开来并造成人员伤亡和财产损失等灾害后果的,这两个方面的调查恰好对应了火灾预防中的防火与防灾。通过火灾调查,不仅能够把某类场所纳入视线强化监管,还能对某些经常发生故障、容易引发燃烧、可能导致蔓延的具体隐患和点位提出防范改进措施,使隐患整治更具针对性、科学性、实效性。

五是形成处理意见,严肃责任追究。火灾调查掌握发生了什么、怎么发生的,以及其中人、事、物之间的关联、影响与作用等情况,对客观事实进行最大程度的还原与固定,是人们了解真相的最好方法和最佳途径。通过对火灾深入地调查、严密地分析,查清事故责任、提出追责建议,以事故为教训、以追究为警示,进而督促各方责任主体依法依规履行职责、自觉落实主体责任,是达成综合治理共识、形成齐抓共管合力的有效手段。

六是评估灭火效能,促进水平提升。一直以来,消防救援队伍始终把战斗力放在核心位置来抓,并取得了较好成效。但每起火灾的具体情况不同,加

之火场状况瞬息万变,再高水平的队伍也无法保证每起火灾中的每个行动、每个细节都完美无瑕。火灾调查工作掌握了火灾发生、发现报警、应急响应、到场处置、战斗结束的全过程,尤其包括火场中灭火人员的心理状态和行为表现及其与环境和装备的配合等,可以客观科学地对灭火救援行动做出评价,为改进灭火工作提供参考依据。

七是提供生动素材,服务宣传教育。运用真实案例讲述起火原因,能够澄清模糊认识,教育人们改变不良习惯;讲述发现报警,能够启发人们如何提高尽早发现火灾的警觉性,并快速正确地报告火警,争取及时救援;讲述初期扑救,能够让人们知道灭火器材的使用方法和注意事项,了解基本的灭火方法和原理;讲述自救逃生,能够使人们学会准确判断危险、冷静分析局面、正确运用设施、合理采取防护;讲述灾害成因,能够让人们辨识日常不安全行为和不安全状态,增强主动防御火灾的自觉性;讲述事故处理,能够督促大家遵纪守法、按章行事。这些宣传和教育功能,离开火灾调查所提供的素材是无法实现的。

八是收集案例教训,提请法规修订。消防法律法规和技术标准的目的是预防并减少火灾危害,其修订依据一般来说是相关法规的出台或修改,最新科学研究和实验成果,大量事故教训或暴露的问题。其中,相关法规的改变导致修订是程序上的变化,科学研究和实验结果需要与现实状况印证适应,而在火灾中所获得的经验教训则可直接被运用于实践。火灾调查工作能够直接获取第一手翔实具体的资料,对消防法律法规、规章制度、技术标准等哪些需要补充、哪些需要修改、哪些需要废除,有着非常清楚而实用的价值贡献。

九是发现疑难问题,助力消防科研。人类防灾措施总是滞后于灾害才被施行,这个规律完全符合客观世界,而不是因为人们主观上的故意消极。先有灾害,然后有抗击灾害的意识,再然后才有防灾减灾的研究与行动。某些新材料、新产品、新工艺被研究出来用于生产生活实践时,通常并不准确掌握其火灾危险性;某些新场所、新时空、新概念火灾在灭火救援实战时,突然就被动感知到设计的不足、装备的缺失、战法的落后,这些都需要通过火灾调查发现问题、提出质疑、总结教训,消防科研工作才会将其纳入视线,进一步研发、优化、完善。

3 做好调查处理实现消防安全综合治理

2023年3月8日,四川省政府办公厅正式印发《四川省火灾事故调查处理实施办法》,为四川省持续构建"全链条"调查模式和"大火调"工作格局做好了顶层设计,提供了政策支撑。如何执行《实施办法》才能发挥其积极作用,推动消防救援事业向好发展,笔者谈以下几点意见。

一是思想认识要上下统一。《实施办法》是一柄双刃剑,执行落实得好,对加强事故调查、推动综合治理、改进消防工作都有积极作用;但如果满腹牢骚、强人所难,调查走马观花,报告千篇一律,不仅招致地方党委政府、行业部门的反感猜疑,还会演变成日常防火灭火工作的绊脚石和干扰项。因此,必须首先从思想上认识其重要性、心理上接受其必要性、行动上落实其可行性,心甘情愿、保质保量地牵头实施每一起火灾事故调查处理,才能将调查处理真正融入防火灭火主业工作,并成为火灾防控的有力推动和有效促进。

二是牵头组织要当仁不让。从四川达州"6·1"、宜宾"7·12"等省内近年来重大火灾事故调查处理的结果来看,我们内部都有同志受到了追责和牵连,有的甚至还颇有冤屈。在火灾事故调查处理中能否有效介入,在一定程度上决定着在责任追究中能否充分表达、合规博弈。因此,一旦出现规定情形的火灾事故,我们要做到"一快三保"。"一快"就是在火灾调查过程中要当机立断,及时向政府报告立案调查和火灾事故调查组组成建议。"三保"就是一保技术组的绝对垄断,用高效精准的原因认定赢得尊重信服;二保管理组的牵头地位,用全面深入的调查参与掌控全局主动;三保综合组的地方支持,用运转有效的协调保障确保调查顺畅。

三是参与单位要科学编配。成立火灾事故调查组的请示应当明确调查组组长、副组长,一般载明由消防救援机构牵头调查处理,并提出调查组组织架构、参与单位等相关建议。为了科学遴选参与单位,做到既能保障全面调查顺利开展,查明原因、查清责任,又能通过火灾警示教育行业部门,提示职责、规范履职,消防救援机构在牵头调查处理时,要根据火灾性质、场所类别、伤亡损失等具体情况,合理确定调查组成员单位,报请调查组组长审定,并函告有关单位明确参加人员。如果政府授权其他部门牵头火

火灾调查科学与技术 2023

灾事故调查处理,消防救援机构要担当作为、主动请战,积极加入技术组、管理组,参与综合调查。

四是调查能力要应付裕如。《实施办法》颁布施行后,在很多火灾事故调查处理中,消防救援机构就依法依规占据了主导、掌握了主动。但是,如何科学主导调查、合理主动作为,还有很多需要我们学习和研究的地方。一方面,消防救援机构内部的火灾调查、监督管理、法制、科技、灭火救援、装备、通信和纪检督察等职能部门必须共同参与,分岗位各司其职、各尽其责。另一方面,虽然消防救援机构在火灾调查专业技术水平上有先天优势,但在牵头组织调查处理过程中还有很多经验、技巧不足的问题,这就需要我们尽快提高、弥补完善,用令人信服的调查报告,赢得各方认可尊重。

五是追责问责要秉持公心。首先必须明确,我们不是为了问责而调查,追责是为了解决问题。因此,我们在认定火灾事故责任,建议对发生单位、相关单位、非公职人员处理,提交追责问责的人员建议名单及责任事实时,一定要做到不偏不倚、一视同仁,如果厚此薄彼、欺软怕硬,甚至徇情枉法、打击报复,那最终受伤的肯定是我们自己。一方面,不能为了追责而追责,抓住偏差失误无限放大,最后惹人嫉恨、四面树敌;另一方面,对那些拒不履行行业监管责任、对消防工作不闻不问的部门和人员,也要通过火灾事故厘清责任、敲打提醒。

六是时限届满要及时评估。整改落实评估是调查处理的延伸和闭环,较大以上火灾事故调查结案届满一年,要由牵头组织调查的消防救援机构及时提请政府成立评估组,组织开展相关责任追究、火灾事故防范和整改措施落实情况评估。评估既要查责任追究到位没有,也要查防范措施建立没有,还要查各地、各部门、各单位对火灾暴露的问题是如何整改的,因此评估绝不是画蛇添足、多此一举,而是推动各方责任归位,实现消防综合治理的保护墙和落脚点,切不可龙头蛇尾、有始无终,在我们自己手中让调查处理结果名存实亡、形同虚设。

参考文献

[1] 陈琨. 完善火灾事故调查法制监督制度的探讨 [J]. 湖北应急管理, 2023(4):47-48.

[2] 叶威. 如何强化火灾延伸调查及其结果运用 [J]. 消防界(电子 thg 以), 2022,8(12):41-43.

[3] 桑梓森. 新形势下火灾事故调查所面临的问题及对策 [J]. 今日消防, 2022,7(2):103-105.

[4] 杜靖涛. 关于火灾事故调查对新时期消防监督管理模式的指导作用 [C]// 2021 年度灭火与应急救援技术学术研讨会论文集. 中国消防协会, 2021:247-250.

火灾事故认定结论对当事人民事责任的影响分析

邹金鹏

（鸡西市消防救援支队,黑龙江 鸡西 158100）

摘　要: 火灾事故调查是《中华人民共和国消防法》赋予消防救援机构的法定职责,火灾事故调查的深度不尽相同,火灾事故认定书的表述也有十分大的差异。本文分析了一起火灾事故的认定结论对火灾当事人民事责任的影响,阐述了火灾事故调查深度的重要意义,对消防救援机构提升火灾事故调查认定质量提出了对策。

关键词: 消防安全;火灾事故;调查深度;民事责任

1　火灾事故基本情况

2018 年 3 月 19 日 20 时许,鸡西市滴道区盛和家园一期 A12 号楼 1 单元楼道发生火灾事故,火灾造成楼道内一层楼梯下部居民私建的小库房及外侧区域堆放的杂物燃烧,居住在该单元三层的住户吴某及其母汤某下楼逃生过程中被烧伤。这是一起典型的居民住宅楼楼道火灾事故,经辖区消防救援大队调查,认定起火时间为 2018 年 3 月 19 日 20 时许,起火部位位于 1 单元楼道一层小库房外侧区域,起火原因排除自燃、放火、电气线路故障引发火灾的可能,不排除未燃尽的烟头引燃 1 单元楼道一层小库房外侧区域堆放的杂物引发火灾的可能。

该单元门门禁系统损坏且无监控记录,通过排查无法确定具体的火源来源,无法查清具体的火灾原因,但是消防救援机构针对居民在楼道内堆放杂物、私自搭建库房的事实以及物业公司管理情况进行了深入调查,查实了部分事实,为维护当事人的合法权益奠定了基础。

2　民事纠纷审理情况

2018 年 8 月 2 日,火灾当事人汤某将物业公司以及在楼道堆放杂物的张某、董某和私自搭建库房

的贺某诉至滴道区人民法院,要求被告承担赔偿责任。

法院认为,张某、董某堆放易燃物纸壳、贺某用易燃物搭建库房均危及他人人身、财产安全,对火灾的发生均有过错,均应承担主要责任,互负连带责任;火灾发生地属于公共区域,被告物业公司作为物业管理单位,应当提供消防安全防范服务,而物业公司对管理区域内违反法律法规堆放易燃物的行为未制止,亦未及时向有关行政管理部门报告,怠于履行义务,危及他人人身、财产安全,因此对该火灾发生有过错,应承担次要责任;发生火灾逃生是人的本能,法律不强人所难,被告均没有证据证实原告烧伤是故意造成的,或存在严重过错,故不能因为原告逃生方式、方法不当,而免除、减轻被告的民事赔偿责任。

2019 年 5 月 14 日,滴道区人民法院依照《中华人民共和国民法总则》第一百八十六条,《中华人民共和国侵权责任法》第六条、第十条、第十三条、第十四条、第十六条、第二十二条,《中华人民共和国消防法》第十八条第二款,《物业管理条例》第三十五条、第四十五条第一款,《最高人民法院关于审理人身损害赔偿案件适用法律若干问题的解释》第十八条、第十九条、第二十一条、第二十二条、第二十三条、第二十四条、第二十五条,《黑龙江省消防条例》第十四条第二款,《中华人民共和国民事诉讼法》第六十四条的规定,判决被告张某、董某、贺某赔偿原告汤某医疗费、伙食补助费、护理费、交通费、伤残赔偿金、营养费、精神损害赔偿金共七项,合计 46 万余

作者简介:邹金鹏,男,汉族,2002 年毕业于武警学院消防工程系,黑龙江省鸡西市消防救援支队高级专业技术职务,主要从事火灾调查工作。地址:黑龙江省鸡西市鸡冠区 201 国道支线,158100。电话:0467-2882053,13846074666。信箱:10926066@qq.com。

元的 60%,三人互负连带责任;被告物业公司于本判决生效后 15 日内,赔偿原告汤某 46 万余元的 40%。2019 年 10 月 14 日,鸡西市中级人民法院驳回当事人上诉,维持了原判。

3 火灾事故认定结论作用

3.1 火灾事故认定结论是处理事故的重要证据

《中华人民共和国消防法》明确规定:消防救援机构负责调查火灾原因、统计火灾损失。可见消防救援机构是开展火灾事故调查工作的法定机构,其做出的火灾事故认定结论在诉讼中对于火灾原因具有较高的证明力。《中华人民共和国消防法》还明确规定:消防救援机构根据火灾现场勘验、调查情况和有关的检验、鉴定意见,及时制作火灾事故认定书,作为处理火灾事故的证据。火灾事故认定书记载了火灾发生的时间、地点、损失以及火灾原因等基本要素,由此可见火灾事故认定书是追究相关当事人行政责任、民事责任甚至是刑事责任的重要证据。

3.2 火灾事故认定结论不是处理事故的唯一证据

火灾事故认定书记载的是火灾发生的直接原因,并不涵盖火灾事故发生的诱因和灾害成因,不涵盖火灾事故责任的划分,不确定当事人的权利和义务,火灾事故认定结论不是处理事故的唯一证据。例如本案例中,火灾民事责任的认定并不完全依据火灾事故认定结论,很重要的依据源于对消防救援机构以及当事人提交证据的质证,依据采信的证据材料确定相关当事人的法律责任。

3.3 火灾事故认定结论不是不可推翻的证据

火灾事故认定结论在证明火灾原因方面具有较高证明力,但并不是不可推翻的。火灾事故认定结论和其他证据一样,在庭审过程中,各方都可以对认定结论进行质证,人民法院对火灾事故认定结论应当进行审查后决定是否采信。法院在司法活动中,应依据查明的事实,对双方争议进行裁判,当法院现有证据中可以认定的事实与消防救援机构的认定不一致时,应依据可以查明的事实进行裁判,而无须受制于消防救援机构的行政行为。消防救援机构必须按照法律规定的程序和调查证实的客观事实做出火灾事故认定结论,违反法定程序或者主要事实不清、证据不确实充分的认定结论不应当作为证明起火原因的证据。

4 提升事故认定质量对策

4.1 正确认识火灾事故认定结论的作用

火灾事故认定的质量对司法机关的责任划分有着重大影响,《中华人民共和国消防法》将火灾事故认定书界定为证据,意味着用立法的形式确定了消防救援机构火灾事故认定行为的行政不可诉性,但这并不妨碍对其进行司法审查,火灾事故认定书作为证据的真实性、合法性和关联性由法院在案件审理程序中进行审查。作为法定的火灾事故调查机构,消防救援机构有着便捷的调查条件,必须认识到其职责的重要性,科学做出认定结论,维护当事人的合法权益,严厉打击违法犯罪活动。

同时,应当看到火灾事故认定结论中提及的财产损失数额并不等同于当事人民事赔偿金额。火灾事故认定结论中财产损失数额是消防救援机构依据火灾损失统计方法进行的数据统计,一般情况下作为衡量火灾级别的指数,与民事赔偿金额的计算依据和方法有着明显的差异。如本案例中纳入民事赔偿金额范围的交通费、营养费、精神损害赔偿金等就未纳入火灾损失统计范围,司法机关在审理案件中可以根据需要对火灾造成当事人的损失数额进行司法鉴定。

4.2 科学慎用排除法认定火灾事故

按照《火灾事故调查规定》,对起火原因已经查清的,应当认定起火时间、起火部位、起火点和起火原因;对起火原因无法查清的,应当认定起火时间、起火点或者起火部位以及有证据能够排除和不能排除的起火原因。排除或者不排除某种火灾原因的认定是消防救援机构在调查取证后,依据现有的证据仍无法查清具体火灾事实而对火灾原因进行的推断性分析,其证明作用和证明力明显有限。然而,由于火灾事故的特殊性,现场痕迹物证有限,破坏严重,火灾发生发展的规律还没有完全被掌握,基于有限的证据进行推断认定是可以接受的。

但是近几年来,部分调查人员为规避矛盾、减少工作量而大量使用排除法认定火灾事故,表面上完成了火灾事故调查工作,而实际上往往留下大量调查取证工作给复核机关或者其他司法机关,在一定程度上使当事人的合法权益得不到完全的保障。这就需要消防救援机构在调查火灾事故过程中,最大限度地穷尽调查方法,及时获取相关证据,科学使用各种方法认定火灾事故。

4.3　最大限度拓展火灾事故调查深度

调查人员必须有意识、千方百计、最大限度地拓展调查深度，对一些火灾事故有必要开展延伸调查。开展火灾延伸调查，主要是在查明起火原因的基础上，对火灾发生的诱因、灾害成因以及防火灭火技术等相关因素开展深入调查，分析查找火灾风险、消防安全管理漏洞及薄弱环节，提出针对性的改进意见和措施，推动相关部门、行业和单位发现整改问题和追究责任。特别要强化火灾事故倒查追责，倒查工程建设、中介服务、消防产品质量、使用管理等各方主体责任，对调查发现的违法犯罪行为依法进行处理，有助于司法机关在划分民事责任时，全面、准确地分析相关当事人在火灾发生、发展、蔓延、扩大过程中的责任，更好地保障相关当事人的合法权益。

火灾事故调查工作是一项专业性、技术性很强的工作，随着经济社会的不断发展进步，新工艺、新材料、新技术不断涌现更新，火灾原因越来越复杂，当事人维权意识越来越强，司法机关对证据的审查越来越严格，这就要求消防救援机构要不断强化技术手段、强化证据意识、强化服务意识，用先进的技术手段，科学的技术方法、严谨的工作程序依法依规做出火灾事故认定结论，最大限度地为解决民事纠纷提供依据，回应人民群众对火灾事故调查工作的新期待和新要求。

参考文献

[1]　杨君军. 浅析火灾事故认定书的证据属性 [J]. 科技展望，2017，27（30）:220,222。

[2]　应急管理部消防救援局. 火灾调查与处理 [M]. 北京:新华出版社，2021.

浅谈一起火灾调查案例的复核

王栋武

（中国消防救援学院,北京　昌平　102202）

摘　要：本文介绍了一起火灾事故调查的《火灾事故认定书》和《火灾现场勘验笔录》等,分析了火灾复核申请的内容,指出了该起火灾事故调查存在的不足。本文中的复核内容有利于基层火灾调查人员学习、借鉴,以避免出现类似的问题,提高火灾调查的能力和水平。

关键词：消防；火灾；调查；复核

火灾调查工作是消防工作的重要组成部分,做好火调工作有利于提高灭火救援、防火检查、标准修订等的能力和水平,但目前火调工作仍然存在诸多不足之处。本文介绍了一起火灾事故的调查内容,分析了复核申请的事项,确认了火调工作的不足之处,通过对该起火灾调查案例的分析,以提高基层消防救援队伍火灾调查的能力和水平。

1　火灾事故认定书的主要内容

火灾事故基本情况：2020 年 8 月 20 日 4 时 0 分,A 县消防救援大队指挥中心接到报警,称位于长青路 12 号的万能有限公司发生火灾,此次火灾烧毁该公司厂房建筑、机器设备、塑料产品等,火灾直接经济损失 1 200 万元,未造成人员伤亡。

经调查,对起火原因认定如下：起火时间为 2020 年 8 月 20 日 3 时 55 分许,起火部位位于该公司第一生产车间内；起火点位于车间北侧第一窗口处,起火原因排除电气线路故障引发火灾,不排除遗留火种或外来火源引发火灾。以上事实有询问笔录 10 份、《火灾现场勘验笔录》1 份、《检验鉴定报告》1 份、现场照片 32 张、火灾现场图 3 张等证据证实。当事人对本认定有异议的,可以自认定书送达之日起 15 个工作日内,向 B 市消防救援支队提出书面复核申请,复核以一次为限。落款单位是 A 县消防救援大队,落款时间是 2020 年 10 月 29 日。

2　火灾现场勘验笔录的主要内容

勘验时间：2020 年 8 月 20 日 9 时 40 分至 17 时 0 分。

勘验地点：A 县长青路 12 号万能有限公司。

勘验人员姓名、单位、职务（含技术职务）：A 县消防救援大队 C 助理工程师,A 县消防救援大队 D 助理工程师。

勘验气象条件（天气、风向、温度）：天气晴,西南风 3~4 级,29 ℃。

勘验情况：2020 年 8 月 20 日 4 时 0 分许,位于 A 县长青路 12 号的万能有限公司发生火灾。A 县消防救援大队火灾调查人员依据《火灾事故调查规定》相关要求,于 2020 年 8 月 20 日在现场张贴《封闭火灾现场公告》,设立警告标识；于 2020 年 8 月 20 日 9 时 40 分开始对火灾现场进行勘验,勘验采用向心法在自然光下进行。

该火灾现场位于 A 县长青路 12 号,起火建筑东侧 20 m 为闲置库房,南侧 10 m 为废弃厂房,西邻 205 国道,北侧 50 m 为办公楼,起火建筑为该公司第一车间,是二层钢筋混凝土建筑,耐火等级是 2 级,生产的火灾危险性为丙类,呈南北走向,长 100 m、宽 13 m,设有符合要求的疏散楼梯 2 个,过火面积 800 m²。火灾现场平面示意图如图 1 所示。

起火部位位于第一车间一层北侧,该部位内部机器设备及塑料原材料、成品大部分烧毁,烧损程度由北至南依次减轻,如图 2 所示。

作者简介：王栋武,男,汉族,副教授,中国消防救援学院,主要从事火灾调查教学、科研等工作。地址：北京市昌平区南雁路 4 号,102202。电话：18965301188。邮箱：28013266@qq.com。

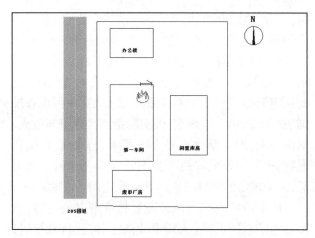

图1　"8·20"火灾现场平面示意图

图2　起火部位概貌（由南往北拍摄）

第一车间一层东侧北1窗口上沿呈现清洁燃烧痕迹,该窗口车间内部原料残骸呈现炭化凹坑;且近炭化凹坑的设备变色变形程度重于其他设备,炭化凹坑对应顶棚混凝土抹灰脱落,整体呈圆形,炭化凹坑局部烧损严重,蔓延痕迹明显,具备起火点认定条件,其余窗口为梯次减轻,南侧设备、原料、成品完好,仅外表面烟熏无炭化。车间配电箱位于室内南墙,控制北侧设备的空气开关动作。在炭化凹坑处北墙面发现多股铜导线残骸,端部带有短路熔痕,按照规定程序提取;一层东侧北1窗口外地面发现具有疑似汽油气味的矿泉水瓶,按照规定程序提取。

3　复核申请书的主要内容

复核请求:请求支队撤销大队的《火灾事故认定书》,对火灾事故做出重新认定。

复核理由:大队认定的《火灾事故认定书》事实不清、证据不充分、违反法定程序、起火原因认定错误等,主要理由如下。

3.1　主要事实不清

（1）《火灾现场勘验笔录》写明,一层东侧蔓延痕迹明显,具备起火点认定条件。勘验笔录应客观、公正、科学地对现场进行记录,此勘验内容体现勘验调查人员的主观判断、主观臆断、主观认定,违反《火灾原因认定规则》（XF 1301—2016）第3条规定[2]。

（2）《火灾现场勘验笔录》写明,在炭化凹坑处北墙面发现多股铜导线残骸,端部带有短路熔痕。此勘验内容错误,依据《电气火灾痕迹物证技术鉴定方法　第4部分:金相分析法》（GB/T 16840.4—2021）第9条规定,火场导线熔痕应综合判定。短路熔痕、火烧熔痕、电热熔痕等,应该依据宏观法、剩磁检测法、俄歇分析法、金相分析法、电气火灾物证识别和提取方法、SEM 微观形貌分析法、EDS 成分分析法、热分析法等进行综合判定,而不是火灾调查人员在现场勘验时就可以直接认定为短路熔痕。

（3）《火灾现场勘验笔录》写明,一层东侧北1窗口外地面发现具有疑似汽油气味的矿泉水瓶。勘验笔录应客观、真实地对现场进行记录,此勘验内容体现勘验调查人员的主观判断、主观臆断、主观认定,违反《火灾原因认定规则》（XF 1301—2016）第3条规定。

（4）起火点认定不清,《火灾事故认定书》写明,起火点位于车间北侧第一窗口处,但起火点是车间此窗口的南侧（车间内）或是北侧（车间外）,车间内或是车间外,区别较大,不能含糊,应补充、准确认定起火点。

（5）《火灾现场勘验笔录》写明,提取了多股铜导线残骸和疑似具有汽油气味的矿泉水瓶,但《火灾事故认定书》写明只有1份《检验鉴定报告》,没有对2个样品全部进行司法鉴定,只鉴定了导线残骸,没有对矿泉水瓶进行鉴定,没有全面开展火灾调查工作,应撤销大队的火灾事故认定书。

3.2　违反法定程序

（1）火灾现场勘验依据的法律法规错误,没有《火灾事故调查规定》的法律法规,应该是《火灾事故调查规定》（公安部第121号令）。

（2）损失统计错误,该《火灾事故认定书》写明直接损失1 200万元,而业主实际损失4 500万元,没有对所有火灾当事人进行通知要求申报火灾损失。该起火灾事故涉及厂房业主、承租公司、多个被二次出租的承租公司、火灾蔓延导致205国道边上起火车辆的业主等。

（3）该起火灾事故损失约4 500万元,《火灾事故认定书》写明直接损失1 200万元,属于较大火灾事故等级,按《E省火灾调查分工规定》,不属于A县消防救援大队管辖,应由支队出具《火灾事故认定书》。

（4）该起火灾事故调查的《火灾事故认定书》由A县消防救援大队出具,而实际参与调查的火调人员,有支队的,也有总队的,违反《E 省火灾调查分工规定》的要求,属于程序违法违规,应撤销 A 县消防救援大队的《火灾事故认定书》。

（5）A 县消防救援大队火调人员未积极提供《现场勘验笔录》《鉴定意见书》等,违反《火灾事故调查规定》第 34 条规定,在组织火灾原因认定情况说明会时,也不肯公开火灾现场图、询问笔录等档案内容,对人证、物证等的主要内容未给予充分说明,未充分听取当事人意见,违反《火灾事故调查规定》第 31 条规定,属于程序违法,应撤销 A 县消防救援大队的《火灾事故认定书》。

3.3　行为明显不当

（1）《火灾现场勘验笔录》写明,一层东侧北 1 窗口外地面发现具有疑似汽油气味的矿泉水瓶,而《火灾事故认定书》却排除外来火源引发火灾因素的可能,此认定明显不符合逻辑、不符合常理,既然发现疑似放火的物证,就无法排除外来人员放火的可能,无法排除外来火源引发火灾的可能。

（2）《检验鉴定报告》对电线残骸熔痕进行了鉴定,鉴定结论为电热熔痕。依据《电气火灾痕迹物证技术鉴定方法》第 3.3 条规定,电热熔痕,包含且不仅限于短路熔痕、过负荷熔痕、因接触不良导致的局部过热熔痕、导线与其他不同电位的金属发生放电时形成的熔痕、对地短路熔痕、不同电位的带电金属之间接触放电形成的熔痕等。该起火灾物证鉴定为电热熔痕,具有电气线路故障引发火灾的可能,无法排除。

（3）《火灾现场勘验笔录》写明,车间配电箱位于室内南墙,控制北侧设备的空气开关动作。设备开关跳闸、动作了,说明电气线路是通电的,具有产生一次短路熔痕的条件,具有引发火灾的条件,无法排除电气线路故障引发火灾的可能。

（4）现场发现具有疑似汽油气味的矿泉水瓶的物证,未对此物证进行司法鉴定,发现放火可疑物证,未通知公安刑侦部门介入,违反《消防救援机构与公安机关火灾调查协作规定》第 6 条第 1 项的规定。

3.4　原因认定错误

（1）原因认定不明,外来火源的定义、概念不明。A 县消防救援大队在组织火灾原因认定情况说明会时,未对"外来火源"的概念说明清楚。其可能包括犯罪放火、烟囱飞火、烟花爆竹飞火等。大队未全面开展火灾调查工作,却对可能的多个原因融合成一个原因,并给予非法排除。

（2）原因认定不明,遗留火种的定义、概念不明。A 县消防救援大队在组织火灾原因认定情况说明会

时,未对"遗留火种"的概念说明清楚。其可能包括烟头烟蒂、打火机、白磷自燃物,大队未全面予以调查。

（3）A 县消防救援大队《火灾事故认定书》显示,不排除遗留火种或外来火源引发火灾的因素。此认定看似只有 2 个不排除,符合《火灾原因调查规则》第 10 条第 1 项规定,但实际是不排除犯罪放火、烟囱飞火、烟花爆竹飞火、烟头烟蒂、打火机、白磷自燃物、火种引发火灾的可能,此明显是不排除 7 种可能,大于规定的不排除原因不能超过 2 个的规定。

B 市消防救援支队依此复核申请书的内容,对 A 县消防救援大队《火灾事故认定书》进行复核时,支队参与该事故调查的人员、组织该起事故调查的人员都应该予以回避,以保证法律的公平、公正、正义。综合以上理由,特申请 B 市消防救援支队对 A 县消防救援大队出具的《火灾事故认定书》进行复核,并批准当事人的复核请求。

4　结语

分析以上火灾调查案例及复核申请的内容,可见 A 县消防救援大队在火灾调查工作中存在主要事实不清、违反法定程序、行为明显不当、原因认定错误等诸多不足之处,复核申请的内容有理、有据,B 市消防救援支队撤销了 A 县消防救援大队的《火灾事故认定书》,责令大队重新对该起火灾事故进行调查。国家综合性消防救援队伍基层火调人员,应认真吸取以上复核申请的内容,若存在上面类似的问题,在以后的工作中应加以改正。火调工作人员要不断提高自身综合素质,要具有高度的责任心和认真严谨的工作态度,要拓宽思路,广泛借助第三方鉴定机构等社会力量开展火调工作,对于当事人的质疑,要耐心解释说明,用心在"事上磨、事上练",才能真正提高火灾调查的能力和水平。

参考文献

[1] 应急管理部消防救援局.火灾调查与处理 [M].北京:新华出版社,2021.
[2] 中华人民共和国应急管理部.火灾原因认定规则:XF 1301—2016[S].北京:中国标准出版社,2016.
[3] 中华人民共和国应急管理部.电气火灾痕迹物证技术鉴定方法 第 4 部分:金相分析法:GBT 16840.4-2021[S].北京:中国标准出版社,2021.
[4] 公安部第 121 号令,火灾事故调查规定 [I].2012.
[5] 应急管理部,公安部.消防救援机构与公安机关火灾调查协作规定 [I].

浅析火灾刑事案件法律构成要件

赵海波

（固原市消防救援支队,宁夏 固原 756000）

摘 要:在消防救援机构火灾调查中,失火案和放火案是最常见的刑事案件。一般的犯罪案件要件需要客观上违法,主观上有责,无正当防卫、紧急避险、被害人承诺等违法阻却,无责任能力阻却、缺乏认识可能性、缺乏期待可能性等责任阻却,方可构成犯罪。失火罪是过失犯罪,放火罪是故意犯罪,两者有不同的构成要件。本文通过对失火罪、放火罪构成要件及失火罪与重大责任事故罪进行区别分析,为消防救援机构失火案和放火案调查移送提供理论借鉴,供大家参考。

关键词:失火罪;放火罪;重大责任事故罪;犯罪构成要件

1 引言

在实际工作中,"失火案"和"放火案"是消防救援机构最常见的火灾犯罪类型。2019年《中华人民共和国消防法》修订后,火灾调查中的两案"失火案"和"消防责任事故"不再由消防救援机构办理。遇到此类火灾,消防救援机构应当移交公安机关办理。根据刑法理论,犯罪案件构成要件需要客观上违法,主观上有责,无正当防卫、紧急避险、被害人承诺等违法阻却,无责任能力阻却、缺乏认识可能性、缺乏期待可能性等责任阻却,方可构成犯罪。失火罪是过失犯罪,放火罪是故意犯罪,两者有不同的构成要件。笔者从事火灾调查多年,接触了解过多起火灾刑事案件,亲自办理过一起失火案,通过理论与实践的结合,分析失火案、放火案的构成要件、调查重点和移送要求,仅供广大火灾调查人员参考。

2 火灾刑事案件犯罪构成要件分析

根据《刑法》规定,确定刑事犯罪的标准要求客观上有违法情形,即要有行为主体、危害行为,造成了《刑法》规定的危害结果,并且主体、行为和结果之间要有因果关系。同时,还要排除违法阻却事由,包括正当防卫、紧急避险和被害人承诺。主观上,犯罪嫌疑人要有犯罪故意或犯罪过失。《刑法》第115条规定:"放火、决水、爆炸以及投放毒害性、放射性、传染病病原体等物质或者以其他危险方法致人重伤、死亡或者使公私财产遭受重大损失的,处十年以上有期徒刑、无期徒刑或者死刑。过失犯前款罪的,处三年以上七年以下有期徒刑;情节较轻的,处三年以下有期徒刑或者拘役。"火灾刑事案件构成关键在于火灾的定性和造成火灾的原因,这也是消防救援机构的职责所在。例如,2021年笔者所在市某县一农贸市场油坊业主白某某将正在燃烧的煤块放入砖炕中随后离去,未采取有效防火措施,过失造成巨大公私财产损失,符合火灾刑事案件构成要件。（图1）

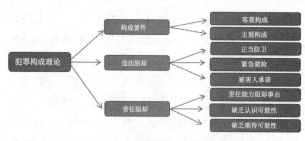

图1 犯罪论构成体系

3 失火案分析

失火案是指过失引起火灾,危害公共安全,致人

作者简介:赵海波(1983—),男,汉族,宁夏消防救援总队固原市支队,综合指导科科长,主要从事火灾调查和法制审核。地址:宁夏回族自治区固原市原州区六中旁消防救援支队,756000。电话:19509595588。

受伤、死亡或者使公私财产遭受重大损失的行为。过失引起火灾包括生活用火不慎和动火作业。生活用火不慎主要有厨房用火不慎、生活照明用火不慎、吸烟不慎、燃放烟花爆竹、焚香祭祖不慎等,动火作业指焊接、切割、使用喷灯、电钻、砂轮等进行可能产生火焰、火花和炽热表面的临时作业。

过失引起火灾要求行为人客观上已经造成了严重后果。根据《最高人民检察院、公安部关于公安机关管辖的刑事案件立案追诉标准的规定》:"过失引起火灾,涉嫌下列情形之一的,应予以立案追诉:导致死亡一人以上,或者重伤三人以上的;造成公共财产或者他人财产直接经济损失五十万元以上的;造成十户以上家庭的房屋以及其他基本生活资料烧毁的;造成森林火灾,过火有林地面积二公顷以上,或者过火疏林地、灌木林地、未成林地、苗圃地面积四公顷以上的;其他造成严重后果的情形。"以上所有条件中,造成公共财产或者他人财产直接经济损失五十万元以上是较为难以判断的条件。实际工作中,直接财产损失应当以发改委价格鉴定机构出具的鉴定意见或第三方机构出具的评估报告为依据。笔者参与过的两起失火案,直接财产损失均由县政府或县公安局委托的鉴定机构鉴定。(图2)

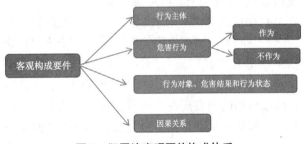

图 2　犯罪论客观要件构成体系

除有客观法益侵害行为,还要明确行为主体,即是谁干的;有因果关系,即行为人的行为是产生危害结果和危害风险的原因。同时,没有正当防卫的理由(即为了避免现实的、紧迫的、可能对自身造成重大伤害的行为而采取的防卫措施)、紧迫避险的需求(即为了避免现实的、紧迫的、可能对自身造成重大伤害的行为而采取的法律上可能是违法犯罪行为的破坏措施),也没有被害人承诺。主观上,要求行为人知道或者应当知道自己行为可能造成严重后果。对于失火案,要求行为人主观上过失,应当预见因为疏忽大意而没有预见,或者已经预见而轻信能够避免;同时行为人要达到责任年龄(失火罪行为承担刑事责任年龄为 16 周岁以上),要有责任能力

(即非精神病患者,能够对自己的行为有明确认识),要有违法性认识可能性(即知道或者应当知道自己行为是违法犯罪行为),要有期待可能性(即法律不强人所难,在行为时的具体情况下不能期待行为人做出合法行为,即使行为人做出了违法犯罪行为,也无罪)。前面案例中农贸市场油坊业主白某某(男, 29 岁,初中文化)将炒胡麻后的炭火放入砖炕内随后出门前往幼儿园接孩子,应当预见自己的行为会发生危害结果,因疏忽大意而没有预见引发火灾,致使公私财产遭受重大损失,是构成失火罪的关键。对于不满 16 周岁的少年儿童过失引起火灾涉嫌失火罪的,消防救援机构应当认定为失火,将火灾调查案卷按照法律规定移送公安机关,由公安机关决定是否立案查处。(图 3)

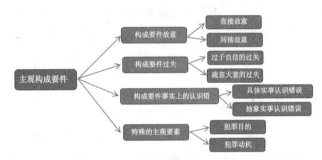

图 3　犯罪论主观要件构成体系

4　放火案分析

对于放火案,客观上要求放火行为既遂,即行为人已经使财物处于稳定燃烧状态,已经或者足以对人身和财产造成损失;有行为主体,有危害行为(即点火行为),有现实的危害结果(即造成财务被烧毁或人被烧伤、烧死,或者虽然没有造成财产损失或人身伤害,但造成了足以产生严重后果的危险行为),有因果关系;同时,没有正当防卫的理由、紧急避险的需求,也没有被害人承诺(即被害人要求行为人做出放火的行为)。主观上,要求犯罪嫌疑人知道或者应当知道自己点火行为可能造成严重后果,行为人主观上故意实施点火行为;同时,行为人要达到责任年龄(放火罪行为承担刑事责任年龄为 14 周岁以上),要有责任能力,要有违法性认识可能性,要有期待可能性。只有以上要件均满足,才能认定构成放火罪。

对于放火案,按照管辖原则属于公安机关管辖,消防救援机构应当将勘验笔录、痕迹物证、视频资料、现场照片等证据移送公安机关办理,消防救援机

构依法不出具《火灾事故认定书》。对于不满14周岁的儿童实施的放火行为，消防救援机构应当认定为小孩玩火，因为不满14周岁的儿童不能认为其对自己的行为有充分法律认识，能够知道或者应当知道自己行为是违法犯罪行为，同时也未达到放火罪责任年龄。对于此类火灾，如果公安机关因有人报案需要以放火罪受案，则消防救援机构可以以涉嫌放火案移交公安机关，不出具《火灾事故认定书》。

对于疑似放火的火灾，消防救援机构应当及时联系公安机关共同调查。对调查后排除放火嫌疑的，公安机关应当出具排除放火嫌疑的书面调查意见；未能达成一致意见的，则可以报请上级论证决定或听取同级人民检察院意见。实际工作中，由于公安机关业务繁忙，且火灾调查属于消防救援机构职责，对于未造成严重后果、无监控视频、无人证物证的火灾，公安机关往往介入不多，部分火灾消防救援机构既未查明是失火还是放火，也未查明是何人所为，案件往往不了了之。公安机关办理刑事案件关键在于对犯罪嫌疑人的查处，如果不确定火灾是谁所为，则无从查起。对此类火灾，消防救援机构应当更加严谨细致地做好火灾调查和责任认定工作，协同公安机关一起调查线索，查明火灾原因，查找当事人，为后续处理提供基础，避免移交不了的情况出现。

5　失火罪与重大责任事故罪分析

《刑法》第134条规定："在生产作业中违反有关安全管理的规定，因而发生重大伤亡事故或者造成其他严重后果的，处三年以下有期徒刑或者拘役；情节特别恶劣的，处三年以上七年以下有期徒刑。"工作中，失火罪与重大责任事故罪是比较容易混淆的两个罪名。失火罪与重大责任事故罪的主观构成要件都是过失，客观上，行为造成的严重危害后果都可能是火灾。例如，2021年2月笔者所在市一蹦床健身馆发生火灾，造成一人死亡。起火原因为健身馆经营者樊某在营业期间违规使用电焊焊接设施钢架，焊渣引燃周围海绵池海绵块引发火灾。最初消防救援机构以樊某涉嫌失火罪移送公安机关立案侦查，但最后检察院提起公诉时指控樊某在作业过程中违反安全管理规定，导致一人死亡，100多万元财产受损的严重后果，其行为触犯《刑法》第134条的规定，应当以重大责任事故罪追究其责任。最终樊某因有自首情节，自愿认罪认罚，积极赔偿，并取得

被害人谅解，被法院依法判处有期徒刑一年六个月，缓刑二年。

失火罪与重大责任事故罪的区别如下。

（1）犯罪主体不同。失火罪的犯罪主体是一般主体；重大责任事故罪的犯罪主体是特殊主体，即应当是工厂、矿山、林场、建筑企业或其他企业、事业单位的职工，即从事生产、作业的人员。

（2）客观方面不同。重大责任事故罪应当是发生在生产、作业过程中，由于不服管理、违反规章制度，或者强令工人违章冒险作业，因而发生严重事故，侵犯的是正常的生产安全，具体包括对从事生产、作业的不特定多数人的生命、健康的安全和重大公私财产的安全；而失火罪侵犯的是不特定多数人的生命、健康和重大公私财产的安全，犯罪对象的范围比重大责任事故罪大。一般是由于在日常生活中用火不慎而引起火灾。如果行为人在生产、作业过程中，由于非生产、作业行为而造成火灾的，应当构成失火罪。

因此，重大责任事故罪强调引起火灾的行为违反了特别的业务活动必须遵守的注意义务，这种注意义务与安全管理的固定息息相关。"生产、作业"是狭义上的生产作业，是指特定的生产作业过程。其中常见的经营活动中的动火作业如焊接、切割、使用喷灯、电钻、砂轮等进行产生火焰、火花和炽热表面的临时作业不慎引发火灾的事故，应当属于失火罪。当然，具体问题具体分析，不能一概而论。对一起特定的火灾事故，因犯罪情节、自首情节、认罪认罚情节和积极赔偿情节不同，最终法院判罚结果并不相同。消防救援机构的职责是查明火灾原因，充分、全面、合法收集物证，依法依规移送公安机关查处，使火灾犯罪得到应有惩罚。前面案例中蹦床健身馆火灾，消防救援机构和公安机关分工协作，配合默契，消防救援机构重在勘验火灾现场，查找火灾原因，对火灾事故做出准确认定；公安机关重在派员保护火灾现场，查找控制相关人员，对死者死亡原因进行鉴定。特别是公安机关查找恢复了关键的监控视频，清晰完整地记录了樊某犯罪全过程，为案件最终圆满结案奠定了基础。

6　结语

"失火案"和"放火案"是消防救援机构最常见的火灾犯罪案件类型。火灾行为人是否构成犯罪，需要消防救援机构通过深入细致调查，全方位收集

证据,证明行为人客观上是否违法,主观上是否有责,有无正当防卫、紧急避险、被害人承诺等违法阻却事由,有无责任能力阻却、缺乏认识可能性、缺乏期待可能性等责任阻却事由。通过《刑法》犯罪论的学习,可以更加清晰地了解公安机关办理刑事案件的法律要求。消防救援机构应当高度重视火灾调查工作,组建一支精干、高效、战斗力强的火灾调查队伍,配齐配强火调装备,提升履职尽责能力。涉嫌失火案、放火案的火灾,消防救援机构在调查中应根据犯罪构成要件和证据要求,科学严谨地做好调查和证据收集,确保火灾犯罪行为得到应有惩罚。

参考文献

[1] 中华人民共和国主席令第八十一号. 中华人民共和国消防法 [Z].2021.
[2] 中华人民共和国主席令第六十六号. 中华人民共和国刑法 [Z].2021.
[3] 中华人民共和国主席令第十号. 中华人民共和国刑事诉讼法 [Z].2018.
[4] 公安部令第 159 号. 公安机关办理刑事案件程序规定 [Z].2020.
[5] 罗翔. 罗翔讲刑法 [M]. 北京:中国政法大学出版社,2021.
[6] 公安部令第 121 号. 火灾事故调查规定 [Z].2012.

火灾事故调查中证据链构建的探索与思考

张贞光

（丽水经济技术开发区消防救援大队,浙江　丽水　323000）

摘　要: 火灾事故调查要在及时、客观、公正、合法的前提下,结合证人证言、监控视频、现场勘验、物证鉴定结论等相关证据材料完成火灾原因认定等各项工作任务。本文以一起典型楼梯间火灾事故的原因调查为例,通过详细分析有关直接、间接证据的相互印证,论证了完整的证据链对火灾事故原因认定的重要作用。

关键词: 直接;间接;证据链;事故调查

2023 年 1 月 23 日 20 时 20 分,位于浙江省丽水市莲都区南明山街道的万州启苑 3 幢 6 单元楼梯间起火。火灾造成楼梯间内四辆电动车烧损,楼上 8 户居民受到烟熏影响,直接财产损失 17.7 万元。在事故调查过程中,火灾调查人员第一时间对现场进行封闭保护,询问和调查走访火灾知情人,调取周围的所有监控视频,提取楼梯间内与电动车有关的痕迹物证。虽然此起火灾没有正对起火部位的视频监控,也没有第一时间看到起火的目击证人,但通过证人证言、视频分析和物证鉴定,最终确定了真正的起火原因。在火灾事故调查过程中,收集到的有关直接、间接证据相互印证,并形成完整的证据链,对本起火灾事故的最终认定起到了极为关键的作用。

1　基本情况

1.1　火灾基本情况

2023 年 1 月 23 日 20 时 20 分,位于浙江省丽水市莲都区南明山街道的万州启苑 3 幢 6 单元楼梯间起火。火灾造成楼梯间内四辆电动车烧损,楼上 8 户居民受到烟熏影响,直接财产损失 17.7 万元。

1.2　建筑基本情况

所在建筑万州启苑 3 幢呈 L 形,南北方向长边长度 51.4 m,东西方向短边长度 44 m,建筑整体宽度 12.8 m,耐火等级二级,建筑高度 19.9 m,占地面积 1 326.09 m²,建筑面积 6 720.52 m²,钢混结构,地

上 5 层、地下 1 层。起火的 6 单元楼梯间位于北起第二个楼梯间,楼梯间一层门朝东,东西长 6.6 m,南北宽 3.2 m,监控视频位于楼梯间东北向 80 m 处,如图 1 所示。

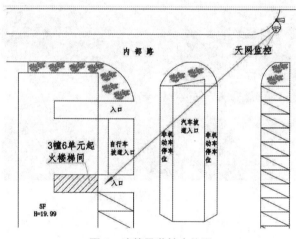

图 1　建筑及监控方位图

2　事故原因调查情况

2.1　证据的收集与分析

2.1.1　视频证据

起火楼梯间位于建筑中部,内部及外部出口附近没有监控视频,在位于楼梯间东北方向 80 m 处有一天网监控,虽然距离较远,但能够清楚拍摄到起火楼梯间及以上两层的外部情况。火调人员通过监控视频提取和分析,发现起火前只有一名小孩在附近燃放烟花并最后手持燃放的烟花进入该楼梯间。其中,异常变化有:20 时 19 分 48 秒一小孩手持燃放

作者简介:张贞光(1985—),男,浙江省丽水经济技术开发区消防救援大队,中级专业技术职务,主要从事火灾调查工作。地址:浙江省丽水市莲都区南明山街道云景路 88 号,323000。

状态的烟花进入 6 单元楼梯间,随后一层楼梯间由暗变亮,20 时 20 分 53 秒单元门口上方窗户由暗变亮,20 时 21 分 3 秒二层楼梯间窗户变亮,20 时 21 分 21 秒一层楼梯间变暗,20 时 21 分 46 秒单元门口上方窗户变暗,20 时 22 分 1 秒一层楼梯间再次变亮并一直持续,详情如图 2 所示。

图 2　楼梯间异常情况

2.1.2　证人证言

据监控视频中的小孩陈述,他在进入楼梯间后停留了一会儿,最后等烟花燃放完,将烟花残骸扔到地上以后才上楼回家,期间未发现楼梯间内有异常情况,也没有看到其他人进入。他燃放的烟花为从附近小卖部购买,回家前一直在楼下放烟花。火调人员根据其提供的线索找到了卖烟花的小卖部,并提取了起火当天小孩买烟花的相关视频资料,完整还原了小孩燃放烟花的种类和数量。

另外,据四辆电动车车主陈述,起火当天四辆电动车均未处于充电状态。据小卖部店主陈述,当天晚上早些时候,监控视频中的小孩在其店里挑选了 3 类烟花共计花费 70 余元,并提供了店内的监控视频作为印证。

2.1.3　现场勘验

从一层楼梯间过火情况来看,靠里停放的①号、②号和④号电动车烧损较为严重,靠近门口处的③号电动车烧损程度较轻,其中①号电动车烧损最为严重,在①号电动车附近发现一根烟花棒钢丝残留,如图 3 所示。

图 3　①号电动车附近发现的烟花棒钢丝残留

2.1.4　物证鉴定

提取①至④号电动车导线部分进行物证鉴定,未检测出一次短路熔痕。

2.2　综合认定起火时间和起火原因

2.2.1　起火时间认定

通过监控视频分析发现,20 时 22 分 58 秒 6 单元门口南侧墙面映射出微弱光斑,随后可见橙色光斑亮度逐渐增强,20 时 24 分 4 秒二层楼梯间窗户再次变亮并一直持续,20 时 24 分 14 秒明显可见楼梯间内的起火现象,可燃物猛烈燃烧,具体如图 4 所示。

通过分析此前的烟花燃放行为和楼梯间内感应灯光的明暗变化分析出以下几点关键信息:①燃放一根同类型烟花时间约为 1 分 2 秒;②监控视频中小孩在一层楼梯间停留时间为 20 时 19 分 48 秒—20 时 20 分 53 秒;③20 时 22 分 58 秒,6 单元楼梯间门口南侧墙面映射出微弱光斑,随后可见橙色光斑亮度逐渐增强。分析归纳主要事件的时间轴如图 5 所示。

通过监控视频分析、证人证言并结合起火点处的燃烧物质的燃烧特点,综合认定该起火灾的起火时间为 20 时 20 分许。

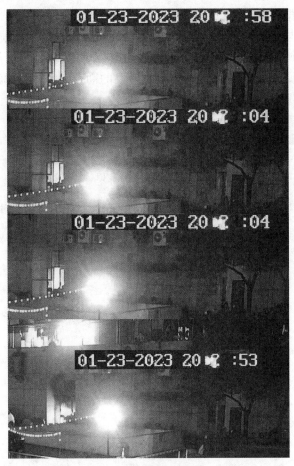

图4　火势发展情况

2.2.2　起火原因认定

通过勘查火灾现场,楼梯间内的主要起火物为电动车,引火源可能为电气线路故障、外来火源或遗留火源。在现场勘验过程中,发现4辆电动车的电瓶部位均没有充电线接出,可以排除电动车充电引起火灾;通过监控视频分析确定起火前未见空中有飞火、飘落物等外来火源,无其他人员出入,并且起火时未见电气故障形成的弧光爆闪现象,可以排除外来飞火、人为放火和电动车自燃等引发火灾可能;最后根据监控视频分析中小孩点燃烟花进入楼梯间后的停留时间和行动轨迹及最终确定的起火时间,综合分析监控视频、证人证言、现场勘验和鉴定结论等证据,排除其他原因,可以判定这起火灾的起火原因为小孩燃放烟花引燃楼梯间内电动车上的可燃物导致火灾发生。在现场勘验过程中,发现燃烧最为严重的①号电动车旁边有一根烟花棒钢丝残留,也印证了对起火原因的认定。

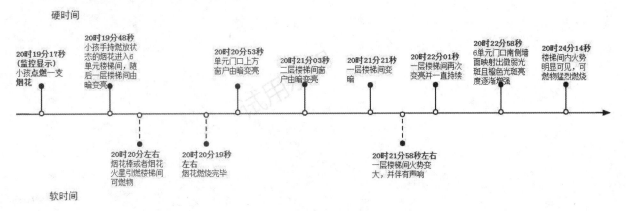

图5　主要事件时间轴

3　调查感悟

3.1　关于直接证据的收集

在实际火灾调工作中,直接证据是主要的证明依据,实际调查工作应建立以直接证据为主的火灾证据体系,重视直接证据对火灾事故的证实作用,第一时间收集、排查各类直接证据。具体到本起火灾

事故中,搜集到相关的当事人陈述、证人证言和监控视频等均属于直接证据,并对锁定失火嫌疑人和认定起火原因起到了关键作用。

3.2　间接证据的证明作用

间接证据由于其辅助性与间接性无法独立在火灾调查中证明事实,因此在实际调查工作中需要将具有相关性的众多间接证据组合调查,并在火灾调查工作中运用推理、判断等逻辑性思维联系众多间接证据间的联系,才可实现对火灾事实的证明。具体到本案例中,在现场提取到的烟花棒钢丝残留和电动车电气线路鉴定报告作为间接证据,都是在火灾现场客观存在的,虽然作为单个证据无法确定起火原因,但与直接证据相互印证和补充,最终形成一个火灾事故调查的完整证明体系。

3.3　提高证据收集效率

证据收集与整理是一项对专业技术要求较高的工作,由于现实中火灾引发原因往往较复杂,火灾扑救过程中对现场的破坏程度较大,因此证据收集越发困难。为进一步加强证据的收集工作,提高工作效率,火灾调查前首先需要对火灾现场进行充分保护,避免有效证据遭到破坏,火灾调查人员到达火灾现场应立即开始收集证据;其次需要选用专业的证据收集设备,对火灾现场进行拍照与录像,并对证人与当事人的陈述进行详细记录,不可遗漏任何影响调查工作细节的证据;最后还应当对周边居民进行调查与走访,结合现场证据收集的勘查工作,才可确保证据的准确与完整。

参考文献

[1]　中华人民共和国应急管理部. 火灾原因认定规则: XF 1301—2016[S]. 北京:中国标准出版社,2016.

[2]　中华人民共和国应急管理部. 火灾现场勘验规则: XF 839—2009[S]. 北京:中国标准出版社,2009.

[3]　汤东元. 火灾调查中直接证据与间接证据的运用 [J]. 科技创新与应用,2014(9):294.

论对《火灾事故调查规定》"不能排除的起火原因"条款的保留

郭　劲¹,陈　岩²

(1.北京华允律师事务所,北京　10089;2.北京市消防救援总队,北京　100035)

摘　要:《火灾事故调查规定(征求意见稿)》第三十九条删除了"不能排除的起火原因"的表述,这一做法是用刑事案件的证据标准来评价该条款的证明力,忽视了民事裁判证明标准与刑事案件证明标准的差异,从而影响民事裁判中对《火灾事故认定书》证据的采信。本文从火灾调查及民事裁判角度论述了该条款保留的科学性与合理性。

关键词:火灾事故调查;起火原因;民事裁判;证明程度

火灾调查不仅可以揭示火灾发生原因和机理、防范火灾事故发生,还是为火灾事故受害人提供有效救济的重要前提,因此需要保证火灾调查的程序及结果合理适当。基于这一目的,《火灾事故调查规定》进行了多次修订,以回应实践中出现的问题。例如,在2021年公布的《火灾事故调查规定(征求意见稿)》(以下简称《征求意见稿》)的起草说明中,表明了修法目的是"解决工作实践中暴露出的调查程序不健全、当事人权益保障不到位等各方面的问题",这一目的值得肯定,但应当指出,删除"不能排除的起火原因"①的条款表述并不能达到此目的,反而会减损当事人的权益。

1 主张删除"不排除"表述的原因总结

理论界和实务界对用"排除法"认定起火原因的做法进行了批判,指出了这一做法存在的问题,这可能是本次修法删除"不能排除的起火原因"条款表述,从而实质上放弃使用"排除法"的原因之一。基于火灾调查及其司法实践的现状,"排除法"认定起火原因的问题如下。

1.1 事故责任认定模糊,导致火灾调查结论复核率过高

由于火灾事故诱发原因的复杂,将能够排除的起火原因排除后,可能仍存在若干原因无法被排除,即火灾调查无法得到使事故责任各方均完全满意的确定结果,导致潜在的各方责任主体间推诿卸责,影响权利人的后续理赔和追偿。而且火灾调查人员在运用排除法时,不可避免地会带有目的性和主观性,该规则被滥用将直接影响调查结果的准确性和客观性,最终导致当事人对《火灾事故认定书》持有异议,申请对《火灾事故认定书》进行复核的案件越来越多,在增加了复核认定工作量的同时,也降低了火灾调查工作的公信力,影响了当事人对火灾调查工作的信任度。

1.2 导致法官机械使用结论划分责任比例

在司法实践中,由于法官不具备判断和认定火灾事故原因的专业能力,往往倾向于直接采用《火灾事故认定书》得出的结论,仅依据其中"不能排除的起火原因"的表述就直接判决案件当事人承担一定比例的民事责任,未进行充分说理论证。由于排除法所得出结论的模糊性,当事人往往不服判决提出上诉,最终导致案件二审发回重审、改判率高,当事人申请再审、信访比率高,无法真正做到"案结

---

① 根据现行《火灾事故调查规定》(2012年修订)第三十条,对起火原因无法查清的,《火灾事故认定书》应当认定起火时间、起火点或者起火部位以及有证据能够排除和不能排除的起火原因。而在本次《征求意见稿》第三十九条中,对起火原因无法查清的,"应当作出起火原因不明的认定,注明起火时间、起火点或者起火部位以及有证据排除的起火原因",删去了"不能排除的起火原因"的表述。

作者简介:郭劲,男,河北霸州人,本科双学历,律师,北京华允律师事务所合伙人,消防及安全生产法律专业委员会主任,主要从事火灾案件诉讼法律实务研究。电子邮箱:guojingsir@sina.com。陈岩,男,汉族,本科,北京市消防救援总队高级工程师,主要从事火灾调查工作。

事了"。

基于上述原因,《征求意见稿》第三十九条删除了"不能排除的起火原因",放弃了对"排除法"的使用。但笔者认为,上述原因是火灾调查过程中执法的不确定性与判决中司法的不确定性两者相互叠加所致,即是执法与司法方面存在的问题,而非立法问题。实际上,在执法和司法过程中,排除法的恰当运用都会有利于对火灾事故受害者合法权益的保护,应予以保留。

2　保留"不排除"的原因分析

2.1　"不排除"表述并不必然导致当事人不满

事实上,尽管排除法所得出的结论具有模糊性,但它并不必然导致当事人对判决结果不满。通过在威科先行网站①输入"起火原因不排除"关键词进行搜索并进行计算后发现,在民事案件中,含关键词"起火原因不排除"的民事案件的二审发改率尽管远远高于全部民事案件的发改率②,但仍略小于全部火灾民事案件的二审发改率(表1),说明通过排除法认定火灾事故原因并不必然导致当事人不服判决结果,其争议较大是由于火灾案件本身的特性所致。

表 1　民事案件二审发改率③ 对比表

	含"起火原因不排除"的民事案件	火灾民事案件	全部民事案件
一审结案	1 600	40 764	75 452 476
二审改判	186	4 748	1 118 471
二审发回	16	509	420 822
提审/指令再审	2	206	108 022
二审发改率	12.75%	13.4%	2.183%

数据来源:威科先行法律数据库。

2.2　排除法的滥用是执法、司法问题

火灾调查实践中"排除法"被滥用,其背后有懒政因素,有火灾调查人员的专业水平因素,也有对规

则适用条件的误解。问题的解决应该是加强火灾调查工作队伍建设,在提升火灾调查业务水平上下功夫,而不是因噎废食,删去《征求意见稿》中"不排除"的表述。

使用"排除法"并非我国火灾调查工作所独创,如日本也并未否定排除法在起火原因认定中的应用,而是强调谨慎使用,不得将未排除的火灾残留物直接作为起火原因进行认定④。退一步讲,删除"不排除"表述是否能够倒逼火灾调查人员真正查明起火原因,同样是难以预测和控制的问题,反而会徒增"起火原因不明"的案件数量,并不能真正保障消防救援机构依法履职,也不利于其调查结论为民事案件的裁判提供技术支撑。

我国已经形成"依程序、依法定、依逻辑、依经验、依职业道德"的证据认定原则,在案件事实真伪不明时,负有举证责任一方要承担举证不能的不利后果,法官在法律框架之内具有独立的自由裁量权。火灾调查人员给出的"不能排除的起火原因"并不必然构成对证据认定的阻碍,因此起火原因在技术上无法查明的前提下,无须苛求火灾调查人员突破客观限制查明起火原因的客观事实,而是需要提升法官及律师办理火灾案件的业务能力,即通过法庭调查和法庭辩论最终查明火灾案件的法律事实。司法活动对案件事实的认定是在特定的时空条件下,借助特定的物证、书证、证人证言等证据来进行的,不可能完全还原案件的事实真相。司法改革的目的是从"案卷中心主义"转向"庭审中心主义",就是摒弃"望文生义"的机械司法,最大限度地调动控辩审三方的积极性,让"法律真实"最大限度地接近"事实真实",通过律师的法庭对抗,法官的居中裁判来查明案件的法律事实,让当事人胜败皆服,最大限度地感受到公平正义。而《征求意见稿》却在向"案卷中心主义"靠拢,寄希望于在错误的机械司法路径上得到一个正确的裁判结论,无异于南辕北辙、削足适履。

2.3　保留"不排除"符合认识论的一般规律和实践做法

在现代汉语词典中,"不排除"的含义是不完全排除或不完全否定某种情况、可能性或观点,即介于"确定"和"否定"之间。"确定"和"否定"的区分并非泾渭分明,中间存在模糊不清的"不确定"的地带,两者并不是非此即彼的关系,在无法达到"确

---

① 一款专业的法律信息查询工具,集法律法规、法律专递、裁判文书(案例)、常用法律文书模板、实务指南、法律英文翻译等各类法律信息于一体。
② 二审法院对案件发回重审、改判、提审与指令再审比率。
③ 二审发改率计算方法为:二审发改率=(二审发回+改判+提审+指令再审数量)/一审结案数量。
④ 日本《标准火灾调查文件制作手册》(2022),参见日本总务省消防厅网站中的法规 https://www.fdma.go.jp/laws/。

定"和"否定"的层次时，承认存在"不能排除的起火原因"符合认识的客观规律，也符合现实实践。

在起火原因的分析和认定过程中，由于受到火灾现场的破坏性、调查人员技术水平的局限性和火灾勘查技术、火灾痕迹物证鉴定技术等多种因素制约，基于有限理性理论[1]，火灾调查人员难以掌握火灾案件的完全信息，无法完全还原火灾发生的全貌，不可避免地会出现对某些起火原因既无法确定、又无法否定的情形。如果取消"不能排除的起火原因"，《火灾事故认定书》的结论只能在能够确定的原因与"起火原因无法查清"的二元对立中选择，火灾调查人员因陷入两难境地往往会给出"起火原因不明"的结论，使得事故责任划分和司法裁判少了一个客观的参照，只会使"起火原因不明"的认定结论更加被滥用。

应当承认，在火灾调查人员给出"不能排除的起火原因"结论后，责任各方基于自身理解会对这一具有模糊性的结论进行不同的解读，但这一现象恰恰表明"不排除"的表述要求责任各方继续关注可能的起火原因，而非盲目地排除它们，这有助于推动对火灾事故发生原因的进一步调查。

2.4 保留"不排除"体现了对民事证据与刑事证据认知层次的划分

同时，"不排除"的表述给予了双方律师法庭辩论和法官通过"内心确信"进行裁判的空间，也符合证据证明标准的划分。在法律上，"不排除"通常意味着有一定的可能性（盖然性），但不能确切地量化为"可能"（盖然性）或"很可能"（高度盖然性）。在一个特定的案件中，"不排除"的具体含义取决于事实和证据的具体情况。因此，"不排除"既可以表示"可能"，也可以表示"很可能"，最终需要根据案件的具体情况进行判断。删除"不能排除的起火原因"的做法，暗含了基于刑事案件证据标准来评价民事案件证据证明力的错误思想，忽视了民事裁判证明标准与刑事案件证明标准的差异，而在立法上保留"不排除"表述的意义就在于促进民事案件的公正审理，为法官进一步查明案件事实提供技术指引，为其依法行使自由裁量权留下空间。

在刑事诉讼中，证据证明程度需要达到"排除合理怀疑"[2]，反映到火灾事故认定结论上，即只认可起火原因明确的结论，而不认可"不能排除的起火原因"与"原因不明"的情形，从而缩小刑事处罚的范围，达到"慎刑"的目的。但在民事诉讼中，对证据证明程度的要求一般只需达到"高度盖然性"[3]即可。部分"不能排除的起火原因"是划分民事责任的重要依据，也给了民事案件双方律师通过法庭辩论查清案件事实的空间。律师通过在诉讼过程中将起火原因的证明程度提高到"高度盖然性"或压低到"真伪不明"的程度，给了法官划分责任的合理裁量空间，更有利于法官查清事实、依法裁判。如果删除"不排除"的表述，对于原本应该给出"不能排除的起火原因"结论的案件，对于火灾调查人员，其进一步查明起火原因的可能性并不大，而只会使其对案件更倾向于给出"起火原因无法查明"的结论，使案件证据的证明程度直接落入"真伪不明"的状态，这会使案件事实在法庭上更加难以被查清，为案件的公正审理徒增障碍，由于失去科学的参照，很难保证案件的审判效率和审判质量，甚至导致事故责任方逃脱民事责任的承担，受损方的合法权益无法得到有效维护。（图1）

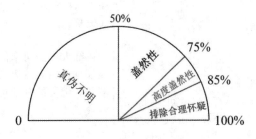

图1 证据证明程度划分图
（来源：参照《美国联邦证据规则》制作）

3 案例评析

3.1 案例简介

运用"不排除的起火原因"责任划分相关案例

---

① 有限理性理论认为人的行为是有意识的理性的，但这种理性又是有限的。由于现实生活是复杂的，事务本身是发展的，搜集信息、处理及计算、行为本身的执行都需要成本，由于人自身生理和心理的限制，无法预见所有行为后果，因此无法达到完全理性的，由此人在决定过程中寻找的并非是"最大"或"最优"的标准，而只是"满意"的标准。参见 Simon Herbert, *A Behavioral Model of Rational Choice*, 69 Quarterly Journal of Economics：1957：99-118。

② 《中华人民共和国刑事诉讼法》第55条第2款规定："证据确实、充分，应当符合以下条件：（一）定罪量刑的事实都有证据证明；（二）据以定案的证据均经法定程序查证属实；（三）综合全案证据，对所认定事实已排除合理怀疑。"

③ 《最高人民法院关于适用〈中华人民共和国民事诉讼法〉的解释》第108条第1款规定："对负有举证证明责任的当事人提供的证据，人民法院经审查并结合相关事实，确信待证事实的存在具有高度可能性的，应当认定该事实存在。"

见表2。

表2　运用"不排除的起火原因"责任划分相关案例

案件	起火原因认定	责任划分
吕敏诉晓川公司、晓川公司常熟分公司、甸桥村委会财产损害赔偿纠纷案 最高人民法院（2017）最高法民申4062号民事裁定书	案涉火灾事故起火部位在仓库东墙中段电箱处,起火原因排除外来火种、遗留火种引发火灾的可能,不排除电源进线箱内故障引起火灾的可能	二审法院结合实地勘查情况认定申请人虽未能提供证据证实案涉火灾是其他原因引发,但根据高度盖然性规则认定晓川公司常熟分公司对火灾事故承担70%的主要责任,吕敏承担30%的次要责任
申海公司与天安保险公司保险合同纠纷案 最高人民法院（2015）民二终字第15号民事判决书	起火原因排除自然、放火等因素,不排除锌镍合金五线生产线的阳极棒与导电铜排的接线点因接触电阻过大,通电发热,与导电铜排接触的电解除油槽达到燃点,引发火灾	一审法院认定申海公司擅自拆除消防水泵房导致消火栓系统内水压不足,客观上导致火灾发生后救援工作未能正常进行,造成损失扩大,缺乏证据证明,由此酌情认定对于火灾事故造成的损失,由天安保险公司与申海公司按8:2的比例予以承担不妥,最高法纠正为9:1
平安保险公司与红太阳公司、矽美仕公司保险人代位求偿权纠纷案 最高人民法院（2015）民申字第3122号民事裁定书	可排除雷击、遗留火种和人为因素等引起火灾,不排除电气故障引发火灾的可能	在红太阳公司未能提供证据证明导致火灾还有与其无关的其他可能性或者排除电气故障原因的情况下,可以认定案涉火灾由电气故障引起具有高度的可能性。原审法院在综合考虑案件具体情况的基础上判决红太阳公司承担火灾事故60%的责任,并无不当

3.2　案例分析

3.2.1　吕敏案评析

笔者认为,二审法官在《火灾事故重新认定书》

认定"不排除"电源进线箱内故障引起火灾的可能的前提下,充分发挥司法能动性,通过现场勘验完成对瑕疵证据的补正,将起火原因的证明程度由"可能"查明至"很可能",利用高度盖然性规则让纠纷最终得以解决。

3.2.2　申海公司案评析

笔者认为,最高人民法院将责任比例由8:2变为9:1,正是基于《火灾事故重新认定书》"不排除"起火原因的表述,法官才得以查明案件的法律事实,形成内心对待证案件事实高度盖然性的判断,使自由裁量权能正确得到行使,做出公正裁判。

3.2.3　平安保险公司案评析

笔者认为,最高人民法院将案件予以维持,也是基于《火灾事故认定书》"不排除"起火原因的表述,充分说明"不排除"条款在案件审理的实质上,并未影响法官对案件事实的查明,法官能充分说理并对案件依法裁判。

3　结语与展望

《火灾事故调查规定》的修订是一个复杂的系统工程,会影响到消防部门乃至整个社会的安全管理运行水平及运行质量。从技术、行政、刑事、民事等多个角度来权衡,顺应当代应急管理及司法改革的潮流,承认火灾调查在技术上的局限性,保留"不能排除的起火原因"的立法表述,正是科学精神的体现,有利于火灾案件当事人民事权益的保障,有利于减少案件的复核率、申诉率、上访率,有利于案件当事人定分止争,进而促进社会的和谐稳定发展。

参考文献

[1]　董静. 火灾事故调查规定嬗变与发展研究 [D]. 南京:南京师范大学,2015.

[2]　杨健,夏新法. 浅谈《火灾事故调查规定》新修订的内容和实践运用 [J]. 科技视界,2014(17):312,331.

[3]　王进喜. 美国《联邦证据规则》条解 [M]. 北京:中国法制出版社,2012.

[4]　M.W. 艾森克, M.T. 基恩. 认知心理学 [M]. 高定国,何凌南,译. 上海:华东师范大学出版社,2009.

[5]　卡尔·拉伦茨. 法学方法论 [M]. 黄家镇,译. 北京:商务印书馆,2020.

[6]　王达人,曾粤兴. 正义的诉求:美国辛普森案和中国杜培武案的比较 [M]. 北京:北京大学出版社,2012.

[7]　陈瑞华. 刑事证据法 [M].4 版. 北京:北京大学出版社,2021.

关于新时代火灾调查发展与建设的几点思考

张增龙

（海西州消防救援支队,青海 海西州 817000）

摘 要: 本文系统梳理了新形势下火灾调查的重要性,火灾调查基础理论体系学习方法,火灾调查发展的思考。

关键词: 火灾调查;重要性;必要性;基础理论学习;发展思考

1 引言

2023 年是消防救援队伍改革转制以来火灾调查史上的转折之年,在习近平总书记重要训词精神指引下,火灾调查工作转变传统理念,以"人民至上、生命至上"为服务宗旨,以"唯真是求"的火调精神,圆满完成机制建设、人才培养、案例复盘等一系列重大火灾调查工作任务。

2 新形势下做好火灾调查工作的重要性和必要性

2.1 火灾调查是消防救援机构法定职责

火灾调查是《中华人民共和国消防法》赋予消防救援机构的法定职责。近年来,国家消防救援局和各地消防救援机构先后出台火灾事故延伸调查方面、与公安机关协作方面、财产损失认定方面的规范性文件,进一步建立健全火灾调查机制,规范火灾调查程序,火灾调查工作得到强力推进和高质量发展。在新形势、新时代下做好火灾调查工作我们责无旁贷。

2.2 做好火灾调查工作是贯彻"两个至上"要求的重要体现

火灾调查是服务保障群众利益的形象窗口,及时准确查清火灾原因、还原事实真相,本身就是为民服务,就是贯彻"人民至上、生命至上"。 作为一名火调人员,就是要提高政治站位,切实将"两个至

上"作为一切工作的出发点和落脚点,在关乎群众切身利益的问题上积极作为,要换位思考、将心比心,把火调工作做得更好。

2.3 做好火灾调查工作是塑造消防救援队伍良好形象的重要途径

火灾调查"唯真是求",敬畏法律证据、探究火场真相、维护公平正义、服务人民群众,用法律证据还原火场真相和事实真相就是为人民服务,就能得到人民群众的信赖。消防执法改革以来,消防救援机构积极优化营商环境,加强事中事后监管,事中主要是监督执法,事后就是火灾事故调查处理。火调工作的作用不只是把原因搞清楚,而是要全方位地改进消防工作,塑造消防救援队伍良好形象。

2.4 做好火灾调查工作是改进防灭火工作、宣传工作、装备更新工作的重要抓手

消防工作是从预防到扑救的全链条工作,消防监督、灭火救援、装备更新、宣传教育都要在实际火灾中不断吸取教训、补齐短板、堵塞漏洞、完善机制。从原因机理上考虑火灾防控,推动源头防范、靠前防范。从火调火场真实现场方面,检视改进灭火救援战术和消防装备,提升安全保障。消防宣传抓住警示性和针对性这两个关键,宣传才能入心入脑。

3 火灾调查基础业务理论学习

3.1 火灾调查基础理论体系学习

火调基础业务理论体系涵盖全面,是火灾调查从理论到现场的基本要求。其主要内容有燃烧学、火灾现场组织及调查程序、火灾现场保护、火调人员防护与准备、火灾现场询问、火灾理论基础、火灾现

作者简介: 张增龙(1991—),男,汉族,火灾调查中级专业技术职务,主要从事基层火灾调查工作。地址:青海省海西州德令哈市,817000。电话:18097221193。邮箱:479770136@qq.com。

场痕迹、火灾现场勘验、火灾现场照相、火灾物证提取与鉴定、火灾事故认定、火灾现场视频分析、火灾刑事案件协作与移交、火灾事故延伸调查、典型火调案例等。

3.2 火灾现场保护与视频提取至关重要

从基层火调实际来看，接到报警后，火调人员应与灭火救援人员同步到场，第一时间"灭火救人找视频"，许多案例表明：如果能第一时间找到火灾现场及周边的视频录像，对于起火原因及起火点的认定非常重要，能达到事半功倍的效果。另外，火调人员在灭火救援现场应当第一时间通过拍照及录像的方式固定火灾现场情况，收集火场周边一切可以利用的信息，如报警人描述的火势发展情况及起火部位、围观人群中有用的信息等；其次在灭火救援行动中尽量减少对原始火场痕迹的破坏，第一时间封闭火灾现场。

3.3 现场询问的技巧方法是火调人员必备技能

从询问对象心理分析来看，要关心询问对象的生活、工作等方面的问题，深入交流，打消询问对象的顾虑，取得充分的心理信任。从询问对象的言行举止来看，要注意观察询问对象的表情、说话、肢体动作等细微方面的变化。另外，要从个人后果和法律后果两个方面向询问对象讲清利害关系，使其真实描述相关情况。其中有两个关键点值得注意：火灾发生后越早开展询问得到的内容越真实；不到关键时候不能直接向询问对象表达目前已掌握的证据信息。

3.4 火灾现场痕迹分析是确定起火部位和起火原因的关键环节

火灾现场痕迹主要表现为质量损失、炭化、剥落、氧化、熔化、热膨胀变形、烟附着、玻璃痕迹、热阴影、彩虹痕迹等，在实际运用中，烟熏痕迹、清洁燃烧痕迹、变形痕迹、变色痕迹、炭化痕迹、蔓延痕迹、烧损程度痕迹等是最常用的火场分析点，一般来说，火灾现场中的"V"形痕迹、"U"形痕迹、圆形痕迹、倒锥形痕迹、截锥形痕迹、沙漏形痕迹运用较为广泛。在现场勘验中，通过痕迹分析确定迎火面、火灾蔓延方向是确定起火部位和起火原因的关键环节。

3.5 电气故障引发的火灾所占比重较大

如今，电气线路应用与经济社会发展密不可分，大量数据表明，电气故障引发的火灾所占的比重越来越大，电气故障引发火灾的主要原因有电接触、电弧放电、电发热。电气故障痕迹主要分为短路痕迹、接触不良过热痕迹、过负荷痕迹等，短路痕迹的主要

表现形式为线路熔珠，过负荷痕迹的主要表现形式为线路整体内焦。值得注意的是，如今电气线路火灾中的两大诱因是接触不良和短路。违规安装、劣质电器材料、电器材料选取错误、电器使用不当等都会引发电气火灾。在火灾现场找到有效物证是电气火灾调查的基础和关键。

3.6 火灾事故延伸调查既要有广度又要有深度

国家消防救援局和各地消防救援机构先后印发《关于进一步加强火灾延伸调查相关工作的通知》，延伸调查内容包括消防责任落实、建筑消防设施、火灾原因、灾害成因、灭火救援、行业部门履职、消防设施维保、消防产品、事故暴露的问题、工作建议等方面内容。通过常态化延伸调查机制可以压实消防安全责任、强化基层派出所、社区履职能力、夯实消防安全基础、重点整治提升效能、强化指挥作战效能、加快消防装备更新、加强针对性消防宣传教育培训，形成防、灭、查、改、立的闭环式工作模式。

4 对火灾调查工作的思考与建议

4.1 推动新时代火灾调查工作高质量发展

我们应当时刻把火灾调查工作摆在重要的位置，正视存在的不足，谋划火调发展的方向，增强做好火调工作的责任感和紧迫感，进一步提高认识、坚定信心、克服困难，推动新时代火灾调查工作高质量发展。

4.2 完善火灾事故延伸调查机制建设

就目前来说，我们应当推动各地政府尽快出台火灾事故调查处理规定，为消防救援机构牵头主导开展火灾事故延伸调查提供规范性依据，让火灾事故延伸调查程序更加规范。例如，北京、江西、安徽等地以推动市、县政府出台规定的方式，积极履行火灾调查的法定职责，掌握主导权，把控火灾事故调查处理的方向和力度。应当运用联合惩戒手段，用好停业整顿、降低资质、吊销证照、"黑名单"管理等措施，运用行政手段，采取约谈、通报等形式，丰富调查处理的方式。

4.3 强化火灾事故延伸调查的深度

做深度延伸调查，首先是为了深度查明灾害成因，查清导致火灾的外部因素，查清造成火灾蔓延扩大的内部关联，找准人防、物防、技防方面的问题漏洞，采取针对性措施，防止同类火灾再次发生；其次是为了进一步通过事故教训督促行业部门及基层乡镇社区履职尽责，夯实消防安全基层基础；再者是可

以检视灭火救援技战术、公共消防设施、消防装备等方面需要改进的地方。

4.4 火灾调查也要紧跟时代发展潮流

如今，5G 时代来临，网络化、智能化已经势不可挡，从火灾调查的角度来说，一些新设备、新技术也可以运用到火灾调查中，如火灾现场重建与重现的三维建模技术、火灾调查智慧数据库、视频图像处理与分析技术等，以及现场信息快速采集设备、现场物证快速检验设备、便携式易燃液体快速分析设备、电子碎片搜寻设备等。智慧火调终将成为火调事业的重要组成部分，作为一名火调人员不仅要学习丰富的火调理论和实践经验，也要注重在工作中逐步融入新技术、新设备，推动火调事业高效发展。

4.5 提高火灾调查队伍综合素质

消防救援机构要加强火调应急处置能力，确保力量充足，基层消防救援大队要加强"全员火调"，不仅消防监督员要全员参与火调，还要吸收优秀的消防员、文员参与火调，分级分类开展火调培训，不断提高火调业务素质。同时，火调人员应当以老专家、老前辈为榜样，传承发扬爱岗敬业、精益求精的职业素养，做到自强、自律，坚持职业操守，敬畏法律法规，为火调事业奋斗拼搏。

参考文献

[1] 刘旭亚,鲁志宝,郝爱玲.火灾成因调查技术与方法[M].天津:天津大学出版社,2017.
[2] 张茜.火灾事故调查[M].北京:中国矿业大学出版社,2017.

消防救援站火灾调查人才培养工作长效发展的几点思考

郑凯升

（深圳市消防救援支队,广东 深圳 518000）

摘 要:消防体制改革后,消防救援站参与火灾调查的人员与频次越来越多,这对消防救援站火调人才的培养提出了更高的要求。本文以消防救援站指战员为研究对象,总结目前在职位岗位设置、工作机制、人才培养、能力素质等方面制约消防救援站火灾调查人才培养的短板和瓶颈性问题,从完善顶层制度设计、加强指战员火调业务培训、强化火灾调查协助机制三个方面,尝试提出消防救援站火调人才培养工作长效发展的几点思考,助推消防救援站火灾调查工作科学有效地执行。

关键词:消防站;火灾调查;研究;制度设计

1 引言

随着消防机构改革,消防救援站指战员参与火灾调查的机会越来越多。2020 年,应急管理部消防救援局印发的《关于全面推行消防救援站开展防火工作的通知》(应急消〔2020〕350 号)第三条明确规定,消防指战员应当结合辖区熟悉、预案编制和演练以及执行勤务工作,开展消防安全检查,进行消防宣传教育,在火灾扑救工作中协助开展火灾调查。可见,消防救援站指战员必须提高火灾调查的能力,才能适应新时期的发展要求。但在火灾调查人才培养方面,消防救援站指战员是一个容易被忽视的群体,对照队伍建设发展实际,火调人才培养在顶层设计、政策制定、能力培养等方面仍存在不足和改进空间。

2 消防救援站指战员参与火灾调查的形式

2.1 处理轻微损失火灾案件

按照现行的《中华人民共和国消防法》和《火灾

事故调查规定》等法律法规的规定,消防部门要对每一起火灾进行调查。尽管目前个别地方的消防救援机构出台文件,可以对部分轻微火灾进行登记,但是在法律法规层面并没有明确。

实际中,绝大部分火灾走了轻微火灾登记和简易调查程序,只有极少一部分按照一般程序进行调查并出具认定。轻微火灾登记一般由火灾发生地所属消防救援站处理,出警带队指挥员负责实施,符合损失轻微火灾登记调查条件且当事人自愿决定放弃调查,不需要消防部门出具认定结论的,指挥员收集基础信息后,向当事人宣读、说明告知火灾相关事项内容,告知结束后,当事人现场签字确认,并报辖区大队审核备案。

2.2 协助开展简易程序火灾调查

适用于开展简易调查程序的火灾,一般由火灾发生地所属街道挂点消防监督干部或灭火救援值班干部组织实施,辖区消防救援站予以协助,负责火灾现场情况信息采集工作。

2.3 开展火灾现场情况登记工作

消防救援站指战员在灭火救援中还需兼顾火灾调查工作需求进行统筹考虑,从接警、出警到现场警戒、灭火处置直至归队的全过程中,通过关注重点事项、记录关键信息来保护重要证据,具体内容包括:①记录火灾扑救以及火灾现场情况,取得第一手影

作者简介:郑凯升(1990—),男,汉族,广东汕头人,现任深圳市南山区大冲消防救援站政治指导员,初级专业技术职务,主要从事灭火救援、火灾调查工作。地址:深圳市南山区高新南四道 1 号,518000。电话:15012563777。邮箱:312923612@qq.com。

像资料;②在扑救火灾过程中,尽可能避免不必要的现场破坏;③对现场视频监控主机、硬盘、火灾报警控制器等能够记录火灾数据的设备,采取保护性灭火措施,避免破坏数据;④在火灾扑救后,通过现场调查和询问走访,记录火灾发生发展的过程以及当事人或火灾初始期在场的证人反映的可能的起火原因;⑤对现场的消防违法行为或其他违法违规行为的相关问题线索记录在案并拍照取证,同时上报至辖区大队予以核查处理。

2.4　配合支、大队火灾调查人员以协办火调员的身份开展火灾调查

适用于一般调查程序的火灾,当其发生规模较大,并且实际调查的内容较多,需要大量的工作人员来参与调查工作的时候,支队、大队可能会抽调一部分消防救援站指战员,让他们以协办火调员的身份开展火灾调查工作。

3　消防救援站火灾调查人员队伍现状

3.1　职位和岗位设置的不匹配,制约了基层的整体履职水平

3.1.1　干部队伍的岗位设置现状

按照《国家综合性消防救援队伍专业技术干部职位设置方案》要求,目前消防救援站干部仅能选定灭火救援、消防装备、消防通信等专业,火灾调查专业只有总队、支队机关和大队才设置。对于有从事火灾调查工作意愿或者毕业于火灾调查专业的干部而言,他们苦于机关、大队编制趋于饱和的刚性约束和消防救援站没有设置火灾调查技术岗位的现实,还要开展队伍管理、执勤训练、政治教育等工作,无暇开展火灾调查的相关业务学习,对职业前景不乐观。

3.1.2　消防员队伍的岗位设置现状

在消防员培育上,长期以来均以灭火救援工作为主导,仅从通信岗位发展防火、宣传人才,其余岗位缺少鼓励参与防火的晋升、成长机制。在消防员职业技能鉴定方面,职业方向中仅设置了6个专业,即灭火救援员、消防通信员、接警调度员、搜救犬训导员、消防车驾驶员、消防装备维护员,未设置与火灾调查相关的专业。在国家消防救援局层面,仅规定参加防火工作的消防员必须通过消防执法岗位资格考试,尚未建立火灾调查员资质等级认定等相关制度,消防员职业荣誉感和执法权限亟待解决。

3.2　交流转岗渠道不够畅通,火调专业干部发展受阻

火灾事故调查是政策性、技术性、专业性很强的工作,即使是消防救援机构内部科班出身的干部,也需要经过专门学习和长期实践才能满足实战需要。

从中国人民警察大学(原中国人民武装警察部队学院)、中国消防救援学院以及地方高校毕业的干部,下队后基本任职于消防救援站,先从事基层灭火救援工作。而随着消防救援队伍改革转隶、三定落编后,消防指挥员实行终身制。而在近期《党和国家机构改革方案》中提出的"对中央和国家机关人员按5%的比例进行精减"的大背景下,面对目前消防救援队伍干部超编的现状,消防救援队伍有趋于固化的趋势,这不利于干部队伍的循环流动和活力激发。在2023年的全国两会上,全国人大代表李霞指出,与地方党委政府和其他职能部门相比,当前消防救援队伍干部普遍"出口狭窄"。已有的相关政策实施缺乏制度支撑,具体的转岗、交流等配套政策尚未明确,干部交流转岗渠道不够畅通。

那么,对于即将长期扎根基层的火调或者消防工程等相关专业毕业的队站干部而言,提高他们在专业领域的人才发展路径已是迫在眉睫。

虽然不少干部受惠于"师傅带徒弟"的培训模式而得到短暂的成长,但是徒弟的成长也离不开成长需要的土壤,后续的骨干传承到站干部这一级已是青黄不接,这是我们整个队伍的现状。许多站干部受当前岗位职能所需,很难参加不在岗位职能内的上一级火灾调查相关工作,如火调复盘、案例评选等,未曾主办过一起火灾事故调查,也未曾协助参与过一起较大级别以上的火灾事故调查,也很难对火灾调查业务进行持续性钻研学习,缺少鼓励其参与火灾调查业务、积累相关业绩的评先评优、表彰奖励、晋升或发展成长机制。

3.3　缺乏实践经验,能力素质不齐

火灾事故调查是一项系统性、技术性的工作,对火灾调查人员的综合能力有较高的要求,不但需要掌握火灾调查方面的专业知识,还需要掌握物理、化学、生物、电工、气象甚至美学等方面的知识。

基层队站仅指挥员及少数大学生入职消防员为大专、本科及以上学历,绝大部分消防员在学习能力方面仍存在阻碍。在火灾调查业务学习中,较高学历队员能快速理解掌握基本的消防燃烧学、办案技能、询问技巧、火场摄像技术等内容,但由于需承担队站灭火救援、管理教育等日常事务工作,鲜有实操

机会。指战员把灭火救援当主业，却容易把兼顾火灾调查需求的火灾现场信息收集工作当负担。在火灾统计系统中，数量上占大多数的是轻微火灾登记和简易程序的火灾，这些数据几乎来源于基层，如果基层指战员对登记标准把握不严格，就会导致火灾统计数据的错乱，上层决策者就会被数据误导。

4　加强消防救援站火灾调查人才培养的对策

4.1　完善顶层制度设计，破职位岗位设置不合理和持续发展受阻之困

　　消防救援站指战员开展火灾调查工作，对其业务能力、专业技术提出了更高的要求，增加了消防救援站指战员的工作量。各级需要积极引导，建立激励和发展机制，从编制、政策等方面为具备火灾调查专长的消防指战员长远发展铺平道路。

　　在完善法规制度方面，建议在国家法律层面厘清火灾事故的调查主体、调查职权任务等内容，修订《中华人民共和国消防法》和《火灾事故调查规定》，将消防救援站参与火灾调查工作写入部门规章予以明确。

　　在专业岗位设置方面，针对消防救援站开展消防监督、火灾调查工作是大势所趋，建议在消防救援站专业技术职位上设置火灾调查、消防监督管理等专业岗位，并配备对应比例的中级专业技术职务干部，以适应消防站开展火灾调查工作的需要。建立系统的培养机制，拓宽消防站干部发展渠道，发挥消防救援队伍各级火调专家（骨干）专业技术优势，帮扶培养技术人才，开展业务传授和经验交流时向基层倾斜，每年至少培养 1~2 名队站年轻业务骨干。可根据工作需要，吸纳队站个别优秀站级干部参与重大任务、调查研究、参编著作、参与科研项目、牵头专项工作，协助承担某项具体任务，开展业务授课，并形成成果。

　　在职业技能鉴定方面，建议修订《消防员国家职业技能标准》，联合人社部门健全完善消防员持证上岗的顶层设计，在职业方向中增设防火监督员（火灾调查）的岗位，满足基层辖区单位火灾调查和其他监督检查等工作需要，同时明确从事火灾调查工作的消防员必须考取相应的资格证书，通过国家消防救援局规定的消防执法岗位资格考试。

　　对于国家队消防员，建议在每个消防站中高级消防员中配置防火、火调岗位，并在中高级消防员晋升当中占有一定比例。对于政府专职消防员，可以根据执勤需要设置一定数量的防火巡查员，协助队站指挥员开展火调工作。在新消防员招录或者选拔火调业务骨干时，也可有针对性地遴选具备消防设施操作员、注册消防工程师资格的人员来充实消防救援站力量，为消防救援站火灾调查工作长远发展做好力量储备。

4.2　加强指战员火调业务培训，破火调人员数量不足和能力素质不齐之困

　　按照中共中央国务院《法治政府建设实施纲要（2021—2025 年）》及应急管理部《应急管理行政执法人员依法履职管理规定》提出的"加强行政执法队伍专业化职业化建设"的要求，建议可以联合组织部与司法局开展行政执法队伍培训教育的调研，提出开展火灾调查业务的培训需求，通过系统的技术培训将其培养成火灾调查人员，将系统的火灾调查基础课程纳入消防执法岗位资格考试的范围，并需加上实操考核。考虑到消防站驻勤备战的需要，可采取线上授课为主、线下交流为辅的学习方式。

　　在消防救援队伍内部，建议定期组织消防站火灾调查人员参加业务理论集中培训和火灾现场实操教学活动，以有效提升人员的专业能力以及工作适应能力。要鼓励和支持基层指战员多岗位锻炼，主动考取国家认可的电工证、无人机操作等专业证书，多渠道为其提供相应平台。

4.3　强化火灾调查协助机制，破基层火调经验缺乏和火调水平不高之困

　　建议建立总队、支队、大队三级火灾事故调查区域协作机制，每一级均内部构建一个火灾调查组，将下级工作岗位的人员纳入。

　　以大队一级为例，可以将消防站干部、防火、火调员纳入组里。除本消防站辖区范围内的火情外，当大队其他辖区发生有较大影响、而所辖火调力量明显不足的火情时，在不影响执勤的前提下，可以集中调派其他消防站的火灾调查人员前往现场开展调查工作，分配相关任务，调查工作结束之后再对工作过程进行分析，总结工作经验，在实践中提高调查水平。对于辖区火灾较少、火调实践机会偏少而有发展潜力的指战员，在调派的时候可以优先考虑。

　　对于特别优秀、有发展潜力的队站干部，可作为火灾调查专业骨干纳入总队、支队一级火灾调查组。将其参与现场调查的次数，作为灭火救援或者火灾调查专业技术的履职成效，提高工作的积极性。

5 结语

本文对消防救援站指战员参与火灾调查的形式进行了简要分析,指出了当前消防救援站指战员火调人才培养工作中存在的瓶颈,提出了完善顶层制度设计、加强指战员火调业务培训、增加指战员参与真实火场调查机会的建议。笔者认为,在当前火调人才紧缺的情况下,要提升基层消防救援站参与火灾调查的积极性,优化师资力量和资源配置,健全完善基层火灾调查人才培养工作机制。

参考文献

[1] 肖方.应急管理部消防救援局全面推行消防救援站开展防火工作[J].中国消防,2021(1):52-54.

[2] 邰锋.火灾事故调查工作现状及策略[J].今日消防, 2022, 7(10):121-123.

[3] 刘兴龙.消防执法改革中的火灾调查制度探究[J].今日消防,2021,6(9):127-129.

[4] 郑一维,王文根.关于增强消防基层队站"防消联勤"工作质效的几点思考[J].今日消防,2023,8(2):118-120.

[5] 吴钢.论基层火灾延伸调查现状及对策[J].消防科学与技术,2022,41(9):1300-1303.

[6] 郑胜中.火灾调查人才"复合型"升级之路[J].人力资源,2023(2):8-9.

[7] 王慧英.论完善火灾事故调查处理法规体系的若干设想[J].决策探索(中),2020(9):71-73.

[8] 季飞.火灾调查工作存在的问题及解决路径[J].今日消防,2021,6(11):100-102.

火灾调查科学研究及应用

弱电引发火灾的可能性研究

赵武军[1]，赵伟铭[2]

（1.临汾市消防救援支队,山西　临汾　041000；2.运城市消防救援支队,山西　运城　044000）

摘　要：本文以一起火灾为例,通过试验探究 PoE 供电系统中如网线、监控摄像头线路等弱电线路在发生故障时对周边可燃物的引燃能力,分析讨论影响 PoE 供电系统中弱电线路引燃能力的因素,为类似的火灾原因调查提供经验、借鉴和参考。

关键词：PoE 供电；弱电线路；引燃能力；火灾调查

1　引言

2023 年 5 月中旬,某地一房间内发生一起火灾,经综合分析认定,起火原因不能排除当事人本人利用室内监控摄像头线路接触放电打火引燃起火点周围可燃物后蔓延成灾,故围绕该监控摄像头线路在故障情况下对常见可燃物的引燃能力进行试验。

2　火灾调查情况

火灾发生后,辖区消防救援机构迅速开展事故调查工作,通过现场勘验、视频分析、调查询问、现场实验等手段,认定了此起火灾。

2.1　起火时间的认定

监控视频显示:当日 11 时 28 分 5 秒,房间内东北角的监控摄像头被破坏,随后火灾发生。经证人证言证实:11 时 50 分许房间内有烟气冒出。根据视频分析、调查询问等情况,结合现场可燃物燃烧特点综合分析,认定起火时间为 11 时 40 分许。

2.2　起火部位(点)的认定

经现场勘验、仪器测量,结合现场蔓延痕迹特征分析:①对比房间北侧的北、东、西墙烧损情况,北墙烧损炭化最重;②房间内部北侧靠近房门处地毯出现烧损缺失,其余部位较为完好;③房间内部北侧房

门表面有室内海绵内饰物熔融流淌痕迹,呈现房门上部过火重于下部的痕迹特征;④如图 1 所示,房间内部北侧房门以上部分有一处明显的烧坑,该处炭化深度值大于其他部位(图 2、图 3)。综合分析认定起火部位位于房间内部北侧区域,起火点位于房间内部北侧墙体门沿上方。

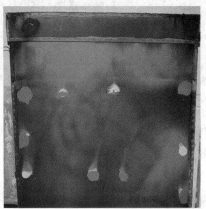

图 1　房间北侧房门上烧坑

作者简介:赵武军(1973—),男,汉族,山西省消防救援总队临汾支队,支队长,从事火灾调查工作。地址:山西省临汾市尧都区河汾四路 116 号,041000。
赵伟铭(1997—),男,汉族,山西省消防救援总队运城支队,初级专业技术干部,从事火灾调查工作。地址:山西省运城市盐湖区红旗东街 3129 号,044000。

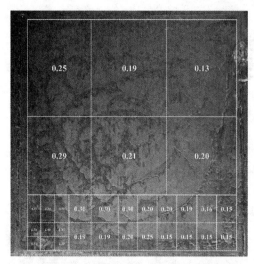

图2　房间北侧房门上方炭化深度值

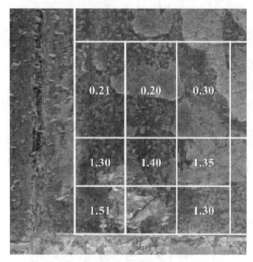

图3　烧坑处炭化深度值

2.3　起火原因的认定

2.3.1　排除房间内供电线路自身故障引发火灾的可能

现场勘验发现，房间内供电线路由室外自房间东南墙角穿墙接入室内插座、房间照明及其控制开关、卫生间照明、排风扇及其控制开关。经现场排查，室内全部供电线路均保持完好，未发现电气线路故障痕迹特征。

2.3.2　排除自燃起火的可能

经现场勘验，起火点处不存在足够数量的自燃类物质；经视频分析、证人证言证实，火灾发生前一段时间内房间内未发现异常升温、冒烟、异味等现象。

2.3.3　排除遗留火种引发火灾的可能

经视频分析，火灾发生前未发现当事人存在吸烟行为，未发现有人将烟头、蚊香等弱火源带进房间内；经现场勘验，房间内呈现明火燃烧特征，不符合遗留火种引发火灾的蔓延痕迹特征。

2.3.4　不能排除当事人利用室内监控摄像头线路接触放电打火引燃起火点周围可燃物后蔓延成灾

经查看监控视频，当事人存在蓄意破坏监控摄像头的行为；经现场勘验，监控摄像头线路可以接触到起火点，且火灾发生前监控摄像头接通电源并处于工作状态。现场的监控摄像头线路共有11根线芯，对现场的燃烧残留物进行筛洗，未能找齐全部的11根线芯，筛洗出的线芯也均未发现电气故障熔痕。

为探究起火场所的监控摄像头线路是否具备引燃可燃物的能力，需要进行试验验证。

3　试验验证

起火单位的监控摄像头采用 PoE 供电技术（Power over Ethernet，以太网供电），使用超五类线（Cat.5e 网线）连接 PoE 交换机和监控摄像头，在传输数据的同时，也为用电设备提供动力。一个完整的 PoE 系统包括 PSE（Power Sourcing Equipment，供电端设备）和 PD（Powered Device，受电端设备）两部分。起火处的 PSE 即 PoE 交换机，PD 即监控摄像头。

3.1　试验设备与材料

试验设备：PoE 交换机（某品牌，与起火处使用的一致，如图4所示）；48 V 直流稳压电源；万用表。

图4　某品牌 PoE 交换机

试验材料：超五类线（Cat.5e 网线）若干；RJ45（Cat.5e 网线用）水晶头若干；网络监控摄像头（某品牌，与起火处使用的一致，如图5所示）；脱脂棉若干。

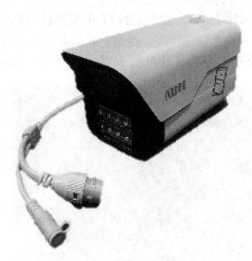

图5 某品牌网络监控摄像头

3.2 样品制备

网线线序采用 T568B 线序:1 为橙白;2 为橙;3 为绿白;4 为蓝;5 为蓝白;6 为绿;7 为棕白;8 为棕。

试验用监控摄像头线路共有 11 根线芯:1 为黄;2 为紫;3 为蓝;4 为蓝白;5 为绿;6 为绿白;7 为灰;8 为黑;9 为黑白;10 为红;11 为红白。

样品1:剪取长约 50 cm 网线,网线两端均压制水晶头,剥除约 10 cm 的网线绝缘皮,然后剥除其内部绞线约 5 cm 的绝缘皮,露出铜芯,记为样品1,如图6所示。

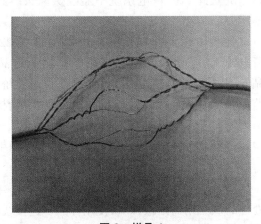

图6 样品1

样品2:剪取长约 50 cm 网线,网线一端压制水晶头,剥除网线另一端约 10 cm 的绝缘皮,然后剥除其内部绞线约 5 cm 的绝缘皮,露出铜芯,记为样品2,如图7所示。

样品3:剥除约 10 cm 的试验用监控摄像头线路绝缘皮,然后剥除其内部线芯约 5 cm 的绝缘皮,露出铜芯,记为样品3,如图8所示。

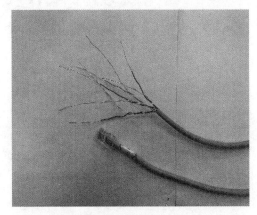

图7 样品2

图8 样品3

样品4:剪断试验用监控摄像头线路,留用有网线连接端口的线段,剥除剪断处约 10 cm 的绝缘皮,然后剥除其内部线芯约 5 cm 的绝缘皮,露出铜芯,记为样品4,如图9所示。

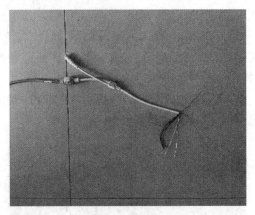

图9 样品4

样品5:拆除试验用监控摄像头,取出接线端子,保持线路完整性,记为样品5,如图10所示。

样品6:拆除试验用监控摄像头,取出接线端子,同时剥除接线端子的塑料外壳,保持线路完整性,记为样品6,如图11所示。

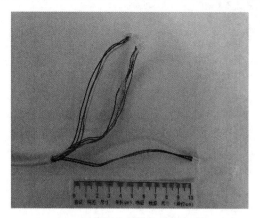

图 10　样品 5

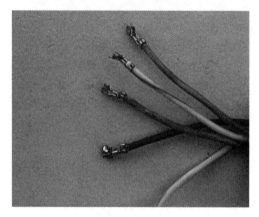

图 11　样品 6

3.3　试验方案

3.3.1　利用万用表测量此 PoE 供电系统实际工作电压

试验 1：PSE 选用试验用 PoE 交换机（接 220 V 交流电源），PD 端分别连接不做处理的监控摄像头、样品 3、样品 4、样品 5、样品 6，使用样品 1 连通 PoE 供电系统，分别测量并记录网线和 PD 端的实际工作电压，接线方式如图 12 所示。

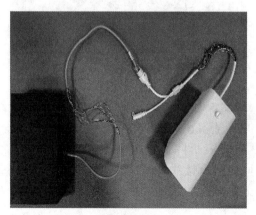

图 12　试验 1 接线方式示意

试验 2：PSE 选用试验用 PoE 交换机（接 220 V 交流电源），使用样品 2 连通 PoE 供电系统，测量并记录网线的实际工作电压，接线方式如图 13 所示。

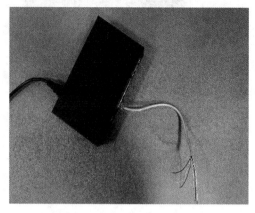

图 13　试验 2 接线方式示意

3.3.2　试验此 PoE 供电系统中网线的引燃能力

试验 3：PSE 选用试验用 PoE 交换机（接 220 V 交流电源），PD 端连接不做处理的试验用监控摄像头，使用样品 1 连接 PoE 供电系统，模拟网线发生短路的情况，使用脱脂棉作为引燃物。

试验 4：PSE 选用试验用 PoE 交换机（接 220 V 交流电源），使用样品 2 连接 PoE 供电系统，模拟网线发生短路的情况，使用脱脂棉作为引燃物。

3.3.3　试验此 PoE 供电系统中监控摄像头线路的引燃能力

试验 5：PSE 选用试验用 PoE 交换机（接 220 V 交流电源），PD 端分别连接样品 3、样品 4、样品 5、样品 6，使用不做处理的网线连接 PoE 供电系统，模拟监控摄像头线路发生短路的情况，使用脱脂棉作为引燃物。

3.3.4　试验 48 V 直流稳压电源供电时网线的引燃能力

试验 6：使用 48 V 直流稳压电源供电，连接不做处理的试验用监控摄像头，使用样品 1 连接线路，模拟网线发生短路的情况，使用脱脂棉作为引燃物。

试验 7：使用 48 V 直流稳压电源供电，使用样品 2 连接线路，模拟网线发生短路的情况，使用脱脂棉作为引燃物。

3.3.5　试验 48 V 直流稳压电源供电时监控摄像头线路的引燃能力

试验 8：使用 48 V 直流稳压电源供电，分别连接样品 3、样品 4、样品 5、样品 6，使用不做处理的网线连接线路，模拟监控摄像头线路发生短路的情况，使用脱脂棉作为引燃物。

3.4 试验结果

试验 1：PD 端分别连接不做处理的监控摄像头样品 3 时，网线中橙白线和绿白线、橙白线和绿线、橙线和绿白线、橙线和绿线之间的实际工作电压均为直流电压 52.3 V，PD 端绿白线和蓝白线、绿白线和蓝线、绿线和蓝白线、绿线和蓝线之间的实际工作电压均为直流电压 52.3 V；PD 端分别连接样品 4、样品 5、样品 6 时，网线中橙白线和绿白线、橙白线和绿线、橙线和绿白线、橙线和绿线之间的实际工作电压均为直流电压 50.8 V，PD 端绿白线和蓝白线、绿白线和蓝线、绿线和蓝白线、绿线和蓝线之间的实际工作电压均为直流电压 50.8 V。

试验 2：PD 端空置时，网线中橙白线和绿白线、橙白线和绿线、橙线和绿白线、橙线和绿线之间的实际工作电压均为直流电压 50.8 V。

结合试验 1、试验 2，此 PoE 系统在系统完整时实际工作电压为直流电压 52.3 V；在系统不完整时实际工作电压为直流电压 50.8 V。

试验 3、试验 4、试验 5 无论是模拟网线短路还是模拟监控摄像头线路短路时，铜芯接触偶尔产生微弱的打火放电，未能引燃脱脂棉。

试验 6、试验 7、试验 8 使用 48 V 直流稳压电源供电，模拟网线、监控摄像头线路发生短路时，铜芯接触产生剧烈打火放电，引燃脱脂棉。如图 14、图 15 所示。

图 15 试验 6、试验 7、试验 8 中铜芯接触引燃脱脂棉 2

4 分析与讨论

通过试验，当使用试验用 PoE 交换机作为供电源，多次模拟网线或者监控摄像头线路发生短路时，偶尔会出现铜芯接触产生微弱打火放电现象，但不足以引燃脱脂棉。当使用 48 V 直流稳压电源供电，模拟网线或者监控摄像头线路发生短路时，在铜芯接触时产生剧烈打火放电现象，可以引燃脱脂棉。经查阅相关资料，PoE 供电系统存在过载保护、短路保护机制，PSE 可以自动检测到端口掉电并关闭电源输出，对各类异常现象如短路、过载等自动检测并关闭电源，以此来保护 PoE 设备。

5 结论

在 48 V 稳压直流电源供电的情况下，网线、监控摄像头线路发生短路时存在引燃可燃物的可能性。当 PoE 交换机过载与短路保护功能缺失的情况下，PoE 系统中的弱电线路在发生短路时存在引燃可燃物的可能性。

参考文献

[1] 吴耀辉. 基于 IEEE802.3at 标准的 PoE 系统设计和研究 [D]. 南京：南京大学, 2016.

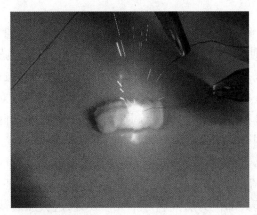

图 14 试验 6、试验 7、试验 8 中铜芯接触引燃脱脂棉 1

论起火物调查在火灾调查中的深度和广度

徐凯文

（深圳市消防救援支队,广东　深圳　518000）

摘　要:本文通过三起实际火灾案例说明起火物调查目前在火灾事故调查中的重要性,并设计了一套技术路径用于统计和分析各类火场起火物的数据,拓宽起火物调查的深度和广度,提升火灾事故调查结论的价值。

关键词:火灾调查;起火物;数据分析;技术鉴定

1　起火物调查现状及问题

2019 年,中共中央办公厅、国务院办公厅印发《关于深化消防执法改革的意见》,要求逐起组织调查造成人员死亡或重大社会影响的火灾,倒查工程建设、中介服务、消防产品质量、使用管理等各方管理责任并严格追究,建立较大以上火灾调查处理信息通报和整改措施落实情况评估制度。对火灾发生的诱因、灾害成因以及防灭火技术等相关因素开展深入调查,分析查找火灾风险、消防安全管理漏洞及薄弱环节,提出针对性的改进意见和措施,推动相关部门、行业和单位发现整改问题和追究责任。

火灾原因调查和分析作为延伸调查的出发点,一直是火灾调查的核心要素,多年来逐步形成了以火场痕迹体系、调查询问、视频分析、电子数据、物证鉴定、现场实验和数值模拟为主要构成要素的原因分析体系,利用丰富的调查和分析工具完善火灾原因分析的证据链条。

起火物调查是指对起火物品的生产、流通、使用环节的调查,包括对生产商、销售渠道、产品标准、检测认证、使用方式等信息的调取和分析,是火灾诱因分析的关键环节,只有将起火物发生起火的真正原因分析透彻后,才能进一步研究分析火灾暴露出的深层次问题,切实达到查处一起、震慑一批、警醒一

片的效果。

在长期实践过程中,一是由于起火物往往在火场中灭失,调查难度较大;二是受限于时间和精力,对大量简易火灾的起火物进行细致调查,这就导致针对起火物的调查既缺失广度,也缺乏深度,使火灾调查工作长期局限在灾害成因,而难以深入起火诱因,更难以在诱因调查的基础上进行统计分析,防患于未然。

2　起火物深度调查案例

针对起火物的调查涉及产品的生产、流通、安装、使用四个环节:一是要对产品本身质量问题进行调查;二是对产品的检测认证和产品标准问题进行调查;三是对产品设计安装问题进行调查;四是对使用过程和维保行为进行调查。本文通过三个实际火灾调查案例说明起火物调查的过程。

案例一:对某住宅一起亡 3 人火灾事故开展调查,经痕迹勘验、监控视频、询问笔录等调查论证,认定起火部位为房间客厅中央沙发处,起火原因认定为艾灸盒内大量艾条同时燃烧,引燃表面绒布装饰物,进而蔓延至沙发引发火灾,如图 1 所示。经调查,该艾灸盒套产品利用《玩具安全》(GB 6675—2014)进行了检测并核发检测合格证,未进行任何燃烧相关测试,且该类产品未制定任何涉及燃烧测试的产品标准。

作者简介:徐凯文(1988—),男,深圳市消防救援支队火调技术处干部,主要从事火灾事故调查工作。地址:广东省深圳市福田区红荔路 2009 号,518000。

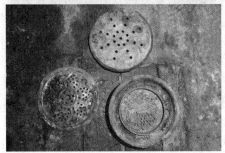

图 1　艾灸盒产品起火物

案例二：对某医院真空泵火灾事故开展调查，经视频分析、残留物鉴定，起火部位认定为真空泵油气分离缸，起火原因认定为真空泵旋片腔异常发热导致泵体温度持续上升，超过说明书要求的报警和停机油温，发生闪燃现象，并进一步加剧真空泵油的蒸发和裂解，致使发生持续燃烧引发火灾，如图 2 所示。经继续调查，该真空泵未按说明书要求配置超温报警和紧急停机联动配件，导致故障超温未能及时停机。

图 2　真空泵起火物

案例三：对某超高层建筑电缆井火灾事故开展调查，经现场勘察、模拟实验，起火部位认定为弱电井弱电桥架中，起火原因认定为强电线路混入弱电桥架，强电线路发生短路引燃大量弱电线路燃烧起火，如图 3 所示。经继续调查，大量超高层建筑存在强弱电线混用同一线槽现象，主要为后期添加各类网络通信设备供电，从弱电桥架布线会更快捷，但不满足《民用建筑电气设计标准》（GB 51348—2019）有关要求。

图 3　电缆井起火物

以上三起案例，起火物发生起火主要有三方面因素：①起火物无相关产品标准；②起火物未按照产品标准执行设计安装；③使用过程中破坏起火物使用标准。如果不能从每起火灾事故调查中得到以上三方面经验教训，并加以改进且推广应用，就不能充分发挥火灾调查在消防全链条业务中的牵引性作用。

3　起火物调查与统计技术

在火调与统计实践中，全国火灾统计与数据分析系统中涉及起火物的数据几乎没有，大部分为起火场所的数据，这也间接导致了很多火灾事故后续司法裁定环节的困难，如全国人大常委会《关于司法鉴定管理问题的决定》中提到，除司法行政部门统一登记管理的"四类"鉴定外，办案机构或当事人仍可进行鉴定事项，即对火灾发生的诱因进一步做出认定。

火灾调查科学与技术 2023

对于起火物的分析和认定通常包含大量经验法则、逻辑推理等价值判断，对调查人员的要求非常高，对证据链的完善要求也非常高。在现阶段，每起火灾都开展类似的分析和认定具有较大难度，建议采用大数据统计的方式，首先对起火物的类型、品牌、状态、年限等相关要素进行简易登记，对每起火灾的起火物建立关联知识图谱；然后经过统计分析，选取高频次发生起火的起火物进行延伸调查，按照本文总结的三个方面对其进行深入分析；最后根据分析结果，联合市监等部门开展联合整治行动，逐步降低各类产品火灾概率，如图4和表1所示。

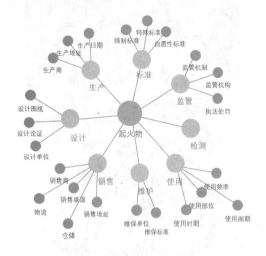

图 4 起火物调查数据关联图

表 1 起火物调查

序号	标准	生产	设计	销售	安装	使用	检测	监管
1	是否强制标准	生产日期	设计图	销售渠道	安装图纸	使用频率	检测机构	历史执法数量
2	标准发布日期	生产商	设计单位	销售商	安装单位	使用周期	检测标准	历史罚款金额
3		生产地址	设计说明	物流单位	验收日期	使用程度	检测日期	
4		生产批次		仓储地址	验收结论	故障次数		

当每起火灾都能够对起火物的数据进行登记时，逐步丰富的数据资源池能够逐步实现大数据挖掘和分析工作，对每类数据建立数据库，对数据进行量化处理，构建数据之间的 pearson 相关系数，开展数据的关联关系分析，相关系数取值范围为 -1~1，

当相关系数为 0 时表示变量之间不相关，大于 0 表示正相关，小于 0 表示负相关，相关系数越大表示变量之间的相关性越强。相关系数的表达式为

$$pearson = \frac{\frac{1}{n}\sum(x-\bar{x})(y-\bar{y})}{\sqrt{\frac{1}{n}\sum(x-\bar{x})^2}\sqrt{\frac{1}{n}\sum(y-\bar{y})^2}}$$

其中：n 为样本数，$\bar{x}$ 为 x 样本的期望，$\bar{y}$ 为 y 样本的期望。根据相关系数的计算值，可以分析两类数据之间的关联程度，如构建使用频率与故障次数之间的关系、生产商与火灾起数之间的关系等，根据关联关系，可以进一步对与火灾和故障高度相关的信息进行重点关注和处理，指导防火监督工作。陈振南等就利用 pearson 相关系数对 30 起典型石油化工火灾事故特征进行了分析，得到风速、流淌火、战斗时长等参数与调派车辆的关系，根据事故特征进一步指导灭火救援工作。

4 结论及建议

（1）对于起火物的延伸调查能够深入分析火灾发生发展诱因，对指导产品和标准的迭代升级具有积极重要作用。

（2）对于起火物的技术鉴定能够使调查证据链条更加完整，使后续司法环节的火灾原因论证更加充分，避免陷入纠纷。

（3）对于起火物的统计分析能够更加全面地反映产业发展整体形势，对火灾风险的行业复盘和专项整治能够提供数据支撑。

综上所述，对于起火物的深度调查是必要的，并且随着技术的进步，采用先进的数据挖掘技术开展深度调查，拓宽调查的广度也是可行的，能够为消防救援机构开展火灾调查提供技术支撑，赋能火灾调查，充分发挥火灾调查的先导性作用。

参考文献

[1] 应急管理部消防救援局. 关于开展火灾延伸调查强化追责整改的指导意见 [Z].2019.
[2] 罗邦荣, 叶海林. 关于适当扩大火灾延伸调查范围和内容的探讨 [J]. 今日消防, 2023（2）:100-102.
[3] 王慧英. 论完善火灾事故调查处理法规体系的若干设想 [J]. 决策探索（中）,2020（9）:71-73.
[4] 刘暄亚,鲁志宝,郝爱玲. 火灾成因调查技术与方法 [M]. 天津:天津大学出版社,2017.

时间轴分析法在火灾事故调查中的应用

饶球飞

（舟山市消防救援支队,浙江 舟山 316000）

摘 要:为解决火灾调查中涉及询问笔录、监控视频、手机照片等各种证据资料的综合整理,利用一种时间轴事件的分析方法,将各个证据材料所反映的火灾事件通过一个标准的时间坐标系予以体现,能够直观反映各个火灾事件之间的相互关系,帮助火灾调查人员进一步审查证人证言、确定起火时间,并厘清当事人的事故责任,同时有助于分析判定案情,为火灾事故调查认定提供依据。

关键词:时间轴;起火时间;证言审查;火灾调查

1 引言

火灾事故调查包括两大核心工作:现场勘验和调查询问。现场勘验是通过在一个空间范围内对环境中的痕迹物证进行追根溯源,从而寻找最先发生燃烧反应的起火点的整个过程,其对象是燃烧现象在三维空间物体上的反映。调查询问是通过各种调查方法,以火灾现场这个空间范围为基本单元,将发生火灾前后有关的一系列事件予以重现。调查询问的整体目标是将与火灾有关的事件按时间进行排列,以还原火灾事故的事实经过。在调查询问工作中,需要对搜集掌握的情况进行梳理,时间轴分析法就是火调人员常用的一种事件梳理方法,在火灾调查实践中得到广泛的应用。

2 时间轴分析法的概念和内容

所谓时间轴分析法,是指将关联事件按照时间发生先后及时间持续长短在时间轴上进行排列,从而明确关联事件之间的关系,如图1所示。

对于火灾事故调查而言,需要了解掌握在火灾现场这个空间内所发生的所有事件总和,进而厘清相关的事件发展变化脉络,从中寻找证明起火时间、起火部位或起火点、起火原因的有关证据。对于某

个事件 A 来说,是指某个人物对象在火灾现场相关的空间范围内所发生行为活动的事件,该事件持续的时间长短不一。因此,在对事件进行时间轴排列时,会存在同时并行发生的事件,也会出现交叉叠加或互不干扰的事件。

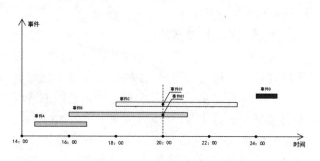

图1 时间轴事件排列坐标

3 时间轴分析法在火调工作中的作用

在火灾调查工作中,经过调查走访、资料搜集、监控视频等调查手段所掌握的与火灾事故有关联的事件必须进行整理,利用时间轴分析法整理火灾关联事件有助于厘清事件发展脉络,在火灾调查中发挥重要作用。

3.1 有助于审查证人证言

证人证言审查是调查询问工作必不可少的环节,通常情况下,火灾调查中的证人由于自身的利益纠纷、想法立场、知识结构、感官偏差等因素,可能会提供不符合事实的证言。在采信证人证言前,有必

作者简介:饶球飞,男,汉族,浙江省消防救援总队舟山支队高级专业技术职务,主要从事火灾调查方面的研究。地址:浙江省舟山市定海区临城海天大道 560 号,316021。邮箱:gongwenbao@163.com。

火灾调查科学与技术 2023

要对证人证言进行审查,从而确定是否采信或局部采信证人证言。通过时间轴分析法,可以清晰反映证人或当事人在本次火灾中所参与的时间和过程,通过对比时间关系、人物关系、空间关系等,确定证人证言是否存在矛盾点,并对矛盾点予以审查。如发现难以自圆其说的矛盾点,如时间上的错位等,那就有理由对证人证言的真实性产生怀疑,并进一步推断证人虚假供述的原因。

3.2　有助于确定起火时间

起火时间是火灾事故认定的重要内容,起火时间的认定与起火原因的认定是直接关联的,某些情况下,起火时间确定以后,某些起火原因就被自然排除,某些起火原因的概率就变大。在起火原因的认定过程中,一般通过监控视频的现象和时间直接认定,但大多数只能通过目击者或其他当事人所看到的现象进行推导认定。此时需要借助时间轴分析法,对有关当事人的行为事件在时间轴上予以标注,通过当事人看到"起火"或"冒烟"的某个事件节点,寻找对应的时间关系,从而确定起火时间。如图1所示,如目击者在事件C中看见"起火"的节点为"事件C1",但目击者并不确定当时的确切时间,通过"事件C1"与其他当事者"事件B1"的对应关系,从而可以推导起火时间。

3.3　厘清当事人的事故责任

火灾事故追责属于火灾调查的工作内容,火灾延伸调查工作相关规定出台以后,对火灾事故追责提出了更高的要求。时间轴分析法可以清晰地展现火灾当事人的行为,以及该行为与火灾发生、发展、蔓延的因果关系,进而明确当事人在火灾事件中的角色,判断其是否对火灾事故的发生和灾害损失的扩大负有责任。对于场所的管理人员或服务人员,应当根据其发现起火后的行为,是否采取积极的处置措施,来判断其是否应当承担相应责任。此外,对于火场逃生的当事人来说,其火场逃生的行为也可以作为宣传的典型案例。

4　运用时间轴分析法需要注意的几个要点

运用时间轴分析法可以快速地梳理火灾事件,但在具体工作实践中要特别注意几个环节,否则就会失去在时间轴上的准确定位,影响相关事件的分析效果。

4.1　询问时应确定相关行为活动的时间节点

询问火灾当事人并记录当事人行为活动时,除了解当事人行为活动的具体内容外,还应当重点记录该行为活动发生的时间节点,方便整理询问笔录时将此类行为活动在时间轴上进行标注。确定时间的方法有三种:一是直接计时的方法,由当事人回忆行为活动发生时的北京时间,如当时看到的钟表、手机等计时工具的时间,行为活动与看表的间隔时间不长的,可以通过加减时间来进行确定;二是通过可以事后查证的事件去确定时间点或时间段,如每天固定时间播放的电视、广播节目,比较规律的起床、吃饭、锻炼、睡觉时间等;三是通过与他人的接触时间,本人无法确定时间的,通过描述何时与他人有接触,然后通过另一人的行为时间来确定此人的行为时间。

4.2　对信息载体的时间刻度进行统一校准

随着电子数据的提取和恢复技术的发展,当前火灾调查工作中可以提取到不同类型的电子数据,如手机照片录像、监控视频、行车记录仪、录音文件等,这些电子数据本身带有时间信息,但是时间的准确与否取决于载体的时间设置,因此要找到原始载体进行时间校准,一般应和北京时间校准。在对电子数据进行提取时要牢记对时间刻度的校准,同时用照片或视频予以佐证,这样就可以对该行为活动在时间轴上予以精确定位,整个证据才具有证明价值。值得注意的是,消防部门的"119"接警台和公安部门的"110"接警台时间也并非完全符合北京时间,在核对火灾接警时间时也需要进行校准。

4.3　确定行为活动的持续时长要严密

一个行为活动持续的时间长短也很关键,在询问中应当帮助当事人回忆行为活动的具体内容,该行为由哪些分步活动组成,大致的时间跨度,必要的话可以要求当事人到现场将当时的行为活动重演一遍,记录所需要的时间。有些当事人因为记忆模糊,无法回忆具体的行为活动时长,可以询问当事人听到、看到他人的行为,间接判断其行为活动的时间段。如果有监控视频直接拍摄到行为活动,可以直观反映活动时长。还有一些行为活动可以通过间接计时的器具进行推断,如车辆行驶的公里数、生产加工机器运转的圈数、计件生产的件数等,以此判断当事人某项行为活动所耗费的时间。

4.4　对某个特征事件的贯穿应用

在调查询问当中,某些特征事件贯穿于不同的事件当中,并具有相同的时间节点。可以通过当事人的陈述寻找该特征事件,或者在了解了其他当事人的陈述后询问某一个当事人是否知道该特征事件,进而确定相互间的事件关系。如几个当事人看到、听到的同一声音或现象,包括火灾发生时的爆炸声、被困者的呼救声、汽车燃烧后轮胎的爆破声等,看到火势窜出窗户、被困人员跳楼、消防车到场救火等,通过共同事件确定一个参照系,可以把不同对象的行为活动在时间轴上做一个排列。在图1中,如果无法确定事件B和事件C的相互关系,可以通过同一时间点的事件B1和事件C1来对照确定。

5 运用时间轴分析法梳理火灾事件的典型案例

5.1 火灾基本情况

2022年8月5日0时43分,某地"119"指挥中心接到报警,称乐业园小区一出租房发生火灾,租住在二层203房间的李某和妻子吸入烟气昏迷,后被消防员救出;204房间的潘某租住于李某隔壁房间,火灾顺利逃生;205房间的租客在火灾中死亡。

潘某笔录陈述:8月4日晚上9点左右,我一个人从出租房出发到外面的"丰泰浴室"洗澡,出门的时候,隔壁的两户人家灯还亮着,里面有人说话,之后晚上10点30分左右回到出租房此时隔壁两户人家的灯都熄了,也没听到声音,他们应该是睡着了。然后我再离开出租房玩了一会儿,之后给女朋友罗某做夜宵再给她送过去,送的时候看了一下手机时间是11点57分,8月5日0时20分左右我从女朋友那里返回到出租房,又玩了一会儿电脑。大概在0时30分左右,当时看了一下电脑时间,我闻到一股烧焦的味道,还看到有烟从门缝里冒进来,之后就停电了,灯也灭了。我打开门一看,外面全是烟,什么也看不见了,就马上把门关上,跑到南边的阳台上喊"着火了,着火了!",喊了几分钟,然后就用手机打电话给"119",说了小区地址,说着火了,快来救火,后来看了手机通话记录是0时40分。过了大概3分钟,听到一楼楼梯口那边传来"嘭"的一声,声音很响。后面我继续喊,但是隔壁两户人家没有声音。然后我跑到房间的卫生间,从窗户爬出去蹲在窗户上,小区保安看到我以后拿来梯子,我就从梯子上爬了下去。那时大概是1点钟左右,消防车也到了,消

防员开始救火。

李某笔录陈述:那天晚上9点左右回到家洗漱完毕就准备睡觉了,但是我一直没睡着就在玩手机。11点左右我去上厕所,我们房间没有厕所要去外面走廊上的厕所,那个时候还看到隔壁的人家灯亮着,有打电脑游戏的声音,应该还没睡。到了12点左右我闻到了一丝焦味,一开始没在意,过了10分钟左右味道越来越浓,我就意识到可能着火了。我把老婆叫醒,并准备开灯,这个时候灯已经没有电了。我就打开房门想看看什么情况,就感觉到一股热气过来,烟不是很浓,于是赶紧关门。我们又跑到南边阳台,看到一楼的黑烟一团一团的冒上来,我打开窗户把晾的衣服一把捞起来放在洗衣机上,然后用阳台上的水龙头把毛巾打湿给我老婆让她捂住口鼻,我老婆说"我不行了"。这时我才想起来要把窗户关死,慌乱中也不知道关死了没有。这时听到一楼楼道口"嘭"一声很响,我们又重新跑回到房间里,我看着我老婆在我前面晕倒在地上,我去拉她并叫她的名字,但自己马上也晕倒了,后来就啥也不知道了。

出租房一楼保安徐某笔录陈述:我一直在一楼值班室值班,没有看到可疑人员,当天晚上并没有人员进出。半夜听到有人在呼叫"着火了",还有爆炸的声音,我就过来巡逻看看,发现一楼仓库有烟有火,烟很浓,我拿了灭火器去想扑救,但是没有用,后来转到南边,看到有个人蹲在窗户那里,我就拿了梯子帮他逃了出来。过了几分钟后,消防车就来了。

5.2 对信息载体以北京时间进行校准

相关信息载体北京时间校准见表1。

表1 相关信息载体北京时间校准表

载体	119接警台	潘某手机	潘某电脑	一楼南侧监控	李某手机	保安手机
校准	快1分4秒	慢1分45秒	正常	慢3分15秒	快1分5秒	慢2分43秒

5.3 对该起火灾相关事件的时间轴排列

该起火灾事件时间轴排列如图2所示。

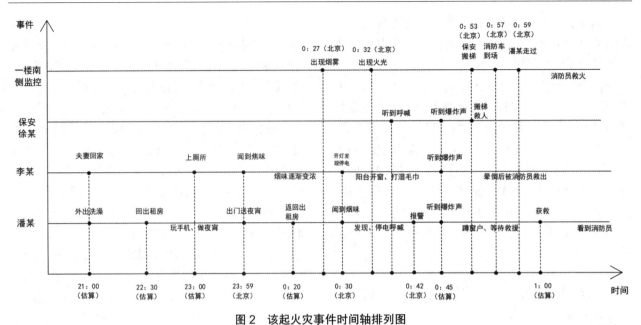

图2　该起火灾事件时间轴排列图

通过对该起火灾事件的时间轴排列梳理可知：①通过 119 接警台和第一报警人潘某的手机时间校对火灾报警时间为北京时间 8 月 5 日 0 时 42 分，且两者时间吻合；②潘某时间轴事件脉络清晰，时间刻度可信度高，可作为主线事件排列；③李某为晕倒后经医院抢救恢复意识后进行询问，其叙述的火灾事件较为模糊，如李某陈述闻到烟味为 12 时左右，且在 10 分钟后发现停电，因二楼所有出租房为同一路电，停电具有同时性，潘某反映停电时间在 0 时 30 分左右，因此李某笔录中反映开灯发现停电的实际时间应往后推迟至 0 时 30 分左右；④潘某、李某、保安徐某均反映听到爆炸声，经调查该爆炸声为一楼北侧停放的电动自行车轮胎被烧破的声音，轮胎爆破声为特征事件，可以贯穿时间轴作为各个当事人行为活动的坐标，其发生时间采用潘某的陈述为 0 时 45 分左右；⑤保安徐某在一楼北侧出入口值班，其笔录陈述火灾前未发现相关人员进出，但实际潘某进出两次，说明保安存在脱岗嫌疑；⑥一楼南侧监控发现的烟雾和火光与火灾当事者反映的情况可以相互印证，符合起火现象的一般规律，通过监控和询问笔录可以初步判定起火时间在 0 时 20 分至 0 时

27 分之间。

6　结语

火灾事件的时间轴分析法有助于梳理火灾调查的询问笔录、监控视频、手机视频及其他证据材料，通过确定北京时间坐标，对相关事件按照顺序排列，进一步厘清各个事件相互之间的关系。时间轴分析法对于证人证言的审查、起火时间的确定及厘清相关人员在火灾事故中的责任作用明显。火调人员掌握时间轴分析法，可以快速厘清火灾事件总体脉络和分支结构，全面深入地分析判断案情，在调查认定起火时间上起到事半功倍的效果。

参考文献

[1]　应急管理部消防救援局. 火灾调查与处理：中级篇 [M]. 北京：新华出版社，2021.
[2]　应急管理部消防救援局. 火灾调查与处理：高级篇 [M]. 北京：新华出版社，2021.
[3]　公安部令第 121 号. 火灾事故调查规定 [Z].2012.
[4]　胡建国. 火灾事故调查工作实务指南 [M]. 北京：中国人民公安大学出版社，2013.

微量物证在火灾调查中的应用

李 玄，李 官，温振宇

（梅州市消防救援支队，广东 梅州 514000）

摘 要： 本文以一起医院氧气瓶疑难火灾调查为背景案例，探讨微量物证在火灾调查中的应用。火调人员通过缜密的案情分析、细致的现场勘查和全面的文献检索等手段，采用扫描电镜、能谱仪分析受伤人员衣物上残留的微量物证，获取关键证据，查清火灾起因，追溯火灾根源。通过该起火灾调查，使火调人员充分了解火场中微量物证的种类、特点和分析手段以及证明作用。

关键词： 微量物证；火灾调查；证据

1 引言

随着社会发展和科技进步，非典型火灾不断涌现，火灾调查的难度不断增大，特别是在一些偶发性疑难火灾调查中，传统的火灾调查技术和方法难以很好满足调查的需求。火调人员一直在探索新技术、新方法在火调工作中的应用，以不断提高火灾调查结论的客观性、合法性和科学性。随着超景深显微镜、扫描电镜和能谱仪等研究微观世界仪器的小型化、智能化和价格（成本）降低，使广大火调人员探索研究火场中细小、微量物证的证明作用成为可能，通过发现、固定和揭露微量物证隐性的痕迹特征，将这些痕迹特征转化为火调工作的科学认定依据，将极大丰富火调技术手段，更加科学地还原火灾真相。

2 火灾调查与认定

2.1 火灾基本情况

2023年5月5日14时，某市一医院7楼2号手术室在手术过程中突然发生火灾，现场一名麻醉师受伤；该麻醉师反映，他到手术室时，术前准备工作已经完成，为不影响手术进程，他快速旋开供患者吸氧的氧气瓶（40 L）阀门，突然听到异响并伴有"呲呲"的声音，随后有火焰高速喷出，因躲闪不及时，手臂和脸部被火焰灼伤，该氧气瓶喷出的高温、火焰将手术室烧毁。

2.2 火灾现场调查

所有在场人员的证人证言均清楚地表述了起火点就在氧气瓶出口处，氧气瓶喷出的氧气是助燃物，那该起火灾的最初燃烧物质（可燃物）需要明确。对可燃物的认定成为整个事故调查的关键。由于麻醉师与最初的火焰有直接接触，调查人员提取其被火灼烧的T恤布料，采用扫描电镜（SEM）进行微观形貌分析，寻找起火物的蛛丝马迹。通过扫描电镜500倍的放大观察，在麻醉师涤纶布料纤维上附着大小不一的白色不明金属熔融物，见图1；采用扫描电镜能谱仪（EDS）对布料纤维上附着的金属熔融物进行成分分析，熔融物主要成分质量比分别为铝78.12%，氧14.17%，铁5.57%，见图2。以上扫描电镜和能谱仪分析鉴定结论表明，灼伤麻醉师的火焰中携带大量铝、铝的氧化物和含有铁元素的物质，判断现场最初燃烧的物质是含铝、铁元素的物品，调查人员随即调整调查方向，一是寻找引火源，二是在氧气瓶和附属配件中寻找含铝、铁元素的物品（配件）。

作者简介：李玄（1987—），男，土家族，广东省梅州市消防救援支队初级专业技术职务，主要从事火灾调查、防火监督工作。地址：广东省梅州市丰顺县汤坑镇狮山路19号，514000。电话：13923011599。邮箱：234428066@qq.com。

图1 麻醉师T恤布料附着的白色金属熔融物

图3 氧气吸入器减压阀进气螺母残骸（圆圈处）

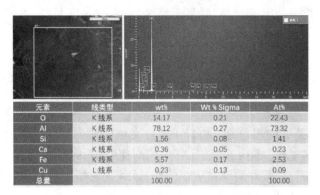

图2 麻醉师T恤布料附着熔融物的主要成分

元素	线类型	wt%	Wt % Sigma	At%
O	K线系	14.17	0.21	22.43
Al	K线系	78.12	0.27	73.32
Si	K线系	1.56	0.08	1.41
Ca	K线系	0.36	0.05	0.23
Fe	K线系	5.57	0.17	2.53
Cu	L线系	0.23	0.13	0.09
总量		100.00		100.00

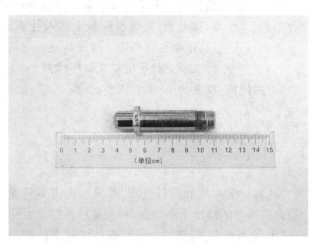

图4 氧气吸入器减压阀进气连杆

经查阅同类型氧气瓶及配件的标准和对比实物产品，发现氧气瓶阀门材质为金属铜，氧气吸入器减压阀的进气螺母、进气连杆材质主要有铜、铁、铝三类，由于氧气吸入器减压阀的进气螺母、进气连杆等配件大部分已经在火灾中烧毁，仅残存部分氧气吸入减压阀进气螺母熔化残骸，现场无法直接判别残骸的材质，见图3。为查清最初火焰中的金属物质从何而来，调查人员将连接氧气瓶的减压阀列入重点调查对象，通过比对麻醉师打开氧气瓶时的站立位置、高度和动作状态，与麻醉师烧伤部位、距地高度后，氧气瓶减压阀进气螺母、进气连杆部件进入了调查人员的视野。调查人员提取残存氧气吸入减压阀进气螺母残骸、进气连杆（提取同批次氧气吸入减压阀配件代替），见图4，采用扫描电镜能谱仪进行成分分析。火场的氧气吸入减压阀进气螺母为铁质构件，该螺母熔化残留物中还检出铝元素，占比为4.02%，见图5；同批次的氧气吸入减压阀进气连杆为铝质构件，见图6。

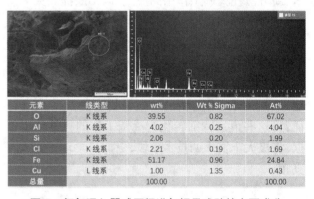

元素	线类型	wt%	Wt % Sigma	At%
O	K线系	39.55	0.82	67.02
Al	K线系	4.02	0.25	4.04
Si	K线系	2.06	0.20	1.99
Cl	K线系	2.21	0.19	1.69
Fe	K线系	51.17	0.96	24.84
Cu	L线系	1.00	1.35	0.43
总量		100.00		100.00

图5 氧气吸入器减压阀进气螺母残骸的主要成分

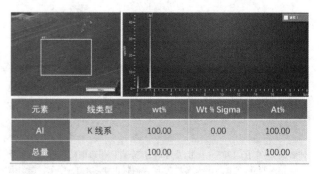

元素	线类型	wt%	Wt % Sigma	At%
Al	K线系	100.00	0.00	100.00
总量		100.00		100.00

图6 同批次氧气吸入器减压阀进气连杆的主要成分

2.3　起火原因认定

综合调查询问、视频分析、现场勘查、物证鉴定和检索文献等其他证据,认定该起事故起火原因是高压氧气喷出形成激波高温,使铝质进气连杆在纯氧条件下熔化燃烧,产生的高温喷溅物引燃相邻可燃物蔓延成灾。

在该起火灾的调查过程中,火调人员对当事人衣服表层肉眼无法分辨的微量物证进行准确固定和分析,锁定起火瞬间参与燃烧的可燃物是氧气瓶的金属配件成为该起火灾调查的关键点。根据现场提取的微量物证的微观形貌、成分分析结论,锁定了该起火灾最初参与燃烧的物质是铝质进气连杆和铁质氧气减压阀进气螺母,也就是说最初燃烧物是金属,这大大超出调查人员的日常认识。

3　微量物证在火灾调查中的应用

3.1　微量物证概念和分类

微量物证是指能够证明案件真实情况的微细物质材料。例如在上述火灾案例中的微量物证就是细小金属熔化物、氧化残留物,这些肉眼不可分辨的燃烧残留物如不采用显微镜、扫描电镜等微观分析技术手段,仅凭常规的勘验分析手段,无法发现、固定和形成完整的证据链,而通过微量物证的证明力为火灾事故调查提供有力支撑,同时微量物证作为证据的一种,在司法实践中具有很高的可靠性和可接受性,在火灾责任认定、刑事诉讼和民事赔偿等方面有着重要的作用。

火场中的微量物证有多种类型。首先,火场中的粉尘、灰尘、迸溅物是最为常见的类型,它们通常附着在燃烧物质表面,或飘散在空气中。其次,气体和液体也是微量物证中的一种,可以通过富集、吸附等提取手段从火灾现场的物体表面、空气、液体残留物中获取。此外,调查人员要认识到火灾现场地面上或物体表面上的各种脚印、手印、摩擦、碰撞痕等也都属于微量物证的范畴。

3.2　火灾现场微量物证的提取与固定

火场中微量物证种类繁多,如何有效地在火灾调查中发现、提取和固定微量物证是十分重要的环节,这关系到物证的可靠性和合法性。在火灾现场提取微量物证时,调查人员需要严格遵守物证提取的原则,确保微量物证的完整性、准确性和可靠性,需要注意以下几点。

(1)定位和标记:物证应该进行精确定位,标记编号,提取物证时应详细记录,包括提取时间、位置、状态等相关信息,以保证后续分析的准确性。

(2)提取和固定:针对不同的物证,需要采用合适的提取方式。对于火场中一些松散的微量物证,应佩戴手套,用胶带贴附或用干净容器盛装等方式进行提取,以免物证受到污染或散落丢失。而对于附着在物体表面的烟尘,应该使用干净的脱脂棉花进行擦拭,提取的样本要存放在干燥的密闭容器中,避免环境污染。

(3)存放和转运:提取到的物证应存放在封闭、防火、防热、干燥、光线充足、通风良好的场所中妥善保管,防止物证受到损坏或变质,严禁无关人员进入存储区域,防止物证在封装和存储过程中受到损坏和污染。

(4)封装和运输:对于不同的物证,应该分类封装,选择合适的运输方式,例如硬质物品应该用木箱进行保护,液体微量物证需用大口瓶封存,以避免物证在运输过程中发生破损和泄漏。

3.3　火调中微量物证的分析和应用

在火灾调查中,火场中的细小灰尘、液滴、喷溅物等微量物证蕴含着大量的线索信息,通常能够提供非常重要的证据和线索,成为火调证据链条中的关键环节。

3.3.1　认定起火物

火灾初期参与燃烧物质会形成气体、液体或固体形态的微小物质存于火场各个角落中,火调人员可通过收集、固定和分析这些微量物证,精确逆推出火灾发生时最初起火的物质种类。在上述火灾案例中,精准分析麻醉师T恤上附着的细小白色物的种类,就帮助火灾调查人员迅速追踪到了参与燃烧的非常态起火物。

3.3.2　认定起火部位(点)

通过对微量物证分析确定最初的起火物质,再根据火灾前该物质存在的空间位置,精准找到并认定火灾的起火部位(点)。

3.3.3　认定起火原因

在火灾调查过程中,为了准确认定起火原因,还原事故真相,除常用的现场勘查、调查询问和视频分析等技术手段外,微量物证分析技术将是现有调查技术非常重要的互补分析认定手段,有时候还会发挥关键证明作用。例如在一些引燃物数量少、起火点残留物少或破坏严重的火场,调查人员可以使用能谱仪分析起火部位地面空洞、缝隙或外墙的烟尘成分,结合气(液)相色谱、气质谱联用仪对烟尘、大气等微量物证进行分析,可以迅速准确认定起火原因。

3.3.4　认定事故责任

调查人员可以通过扫描电镜、能谱仪分析手段分析微量物证微观形貌、物质成分及比例,准确辨别事故原因,厘清事故责任。例如,在某起电动车火灾调查过程中,起火点有安装三元锂电池、磷酸铁锂电池的电动车各一辆,提取起火点墙面烟尘进行逐层扫描,确定最内层烟尘的主要成分,就可以辨别最先发生事故的电动车电池类型,准确判别最初起火的电动车,认定火灾事故责任。

微量物证分析技术作为一项高速发展的科学分析手段,可以全面、高效、科学地协助调查人员分析认定火灾起因,在火灾调查工作中具有广阔的应用前景。但是,受到分析设备价格、调查人员能力和分析技术水平的限制,微量物证分析技术目前还未在实际的火灾调查工作中广泛应用,基层火调人员迫切需要建立火场微观物证提取、固定和分析的标准和规范的指引,确保微量物证分析技术在火灾调查中发挥最大的效能。

参考文献

[1] 李勇强. 火灾痕迹与物证在火灾原因调查中的要点分析 [J]. 安防科技, 2021(24):48.

[2] 刘颖军. 火灾调查中物证损坏原因及防范措施探讨 [J]. 消防界(电子版), 2021, 7(4):68-69.

[3] 干加浩. 如何防范火灾调查中的物证损坏 [J]. 消防界(电子版), 2022, 8(2):56-57.

[4] 张亮亮. 微观痕迹在火灾调查工作中的作用研究 [J]. 消防界, 2017(9):64,72.

[5] 彭岩. 微观痕迹在火灾调查工作中的作用 [J]. 消防界(电子版), 2022,8(2):60-61.

火灾证物在火灾调查工作中的防损毁研究

张云飞,文国清

(兰州新区消防救援支队,甘肃　兰州　730300)

摘　要: 为加强火灾证物在火灾调查工作中的保护工作,防止火灾证物不必要的损毁而影响火灾调查结果,本文分析了火灾证物在火灾调查工作中的作用,探究了火灾证物损毁的原因,对火灾证物的防损毁措施提出了建议,一是灭火过程中减少证物的损毁,二是勘验时严格依照规范,三是提取时加强保护措施,四是证物科学化保存。

关键词: 火灾调查;火场证物;防损毁;保存

1　引言

　　火灾调查是在火灾发生后,调查、认定火灾原因,核定火灾损失,查明火灾事故责任的重要环节。在火灾现场调查中,火灾证物是重要的调查对象之一,火灾物证的提取可以为认定火灾的起因、重建火灾事故的发生发展过程等提供有效的线索。然而,在火灾发生过程中,高温火焰、烟气等因素以及消防救援人员的灭火行动都会对火灾证物造成不同程度的损毁,从而影响火灾调查的准确性和可靠性。因此,对火灾证物在火灾调查工作中的防损毁进行研究具有重要的意义。本文旨在探讨火灾证物在火灾调查中的重要性,分析影响火灾证物防损毁的因素,并提出相应的防护措施,以期提高火灾调查工作的准确性和效率。

2　火灾证物的作用

2.1　明确火灾发展过程

　　火灾证物不仅可以提供火灾发生的时间、地点和方式等信息,还能够为火灾原因的查明提供更具体的依据。根据火灾现场的各种证物,可以推断出火灾发生时的具体情况,进而帮助火灾调查人员重建火灾现场,分析火灾起因。例如,火源点周围的痕迹可以揭示火灾的起点。燃烧痕迹可以揭示火的传

播路径或者物品的燃烧状态,例如膨胀、变形、氧化、熔化等,如图1所示。通过分析这些痕迹,可以确定火灾现场所受到的温度、压力等条件,从而进一步推测火灾发生的过程。此外,在火灾现场中,还有其他证物可以提供更具体的信息。例如,通过对火灾现场木材的损毁情况进行分析,可以推断火灾蔓延发展的方向,如图2所示;通过对烟雾颜色、味道等特征的分析,可以判断被燃烧物品的种类;通过对现场火灾报警器的分析,可以了解火灾发生的时间点等。

作者简介: 张云飞(1976—),男,汉,兰州新区消防救援支队支队长,高级职称,主要从事火灾调查方面的研究。地址:甘肃省兰州新区白龙江街1988号,730300。电话:18393810213。邮箱:1216612295@qq.com。

图1　火场内物品燃烧痕迹

图2　火场内木材损毁痕迹

2.2　确定火灾事故原因

火灾证物是确认火灾原因的重要依据,在火灾调查中发挥着至关重要的作用。一个完整的火灾证物分析过程包含四个步骤,即现场勘查、收集、封存和鉴定。其中,鉴定环节是最关键的一步,需要对证物进行科学系统的分析,从而确定其与火灾的关系。在火灾现场进行证物勘查和提取后,需要对证物进行详细的分析,以确定火灾原因。因此,需要将所有

证物按照不同类型进行分类、编号,并制定相应的管理措施,以保证证物在后续交接过程中不会遗失或被损坏。对于每一件证物,都需要进行详细的记录,标注时间、地点、来源等信息,并尽可能多地采取照片、视频等多种形式进行记录,以便后续进行分析。在分析证物时,需要结合现场条件、火灾派生物、目击者证词等进行比较和判断,确保分析结果的科学性和可靠性。

通过火灾证物的分析,可以判断火灾发生的原因是否是人为纵火。例如,在确认了火灾发展过程后,往往需要通过火灾证物上的细节来认定火灾发生的原因。如果在火灾现场发现起火点处有液体燃烧痕迹,可以对起火点处的物质进行证物提取,并结合证人证词进行分析比对。如果排除了其他可能性,则可以认定是人为纵火。类似地,如果在火灾现场的起火点发现短路熔痕,且短路时间与起火时间相对应,则可以判断火灾原因很大可能为电路短路造成。

2.3　认定火灾事故责任

通过火灾证物的勘查和提取,可以为火灾调查提供更多有效的线索。在火灾发生后的现场调查中,火灾证物扮演着至关重要的角色,火警探测器、灭火设备、建筑结构等都可以属于火灾证物的范畴。通过对这些证物进行分析,可以进一步确定起火原因是否与人为过失或故意纵火有关,从而落实责任方。

起火的原因有很多种,如电气原因、机械原因、化学原因等。而对于不同的起火原因,火灾证物的种类也会有所不同。例如,在电气起火中,可以通过分析线路、电气等证物来确定起火点,如图3所示为电线过电流故障起火燃烧过程;在机械起火中,则需要通过分析机械元件的残余痕迹来判断是否存在机械故障起火的可能;在化学起火中,则需要对火灾现场进行进一步的化学分析,以确定可能的化学反应途径和产物。因此,在火灾证物的勘察和提取过程中,应该根据具体情况选取科学合理的方法,尽可能地获取现场所有可用的证物信息。

除确认火灾原因外,火灾证物与火灾事故责任的最终认定也密切相关。在火灾过程中,若是因为人为地错误处置导致火灾扩大,则需要追究相关单位和个人的安全责任;而除自然起火外,若火灾发生是由于人为纵火所致,则需要通过对火灾证物进行分析,确认纵火过程和手段,从而追究纵火者的责任。因此,火灾证物不仅决定着火灾调查结果的准

确性,同时也关系着火灾事故责任的最终认定。

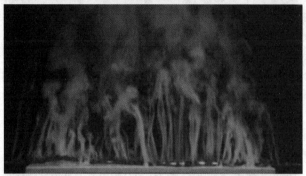

图3 电线过电流起火燃烧过程

3 火灾证物损毁原因

3.1 灭火时造成证物损毁

在火灾扑救过程中,消防救援人员往往会进行破拆、射水等行动,这些行动都会较大影响火灾现场的细节。如破拆等行动会破除灭火进攻道路上的障碍,可能就会造成关键火灾证物如窗户玻璃等物品

的损坏,从而影响火灾调查过程中起火原因的认定。在射水过程中,水流的高强度冲击会造成现场部分痕迹损毁,部分物品位移,甚至会导致部分证物的丢失。并且消防救援员在火灾扑救过程中,对现场并没有保护意识,往往在灭火过程中只追求快速成功灭火,常常就会在不经意间造成火灾现场的人为痕迹破坏,导致证物的损毁。

3.2 勘验时造成证物损毁

在火灾调查过程中,需要对火灾证物进行勘验,从火灾证物上对火灾现场的燃烧情况进行分析,全方位判断火灾的发展过程和起火位置。火灾现场的勘验步骤分为现场环境勘验、初步勘验、细项勘验和专项勘验等多个环节。整个勘验过程持续的时间长、环节步骤多,常常存在火灾调查人员刚开始的调查还比较认真,到勘查后期就不再像一开始那样细致,或者勘验过程中火调人员因为专业素质不够高、勘验疏忽,导致调查人员本该提取的火灾证物没有提取勘验到,而被自己随意翻找、粗略勘察的行动所损毁。

3.3 提取过程中造成证物损毁

在勘验过程后,应当对火灾证物进行提取,在此阶段中也很容易对火灾证物造成损毁。在火灾现场进行证物提取时,按照规定必须对证物进行拍照取证,并进行详细的描述记录,而在实际一些火灾调查工作中,因为火灾规模小、影响小,并不会引起火调人员足够的重视,火调人员并不会严格按照提取流程和规范来操作,而是随意地翻找,待发现具有关键信息的火场证物后,多数时候也随意地取证、提取,并没有做到轻拿轻放或者科学性、技术性地提取。这些行为多数只能保持对火灾证物的取得,并不能保证火灾证物上关键信息的保留,因此常常会造成提取过程中证物的损毁。

3.4 保存不当造成损毁

火灾发生后,火灾证物的保存在于两个方面:一是在火灾现场封锁后,证物得以有效保存,现场不被人为破坏;二是在证物被火灾调查人员勘察提取后,得到科学地收纳,在物品保存归档之前确保不被损毁。而在实际的火灾调查中,火灾现场在勘验过程中常会出现现场封锁不严密,有周围群众进入现场翻找清点损失等行为,甚至进入火场帮助火调人员共同调查等情况也时有出现,导致现场火灾证物得不到有效保存而损毁。在火灾现场调查中,待火灾证物勘察提取后,火灾调查人员认为已经把握了火场情况,对于已经提取的火灾证物持随意态度,随意取放火灾证物,导致火灾证物的保存不当造成损毁。

4　火灾证物防损毁措施

4.1　灭火时减少证物的损毁

由于一次火灾事件中,调查人员只有一次机会对现场进行勘查和取证,二次损害可能会导致证据的丢失、破坏或者污染,进而对火灾调查工作产生不良影响。因此,采取措施减少证物的损坏变得非常重要。为了最大限度地减少证物的损坏,应该在处理火灾时采取科学化和规范化的灭火方法和角度,以防止证物被冲刷、破坏或者烧毁。具体来说,建议在灭火时避免直接喷洒到证物上,并选择合适的距离和角度喷洒灭火剂。此外,在灭火前需要对现场进行清理,尽可能移动其他物品,以减少证物受到风险的影响。在进行灭火工作时,也需要注意灭火力度,避免灭火过程中强大的压力冲刷证物。此外,需要根据现场情况对灭火器材进行选择和使用,选择适当的喷头,调整灭火角度和水流强度,以减少证物受到损害的风险。

4.2　勘验时严格依照规范

在火灾调查工作中,对火灾现场的保护和封锁是非常重要的。在勘验过程中,应当做好现场管理,防止无关人员进入现场,并严格按照规范规定对火场进行勘验。为了确保对火场的勘验准确无误,火灾调查人员应该严格按照规范规定操作,以确保证物的完整性和可靠性。在勘验过程中,一般应由两名及以上勘验人员同时开展勘验,以加强互相的监督,避免造成证物遗漏或污损。

在勘验过程中,也需要注意清理现场以及查看现场证物。火灾调查人员应当全面、认真、仔细地清理火灾现场的各种物品,并对现场证物进行仔细查看和拍照记录。此外,在发现火灾现场物品具有一定的证据价值时,务必在勘验之前做好拍照留存和保护措施,以确保证物的真实性和完整性。

在清理现场和查看证物时,火灾调查人员还需遵守《火灾事故调查规定》和相关法律法规中的条款,以确保勘验过程的准确性和科学性。在勘验过程中,应当严格按照规定进行操作,同时注意现场环境和安全,避免对火灾证物造成二次损害。

4.3　提取时加强保护措施

在火灾调查中,提取证物是非常重要的工作环节。为了确保证物提取工作的准确性和可靠性,必须严格按照火灾调查规定的程序进行,并采取科学的手段对证物进行提取。

在提取火灾证物时,需要注意以下几点。

首先,在发现证物后应当及时采取措施进行提取,以确保火灾证物提取的确定性、充分性和合法性,不能出现随意遗漏、不完整提取。同时,在提取证物时需要对证物进行精准记录,包括证物的位置、特征等要素。

其次,对于需要鉴定的火灾证物,条件允许下保证证物提取双份,一份作为鉴定使用,另一份作为留存,以确保证物的完整性和真实性。整个过程要做到科学、规范。

再次,提取证物时需要填写物证提取清单,明确记录证物提取的部位、尺寸、数量、特征等关键信息,并明确提取人和证人,确定证据的留存。这样可以确保证物提取的准确性和可靠性,有助于保护证据的真实性和完整性。

最后,在提取证物时应注意使用科学的手段和方法,严谨用手直接提取证物。可以使用手术刀、剪刀等切割类工具取下证物,使用镊子对火灾证物进行提取,尽可能减少对火灾证物的人为损坏,如图4所示。

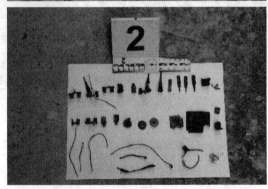

图 4　火场提取物证

4.3　证物科学化分装保存

在火灾调查中,对火灾证物的科学化分装和保存是非常重要的环节,它决定着最终能否获取真实可靠的火灾原因。因此,对于火灾证物的密封、分类分装和保存都需要严格管理。

首先,在对火灾证物进行分装前,需要注意证物的特性以及不同种类的证物应选择不同的分装方式。一般来说,固体证物、液体证物、气体证物应分别使用不同的留存方式进行分装,避免盲目随意不加区分地分装保存。

其次,在对火灾证物进行分装时,可以选择可密封的塑料袋或者金属罐进行留存。这种方式可以有效保护证物,防止证物受到外界环境的影响,保证证物的完整性和真实性。

再次,除注意分装方式外,在证物提取后,必须注意取回的方式和细节,以避免证物在取回过程中受到损毁。证物在运输过程中也需要注意安全,不能让证物出现破裂、溢出等情况。

最后,在证物后期的留存过程中,需要交由专人进行管理,并根据证物的类型做好登记存档。这样可以确保证物的完整性和真实性,进一步保证证据的可靠性。

5　结语

为了加强火灾调查的准确度,提升火灾证物在调查中的完好性,减少不必要的损毁,本文分析了火灾证物的作用,探究了火灾证物在火灾调查过程中损毁的原因,针对性地提出了火灾证物的防损毁措施,一是灭火时减少证物的损毁,二是勘验时严格依法规范,三是提取时加强保护措施,四是证物科学化分装保存。

参考文献

[1]　陈琨. 完善火灾事故调查法制监督制度的探讨 [J]. 湖北应急管理, 2023(4):47-48.

[2]　杨晓勇. 火灾痕迹在火灾事故调查中的运用 [J]. 今日消防, 2023, 8(2):103-105.

[3]　林涵,张奇龙. 火灾证物防损毁措施研究 [J]. 今日消防,2023,8(2): 106-108.

[4]　王斐. 火灾事故现场保护和火灾调查探讨 [J]. 消防界(电子版), 2023,9(1):133-135.

[5]　赵荣华. 火灾调查中物证损坏影响因素与防范 [J]. 今日消防, 2021, 6(12):112-114.

[6]　David R. Redsicker, John J. O'Connor.Practical Fire and Arson Investigation[M]. Second Edition.New York:CRC Press,1997.

[7]　Technical Working Group on Fire/Arson Scene Investigation.Fire and Arson Scene Evidence:A Guide for Public Safety Personnel[M].National Institute of Justice(U.S.),2000.

[8]　张永平. 火灾调查中物证损坏成因与防范 [J]. 消防界(电子版), 2021,7(10):64,66.

[9]　胡振海. 火灾调查中物证损坏原因及防范措施 [J]. 消防界(电子版),2021,7(6):62,64.

[10]　刘颖军. 火灾调查中物证损坏原因及防范措施探讨 [J]. 消防界(电子版),2021,7(4):68-69.

从一起较大火灾事故谈火灾现场烟气危害

李朝阳

（贵州省消防救援总队,贵州　贵阳　550000）

摘　要: 本文通过一起住宅火灾事故调查,对火灾现场烟气流动进行数值模拟计算,分析火灾现场的烟气危害,对类似场所事故的调查认定提供借鉴,对火灾时烟气防范提出建议。

关键词: 火灾调查;痕迹特征;数值模拟

某日贵阳某小区发生火灾,某单元楼 401 室起火,房间内共住有 4 人,火灾发生后全部成功逃生;501 室内共住有 5 人,火灾造成了其中 3 人死亡、2 人受伤。

1　火灾调查

1.1　基本情况

2022 年 7 月 8 日凌晨,贵州省贵阳市某小区 1 单元 4 楼 1 号住宅发生火灾(以下简称 401 号住宅),受灾 2 户,过火面积约 46 m²,火灾造成 3 人死亡、2 人受伤(伤亡人员为 501 号住宅住户),火灾直接财产损失约 45 910.00 元。起火住宅方位图、平面图及被困人员位置图如图 1 至图 3 所示。

图 1　起火住宅北立面

作者简介: 李朝阳,男,汉族,贵州省消防救援总队法制与社会消防工作处(火调技术处),中级专业技术职务,工程硕士,主要从事火灾调查工作。地址:贵州省贵阳市南明区沙冲南路 231 号省消防救援总队。电话:13688550563。邮箱:315971785@qq.com。

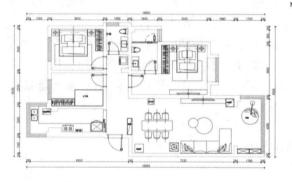

图 2　401 号住宅平面图

图 3　501 号住宅被困人员位置图

1.2　现场勘验情况

对 401 号住宅进行勘验,入户防盗门呈自北向西向外开设,该防盗门见上重下轻烟熏痕迹,且未见破拆或其他损坏痕迹。起火住宅由西向东依次为厨房、次卧 1、次卧 2;南侧由西向东依次为客餐一体的长方形厅及主卧,客厅南向有一阳台;正东面为卫生间。

次卧 1:房门见西重东轻过火痕迹且西角炭化镂空;四周墙面及顶面见上重下轻烟熏痕迹,东墙东南角有部分瓷粉脱落;房内两扇推拉窗,有一扇呈开启状态。

次卧2：房门见上重下轻、自西向东倾斜高温烘烤痕迹，西角烘烤痕迹重于东角，室内整体未见过火痕迹；四周墙面及顶面见上重下轻烟熏痕迹，室内整体未见过火痕迹；房内两扇推拉窗，有一扇呈开启状态（经了解，为消防救援人员打开排烟，原为关闭状态）。

对客餐厅的西墙顶面、墙面及地面进行勘验。西墙顶部吊顶的木质装修材料炭化痕迹自北向南逐渐加重，北向木质材料炭化脱落较少，南向木质材料完全炭化脱落。西南向、东南向部分区域可见混凝土原色裸露。西墙与阳台分隔处有一实体砖墙，长度为52 cm，厚度为20 cm。西墙与阳台分隔的实体墙南侧有一个墙插，无插头铜片在插座内，墙插已烧毁。西墙与阳台分隔的实体墙木质包边门套已完全过火炭化，分隔实体墙的北侧过火痕迹重于南侧，隔断东侧立柱墙体裸露红砖原色。西墙沙发横截面区域上空抹灰层脱落最重，过火蔓延痕迹呈南重北轻、上重下轻。西墙上分别在南、西、北三个位置设置了墙插，均被烧毁，南、北向墙插上无插头铜片在插座内，西向墙插有插头铜片在插座内。西墙前方朝东摆放一套组合布艺沙发（三个单元）L形，表面材质已完全烧毁，仅剩框架残骸，呈南侧重于北侧，靠客餐厅与阳台贯通隔断墙体两个单元宽1 m，单个单元长1.9 m，共长3.8 m，由西向东垂直摆放，烧毁程度南侧重于北侧。对西南角靠西墙沙发后方墙体内插座勘查，插座面板因高温熔化脱落，未见插片插入，内部线路表面绝缘层已脱落，插座插片见高温熔痕，插座正下方木质地脚线已过火烧穿。（图4、图5）

对401号住宅上方501号住宅进行勘验时发现入户防盗门呈自东向西向外开设，该防盗门见上重下轻烟熏痕迹且未见破拆痕迹；室内未过火，室内陈列物、墙面、顶面仅有均匀的轻微烟熏痕迹，且烟熏痕迹自上而下逐步减退。（图6）

图4　401号住宅防盗门及入户过道过火及烟熏痕迹

图5　401号住宅客厅火灾蔓延情况

图 6　501 号住宅防盗门及入户过道过火及烟熏痕迹

1.3　现场取证及鉴定情况

经检验送检的 17-1-2# 样品和 17-2-2# 样品存在局部过热痕迹，分析报告指出 17-1-2# 插孔与 17-2-2# 插孔之间由尘埃沉积受潮后发生过多次间断性的相间高阻抗故障。（图 7）

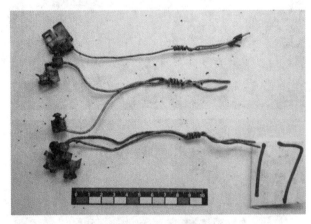

图 7　火灾物证提取

1.4　起火部位、起火原因和起火时间的认定

1.4.1　起火时间认定

根据报警记录、现场勘验、证人证言等证据，结合火灾发生发展特点规律，综合分析认定起火时间为 2022 年 7 月 8 日 0 时 40 分许。

1.4.2　起火部位认定

经调查询问、现场勘验，认定起火部位为 401 号住宅客厅西墙南侧沙发处。

1.4.3　起火原因认定

经调查询问、现场勘验、物证鉴定，综合认定起火原因是 401 号住宅客厅西墙南侧沙发背后墙插故障引燃周围可燃物所致。

2　火灾烟气分析

2.1　烟气流动模拟

为还原火灾发生后烟气流动蔓延过程，了解 401 号住宅火灾烟气对 501 号住宅的影响，通过 FDS 对 401、501 号住宅进行火灾烟气仿真模拟，共设置 4 组火灾场景进行对照分析，如表 1 至表 5、图 8 至图 15 所示。

表 1　火灾场景设计情况

起火点	组别	火灾规模	场景
401 号住宅靠近阳台的沙发处	场景 1	11.5 MW	401 及 501 号住宅入户门、各房间的门窗均为开启状态；其他住户门窗关闭
	场景 2		401 号住宅入户门开启、各房间的门窗均为开启状态；501 号住宅入户门关闭、各房间的窗户均为开启状态；其他住户门窗均关闭
	场景 3		401 号住宅入户门关闭、各房间的门窗均为开启状态；501 号住宅入户门开启、各房间的窗户均为开启状态；其他住户门窗均关闭
	场景 4		401 号住宅入户门、各房间的门窗均为开启状态；501 号住宅入户门开启，东北角卧室门关闭，其余门窗均为开启状态；其他住户门窗均关闭

根据国外相关文献，住宅建筑内单位面积火灾功率为 250 kW/m²，4 楼起火区域过火面积约为 46 m²，则其火灾规模约为 11.5 MW。

利用 FDS 对 4 个火灾场景进行模拟计算，分析火场烟气浓度、CO_2 浓度、CO 浓度、烟密度等情况。一般而言，火灾发生至 0.5 h 后，火场烟气相关参数变化将达到较稳定的状态，故各火灾场景模拟时间均取为 0.5 h,即 1 800 s。

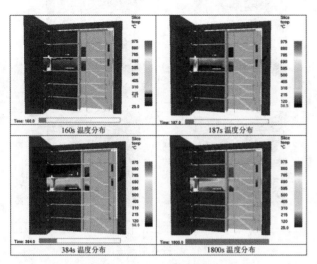

图 8　场景 1 烟气温度图

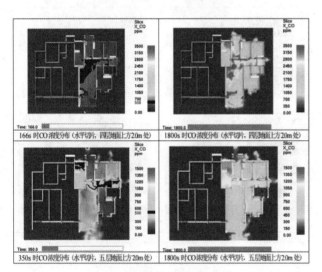

图 9　场景 1CO 浓度分布图

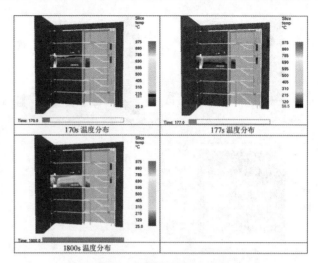

图 10　场景 2 烟气温度图

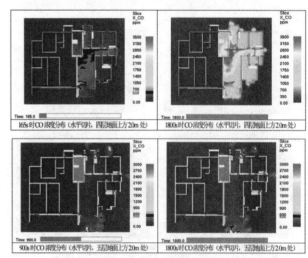

图 11　场景 2CO 浓度分布图

表 2　场景 1 模拟结果统计表

达到人体耐受极限判据	四层	五层
上层烟气温度达到 180 ℃的时间	160 s	>1 800 s
下层烟气温度达到 60 ℃的时间	187 s	384 s
距离地面上方 2.0 m 处的 CO_2 浓度达到 1% 的时间	155 s	344 s
距离地面上方 2.0 m 处的 CO 浓度达到 500×10^{-6} 的时间	166 s	350 s
距离地面上方 2.0 m 处能见度下降到 5 m 的时间	40 s	128 s
火灾发展到致使环境条件达到人体耐受极限的时间（ASET）	40 s	128 s

表 3　场景 2 模拟结果统计表

达到人体耐受极限判据	四层	五层
上层烟气温度达到 180 ℃的时间	170 s	>1 800 s
下层烟气温度达到 60 ℃的时间	177 s	>1 800 s
距离地面上方 2.0 m 处的 CO_2 浓度达到 1% 的时间	154 s	>1 800 s
距离地面上方 2.0 m 处的 CO 浓度达到 500×10^{-6} 的时间	165 s	>1 800 s
距离地面上方 2.0 m 处能见度下降到 5 m 的时间	39 s	172 s
火灾发展到致使环境条件达到人体耐受极限的时间（ASET）	39 s	172 s

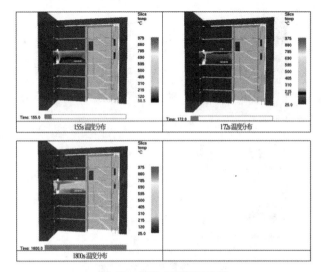

图 12　场景 3 烟气温度图

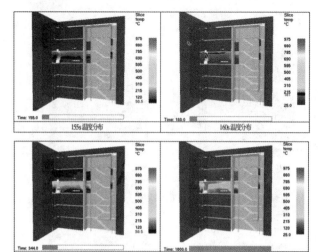

图 14　场景 4 烟气温度图

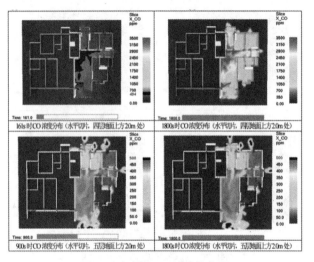

图 13　场景 3CO 浓度分布图

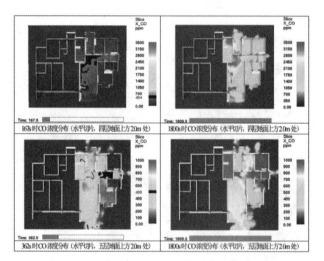

图 15　场景 4CO 浓度分布图

表 4　场景 3 模拟结果统计表

达到人体耐受极限判据	四层	五层
上层烟气温度达到 180 ℃的时间	172 s	>1 800 s
下层烟气温度达到 60 ℃的时间	155 s	>1 800 s
距离地面上方 2.0 m 处的 CO_2 浓度达到 1% 的时间	150 s	>1 800 s
距离地面上方 2.0 m 处的 CO 浓度达到 500×10^{-6} 的时间	161 s	>1 800 s
距离地面上方 2.0 m 处能见度下降到 5 m 的时间	36 s	170 s
火灾发展到致使环境条件达到人体耐受极限的时间（ASET）	36 s	170 s

表 5　场景 4 模拟结果统计表

达到人体耐受极限判据	四层	五层
上层烟气温度达到 180 ℃的时间	160 s	>1 800 s
下层烟气温度达到 60 ℃的时间	155 s	344 s
距离地面上方 2.0 m 处的 CO_2 浓度达到 1% 的时间	158 s	345 s
距离地面上方 2.0 m 处的 CO 浓度达到 500×10^{-6} 的时间	167 s	362 s
距离地面上方 2.0 m 处能见度下降到 5 m 的时间	39 s	134 s
火灾发展到致使环境条件达到人体耐受极限的时间（ASET）	39 s	134 s

通过火灾烟气模拟计算结果分析可以得出以下结论。

（1）401号住宅火灾时烟气将通过户门、窗户等进入五楼，在火灾持续时间足够长，且501号住宅门窗存在开启的情况时，房间内烟气均可能达到人体耐受极限；当501号住宅门窗均关闭时，401号住宅火灾时烟气不会进入五楼。

（2）在所有房间门及窗户均开启的情况下（火灾场景1），烟气迅速从四楼经楼梯间及外窗蔓延至五楼房间，人员生命安全判定各项指标均在短时间内达到危险临界点。

（3）在户门关闭（火灾场景2及火灾场景3），其他房间的门及窗户开启的情况下，五楼房间内能见度在较短时间内达到危险临界点，但烟气毒性（CO、CO_2浓度）、温度等指标在模拟时间范围内未达到危险临界点。结合火灾场景1的烟气蔓延动态过程可以看出，四楼火灾时，烟气主要从户门及楼梯蔓延至五楼房间，外窗蔓延过来的烟气相对较少。

（4）从火灾场景4可以看出，当五楼东北角房间门关闭时，房间内能见度最终将达到危险临界点，其他人员生命安全判定指标在模拟时间范围内变化不明显。该场景进一步证实烟气主要沿楼梯及门蔓延，窗户进入的烟气相对较少。

2.2 烟气成分分析

经过尸检，火灾中3名死者的死因都是一氧化碳中毒。通过烟气模拟实验，501号住宅住户打开房门后，大量的浓烟迅速涌入屋内，在这样高温有毒的浓烟环境中，人员是很难有机会逃生的。

经查阅资料，火灾烟气中包含一氧化碳、二氧化碳以及其他有毒气体，木材制品燃烧产生的醛类和聚氯乙烯燃烧产生的氢氯化合物都具有很强的刺激性，火灾烟气的危害有烟气中毒、缺氧窒息、灼伤呼吸道等。火场中常见的可燃物除衣物、沙发、柜子等常见生活用品外，塑料制品也很多见，塑料制品的燃烧产物通常毒性很大。下面以常见的聚丙烯材料为例进行烟气毒性分析。

分别对聚丙烯热裂解及引燃状态下的烟气毒性成分进行比对。通过热裂解产生的CO从76 s开始生成，且含量逐渐升高，直至30分钟，仍未达到最高值。通过引燃产生的CO从43 s开始加速生成，且含量逐渐升高，至11分钟达到最高值；NO和HCN从49 s开始生成，持续一段时间后开始少量下降。通过纵向对比，热裂解产生的CO和HCN呈逐步上升态势，且HCN浓度在6分6秒超过引燃状态下HCN浓度；引燃状态下产生的CO和HCN生成速率较快，且CO浓度始终高于热裂解产生的CO浓度。（图17）

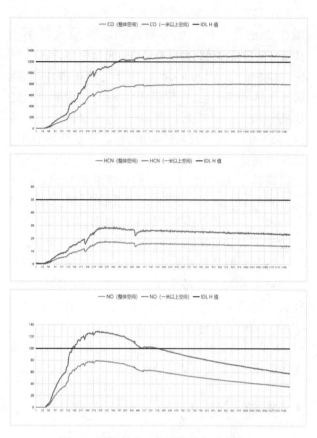

图17 引燃状态下聚丙烯烟气成分分析

2.3 烟气对人的危害

大部分可燃物质都属于有机物，它们主要由碳、氢、氧、硫、氮、磷等元素构成，燃烧时会产生大量有毒气体，如一氧化碳、氰化氢、二氧化硫、二氧化碳、二氧化氮、氨气等。这些气体达到一定浓度时，对人体均有不同程度的危害。例如，氰化氢（HCH）是一种迅速致死、窒息性的毒物；二氧化氮（NO_2）对肺刺激性强，能引起即刻死亡以及滞后性伤害；氨气（NH_3）有刺激性以及难以忍受的气味，对眼、鼻有强烈刺激作用；氯化氢（HCl）是呼吸道刺激剂，吸附于颗粒上的HCl的潜在威胁性较之等量的HCl气体要大。

2.3.1 火灾烟气的毒害性

首先，烟气中含氧量往往低于人体生理正常所需要的数值，当空气中含氧量降低到15%时，人体的肌肉活动能力下降；降到10%~14%时，人会四肢无力，智力混乱，辨不清方向；降到6%~10%时，人就会晕倒。所以，对处在着火房间内的人们来说，氧的短时致死浓度为6%。而实际的着火房间中氧的最低浓度可达到 3% 左右。其次,烟气中含有各种有毒气体,如一氧化碳、氰化氢、二氧化硫、二氧化氮等,而且这些气体的含量已超过人体生理正常所允许的最高浓度,造成人中毒死亡。再次,烟气中悬浮微粒也是有害的。危害最大的颗粒是直径小于 10 μm 的飘尘,它们肉眼看不见,能长期飘浮在大气中。微粒小于 5 μm 的浮尘,由于气体扩散作用,能进入人体肺部黏附,并聚集在肺泡壁上,引起呼吸道疾病和增大心脏病死亡率,对人造成直接危害。最后,火灾烟气具有较高的温度,在着火房间内,烟气温度可高达上百摄氏度,在地下建筑中,火灾烟气温度可高达 1 000 ℃ 以上。人们对高温烟气的忍耐性是有限的,在 65 ℃ 时,可短时忍受;在 120 ℃ 时, 15 分钟内会对皮肤造成不可恢复的损伤。

2.3.2　火灾的减光性

可见光波的波长为 0.4~ 0.7 μm,一般火灾烟气中烟粒子粒径为几微米到几十微米,即烟粒子的粒径大于可见光的波长,这些烟粒子对可见光是不透明的,即对可见光有完全的遮蔽作用,当烟气弥漫时,可见光因受到烟粒子的遮蔽而大大减弱,能见度大大降低,影响人员疏散逃生。

3　措施与建议

3.1　开展产品防火性能研究

对常见常用产品防护性能进行研究,通过增加物品防火等级、耐火极限等,提升产品消防安全性能。生产、使用、流通领域监管部门加强消防产品质量监管,把好消防产品质量关,杜绝假冒伪劣消防产品,从源头上遏制先天性火灾隐患。

3.2　落实消防设施维护管理

按照消防技术规范要求,落实建设单位、物业服务企业、业主主体责任,强化消防设施维护管理。保证防烟分区、前室、封闭楼梯间、防火门等设施在火灾发生时发挥作用,阻隔空气流动路径,减小烟囱效应,防止烟气迅速进入。

3.3　强化人员消防安全培训

常态化开展全员消防安全大培训,提升人员自防自救能力。在遇到火灾时,合理选择逃生自救方式,掌握基础避难逃生知识,避免盲目慌乱逃生而发生人员伤亡。

参考文献

[1] 中华人民共和国应急管理部. 火灾事故技术调查工作规则: XF/T 1270—2015[S]. 北京:中国标准出版社,2015.

[2] 中华人民共和国应急管理部. 火灾原因调查指南: XF/T 812—2008[S]. 北京:中国标准出版社,2008.

[3] 中华人民共和国应急管理部. 火灾现场勘验规则: XF 839-2009[S]. 北京:中国标准出版社,2009.

[4] 李博. 火灾调查中痕迹的运用分析 [J]. 今日消防, 2022, 7(3): 106-108.

[6] 卫广昭,于进江. 电气火灾痕迹物证提取和原因认定中需要注意的问题 [J]. 消防技术与产品信息,2011(9):21-22.

科学技术在火灾事故调查中的应用分析

王 博

（呼和浩特市消防救援支队,内蒙古 呼和浩特 010050）

摘 要: 无论是从理论还是从实践的角度来讲,火灾事故调查中应用科学技术都是非常重要的,可以进一步提高调查结果的准确性和有效性,也可以为后续防范火灾提供参考依据。鉴于此,本文着重分析火灾事故调查中的难点,进而探讨科学技术在火灾事故调查中的应用价值及具体应用,希望对提高火灾事故调查水平及保障救援安全有一定的参考作用。

关键词: 火灾事故;调查;科学技术;应用

1 引言

由于火灾事故涉及的范围较广,调查人员需要具备较高的专业性,科学合理地展开火灾事故调查工作。但对以往火灾事故调查的实际情况了解,由于新型材料的推出和应用,导致火灾事故发生的原因更为复杂,应用传统调查手段难以准确判定起火源、火灾原因等。对此,应积极引用科学技术,进一步提高火灾事故调查的整体水平,以便获得有力证据,说明火灾事故发生的实际情况。

2 火灾事故调查中的难点

2.1 起火点判定不够精准

火灾事故调查是非常重要的工作,可以了解事故发生的根本原因,便于后续加强防范;也可以确定责任主体,便于赔付工作顺利展开。而良好地展开火灾事故调查,确定事故发生的诱因,精准判定起火点是非常必要的。起火点的判定准确与否直接影响着对火灾原因的分析与防范措施的制定。然而,当前在火灾事故调查中,起火点的判定往往存在一定的不足之处,且不够精准。一方面,起火点的判定通常主要依靠现场勘查和证据收集,但现场因火灾而产生的烟雾、火焰以及建筑结构等因素会对起火点的判断造成一定的干扰。特别是在火势较大时,现

场勘查人员可能难以直接接触到起火点以进行细致的观察。另一方面,火灾事故调查中的起火点判定还可能受到调查人员的主观因素的影响。某些职业素质偏低的调查人员在处理大量火灾案例时,可能会产生一定的心理惰性或偏见,对起火点的判定不够客观准确。

2.2 物证提取难度较大

火灾事故的特殊性使物证收集和提取过程困难且复杂,主要是火灾现场的破坏程度严重,燃烧可能导致物证被完全烧毁或严重损坏。火灾过后,物证往往处于烧焦、熔化、碎裂等状况,使物证的原始状态难以恢复。这就要求调查人员在现场勘查过程中对每一个可能存在的物证进行细致的搜索和识别。火灾现场的火势和浓烟影响可能存在有害气体等危险因素,给调查人员提取物证带来一定的安全威胁,尤其是对某些现象不明显的物证提取,如提取与火灾原因相关的化学品残留物或点燃源的提取,需要调查人员进行化验或者进一步的实验室测试,这也会加大调查的难度。另外,火灾事故发生后物证存在的时间限制也给提取工作带来一定困难。为了保证物证的有效性和真实性,调查人员需要尽快收集物证,但火灾现场的搜索和提取并非一蹴而就,需要经过周密计划和准备。因此,调查人员需要在时间紧迫的情况下做出科学合理的判断,确定哪些物证更具价值,以保证调查的准确性和公正性。

2.3 调查程序与法定要求不符

火灾事故调查程序与法定要求不符主要涉及火

作者简介: 王博,呼和浩特市消防救援支队清水河县大队。地址:内蒙胧古呼和浩特市清水河县城关镇,010050。电话:18686087961。邮箱:403269592@qq.com。

灾事故调查程序和法定要求之间存在不一致的问题。这种情况往往是由于相关法律法规或政策的制定与实施不完善或滞后所导致的。在一些情况下，法定要求可能没有涵盖到现实生活中出现的特殊情况或新发现的问题。这可能导致在实际的火灾事故调查中出现程序上的不匹配或法律上的漏洞。另外，火灾事故调查程序可能存在一些问题，例如调查程序不够完善或操作上存在缺陷。这可能导致火灾事故调查的过程不符合法定要求。为了解决火灾事故调查程序与法定要求不符的问题，有必要加强对法律法规的研究和了解，及时修订和完善现有的法律法规。同时，对火灾事故调查程序进行评估和改进，确保其符合法定要求。

3　科学技术在火灾事故调查中的价值体现

面对当前火灾事故调查存在的诸多难点，导致调查结果准确性和有效性不高的实际情况，积极引用科学技术是非常重要的，能够切实有效地弥补以往调查的不足，提高调查结果的准确性，解开火灾事故发生的谜团。具体而言，科学技术在火灾事故调查中的价值体现在以下几方面。

3.1　强化火灾事故调查能力

在火灾事故调查工作开展的过程中有效应用科学技术，可进一步提高调查能力。之所以这样说，主要是消防单位之间在科学技术的支撑下可以建立沟通交流的桥梁，消除信息孤岛，彼此交换意见，共同总结以往的工作经验及教训，改进火灾事故调查工作的方式方法，对于提高火灾事故调查能力有积极的促进作用。科学技术应用于火灾事故调查工作中，为寻找起火点、提取物证等提供帮助。例如，依托互联网技术，搭建信息化平台，可以获取国内外火灾事故调查的相关信息数据，进而整合应用有价值的信息数据，更新火灾事故调查方法，促使火灾事故调查有针对性、有效性地展开；视频分析技术的应用，可以对火灾事故相关的视频予以分析，提取关键信息，从而准确判断事故发生的原因、过程等。

3.2　提高消防系统信息化水平

对以往火灾事故调查工作开展的实际情况予以了解，由于缺乏现代化技术及配套设备，更多的是依靠人力进行关键信息收集，进而通过信息数据的分析，判断事故发生的原因。这一过程中很可能出现信息收集不全面、信息准确性不高等情况，进而影响

调查结果。在新时代背景下积极引用科学技术，科学合理地展开火灾事故调查，可以根据实际调查需求灵活应用科学技术，如视频分析技术、大数据技术、数字影像技术等，进而掌握火灾现场痕迹等，促使调查人员掌握火灾发生情况；同时也能够对火灾事故相关的数据信息予以整理、分类及存储，便于消防单位依据信息数据，进一步优化消防工作。火灾事故调查中科学技术的应用，对于提高消防系统信息化水平有一定的促进作用。

3.3　提高火灾事故调查效率

科学技术的有效应用还有利于提高火灾事故调查效率。之所以这样说，主要是根据实际工作需要，利用先进的技术设备，如三维激光扫描仪、无人机和热成像摄像机等，能够快速、准确地捕捉火灾现场的信息。例如，激光扫描仪可以生成准确的火灾现场模型；无人机可以提供高清晰度的航拍图像；热成像摄像机可以检测出火源和热点，这能帮助调查人员更好地了解火灾发生的情况，更好地分析火灾原因。

4　科学技术在火灾事故调查中的具体应用

4.1　视频分析技术的应用

视频分析技术具有较高的应用价值，可用于火灾事故调查的各个环节，以提供更全面和准确的信息。在火灾现场勘验阶段，视频分析技术的有效应用，可以帮助调查人员分析火灾发展过程中的关键时刻和细节。通过分析视频素材中的烟雾、火焰和火势变化等特征，确定火灾起火点、火源、火势扩散路径等重要信息，这对于确定导致火灾的原因以及火灾蔓延的模式至关重要。视频分析技术还可以用于事故现场证据的收集和保留。通过对火灾现场的视频进行分析，捕捉和保存一些关键证据，如可视化的火灾痕迹、建筑结构损坏情况等，为事故调查提供可靠的证据，准确判定火灾原因。视频分析技术还可以提取和回放监控视频，以此来还原火灾事件的发生过程，也就是依据监控视频内容进行时间线分析和事件关联分析，可以确定火灾发生的顺序、人员活动以及其他相关细节，有助于还原火灾的全貌，提供有力的依据来分析火灾的起因和责任。利用视频分析技术也可以对火灾场景视频进行实时分析，提前发现火灾迹象，并及时报警；对视频数据进行归纳和分析，可以帮助消防部门了解和掌握火灾预警系统的不足，进而有针对性地改进，提高火灾的预测准

确性和反应速度。

总体来说,视频分析技术在火灾事故调查中的应用可以提供更全面、准确和可靠的信息,帮助确定火灾的原因、分析火灾的发展过程以及改进火灾预防和监测系统,这对火灾事故的调查和防范工作具有重要的推动作用。

4.2 数字影像技术的应用

在火灾事故调查中,数字影像技术的有效应用也是非常重要的,可以在火灾现场勘查中帮助相关调查工作人员更精确地分析火灾发生的原因和火灾现场的情况。火灾现场勘查中数字影像技术的具体应用如下。

(1)三维重建。利用激光扫描仪和摄像机等设备,可以对火灾现场进行三维扫描和重建。这些设备可以快速获取大量精确的数字图像和点云数据,通过软件处理和分析这些数据,可以生成火灾现场的精确模型,包括建筑物的结构、火灾点和火势扩散的区域等。这些模型可以帮助调查人员还原火灾发生的过程,并进行更准确的火源定位。

(2)火源识别。数字图像和红外热像仪可以捕捉火焰和烟雾等现象,通过图像处理和分析技术,可以将这些火源特征与火灾发生原因进行关联。例如,通过分析火焰颜色、形状和烟雾特征等,可以判断火灾的燃烧状态、起火物质和燃烧温度等信息,由此掌握的分析结果可以为调查人员提供线索和证据,帮助他们确定火灾的起因和发生过程。

(3)热点探测。红外热像仪可以快速检测火灾现场的热点,捕捉和显示不同温度区域的图像。在此基础上分析图像,能够确定火焰热辐射的强度和范围,并对可能的热源进行定位,进而帮助调查人员确定火灾的起火点和火势扩散路径等。

(4)证据保护。数字影像技术可以对火灾现场进行全景拍摄和视频录制,对火灾现场进行全面记录。数字图像和视频可以作为调查证据,用于后续火灾事故分析和重建。此外,数字影像技术还可以实现图像的时间戳和水印等功能,确保图像的真实性和完整性。

4.3 大数据技术的应用

在火灾事故调查中,大数据技术的应用可以提供更全面、准确的分析和判断。首先,大数据技术可以帮助收集和整理大量的火灾事故相关数据。火灾事故往往涉及各种各样的因素,如建筑结构、火源、气象条件等。大数据技术有效应用可以自动收集、整理火灾事故相关数据信息,包括监控视频、消防报警系统、气象数据、建筑结构信息等,促使调查人员

全面地了解火灾事故的背景和调查对象。其次,大数据技术有效应用还可以对火灾事故中的各种因素进行分析和建模。利用火灾事故相关数据进行建模,对火灾发生过程予以模拟,可以揭示火灾的发生机理,推断起火点和火源位置,评估火灾的影响范围和损失情况。例如,通过对在火灾事故发生前后的视频监控数据进行比对和分析,可以确定火源位置和火灾起因;通过对消防报警系统和气象数据的分析,可以评估火灾的蔓延速度和范围;通过对建筑结构信息进行建模,可以评估火灾对建筑结构的影响,以及建议合理的疏散路线和消防设施。最后,大数据技术的应用还能辅助相关工作人员制定可行性的火灾预防措施。

因此,大数据技术在火灾事故调查中的应用可以帮助提供更全面、准确的分析和判断,推断火灾原因,确定起火点和火源位置,评估火灾的影响范围和损失情况,以及提供火灾预防措施,提高火灾调查的效率和精确度。

5 结语

综上所述,在新时代背景下科学技术广泛应用于各个领域之中,并且发挥不可忽视的作用。面对当前火灾事故调查存在起火点判定不精准、物证提取难度较大等难点的现实情况,应积极引用科学技术,如视频分析技术、数字影像技术、大数据技术等,以便相关工作人员能够了解火灾事故发生的全过程,掌握发生诱因、起火点等,为有效处理火灾事故提供参考依据。

参考文献

[1] 桑梓森. 科学技术在火灾事故调查中的应用研究 [J]. 今日消防, 2022,7(1):115-117.

[2] 田野. 科学技术在火灾事故调查中的应用研究 [J]. 电脑校园, 2019(10):4233-4234.

[3] 王祥生. 我国火灾调查工作的开展现状及完善对策 [J]. 今日消防, 2023,8(5):118-120.

[4] 谢飞. 数字化技术装备在火灾调查工作中的应用 [J]. 中国高新科技,2023(12):126-128.

[5] 丁伟强. 火灾调查中现代信息技术的应用探讨 [J]. 今日消防, 2020, 5(2):58-59,89.

[6] 谭自超. 火灾调查中视频监控录像的运用探讨 [J]. 建材与装饰, 2020(33):135-136.

[7] 杨晓勇. 视频监控技术在火灾事故调查中的应用 [J]. 中国高新科技,2022(21):157-158.

[8] 张毅,武伟国. 浅谈视频分析技术在火灾事故调查中的应用 [J]. 地球,2019,280(8):98.

浅析大数据时代背景下智慧火调之我见

刘旭东

（乌海市海南区消防救援大队，内蒙古 乌海 016000）

摘 要：智慧火调作为智慧城市建设中的重要组成部分，在长期社会生产生活中产生的大量火灾数据融合云计算、大数据技术，将为传统火调赋予新的社会价值，在精准防控火灾风险，预测火灾概率，辅助事故调查、分析、决策等方面产生深远影响，在一定程度上能够解决公共安全领域中遇到的众多问题。本文对大数据时代背景下的智慧火调发展进行了阐述，希望能够为火调工作提供有效参考。

关键词：大数据；公共安全；智慧火调

伴随着城市化、工业化发展进程加快，城市规模越来越大，新工艺、新技术不断涌现，能源产业结构不断调整，建（构）筑物、车辆数量越来越多，用火用电行为频繁，给公共安全带来了许多新的挑战和压力。高速发展的互联网、物联网技术使数据量呈现爆炸式增长，火调工作如何从这些海量数据中获取有用的信息，从而不断提升火调工作的综合质效，已成为一个重要的研究课题。本文将结合大数据时代背景，浅析智慧火调的发展建设。

1 智慧火调的基本内涵

智慧城市是运用物联网、云计算、大数据、空间地理信息集成等新一代信息集成技术，促进城市规划、建设、管理和服务智慧化的新理论和新模式。实践中，数字孪生城市是构建可视化智慧城市的主流方式，其能够集成城市业务管理数据，实现城市多维数据的共享，辅助管理者全面掌控城市运行态势，提升监管力度和行政效率，推动城市政治、经济、文化、社会及生态文明建设各方面相协调，以数字孪生可视化为城市的运营管理提供分析决策依据。智慧火调与智慧城市的发展建设密不可分，火调作为公共安全管理工作中的重要内容，将随着城市智慧化水平的不断提升而不断升级。在新时期火调发展中，

通过数据采集、存储、挖掘和分析，将物联网、大数据技术与火灾事故调查新机制有机融合，可以进一步规范火调的程序，提升原因认定的及时性、科学性及准确性，从而为防范化解火灾风险提供新的解决方案和决策依据。

笔者认为，智慧火调是一种利用大数据技术对火调工作进行优化的智慧化的新理论和新模式，是智慧城市建设的重要组成部分。公共安全领域因调度、预测、监管、救援等智能化措施的应用而产生的海量数据是智慧火调发展的基础。火调工作通过与大数据、云计算、人工智能等技术紧密融合，在分析研究不同类型火灾的发生、发展、蔓延规律，提升火灾精准防控水平及全民消防安全意识，最大限度保护人民生命财产安全，提高联勤联动应急处置能力等方面将发挥不可估量的社会价值。

2 火调的发展短板

火调的主要目的是查明火灾发生的原因、查清火灾形成的机理，并提出科学的防范建议和措施。实践中，火灾调查工作涉及众多专业领域，需要应用多种技术手段，工作复杂程度较高，依靠人力和经验办案长期在事故调查工作中发挥着主导作用，存在工作量大、效率低等问题，不可避免地会出现证据不确凿、认定不科学、工作效率低等现象，也容易出现数据信息不完整、信息错漏等问题，特别是在火灾现场数据收集和信息综合判定方面，需要面临巨大的客观环境干扰和主观意识干扰，导致部分案件调查

作者简介：刘旭东（1986—），男，乌海市消防救援支队海南区消防救援大队副大队长，主要从事火灾事故调查工作。地址：内蒙古乌海市海南区西卓子山街道海南区消防救援大队，016000。电话：18847337257。邮箱：liuxudong666119@163.com。

结果难以满足科学严谨的标准。

2.1 调查手段不够多元化

在火灾事故调查过程中，调查人员习惯性地依赖常规的调查手段，而忽略了一些更专业的技术手段应用，如视频分析、三维建模、数据恢复等，这些新技术的应用可以提供更精准的调查数据，但目前应用还不太普及。

2.2 部门协作不紧密

火调涉及的部门及行业领域较多，如消防救援部门、公安部门、电力部门、住建部门等，存在部门间协作不紧密、信息共享不及时的情况。这种情况的出现，一方面是火调协助机制本身不健全，或者机制建立了，但在运行的磨合期内不同层级人员对火调的意义及理解各不相同；另一方面是实践中不同行业领域存在信息数据壁垒，重要的线索、证据信息不能第一时间被调查部门获取，最终在快速、科学做出事故认定时发生掣肘。

2.3 专业水平参差不齐

火调工作需要调查人员具备较高的专业素养和技术能力，但由于各种原因导致一些地区的火调人员专业能力差异比较大，调查装备发展水平参差不齐，新技术手段的引入能力各不相同，查不清、认不准的现象时有发生，调查结果不够严谨、客观、科学的现象既会间接影响事故调查的权威性，又会影响地区火灾形势分析研判。

2.4 延伸调查质效还需加强

火灾事故延伸调查是火灾事故发生后的重要环节，可以帮助相关部门更好地了解事故原因、推进责任追究和防范类似事故再次发生。虽然一些有影响的火灾事故通过延伸调查，推动了消防技术标准及消防安全责任制的有效贯彻落实，加强了行业系统消除火患的能力，提升了起火单位消防安全标准化管理水平，但从促进社会化火灾防控水平提升的角度来看，仍有部分火灾由于种种原因导致延伸调查质效不高，还需进一步加强。

3 智慧火调信息管理平台

智慧火调的一个重要优势是利用了大数据技术，运用更多的技术手段汇聚火灾发生前、火灾发生时、扑救过程中的数据是大数据时代背景下火调发展的必然，数据的可获取性和高运算速度可以对与火灾有关的各种复杂信息进行全面且深层次的分析。

在智慧城市框架下，智慧火调具备共享建筑信息、交通数据、工艺信息、气象信息、社会信息等数据的条件，随着数据量的增加，消防救援部门需要协同各部门和机构建立智慧火调信息管理平台，发挥大数据的收集分析和机器学习算法的运用优势，收集、管理和分析火灾信息，对数据进行分类、整理和统计，生成分析报告，为火灾预防、控制和调查提供数据支持。

智慧火调信息管理平台重在对各类火灾场景进行孪生再现，实现更智能化的访问和分析，精准地探测火灾事故的风险来源，预测火灾发生概率，分析火势发展，为相关单位提供各种信息预警服务、火灾防控方案及科学的防控措施，发布针对性的消防安全知识宣传。同时，智慧火调信息管理平台可有效提升事故认定的及时性、科学性和全面性，对火灾进行更加有效的跟踪和管理。具体来讲，笔者认为智慧火调信息管理平台具备以下功能。

3.1 数据处理能力

智慧火调信息管理平台可以处理大规模的数据，并快速提取有效信息，从而加快火灾调查的效率，提高火灾调查的准确性和可靠性。

3.2 图像分析能力

智慧火调信息管理平台可以利用计算机视觉技术分析火灾现场照片和视频，提取火灾的发生、扩散、影响范围等信息，为火灾调查提供更直观、更详细的资料。

3.3 模拟分析能力

智慧火调信息管理平台借助计算机仿真技术，数字化孪生火灾，可以对火灾的起因、火源、火势等进行模拟分析，预测火灾的可能性和未来发展趋势，为火灾调查提供较为准确的参考。

3.4 风险评估预警能力

智慧火调信息管理平台可以根据历史火灾数据和风险指标，对区域内火灾发生的概率和影响程度进行评估，对火灾风险进行预警，提升火灾事件应急响应水平，并面向企业和社会大众提供更精准、更快捷、更细致的贴心服务。

3.5 情报挖掘能力

智慧火调信息管理平台可以从各种渠道收集和整合火灾信息，通过情报挖掘技术，将火调工作的成果与行业应用结合，发现火灾事故背后的潜在因素和问题，及时采取措施进行处理，优化资源配置，提高火灾预防的效果。

3.6 工作助手能力

智慧火调信息管理平台可以自动化处理火灾调查中的一些烦琐和重复性工作,如数据整合、文档分发、汇报撰写等,提高工作效率,节省时间和人力资源。在提升火灾调查人员专业技术能力方面,通过基于人工智能应用的交互式学习,可以为每一位调查人员提供定制式的培养计划。同时,通过智能化技术手段应用,火调人员可以更加快速、准确地获取火灾现场的信息,如建筑概况信息、音视频信息、控制设备信息、传感器数据等,有助于确定火灾起因,并发现火灾现场的不安全因素,从而提出相应的防范措施。

3.7 精准宣传能力

火灾调查需要社会各方面全力合作,共同发挥作用。智慧火调信息管理平台通过积极披露火灾事故数据和统计信息,为社会公众了解火灾预防和警示提供重要参考,可以有效提高社会各方面的参与意识和贡献度,特别是针对公众聚集场所、工业企业、学校、养老等场所进行精准化的火灾警示宣传,有助于提高全民消防安全意识,提升社会化火灾防控整体水平。

4 智慧火调面临的挑战

4.1 数据的获取及处理

智慧火调需要有大量的数据作为支持,如果无法及时获取和处理这些数据,将会直接影响系统的运行效率和效果。同时,数据获取、清洗的质量也至关重要,数据质量差可能会导致问题的分析和解决出现偏差。因此,如何全面、高效、规范、科学地收集、处理和应用数据,是智慧火调需要解决的首要问题。

4.2 安全和隐私问题

火调工作的智慧化应用具有诸多的优势,但是也存在一些问题需要解决,尤其是在数据存储和用户账号安全方面,需要加强保护和数据加密,避免个人隐私因为数据泄露或攻击而被侵犯。此外,智慧火调信息管理平台在获取用户信息的过程中,如果没有严格的机制作为保障,也易出现侵犯个人隐私的问题。因此,智慧火调信息管理平台在对数据进行处理和使用时,还需要考虑保护用户的个人隐私和公共安全的平衡关系。

4.3 发展理念问题

智慧火调的发展离不开科技进步,更离不开对于数据的规整、分析和解读以及模型载入等方面进行科学规划和管理,特别是在火灾现场数据的有效收集和现场情况的及时把握等方面,需要火调工作人员有更为严谨的工作态度和认真负责的工作精神,对智慧火调的发展应用和社会效应形成普遍的认知共识。随着智慧火调的发展,从根本上也会带动火调工作人员的职责发生变化,调查理念及方式需要改变,这样才能更有利于新技术、新设备在调查过程中积极推广、应用,有利于夯实智慧火调快速发展的软实力基础。

5 结论

综上所述,大数据时代背景下的智慧火调具有极高的现实意义和应用价值,智慧火调信息管理平台建设是极具前景和应用前途的。一方面,随着智慧城市的建设发展,智慧火调通过将更智能、更高效和更准确的大数据、云计算、物联网、人工智能等技术手段引入火调中,可以极大地减轻火灾调查人员、扑救人员、群众和公私财产的损失,而且还为火灾预防、处置和宣传提供了更多可靠的数据。另一方面,智慧火调还面临数据获取与处理、安全与隐私等问题,其发展仍然有待完善,在发展过程中需要不断优化调整,并建立长期有效的管理和保障机制,确保大数据时代背景下智慧火调在公共安全领域发挥精准的指挥棒作用。

参考文献

[1] 袁春,孙守宽. 智慧消防物联网系统在火灾调查中的应用 [J]. 消防科学与技术,2021,40(2):296-298.

[2] 李轲,李建伟. 现代信息技术在火灾调查中的应用研究 [J]. 国际援助,2020(32):154-155.

浅谈测谎技术在火灾调查中的应用

朱 笠

（海门区消防救援大队,江苏 南通 226100）

摘 要:我国引进测谎技术的时间可以追溯到改革开放初期,但推广应用还不普遍,其结论也还不能作为诉讼证据使用。在火灾事故调查询问过程中,有些当事人常常为了各种目的隐瞒实情,或者说以假话蒙蔽调查工作人员,从而影响或者妨碍火灾事故的调查进程。通过测谎,可以有效甄别当事人陈述的真伪,突破被询问人员的心理防线,推动火灾事故调查工作。

关键词:心理学;测谎技术;火灾调查

1 测谎技术的原理

测谎技术是一种将生物电子学和心理学相结合的心理测试技术,是利用计算机技术来实现对人类心理的分析。测谎技术在 20 世纪就已经被西方国家应用于法院审理和事件侦查,目前的技术也已相当成熟,并引入我国加以应用。

人在发生了特定事情后,往往会留有一个终身不忘的记忆,当被人询问有关情况时,他的心理状态也会出现一定的变化,即出现难以发觉的生理改变,如皮肤温度、呼吸、血压等,但这种生理改变多由客观神经控制,并不受人的主观认识控制,会自主产生。测谎仪将记录下一些细微的生理反应变化,并收集汇总、形成结论。根据这个原则,利用测谎仪在测谎中既可以解释"是"或"不是",又可以对被测者的沉默做出回答。

2 测谎的对象

在火灾事故调查过程中,测谎的询问对象主要为火灾事故当事人、知情人以及相关者,并按照具体案情来判断。采取测谎技术前,需要征求被测者的意见,不得强制要求询句对象进行测试,一旦强制被测者进行测试,首先在法律上将不能得到保护,在技

作者简介:朱笠(1989—),男,南通市海门区消防救援大队火调员,初级专业技术职务,主要从事火灾调查及消防监督工作。地址:江苏省南通市海门区长江南路 333 号,226100。

术上将会由于被测者的故意损坏而无法进行测试。

被测者必须在正常的人体功能情况下进行检查,确定有无疾病、酗酒、服药、外伤等不良状态;心理健康状态良好,没有精神疾病;语言表达功能良好,听力、视觉正常,确保被测者能根据对测试题的刺激程度做出正常反应。测试地点应与外界隔音,以消除噪声;除测试人员 2~3 人外,旁听人员不要过多;测试房间灯光要柔和,周围无多余刺激物。

3 测谎技术对于火灾调查的作用

由于火灾现场情况往往较为复杂,对烧损严重的火场识别困难,或者部分证人无法掌握时,调查人员便可通过火灾现场勘查情况,测试当事人和知情人,从而了解火情并查找线索,以突破火灾事故调查工作中的僵局。

在调查人员询问过程中,一些当事人或知情人在火灾事故发生后往往为了各种目的,不愿意接受调查人员的询问,甚至否认知情,又或者有意作伪证隐藏真实情况。在此情形下对他们进行测谎,便于为调查人员提供证据线索,如由烟蒂、蚊香、打火机等引火源所导致的火灾事故,就能够迅速判断有关人员是否为肇事者,对于查明火灾事故成因有着很大的意义。如果被测者在之前的询问过程中存在撒谎、隐瞒的情况,使用测谎仪询问时,无疑会给被测者带来极大的心理压力,通常能够成功突破被测者的心理防线,有利于调查人员辨别证言的真伪,解决

证言与证据之间的矛盾,坚定调查人员的信心。

4　测试的基本程序

测谎法是一种犯罪侦查检测鉴定方法,不得无视或者违反刑法的相关要求而擅自采用,在测试前必须经过正规的批准,完成规定程序。在实践中,测试人员在准确把握案件的客观真实情况后,要经过六个阶段:对作案人的犯罪心理进行动态分析描绘阶段、运用综合测试法编制测试题目阶段、对被测者进行测前访谈阶段、实测操作阶段、观察和同步评图阶段、测试图谱综合评判阶段。由于测试题所指向的是心理事实而并非某一名嫌疑人,因此所有的嫌疑人都使用同一种测试题,并使用同一标准来检测。这样一来,所有无辜的人都将会被排除,而真正的作案人也会被查出来。

5　测谎技术的运用案例

5.1　简要案情

2021 年 12 月 26 日 5 时 58 分,南通市海门区 110 指挥中心接到群众报警,称南通市海门区三星镇区一临街门面店起火,火势较大。接警后,消防救援中队立刻赶赴现场组织灭火,经过一系列有效措施,终于从火灾现场救出围困人员并成功控制火势。这起火灾最终造成 1 人死亡、多人受伤、多家门面店过火的人员及财产损失。经调查,得出这是一起因电瓶充电引起的火灾事故。

5.2　调查情况

事发前夕,足浴店老板张某帅和朋友黄某琳、顾某兴一起从海门区临江镇捕鱼后回来休息,并将一块电鱼用的电瓶抬至店内,事后调查证明,起火原因正是这块电瓶。因足浴店内无监控,无法准确判断是谁给电瓶充的电。调查过程中,涉事人员在被多次询问中均否认是自己所为,且未明确表明是谁充的电。随着事件调查的深入,了解到顾某兴掌握电瓶结构知识,且承认是自己将电瓶抬至门面店内,最终锁定顾某兴为重点嫌疑对象。该火灾事件造成人员伤亡,虽有重点嫌疑对象但无直接证据,火灾事故调查一时陷入僵局。这时,火灾调查人员请求南通市海门区刑警大队心理测试技术人员介入协助调查。

5.3　测谎方案

由于测谎过程中,被测者对不同问题的反应是不一样的,甚至使用不同的措辞都会有不同的效果,测谎人员与火灾调查人员就调查焦点"是谁给电瓶充电的"这一问题进行了充分的沟通,确定需要测谎解决的问题焦点后,敲定了测谎题目。由于火灾事故的性质不同,被测者在不同场所受测所承受的压力不同,测谎不能在公安机关进行,最终将测谎工作安排在南通市海门区消防救援大队相对安静的询问室内进行。

5.4　测前谈话

在测前谈话中,顾某兴有一定程度的紧张,且一直强调自己只是负责把电瓶抬到墙角的拖线板旁边后就去休息了,并无其他动作。在被问及在整个事件调查过程中是否对火灾调查人员说谎时,顾某兴表示之前的笔录中有一些漏讲的内容,如拖线板上插有哪些电器等,自认为这些东西无关紧要,除此之外并无谎言。

5.5　测谎结果

测谎人员选择从火灾现场自行脱离的黄某琳、顾某兴着手进行测试,经对"是谁给电瓶充电的?"这一问题采用"准绳问题测试法"测试后发现:黄某琳诚实的概率高达 96.38%,顾某兴撒谎的概率达 98.85%。面对这样具有明确指向性的结果,测谎人员一致认为:顾某兴未能通过此次测谎,也就是他在"是谁给电瓶充电的?"的问题上撒了谎。测谎人员当场向顾某兴宣布"不通过",并当场向其展示测试图谱,指出其撒谎时图谱上的明显异常反应。(图 1 至图 4)

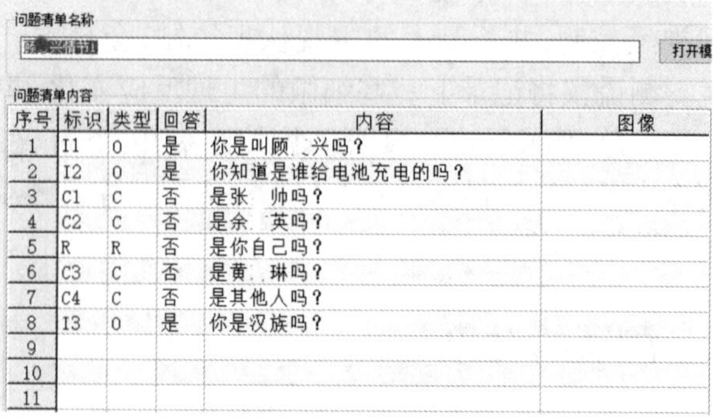

序号	标识	类型	回答	内容	图像
1	I1	O	是	你是叫顾　兴吗?	
2	I2	O	是	你知道是谁给电池充电的吗?	
3	C1	C	否	是张　帅吗?	
4	C2	C	否	是余　英吗?	
5	R	R	否	是你自己吗?	
6	C3	C	否	是黄　琳吗?	
7	C4	C	否	是其他人吗?	
8	I3	O	是	你是汉族吗?	
9					
10					
11					

图 1　顾某兴情节问题

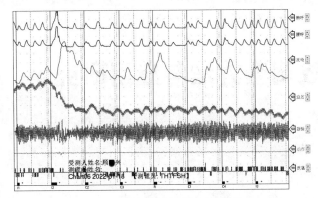

图 2　顾某兴情节问题测试图谱

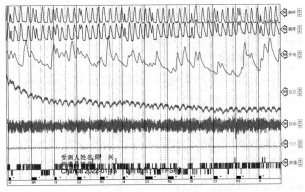

图 3　顾某兴准绳问题

序号	标识	类型	回答	内容	图像
1	I1	O	是	你是叫顾□兴吗？	
2	SR	O	是	关于失火事件，你愿意如实的回答我的	
3	I2	O	是	现在是白天吗？	
4	C1	C	否	你为了自己的利益做过不道德的事吗？	
5	R1	R	否	事发当晚是你给电池充的电，对吗？	
6	I3	O	是	今天是晴天吗？	
7	C2	C	否	你在生活中经常撒谎吗？	
8	R2	R	否	晚上电鱼回来后是你给电池充电的，对吗？	
9	I4	O	是	你是坐着的吗？	
10	C3	C	否	你在事件调查中撒过谎吗？	
11	R3	R	否	睡觉前，是你给电池充电的，对吗？	
12	I5	O	是	你是汉族吗？	
13					
14					

图 4　顾某兴准绳问题测试图谱

5.6　测后审讯

得到测试结果后，火灾调查人员对顾某兴进行了审讯，在强大的测讯攻心压力下，火灾调查人员很

快突破了顾某兴的心理防线，顾某兴终于如实交代了火灾真实过程以及自己在明知电瓶充电时会发热，仍对电瓶充电的事实经过。至此案件水落石出，因该案中顾某兴符合对"两罪"（失火罪、消防责任事故罪）立案追诉的条件，遂移送公安部门立案调查侦查。目前，顾某兴等人已被刑事拘留。

6　结语

测谎技术是以坚实的理论为基础，经过科学的研究与实践的反复检验，从而发展起来的一门科学技术，具有很高的可靠性。但是，消防部门对于测谎技术的应用主要还停留在办理"失火罪"与"消防责任事故罪"两罪案件的层面上，对于办理一般火灾调查应用案例少之又少，而且队伍缺少自己的专业人才，大多依托公安刑侦部门专业人员进行测谎。

火灾事故调查不分大小，对于任何一次火灾事故调查都要本着寻根究底的立场查清起火原因，而通过调查所取得的证人证言以及从当事人陈述中产生的询问笔录则是火灾成因问题证据链上非常关键的组成部分，但是现实情况往往比较复杂，关键证据的缺失导致无法直接认定火灾原因。目前，消防救援大队层面的火灾事故认定书多以不排除项认定居多，在不排除遗留火种的火灾中，能以询问笔录确定肇事人员的火灾屈指可数。相信随着测谎技术的进一步普及和对其功能的发掘，在未来的火灾事故调查中必定有更广阔的应用空间。当然，我们也要理性地看待这项技术，不能过分依赖而丧失调查询问应有的专业素养。

参考文献

[1] 张亮,刘桂红. 测谎技术及其应用 [J]. 中国人民公安大学学报（自然科学版）, 2003(2):52-54.
[2] 付有志,刘烁. 刑事测谎技术 [J]. 刑事技术, 1997(6):42-45.
[3] 张永刚. 测谎技术在侦查火灾刑事案件中的运用 [J]. 湖北警官学院学报, 2011(2):109-110.
[4] 王新猛. 浅析森林火灾案件的侦查 [J]. 森林公安, 2008(4):17-19.

基于数值模拟的火灾事故调查方法与应用研究

朱剑鹏

（台州市椒江区消防救援大队,浙江　台州　318000）

摘　要: 本文主要探讨了数值模拟技术在火灾事故调查中的应用。火灾事故调查是一项非常重要的工作,它能够帮助我们了解火灾发生的原因、过程和结果,并提出合理有效的措施来预防类似事故的再次发生。然而,传统的火灾事故调查方法存在一些不足之处,如在还原火灾现场时可能会遇到困难,且结论也可能不够精确和可靠。因此,如何提高火灾事故调查的准确性和科学性成为亟待解决的问题。数值模拟技术是一种先进的技术手段,可以通过计算机程序对复杂的物理过程进行模拟分析,从而得出较为准确的结果。在火灾事故调查中,数值模拟技术可以用于还原火灾发生前的情况,包括温度、烟雾、氧气浓度等参数的分布情况以及火源的位置和燃烧过程等,这些数据可以为火灾事故调查提供更多的参考依据。

关键词: 火灾事故调查;数值模拟技术;结构力学;热工耦合;应用研究

1　引言

火灾事故是一种具有极高危害性的自然灾害,可能会导致人员伤亡、财产损失等严重后果。因此,对于火灾事故的调查和分析显得尤为重要。传统的火灾事故调查方法主要依赖于目击证人、物证和现场勘查等手段,但这些方法存在一定的局限性,如现场情况可能会被破坏或遗漏,不利于准确还原火灾发生前的情况。因此,基于数值模拟技术来进行火灾事故调查具有重要意义。

2　数值模拟技术在火灾事故调查中的应用

数值模拟技术是通过计算机仿真来模拟实际工程问题的方法,可以有效地模拟火灾事故发生前的情况。其中,结构力学和热工耦合是数值模拟火灾事故调查的核心技术。

2.1　结构力学

结构力学是数值模拟火灾事故调查中的关键技

术之一。通过对建筑物结构的数值模拟分析,可以预测建筑物在火灾事故中的受力情况,进而推断出火灾的起始位置、燃烧时间等信息。同时,结构力学还能够模拟建筑物在火灾事故中的损伤情况,为事故调查提供更加准确的数据。

2.2　热工耦合

热工耦合是数值模拟火灾事故调查的另一个核心技术。热工耦合模拟能够有效地模拟火灾事故中的温度、烟气等参数,为火灾事故调查提供更加真实的数据。同时,热工耦合还可以预测火灾事故中可能出现的爆炸、扩散等情况,帮助调查人员更好地了解火灾事故的发生过程。

3　基于数值模拟的火灾事故调查方法的优势和局限性

3.1　基于数值模拟的火灾事故调查方法的优势

基于数值模拟的火灾事故调查方法具有多方面的优势。首先,它能够准确地模拟火灾发生时的现场情况,包括火源、燃烧物质、空气流动等因素,提高调查的准确性和可靠性。其次,数值模拟可以重现实验难以复制的状况,如高温、高压、剧烈燃烧等,从而加深对火灾发展规律的理解。此外,数值模拟还

作者简介: 朱剑鹏(1989—),台州市椒江区消防救援大队初级专业技术职务,主要从事火灾调查工作。地址:浙江省台州市椒江区葭沚街道工人西路 1002 号,318000。

可以对不同的火灾方案进行模拟比较,提供最佳的灭火和撤离策略,有助于避免类似事故再次发生。

综上所述,基于数值模拟的火灾事故调查方法具有高度的科学性和实用性,是一种十分有效的调查手段,可以模拟火灾事故中的各种参数和情况,有助于调查人员更好地了解火灾事故的发生过程。

3.2 基于数值模拟的火灾事故调查方法的局限性

基于数值模拟的火灾事故调查方法存在一定的局限性,如需要大量的实验验证和数据支持,受到计算机性能和模型精度等因素的影响,对于复杂的火灾事故可能无法准确模拟等。虽然数值模拟技术可以快速地还原火灾现场并提供可靠的参考,但它也有可能因为无法完全还原真实环境而导致误差。此外,数值模拟过程需要大量的数据和计算,对计算机配置要求较高,且需要专业人员进行操作和解读结果。因此,在火灾事故调查中,应该综合运用多种方法,如现场勘查、资料收集和专家经验等,以获得更为全面准确的结论。

4 数值模拟技术在火灾事故调查中存在的问题

数值模拟技术是一种重要的工具,被广泛应用于火灾事故调查中。通过数值模拟技术,可以模拟火灾发生时的场景,获取火灾扩散、热传导、烟气生成等关键参数,对火灾原因和过程进行分析和评估。然而,在实际应用过程中,数值模拟技术也存在一些问题。

4.1 模拟结果的数据

数值模拟技术在火灾事故的判定和分析中扮演着重要的角色。但是,为了得到准确可靠的模拟结果,需要精细的输入数据和计算模型。然而,在火灾事故现场,获取完整的数据并不容易。例如,火源、物理特性、建筑结构、环境条件等都会对数值模拟的准确性产生影响。这些因素往往难以量化和测量,导致难以确定精确的输入数据。另外,不同的数值模拟软件和计算方法也会导致结果存在差异。虽然大多数数值模拟软件都符合科学原理,但每个软件都有其适用范围和局限性。因此,在进行数值模拟时,需要根据具体情况选择合适的软件和计算方法,避免不必要的误差。除此之外,数值模拟结果还需要与实际情况相符合。因此,在使用数值模拟技术进行火灾事故判定和分析时,需要结合现场勘查和

实验数据进行验证,以确保模拟结果的准确性和可靠性。总之,数值模拟技术在火灾事故的研究中具有重要意义。但是,需要注意的是,模拟结果的准确性和可靠性受到多方面因素的影响。因此,我们需要在实践中不断总结经验,提高数值模拟技术的精度和可信度。

4.2 数据的准确性

数值模拟技术是一种利用计算机对实际问题进行仿真的方法,它在很多领域得到了广泛应用,如气象预报、地震预测等。然而,在数值模拟过程中,需要考虑许多因素的相互作用,这些因素可能包括温度、压力、流速、化学反应等。在火灾过程中,烟气、温度、风速等因素的相互作用对结果有重要的影响。为了解决这些问题,需要采取一系列措施来提高数值模拟的精度和准确性。

4.3 数据的可靠性

数值模拟技术在应用过程中还需要考虑模型的验证。实际上,火灾事故的情况可能会因很多因素产生变化,如人员行为、建筑材料等,这些因素都难以完全模拟,从而导致结果的误差。因此,在使用数值模拟技术进行火灾事故调查时,需要对模型进行验证和可靠性分析,确保其结果的准确度和可信度。

5 数值模拟技术在火灾事故调查中的建议

5.1 建立火灾现场的数值模型

通过建立火灾现场的三维模型,可以非常真实地还原火灾发生时的各种情况。数值模拟技术可以模拟燃烧、温度变化、烟气扩散等多个因素,并且能够根据实验数据进行验证和修正,从而不断提高模型的准确性。使用这种方法,我们可以更加深入地了解火灾发生的机理,及时采取有效的应对措施。同时,这种技术也可以用于火灾事故的调查和鉴定,为相关部门提供科学依据。总之,建立火灾现场的三维模型是一项十分有用的技术,它可以在很大程度上提高对火灾的认识和应对能力。

5.2 模拟火源和烟气的传播

火灾是一种常见的事故,会对人们的生命财产造成极大的威胁,因此对于火灾的调查分析显得尤为重要。通过模拟火源和烟气的传播,可以确定火灾的起始位置和可能的燃烧路径,这有助于找出事故发生的原因。同时,还可以分析烟气对人员逃生

和物品损毁的影响,为事故调查提供重要依据。因此,在火灾发生后,应该尽快进行相关模拟和分析,以避免类似的事故再次发生。

5.3 模拟火灾对建筑结构的影响

火灾是一种非常危险的自然灾害,不仅会给人们的生命财产造成巨大的损失,还会对建筑结构带来严重的影响。在火灾发生时,高温环境会导致建筑材料膨胀、变形、裂开等,这些都可能导致建筑物的倒塌或部分崩塌。为了更好地评估和检测建筑结构的安全性,数值模拟技术可以被用来模拟这些影响。通过对这些数据进行分析和处理,我们可以更好地了解火灾对建筑结构的影响程度,从而采取相应的措施来保护建筑物和人员的安全。

5.4 模拟火灾后遗症

当火灾发生时,不仅会造成人身伤亡和财产损失,还会对环境带来长期的影响。例如,火灾残留物中可能含有大量有毒有害物质,这些物质会随着风向、水流等因素扩散到周围环境,对人和动植物造成危害。同时,火灾也会释放出大量的有毒气体,如一氧化碳、二氧化碳等,对空气造成严重污染。为了更好地应对火灾事故的后遗症,数值模拟技术可以预测出这些有毒有害物质的产生和扩散规律,从而指导事故后的环境处理和人员疏散工作。

6 数值模拟技术在火灾事故调查中的应用分析

根据火灾现场勘验情况,起火建筑东面幢南侧第一层及第二层部分残留,北侧过火坍塌,坍塌痕迹向西北面倾斜。起火建筑西面幢第三层水泥地面坍塌至第二层,第二层水泥地面与第三层水泥地面坍塌至第一层,第二层东面、南面、西面水泥地面部分依靠于墙体钢架,水泥地面整体向北面中部倾斜;第三层地面无明显裂缝,该处设备、钢架过火泛黄,距北墙约 7 m 处东西走向的泡沫砖向北倾倒,泡沫砖过火泛白,烟熏痕迹明显;距西墙约 25 m、距北墙约 0.4 m 泡沫砖下方发现塑料桶,塑料桶北侧桶身过火缺失,东西两侧桶身上端过火,残留部分呈南高北低,南侧桶身上端过火,残留部分与东西两侧最高处齐平。该区域第三层南北向金属钢架过火弯曲,东西两面漆面过火脱落;第二层水泥地面未见明显裂缝,第二层未见设备、货物残留,判断起火部位位于起火建筑西面幢第二层距西墙约 24 m、距北墙约

6 m 处。整个起火建筑现场图和二层平面结构分布见图 1 和图 2 所示。根据现场勘验、证人证言和视频、电气线路检测报告等证据,认定火灾原因为不能排除遗留火种、电气线路故障引燃周边可燃物引发火灾的可能性。

图 1　起火建筑现场图

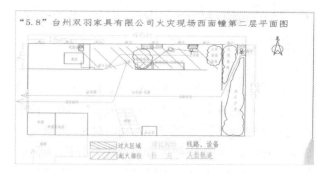

图 2　起火建筑二层平面图

研究者依据火灾现场基本数据在 FDS 数值模拟软件上重新构建火灾前建(构)筑物模型,其中数据信息包含建(构)筑物基本尺寸信息、物品种类和数量信息、物品放置的位置信息等。通过查询相关资料,对建(构)筑物内的物品信息在 FDS 数值模拟软件上进行属性设置,同时,在 FDS 模拟软件中设置了其他信息,如网格划分、通风方式、火源位置、火源热释放速率信息等再现火灾事故发生发展和蔓延的过程。根据火灾调查报告分析、证人证言等相关证据,确定该火灾现场起火原因不能排除遗留火种、电气线路故障引燃周边可燃物引发火灾的可能性。根据电气线路的使用情况及现场当事人发现起火的初始位置,判断该位置为一墙插。与数值模拟技术再现的火灾场景,判断火势沿着插座下方堆积的纸板箱等可燃物蔓延引起其他室内可燃物,最终导致火灾发生的可能性。通过实践证明,利用计算

机数值模拟技术,可以较好的重现真实火灾场景,与火灾调查结论基本吻合,见图3和图4。

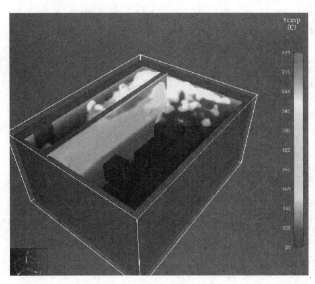

图3　火灾现场模型图

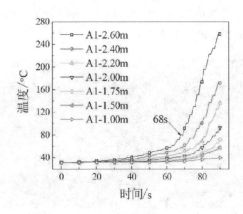

图4　数值图

应用数值模拟技术建立数学模型,实际运用于火灾调查工作中,能够直观模拟火灾发生、蔓延的过程,为火灾事故调查工作提供参考。在建立模型时,调集整理的资料包括建筑物本身的建筑材料、建筑尺寸、建筑装修材料、火灾时天气状况等。应用数值模拟技术,对引起火灾的可能起火点建立火灾场景并进行模拟,计算出火灾现场建筑物关键位置的火场温度、烟气高度、可见度、氧气及一氧化碳浓度等信息,并将计算结果与实际火灾现场数据对比,缩小起火点排查范围,为火灾调查人员调查起火原因提供数据支持,并完善火灾调查报告,推动火灾调查工作的开展。

7　结论与展望

近年来,火灾事故频发,给人们的生命财产安全带来了严重威胁。而对于火灾事故的调查和分析,是保障人民群众生命财产安全的重要手段之一。在过去,火灾事故调查主要通过实验室试验和现场勘查来进行,然而这种方法存在许多局限性,如时间成本高、数据获取不易等。基于数值模拟技术的火灾事故调查方法,则具有很高的应用价值,可以为火灾事故的调查提供更加准确的数据和结论。相比于传统方法,数值模拟技术具有时间成本低、数据获取方便等优势。通过建立完整的数值计算模型,可以准确地模拟出火灾事故时的温度、氧气浓度等参数变化情况,为事故的原因分析和责任追究提供可靠的证据。随着数值模拟技术的不断发展和完善,相信在未来基于数值模拟技术的火灾事故调查方法将会得到更广泛的应用和推广。例如,在建筑工程领域,数值模拟技术可以用于评估建筑物的火灾安全性能,指导消防设计和改进建筑结构等;在工业生产领域,数值模拟技术可以用于评估工厂设备的安全性能,预测火灾事故的发生概率等。然而,要想让基于数值模拟技术的火灾事故调查方法得到更广泛的应用,还需要加强对于火灾事故调查的研究和实践。例如,在计算模型的建立方面,需要对不同类型的建筑物和设备进行更加精细的模拟和分析,以提高模型的准确性和适用性。同时,在数据获取和处理方面,也需要开发更加智能化的算法和工具,以提高数据的质量和处理效率。总之,基于数值模拟技术的火灾事故调查方法具有广阔的应用前景和重要意义。通过不断地研究和实践,我们相信这种方法将会为保障人民群众的生命财产安全做出更大的贡献。

参考文献

[1] 李明, 陈建华. 建筑火灾数值模拟技术与应用研究 [J]. 建筑节能, 2013(3): 116-120.

[2] 王宏伟, 贺晨. 基于CFD的建筑火灾数值模拟研究 [J]. 工程设计学报, 2009, 16(6): 94-98.

[3] 章锐. 基于数值模拟的火灾风险评价研究 [D]. 南京:南京理工大学, 2015.

[4] 王丹丹, 王健. 建筑火灾数值模拟软件的研究 [J]. 上海交通大学学报, 2012, 46(8): 1227-1231.

[5] 吕俊峰, 冉兆辉. 建筑火灾数值模拟技术在防火设计中的应用 [J]. 城市建筑, 2018, 363(5): 39-41.

电动自行车火灾事故案例分析及安全管理探讨

王中翔,胡　凯

（宁波市消防救援支队,浙江　宁波　315000）

摘　要:电动自行车因其价格低廉和高效方便的特点,已成为人们日常出行的主要交通工具之一。然而,随着电动自行车的快速发展,由电动自行车引发的火灾事故也逐年增加,严重威胁了人民群众的生命安全。本文以一起由电动自行车充电过程中内部发生电气故障引燃周边可燃物导致的火灾事故为例,通过调查访问、现场勘验,从电动自行车停放位置、起火过程和蔓延途径等多个方面探讨了火灾事故的成因并分析总结,旨在为进一步提出电动自行车火灾防范对策提供积极的指导。

关键词:电动自行车;事故原因;安全管理

随着环保意识的提高和交通工具技术的不断发展,电动自行车已成为城镇居民不可或缺的交通工具,其具有占地小、使用便捷、环保节能和价格低廉等优势。据统计,截至 2021 年,我国电动自行车的保有量已高达 3.25 亿辆。然而,随着电动自行车保有量的逐年增加,由其引发的火灾事故也逐年上升,给人们的生命财产安全带来了巨大威胁。与传统自行车相比,电动自行车在电池、电线等方面存在潜在的安全隐患。电动自行车火灾事故的发生,不仅会给人们的生命财产造成损失,还会给城市的交通秩序和环境带来不可估量的影响。因此,为了提高电动自行车的安全性,迫切需要对该问题进行深入的案例分析和安全管理探讨。本文将针对一起典型的电动自行车火灾事故案例,描述事故发生的具体情况和主要原因,旨在加深对电动自行车火灾事故的认识,找出潜在的安全隐患,从而提高电动自行车的整体安全水平。

1　火灾事故概况

2022 年 8 月 11 日 22 时 20 分,宁海县西店镇某民房发生火灾,烧损(毁)建筑、家具家电、生活用品、电动自行车等物品,造成 7 人死亡。起火建筑为砖混结构,建筑层数为 3 层并加隔层,占地面积约

作者简介:王中翔(1988—),男,汉族,宁波市消防救援支队火调技术处,中级专业技术职务,主要从事火灾事故调查工作。地址:浙江省宁波市海曙区环城西路北段 222 号,315000。邮箱:xiang138268@163.com。

138 m²,建筑面积约 390 m²,内设一部楼梯。火灾现场的鸟瞰图如图 1 所示。

图 1　火灾现场鸟瞰图

2　火灾事故经过

2022 年 8 月 11 日 22 时 18 分许,302 室承租人黄某在房间内闻到一股刺鼻气味,遂即下楼查看,到一层时发现东侧有电动自行车着火;黄某大声呼喊并跑到二层、三层敲门通知邻居,随后跑到一层室外拨打 119 报警(第一报警人)。303 室承租人聂某听到黄某呼喊后,从二层拿灭火器到一层进行扑救,但未能灭火,立即跑回三层,带妻子、孩子从窗口逃生。22 时 21 分许,最先起火电动自行车经充分燃烧形成立体中高位火灾,并向周边电动自行车蔓延,一层迅速整体过火,燃烧物增多,温度骤增,加速火灾发展。燃烧产生的大量热烟气和有毒气体,沿敞开楼梯向上蔓延,使被困人员无法及时通过楼梯逃生,导

致一氧化碳中毒和窒息。根据外围监控视频显示，22时27分许，整个建筑处于立体燃烧状态。

3 案件难点

首先，由于该群租房未完整登记人员信息，无法确认房内人员数量情况，且人员信息复杂，导致最初的事故伤亡情况不明确。其次，现场电动自行车数量多，其中部分存在套牌现象、另外一些被烧毁或遗失，因此无法确认车辆的归属信息。除此之外，起火前10分钟内有可疑男子进出现场两次，但是其口供描述与时间点不符，引发了对他可能有放火嫌疑的怀疑。然而，事故发生在夜晚，周边监控缺乏正面影像，因此对监控视频的分析处理难度极大，有效信息很难获取；而且现场的手机和电脑被烧毁，无法收集存留的电子数据。

4 起火点及原因分析

4.1 认定起火点

认定起火点为民房一层东侧由南向北第一辆电动自行车处。

（1）从电动自行车停放区域附近楼梯间及四周墙面烧损情况来看，楼梯间木质扶手、立柱等烧损炭化痕迹由下往上逐渐减轻（图2-1）。一层西侧北墙及立柱与东侧南墙及立柱均呈东低西高斜切型烧损及沙灰层剥落痕迹，东侧顶部墙面沙灰层脱落程度重于西侧。东侧墙面过火后部分沙灰层呈椭圆形脱落，内部红砖裸露，烟熏痕迹呈南低北高斜切型。东南角冰箱过火后变形向西北角倾斜。

（2）从电动自行车过火烧损情况来看，一层西侧电动自行车停放区停放的部分电动自行车过火后向东侧倾倒，东侧电动自行车停放区内的部分电动自行车过火后向南侧倾倒，两者倾倒方向均指向东南角区域。西侧电动自行车停放区内地面贴地面处依次为抹灰层及部分塑料熔融物。东侧电动自行车停放区1#电动自行车底部贴地面依次为电动自行车塑料熔融物、抹灰层，说明1#电动自行车最先起火，同时1#电动自行车车尾控制器基本烧毁，东侧其他电动自行车内线束基本完整，而1#号电动车内

各类导线烧损断裂程度较为严重，说明1#号电动车烧损程度重于其余电动车（图2-2、2-3）。

4.2 认定起火原因

认定起火原因为西店镇团堧村417号民房一层东侧由南向北第一辆电动自行车充电过程中内部发生电气故障引燃周边可燃物引发火灾：

（1）通过对1#车电动自行车残留物分析。在1#车距东墙0.28 m，距北墙4.72 m处发现一电源适配器残骸1，塑料外壳完全炭化，电源线过火后断裂。在距东墙0.96 m，距北墙4.84 m 1#车南侧车架处发现一多股铜导线残骸。在距东墙1.05 m，距北墙4.53 m 1#车电池组塑料外壳处发现一多股铜导线残骸。在贴东墙，距北墙4.81 m处发现一接线板南侧三口母插及冰箱电源线插片，其中接线板塑料外壳完全烧毁，内部母插散落在地。北侧两个二口母插及电源线插片，其中接线板塑料外壳完全烧毁，内部母插散落在地。在贴东墙，距北墙3.40~4.80 m，距地面0.48 m处发现一接线板电源线，其北侧与东墙中部靠南侧墙插内的电线铰接，绝缘层过火炭化，内部金属导线裸露，在距北墙4.14 m处断裂。将以上插线板残留物和线路进行提取封存送检，鉴定结果为电源适配器残骸1为二次短路熔痕，接线板南侧三口母插及冰箱电源线插片为火烧熔痕。

（2）通过对1#车电动自行车电池（仓）的分析。电动自行车内各类导线烧损断裂程度较为严重，电池仓与电池组尺寸不匹配，电池仓固定支架车头处螺钉缺失，固定不紧密，在行驶过程中容易出现电池组位移情况，从而导致电池组电源线磨损（图2-4）。电池仓上方有电池固定架，过火后发生变色呈锈黄色。在电池仓内发现6组电瓶残骸，过火后均严重炭化，其中1、2、3号电瓶右侧有鼓包现象，电池型号均为12V铅酸电池。在电池架底部发现若干熔珠粘连。将电池组取出后在电池架内部发现若干喷溅熔珠及充电口插片。电池组靠近车头处导线与北侧车架形成搭铁短路痕迹，靠近车尾处导线与北侧车架的连接件形成搭铁短路痕迹，且有金属喷溅痕迹，在电池仓内发现部分熔珠（图2-5、2-6）。将以上连接件及熔珠进行提取封存送检，鉴定结果为搭铁短路痕迹及金属喷溅痕迹。

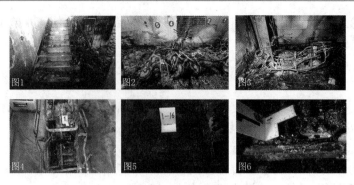

图 2　起火痕迹证据

5　电动自行车火灾事故中暴露出的问题

事故调查组对属地政府、行业主管部门及相关责任人员履行消防安全职责情况进行了深入延伸调查,发现如下主要问题。

5.1　出租人、承租人履行消防安全责任不到位

（1）出租人:陈某法、陈某飞是消防安全和房屋使用安全的第一责任人,未依法履行出租房屋的消防安全责任;未按要求与承租人签订房屋租赁合同,未明确双方的消防安全责任;未建立相应的管理制度,未确定管理人员落实安全管理职责;在一层室内设置电动自行车集中停放、充电点,未采取防火防烟分隔措施,未按规定配备合格的独立式感烟火灾探测报警器、灭火器等设施。

（2）承租人:王某、张某等十名承租人在出租房一层门厅违规停放电动自行车,其中王某的电动自行车在充电过程中发生内部电气故障引燃周边可燃物,最终引发火灾。

5.2　村级自治组织管理责任落实不到位

团坝村村委会:消防安全责任落实不到位,对村民违建、违规出租等问题不制止、不上报,开展农村消防安全检查、火灾隐患整治不彻底,未按规定制定防火公约,对村民消防安全宣传教育不够深入;未建立志愿消防队等多种形式的消防组织。

5.3　属地政府及相关职能部门监督管理不到位

（1）西店镇人民政府:在按照上级政府和有关部门的部署,组织开展居住出租、农村自建房、电动自行车等领域消防安全专项治理过程中,督促整改火灾隐患不彻底,指导村民委员会开展群众性消防工作、消防安全宣传教育不够深入。

（2）宁海县公安局西店派出所:履行消防安全监管职责不到位,对辖区居住出租房消防监督检查不深入,开展消防安全宣传教育工作不到位。

（3）西店镇综合行政执法队:对辖区居住出租房违规搭建情况,拆违控违监管、整治不力,执法不严。

（4）西店镇人民政府城建办:对辖区自建房违规建设的行为缺乏有效监管,组织隐患排查治理不力。

（5）西店镇人民政府消防工作站:开展消防宣传教育工作广度不够,对团坝村消防安全管理员、网格员工作实施指导不力。

（6）宁海县消防救援大队:对西店镇人民政府及派出所消防工作指导不到位,开展消防安全宣传教育广度不够。

6　电动自行车火灾事故防范安全建议

为深刻吸取事故教训,有效防范类似事故发生,针对事故暴露出的突出问题,事故调查组提出如下建议。

6.1　树牢安全发展理念,压实拉紧各级消防安全责任

各地要认真贯彻落实习近平总书记关于安全生产的重要论述,坚持"人民至上、生命至上",强化底线思维和红线意识,坚持"党政同责、一岗双责、齐抓共管、失职追责"的原则。各级党政主要负责人要靠前指挥,党政其他负责人要认真履行岗位职责,组织分管行业领域开展会商研判,细化检查措施,加强工作调度与现场督导,推动分管行业领域安全检查落到实处。公安、自然资源、住建、市场监管、应急管理、综合执法、消防救援等行业主管部门要严格按照"三个必须"和"谁主管谁负责"的要求,厘清部门安全监管职责,加强相互配合协作,合力推进防范化解消防安全风险隐患。

6.2　强化隐患闭环整治，深入推进消防安全综合治理

全市各地要深刻吸取此次事故惨痛教训，深入推进"除险保安"行动，组织开展全市消防安全"百日攻坚"整治，特别是针对生产经营租住自建房、居住出租房、沿街商铺、电动自行车等重点区域、重点领域、重点部位，不漏一户、不错一栋，不留空白、不留死角，全面排查各类消防安全隐患，切实摸清底数，彻底消除隐患，强化源头治理、综合治理、精准治理，同时加大责任追究力度，完善事前事中事后全流程责任追究制度。要建立健全源头管控机制，自然资源、住建、市场监管、综合执法等部门要按照"谁审批谁负责、谁主管谁负责"的原则，建立管理台账和违法建筑排查、移交、治理等联合工作机制，严禁违法私搭乱建，严禁违法改建扩建，严禁私自改变建筑使用性质，一经发现要坚决予以查处。

6.3　延伸末端防控触角，稳步提升基层消防工作基础

各地要督促属地乡镇（街道）强化消防组织建设，增配专职从事消防工作人员力量，积极推行委托第三方专业力量排查、培训模式，完善人员编制、经费保障、工作机制等政策措施。要采取委托、赋权等形式赋予乡镇（街道）消防执法权限，提升乡镇（街道）消防监管能力。要强化日常消防巡查检查措施，构建"责任明晰、机制健全、运行高效"的网格化管理组织及"全面监管、无缝衔接、不留死角"的网格化巡查格局。要抓好"十四五"消防规划落地，把消防队站、消防水源、消防安全布局等纳入乡镇（街道）整体发展规划，合理布局。

6.4　构建多元治理格局，努力提升消防本质安全

各地要结合本地实际出台更加严格的居住出租房消防安全标准，积极推行居住出租房"旅馆式"管理，探索建立农村租房管理服务中心，加强农村出租房连片区域管理。各地要严把村民自建房安全管理源头关，将消防安全要求融入自建房监管各个环节。要科学引导和规范设计村民自建房建设样式，杜绝先天性安全隐患。要提升改善外来务工人员居住条件，加大公租房、保障性租赁住房等建设力度，引导和鼓励园区、企业配建员工宿舍和公租房。要推进数字治理，强化技防措施，推广独立式烟感、简易喷淋、电动自行车智能充电、电梯智能阻车系统等设施，全面加强消防安全源头管控，全力提升各类场所本质消防安全。

参考文献

[1] 余振平,张涵予,林怡文.电动自行车火灾的勘查检验技术及案例分析 [J].福建分析测试,2017,26(6):6-10.
[2] 谢宇豪.电动自行车火灾特点及扑救措施分析 [J].今日消防,2023,8(1):46-48.
[3] 周权.电动汽车自燃火灾特性及救援技术分析 [J].专用汽车,2023(3):8-9+30.
[4] 郭春裕,李伟权.电动自行车火灾机理及防控建议 [J].中国自行车,2023(2):82-85.
[5] 梁雪.典型电动自行车火灾事故案例分析 [J].劳动保护,2022(7):78-80.
[6] 薛钧,李辉.浅析电瓶车火灾防范对策 [J].消防科学与技术,2017,36(8):1174-1176.

家用 PTC 暖风机火灾危险性研究

吴 伟

（静安区消防救援支队,上海 静安 200040）

摘 要: 随着科技的发展与生活水平的提高, PTC 暖风机成为居民家中常备的电器设备之一,它比空调加热速率更快,且无须安装。但同时, PTC 暖风机的不正确使用,也导致了许多火灾的发生。本文通过实验,探求家用 PTC 暖风机在被局部覆盖、完全覆盖两类工况下的火灾危险性,分析其内部构造缺陷。结果表明,在局部覆盖(仅覆盖出风口和进风口)的情况下, 2 000 W 的 PTC 暖风机在 1 小时内未发生燃烧,在完全覆盖(包裹住整个暖风机)的情况下,在 15 分钟内出现燃烧现象;在内部构造方面,廉价的 PTC 暖风机的发热体使用胶水与外壳进行固定,在热作用下,胶水易软化脱落,导致暖风机侧翻,使得高热量的发热体接触到暖风机外壳的可燃塑料构件引发火灾。

关键词: 火灾风险;家用 PTC 暖风机;火灾调查实验

1 引言

PTC 暖风机是常见的家用电器产品,其是利用风机鼓动空气流经 PTC 发热元件(一种陶瓷电热元件)强迫对流,以达到热交换的目的。2022 年 1 月 22 日,在上海市某区发生了一起因使用 PTC 暖风机过程中发生内部故障引发的亡人火灾。因此,探求 PTC 暖风机的火灾危险性及致灾因素有相当重要的意义。本文从实际出发,考察不同工况下 PTC 暖风机的火灾危险性,进行火灾实验研究,以达到进一步改进产品缺陷,减少火灾发生的目标。

2 PTC 暖风机的结构和工作原理

PTC 暖风机的组成部件如图 1 所示,它是由 PTC 发热元件(陶瓷 PTC)、蓄热材料和保温材料组合而成的采暖机组。空气通过进风口流入机组,在经过电热元件时,空气被加热,并游经内部设置的风扇,热气由出风口被吹出机组,在室内形成热交换。同时,在机组内部利用保温和蓄热材料,使能量积蓄流通,达成省电和循环加热的效果,部分机型内部还

带有叶板调节器,可以用来调整出风口方向。

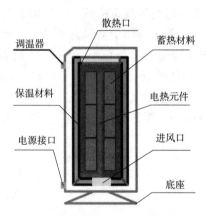

图 1 PTC 暖风机内部结构图

PTC 暖风机的内部线路如图 2 所示,在安全保护方面, PTC 暖风机设置了热熔断体及突跳温控,并由电机控制内部的风扇元件,当内部温度过高时可自行断电。有的产品还装有倾倒开关,当暖风机倾倒时也能自行切断电源。但是,整机一级保护的突跳温控开关和二级保护的热保险丝只有在机体过热时保护动作,并不具有短路保护功能。此外,部分劣质产品缺乏安全保护设计,具有较大的火灾风险。

作者简介:吴伟(1975—),上海市静安区消防救援支队综合指导科,高级工程师,主要从事火灾技术调查、消防监督检查工作。地址:上海市静安区沪太路 655 弄 1 号,200040。邮箱:18501715105。

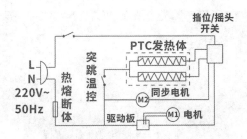
图 2　PTC 暖风机内部线路图

3　实验部分

3.1　实验设备和材料

采用 SDT Q600 热分析仪进行材料热性能测试，采用额定功率 2 000 W 的家用 PTC 暖风机进行火灾实验，采用尺寸为 2.00 m×1.80 m 的棉织物对暖风机进行覆盖，采用监控摄像机记录实验过程，采用 K 型热电偶探测暖风机进风口和出风口的温度数据，并使用德图 890 红外热像仪拍摄暖风机周围的温度现场。

3.2　热分析和点燃实验

PTC 暖风机的风扇、外壳均由 PVC 材料组成，为分析其热性能，本文对 PVC 材料进行热重 - 差热分析，空气气氛，升温速率 10 ℃/min，升温至700 ℃。为进一步考察其燃烧性能，本文采用短路电弧和明火两种方式对 PVC 部件进行点燃实验。

3.3　倾倒实验

拆开 PTC 暖风机外盖，放置在桌面上，通电并启动暖风机，观察实验现象，考察不同的放置方式对暖风机火灾危险的影响。本文采取两种放置方式：一是竖直放置，二是倾倒放置。

3.4　覆盖实验

在室内环境中，将 PTC 暖风机竖直放置在桌面上，将棉织物覆盖在暖风机上，通电并启动暖风机，记录温度和视频画面。本文进行了两个工况的覆盖实验，模拟衣物被烘烤加热的场景：工况 1 为局部覆盖，将棉织物搭在暖风机上方，覆盖进风口和出风口，如图 3 所示；工况 2 为完全覆盖，用棉织物完全包裹住暖风机，如图 4 所示。

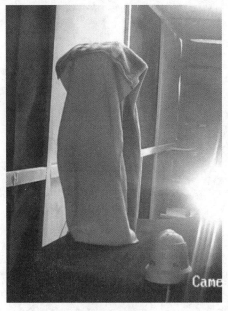
图 3　局部覆盖

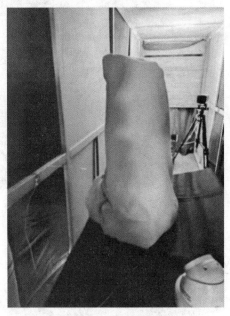
图 4　完全覆盖

4　结果与讨论

4.1　材料热性能

普通 PVC 属于难燃材料，85 ℃即会发生软化，其热分析曲线如图 5 所示。PVC 在 200 ℃前性质稳定，212 ℃发生熔化，热分析曲线出现吸热峰。燃烧过程可分为两个阶段：240~340 ℃聚合物长链断裂，生成氯化氢气体和含有双键的二烯烃；350~650 ℃是可燃气体产物和炭残留的燃烧过程，释放大量热量。

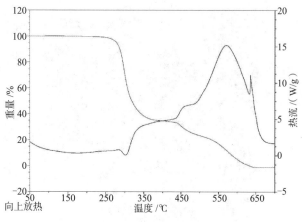

图 5　PVC 的热分析曲线

对暖风机构件的 PVC 材料进行点燃测试,发现构件在短路电弧作用下有烟气产生,在明火作用下能发生燃烧,如图 6、图 7 所示。

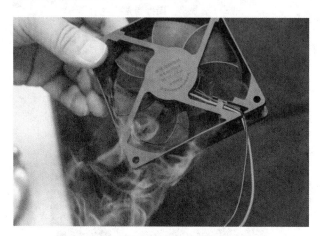

图 6　PVC 风扇在线路短路时有烟气产生

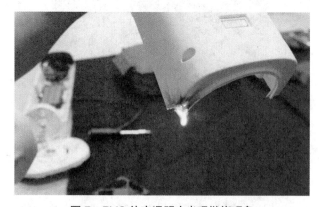

图 7　PVC 外壳遇明火出现燃烧现象

4.2　倾倒实验

竖直放置的 PTC 暖风机在通电的过程中,由于 PTC 发热体不断升温,导致黏结 PTC 发热体和其壳体的胶水出现软化松动现象,胶水黏性减弱,部分出现黏块现象,如图 8 所示。

图 8　PTC 发热体的黏结胶水出现松动现象

在倾倒放置的情况下,PTC 发热体从金属壳体脱落,与暖风机外壳的网状金属面罩接触,回路出现短路,在网状金属面罩上出现黑色金属点,如图 9 所示。

图 9　PTC 发热体倾倒与暖风机的网状金属面罩接触短路

4.3　覆盖实验

在局部覆盖工况下,暖风机开启 1 h 后,暖风机、棉织物未发生燃烧或炭化,进风口一直保持环境温度,未随实验时间延长而升高;而出风口迅速上升至约 170 ℃并保持稳定,直至实验结束。进风口和出风口的温度变化如图 10 所示,实验区域温度场如图 11 所示。

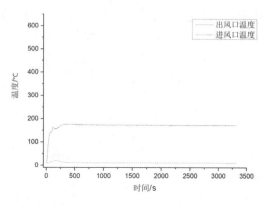

图 10　局部覆盖工况下进风口和出风口温度曲线

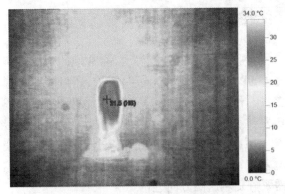

图 11 实验 1 h 时的实验区域红外热像照片

（a）进风口端观察

在完全覆盖工况下,在暖风机开机 20 分 25 秒时,透过棉织物可见内部出现了第一次闪光,图 12（a）和（b）分别为在进风口和出风口处方向观测到的画面;20 分 28 秒至 29 秒间,出现第二次闪光,亮度明显强于第一次,如图 13（a）和（b）所示。两次闪光都是由于 PTC 暖风机的边角倾斜,接触金属网罩造成短路,产生短路电弧形成。

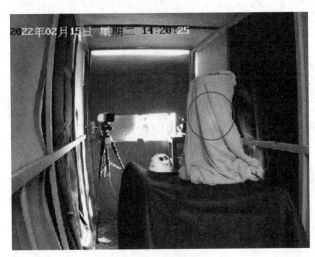

（a）进风口端观察

（b）出风口端观察

图 13 暖风机内部出现第二次闪光

20 分 44 秒时,有少量烟雾透过棉织物,从出风口侧飘出;21 分 41 秒时,棉织物在出风口一侧的棉织物出现炭化现象;22 分 41 秒时,在进风口一侧出现火光和炭化;在 24 分 4 秒后,火焰已经在棉织物表面蔓延,随后暖风机倾倒,如图 14 至图 17 所示。

（b）出风口端观察

图 12 暖风机内部出现第一次闪光

图 14 出风口侧有烟雾飘出

图 15 出风口一侧出现火光和炭化

图 16 进风口一侧出现火光和炭化

图 17 暖风机燃烧并倾倒

图 18 为完全覆盖工况下进风口和出风口的温度曲线,暖风机开启后,进风口温度在 12 min 内缓慢上升到 100 ℃,此后直至 12 min,温度未继续上升;而出风口温度迅速上升至约 170 ℃并保持稳定,约 15 min 后迅速增至 550 ℃,表明已发生燃烧。

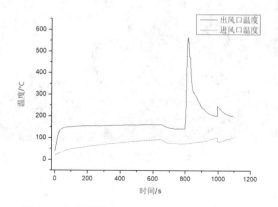

图 18 完全覆盖工况下进风口和出风口温度曲线

5 结论

由实验现象可以分析得出,除常规的电气线路故障外,PTC 暖风机因无短路保护,还可能由于螺丝、金属导电体进入内部发热元件内发生短路,或 PTC 发热元件和塑料框架分离脱落与金属面罩接触发生短路。PTC 暖风机的火灾原因主要分为表面覆盖衣物等和内部电气故障两种,因此火灾防控也需要分别从这两方面进行。

(1)PTC 暖风机的构件非不燃材料,在高温作用下会发生燃烧。

(2)在被完全包裹的情况下,暖风机在较短时间内,便会出现高温现象,并引燃周边可燃物引发火灾。因此,在表面覆盖衣物进行烘烤时,不能将 PTC 暖风机完全包裹覆盖,尽量将衣物与暖风机间隔一定的距离。

(3)暖风机的 PTC 发热元件与其塑壳框架采用胶水黏结,在 PTC 发热元件长时间加热的过程中,胶水会出现软化现象,降低黏性,一旦暖风机摆放在有坡度的工作面上,或长时间工作状态下的暖风机内部因风扇故障,内部聚热,PTC 发热元件从塑壳框架中脱落,具有不同电位的 PTC 发热元件碰触金属网罩发生短路打火,容易引发火灾。因此,PTC 发热元件固定结构应使用阻燃绝缘塑料材料制作,并有防止发热器件在固定结构内移动、脱落的固定件。为了防止金属材料进入发热元件造成短路,器具电源进线侧应安装短路保护。

参考文献

[1] 李惠菁. 火灾事故调查实用手册 [M]. 上海:上海科学技术出版社,2018.

[2] 中国国家标准化管理委员会. 家用和类似用途电器的安全 第 2 部分:室内加热器的特殊要求: GB 4706.23—2007[S]. 北京:中国标准出版社,2008.

关于导热油的火灾事故调查中运用实验结论的分析与思考

刘建国

（儋州市消防救援支队,海南 儋州 571700）

摘 要:火灾调查实验能在较为特殊的火灾原因认定中起到重要作用,特别是在一些现场破坏严重、疑点重重的火灾中,可用来验证调查思路,排除调查疑点,解决证据关联问题等。经科学设计的火灾调查实验可以与火场重构、光影模拟、烟气比对等调查手段相互辅助,相得益彰,增加火灾原因认定的科学性、严谨性和准确性。本文根据导热油的理化性质,试图从两起关于导热油的火灾事故调查案例出发,介绍运用火灾调查实验进一步了解导热油组分、特殊性能,分析导热油起火燃烧的诱发机理,判断有关导热油引发火灾事故的原因。最后通过几点思考,阐述规范实施调查实验的重要性,重构火灾现场的思维理念和实验结论运用的逻辑与关联。

关键词:火灾调查实验;热稳定性;火灾原因分析;火场重构;实验结论运用

1 引言

导热油作为工业油传热介质,在几乎常压的条件下可以获得很高的操作温度,既可以大大降低高温加热系统的操作压力和安全要求,提高系统和设备的可靠性,也可以在更宽的温度范围内满足不同温度加热、冷却的工艺需求,还可以在同一个系统中用同一种导热油同时实现高温加热和低温冷却的工艺要求。这种方式传热效果好、节能、输送和操作方便,近年来被广泛应用于精细化工、化纤工业、造纸加工、食品工业、石油化工、纺织印染等领域,其用途和用量越来越多。其中,适用于鲜乳、果汁、饮料等液体物料的电加热超高温瞬时灭菌机采用离心泵将导热油泵入灭菌机中冷热料热交换装置进行预热,再经过充满高压的高温桶,物料被迅速加热至杀菌完成。加热装置多采用导热油加热进行热交换,操作安全性要高于水和蒸汽系统。

2 导热油的理化性质

在加热系统中,导热油是以液相或者气相进行热量传递的热载体,又称有机热载体或者热传导液。在热源处吸收热量,在泵的强制循环动力下输送到用热设备,交换完热量后重新循环,从而达到热量传递和对受热材料进行温度控制的目的。其具备以下几种性能。

2.1 热稳定性

在规定的实验温度和时间条件下,导热油在隔绝空气状态下,因受热作用(热裂解和热聚合)而表现出稳定性。混入水或低沸点组分时,受热后蒸气压会显著提高。受热后体积膨胀显著,膨胀率远大于水。温升 100 ℃,体积膨胀率可达 8%~10%,热稳定性降低。受热后越容易发生反应,易发生缩聚产生不溶物胶质,胶质黏附在热交换壁面上会恶化传热效果。

2.2 氧化安定性

导热油受到高温加热后与氧气接触表现出一定的稳定性的特征。导热油温度超过 60 ℃时,与空气、杂质等相接触容易变质老化,颜色变深,黏度增大,抗氧化能力越差,越容易和空气发生氧化反应,

作者简介:刘建国(1990—),男,海南省儋州市消防救援支队,助理工程师,主要从事火灾调查、防火监督等工作。地址:海南省儋州市中兴大道东段体育广场对面消防救援支队,571700。

生成酸类、酮类、醇类和醛类等物质,同时产生沥青质、胶质等黏稠物质,从而腐蚀设备。

2.3　高初馏点、闪点和自燃点

导热油具有较高的初馏点,闪点通常为 216 ℃,蒸气密度通常大于空气,达到一定的温度后蒸气泄漏在空气中会产生燃烧或者爆炸。在密闭式传热系统中,导热油的闪点比系统的平均温度高;而在非密闭系统中,导热油的闪点应低于系统的平均温度。矿物型导热油含有多组分物质,具有沸点低、组分含量少、馏分窄、初馏点高等特点。

2.4　最高使用温度

在导热油加热系统中,为防止沸腾引起的冒油或冲油事故,初馏点要高于油的使用温度。相比合成型导热油,矿物型导热油使用温度范围窄,其最高使用温度较其使用温度至少低 20 ℃。据国际化标准分类,矿物型导热油的最高使用温度不超过300 ℃。

导热油质量参数见表 1。

表 1　导热油质量参数

项目		质量指标	实测值
外观		清澈透明 无悬浮物	清澈透明 无悬浮物
最高允许使用温度		300 ℃	300 ℃
热稳定性外观		720 h 透明、无悬 浮物和沉淀	浅黄色透明
热氧化安定性		(175 ℃,72 h)	
自燃点		≥最高使用温度	336 ℃
硫含量(质量分数)/%		≤ 0.2	≤ 0.002
氯含量 /(mg/kg)		≤ 20	≤ 0.66
水分 /(mg/kg)		≤ 500	≤ 88.2
闪点	开口	≥ 100 ℃	215 ℃
	闭口	≥ 180 ℃	238 ℃
酸值 /(mgKOH/g)		≤ 0.05	≤ 0.027
倾点		≤ -9 ℃	≤ -34 ℃
初馏点			360 ℃
运动黏度 (nm²/s)	40 ℃	≤ 40	30.54
	100 ℃		5.357
残炭(质量分数)/%		≤ 0.05	≤ 0.02
黏度增长(40 ℃)/%		≤ 40	≤ 4.3
沉渣 /(mg/100 g)		≤ 50	≤ 1

3　火灾事故案例一

3.1　火灾基本情况

2021 年 5 月 26 日 15 时,海南某市饮料厂发生火灾。火灾烧毁生产设施设备、塑料瓶、包装箱、半成品、成品等生产物资,过火面积约 5 940 m²(图1),造成直接经济损失 441.56 余万元。火灾调查人员围绕生产工艺流程、电气线路、设备设置、监控视频等开展勘验(图 2),最后进行了针对导热油的火灾调查实验,最终认定起火原因为电加热灭菌机加热导热油过程中,导热油发生沸溢,产生可燃气体,其与空气形成的混合气体遇电加热灭菌机配电箱内电气设备的电火花起火所致。

图 1　火灾现场概貌图

图 2　火灾现场平面示意图

3.2　火灾调查过程

消防救援机构成立调查组,通过调查询问、现场勘验、视频分析、火灾调查实验等对火灾事故原因进行了调查。

通过现场询问得知,徐某光在起火前查看电加热灭菌机操作面板(导热油加热装置温控表)显示200 ℃,之后不长的时间内生产设备发出"呲呲"声音,随后发现导热油桶上方有导热油溢出并流淌到发热管上,然后看到火焰从导热油桶上方燃烧并翻滚上升至车间顶部。

如图 3 所示,通过监控视频分析得知,生产车间电加热灭菌机部位于 15 时 33 分 59 秒出现第 1 次起火亮光;15 时 34 分 1 秒,火焰伴有白色浓烟并开始持续燃烧;仅在 44 秒的时间里,火势蔓延至该饮料厂厂房北侧边缘。火势在水平方向蔓延速度约为 1 m/s。

15时33分59秒

15时34分01秒

15时34分11秒

图3 监控视频画面

通过现场勘验发现,电加热杀菌机(图4)的导热油加热装置外表面存在从容器上方开口处液体沸溢后流淌燃烧的痕迹。导热油加热装置桶体上方的操作控制箱(温控装置)烧毁严重,部分零部件已灰化,无法辨识刻度,加热桶内残存导热油深度为0.3 m。

图4 电加热灭菌机复原图

3.3 火灾调查实验

3.3.1 实验目的

通过实验了解热载体系统中使用的导热油的理化性质、可燃性、燃烧形态、燃烧产物及燃烧方式。

3.3.2 实验原理

(1)液体(油品)燃烧及形式。

(2)导热油的热氧化反应和热裂解反应。

3.3.3 实验仪器及材料

电磁炉、铁锅(带锅盖)、红外线测温仪、可燃气体探测仪、有毒气体探测仪、摄像机、照相机、个人防护装备,以及从火灾现场起火部位电加热灭菌机提取的残留导热油。

3.3.4 实验环境

实验环境选取开阔地带,开敞空间,时间为夜间。当天温度为 26~35 ℃,湿度为 60%~70%,天气多云,风向东南风1级。

3.3.5 实验过程

准备好实验装置、实验材料后,架设好摄像机,并接通电源,开始对盛装导热油的铁锅容器进行加热,加热至 2 min 时,测得温度为 87 ℃并记录,后面依次相隔 6 min 检测一次温度,并记录所有实验所测得数据。

当铁锅内的导热油产生白色蒸气时,选用木棍蘸取铁锅内的导热油,并用打火机进行点火,发现蘸取部位的导热油可以点燃并开始持续燃烧。

当加热至 36 min 时,测得温度为 268 ℃,揭开锅盖时白色蒸气逸出,并伴有强烈的油气味道,盖回锅盖时,铁锅内的蒸气发生了燃烧,随后即熄灭。

当第 2、3 次揭开锅盖测得温度,盖回锅盖时发生了与第 1 次一样的燃烧现象。随后将可燃气体探测仪和有毒气体探测仪放在实验装置的旁边进行气体测试,发现 2 个探测仪均发出声光报警。

最后一次测得温度 270 ℃后,未盖回锅盖,并切断电磁炉电源,发现铁锅容器内的导热油开始持续燃烧。

铁锅内导热油稳定燃烧后将其扑灭,实验结束。导热油加热过程中实验数据如表 2、图 5 所示。

表 2　导热油加热过程中温升测量数据

时间 /min	温度 /℃
2	87
8	153
13	182
18	211
24	231
30	264
36	268
40	270

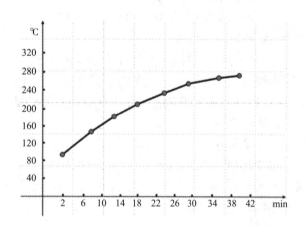

图 5　时间对应温度关系图

3.3.6　实验结论

(1)残留的导热油加热过程中发生热裂解反应和热氧化反应,生成可燃气体、有毒气体和小分子低沸物等。

(2)在非密闭空间的条件下,提取残留的导热油,在加热至 270 ℃时产生的可燃气体与空气形成的混合物能够发生燃烧,并在无加热装置的情况下持续燃烧。

(3)导热油在加热过程中产生大量白色蒸气混合物,且可以燃烧。

(4)在非密闭空间中,残留的导热油最高使用温度在 270 ℃以下,相比原装导热油,自燃点降低。

(5)导热油在加热过程中发生了沸溢,产生的可燃气体与空气的接触面极易产生燃烧。

3.4　火灾原因分析

通过现场勘验分析,导热油在长时间使用过程中,热聚合反应产生高沸物和高分子黏稠状聚合物,最后形成沉渣,其逐渐沉积于加热器和管路表面,形成的积炭影响系统的传热效能及温控精度,从而导致导热油沸溢,形成的蒸气与空气形成混合气体,持续加热最后发生自燃。

通过火灾调查实验,发现在火灾调查中提取的残存导热油经加热 18 min 后温度升至 211 ℃左右,继续加热 18 min 后温度升至 268 ℃,此时加热装置内的导热油蒸气与空气形成混合气体发生自燃,并产生持续燃烧现象。

与新装导热油理化性质相比,实验所用的样品受热膨胀率增加,热稳定性降低,自燃点降低,最高使用温度下降,油品中残炭激增。实验结论告诉我们,电加热灭菌机设备内残留的导热油从 211 ℃加热至自燃用时较长,而实际火灾现场情况与其不相符。那么,就不能排除电加热灭菌机加热导热油过程中,导热油发生沸溢,产生可燃气体与空气形成的混合气体遇到电加热灭菌机配电箱内电气设备故障引起的电火花引发火灾的情形。

4. 火灾事故案例二

4.1　火灾基本情况

2021 年 7 月 16 日 9 时,位于海南某市某生物科技有限公司发生火灾。火灾烧毁该生物科技有限公司生产设施设备(一体式有机热载体炉)及其周围车间局部,未造成人员伤亡,过火面积约 25 m²,造成直接经济损失约 10 万余元。消防救援机构通过调查,最后认定起火原因为一体式有机热载体炉加热导热油的过程中,高温导热油发生膨胀、沸溢并自燃所致。

4.2　火灾调查过程

通过询问了解到,现场工作人员最开始看到火焰从有机热载体炉的上方喷出，并引燃了车间顶部，沸溅油引燃了有机热载体炉，随后向四处蔓延。通过现场勘验发现，位于一体式有机热载体炉上方的膨胀罐体烧损比较严重，并且具有明显的液面分层燃烧痕迹（图7）。一体式有机热载体炉的承重部位及其零部件存在自上往下的燃烧痕迹，厂房顶部同样存在自上而下的蔓延痕迹，周围地面、墙体、玻璃框等有明显从一体式有机热载体炉膨胀罐向四周扩散的燃烧痕迹。

图6　膨胀罐烧损情况

4.3　火灾原因分析

通过现场勘验和现场询问，该可降解食品包装生产线的两台有机热载体炉是一用一备，但生产需要时两台设备并联使用。按照一体式有机热载体炉操作规程，点火升温是运行操作中较危险的阶段，升温过快或者盲目加快升温脱水、脱气过程，会使系统内水分剧烈蒸发汽化，体积迅速膨胀，引起导热油"突沸"，使油位急剧膨胀而大量喷出，原本280 ℃的导热油喷出膨胀罐外并迅速燃烧。一体式有机热载体炉剖面示意如图7所示。

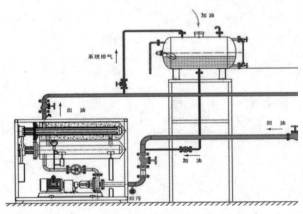

图7　一体式有机热载体炉剖面示意图

通过火灾调查实验，发现经过循环使用的导热油加热后平均升温速度为636.67 ℃/h，继续加热18 min后升温至268 ℃，平均升温速度为190 ℃/h，说明导热油在短时间内升温遇空气后形成混合气体容易发生自燃。因此，火灾原因认定为一体式有机热载体炉因为现场操作人员的操控疏忽造成有机热载体炉内的导热油温度急剧升高，最后发生沸溢从放空管口喷出遇空气后自燃起火所致。

5　几点思考

5.1　严格规范实施火灾调查实验方案

实验方案是否符合火场实际情况是准确认定火灾原因的重要参考。为发挥其更好的认定辅助作用，应从以下几个方面进行规范。

一是实验条件。实验要讲究重现性和客观性，应从火场重构出发，对实验场地、器材、材料、环境的选取要尽可能与火场高度一致，确保实验获得准确的数据和可靠的结论。

二是实验目的。要保证调查实验的针对性，明确实验方向，结合与火灾关联的某一（类）待证事实单方面展开，做到原理科学、目标唯一、可操作性强、方向明确。

三是实验内容。火场是燃烧综合作用的结果，调查实验不可能完全重现火场，所以尽量集中在确定引燃条件、可燃物、助燃物、蔓延特征、燃烧特性、火灾类型等方面，排除影响实验客观公正的因素。

四是实验程序。调查实验应根据火灾调查的需要，科学制定实验方案，要在分析火灾现场的痕迹、物证以及证人证言的基础上，遵循实验的基本原则，尊重客观事实，进行缜密设计和实施，确保实验过程真实、严谨、清晰。

5.2　建立火灾现场重构的思维理念

通常，一些严重破坏、难以复原的火灾现场，表面上是受到火灾动力、燃烧时间的影响，其实还要考虑通风条件、可燃物分布、建筑结构的影响。此时就会出现火灾原因认定与现场勘验证据脱节，证据相互之间孤立，未能形成连续完整的"链条"，难以对起火原因做出准确判断。火灾调查实验有可能实现火灾现场的复制和再现，概率排除了"可能"或者"不可能"，进而能够较为准确地判断火灾中的各种因素或事件，如燃烧时间、起火点、起火原因、火灾蔓延、燃烧特性及部分特殊材料的燃烧特征等。虽不能作为直接的认定证据，但可以关联单个证据，增加证据链之间结合的可靠性和证明力。

5.3 严谨审查火灾调查实验结论运用

随着新材料、新工艺的应用,火灾科学实验对应用和改进有重要的地位和作用。同样,在火灾调查中,实验对于证明起火时间、起火物、起火点、起火原因等有必要的运用空间,其证明力也不逊色于其他证据类型。火灾现场环境复杂,火灾调查实验不等同于火灾的客观事实,达到燃烧的必要条件或者充分必要条件,都必须对点火源、起火物、起火时间、周围环境等进行科学严谨、准确客观地论证。审查实验结论,主要对实验记录的内容、实验采集的数据、实验次数的归纳等进行审查,并根据火场证据材料还原火灾事实。运用证据的关联性,排查证据的相互印证关系。最后,结合火场综合判定实验结论的

证明力。得出肯定的结论时,排除其他可能性,作为唯一的结论成为证明力较强的证据;得出否定的结论时,可以做出成立或者不成立较为确定性的判断。

参考文献

[1] 中华人民共和国应急管理部. 火灾原因调查指南: XF/T 812—2008[S]. 北京:中国标准出版社,2008.

[2] 中华人民共和国应急管理部. 火灾原因认定规则: XF 1301—2016[S]. 北京:中国标准出版社,2016.

[3] 应急管理部消防救援局. 火灾调查与处理 [M]. 北京:新华出版社,2021.

[4] 裴锴,张静波,杜康. 从火灾调查实例论模拟实验在火灾调查中的作用和地位 [C]//2020 中国消防协会科学技术年会论文集. 中国消防协会,2020:1-9.

[5] 吕兆岐,谢泉. 润滑油品研究与应用指南 [M]. 北京:中国石化出版社,1997.

火场勘验技术及方法

浅议超声波探伤技术在一起火灾事故调查中的应用

张相志

（吴忠市消防救援支队,宁夏 吴忠 751100）

摘 要:本文通过一起生物科技有限公司玻璃钢风道(喷塔)的火灾事故调查,介绍超声波探伤技术在火灾调查中的应用探索,为火灾调查提供了有益尝试。

关键词:超声波探伤;火灾事故调查;应用

超声波探伤技术是一种非破坏性检查技术,是利用超声波在物质中传播的特性来对物质内部的缺陷进行检测和分析的技术。超声波在介质中传播时,会受到介质的密度、弹性模量和声速等因素的影响,从而产生不同的声波传播速度和衰减现象。当超声波遇到物质内部的缺陷时,会发生反射和散射现象,可以通过接收和分析反射、散射信号,确定缺陷的存在、位置和大小。

1 火灾基本情况

2022 年 6 月 17 日 21 时 10 分,吴忠市消防救援支队 119 指挥中心接到报警,称位于吴忠金积工业园区的某生物科技有限公司玻璃钢风道(喷塔)发生火灾。火灾共造成该生物科技有限公司鸡粉喷雾干燥车间喷雾干燥塔、除味环保车间以及除味环保设备等烧毁,火灾过火面积 800 m²,直接财产损失 38.808 1 万元,无人员伤亡。这是一起典型的生产装置引发的火灾事故,吴忠市消防救援支队迅速组织利通区消防救援大队开展调查。

2 现场勘验情况

2.1 单位基本情况及工艺流程

该生物科技有限公司位于宁夏吴忠金积工业园区,经营范围为:应用生物工程技术研究开发;发酵工程技术开发;食品添加剂、粉末香精、调味液体香

精、调味膏状香精及调味料(液体、半固态、固态、调味油)的生产销售;预包装食品的批发及零售;从事国家法律法规允许的进口业务(不含国家专项审批及禁止进口项目);普通道路货物运输。该公司鸡粉的生产工艺流程大致为:原料配比、高压蒸煮、配料、磨浆、高压均质、杀菌、喷雾干燥、冷却、过筛、检测、包装。

2.2 环境勘验

着火车间为喷塔除味车间,北面为宁夏方宏辅照公司,西边毗邻鸡粉车间,东边毗邻反应车间,南面为库房。喷塔车间高 24 m,地上 4 层,建筑面积约为 1 700 m² 面,主要用于原料的喷雾干燥;除味车间高 20 m,地上一层,建筑面积约 500 m²,主要用于尾气处理。喷塔车间一层为配制和收料车间,二层为清洗及燃烧炉,三层为压力塔,四层为进料、进气。

2.3 初步勘验

对喷塔一层喷雾干燥室进行勘验,干燥室北侧为 500 压力塔主塔及副塔,主塔位于东侧,副塔位于西侧,两塔均无过火痕迹。中部为 500 离心塔,主塔与副塔,主塔位于中部东侧,主塔南侧下方清洗口边缘有明显烟熏痕迹,出料口正下方放置一长方形接料槽,槽内有部分鸡料成品过火残留,出料口内部叶轮上附着鸡粉残留,出料口内壁,过火烟熏,呈黑黄色,副塔位于,中部西侧,表面有烘烤痕迹,呈土黄色,出料口边缘有黑色液体,内部叶轮,附着黑色料液并附有碳化后的鸡料,出料口下方,放置接料槽,有过火碳化后的鸡料,呈黑色干燥室南侧为 200 压力塔主塔和副塔,冷风机以及控制室,均无过火痕迹设备线路完整。

对二层进行勘验,由北向南依次为 500 压力塔塔体,500 压力塔副塔塔体,水膜除尘塔,500 离心塔

作者简介:张相志,男,汉族,宁夏回族自治区吴忠市消防救援支队综合指导科科长,中级专业技术职务,主要从事火灾事故调查工作。地址:宁夏回族自治区吴忠市利通区西二环路消防支队,751100。电话:18995336277。邮箱:zhangxiangzhi2005@163.com。

燃烧炉，200 压力塔主塔塔体以及 200 压力塔副塔塔体。500 压力塔主塔南侧塔体有烘烤使用痕迹，呈深黄色。北侧清洗口周围有烟熏痕迹，打开清洗口观察内壁，内壁呈银白色，附着淡黄色鸡料，无过火烟熏痕迹。500 压力塔及水膜除尘塔外表面附着油脂痕迹，无过火痕迹，副塔内壁无过火痕迹。500 离心塔副塔主塔表面有黄色烘烤使用痕迹，无烟熏痕迹，南侧上部观察口四周有喷射状碳化鸡粉附着，西侧中部观察表面有烟熏痕迹。500 离心塔副塔位于主塔西侧，副塔东侧与主塔西侧有一根通风管连接，通风管表面呈红褐色锈化，通风管北侧有一方形清洗口，风管下方呈黑色，黑色区域宽度从主塔至副塔逐渐变窄。500 离心塔副塔表面呈红褐色，由上至下逐渐由红变黑。北侧清洗口四周边缘过火呈黑色，旋钮表面附着黑色鸡粉碳化物，旋钮卡槽呈黑色，塔由上至下表面呈金属色逐渐变黑，塔四周金属楼梯无过火痕迹。200 压力塔主塔及副塔表面无过火烟熏痕迹。500 离心塔燃烧炉南侧表面有高温烘烤痕迹，南侧尾部上侧有明显开裂，上方 2 颗螺丝脱离，脱落至下方地面东侧有 2 颗螺丝有明显松动。

对喷塔车间三层进行勘验，三层北侧由西至东依次为 500 压力塔燃烧炉，500 压力塔塔体。三层中部东侧为 500 离心塔主塔塔顶，西侧为 500 离心塔的水膜除尘塔，南侧由西至东依次为 200 压力塔的水膜除尘塔，200 压力塔主塔。500 离心副塔顶端与引风机接口处软连接过火烧损，表面有明显过火烟熏痕迹，引风机口管内部呈黑色，软连接靠副塔一侧连接处未过火呈绿色，靠风机一侧过火呈黑色。水膜除尘塔检测口有喷射状过火烟熏痕迹。200 压力主塔及配套水膜除尘塔副塔表面均无过火痕迹，南侧燃烧炉表面有烘烤痕迹。南侧与除味车间毗邻墙体为单层钢制结构，有明显过火烟熏痕迹。对环保除味车间进行勘验，车间北侧有西向东依次为水箱，等离子控制柜。水箱南侧为 3 个喷淋塔（冲洗罐），冲洗罐南侧为 3 个缓冲罐。缓冲罐南侧为 3 台等离子环保装置，最南侧为 1 台风机。环保车间顶棚过火塌陷，塌陷程度南侧重于北侧，四周塌陷过火轻微变形，墙体上方窗口玻璃碎裂摔主塔至车间内部下方地面。等离子控制柜及配电柜塑料部件受热变形，金属部件无过火痕迹。水箱完好无边形，无过火烟熏痕迹。3 个冲洗罐依次过火烧损，烧损程度南侧重于北侧，上部重于下部。3 个缓冲罐均无过火烧损。3 台等离子环保装置过水，部分塑料部件变形，等离子装置进风口内壁有过火痕迹，南侧风

机内部有烟熏痕迹。

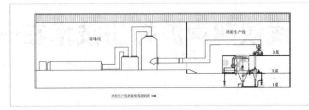

图 1　鸡粉生产工艺流程剖面示意图

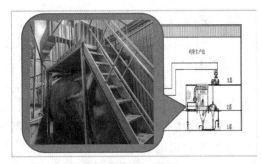

图 2　燃烧炉方位示意图

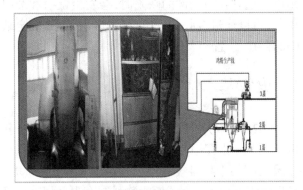

图 3　高温高效过滤器方位示意图

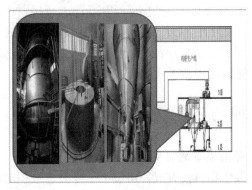

图 4　主塔方位示意图

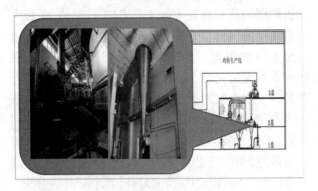

图 5　复塔方位示意图

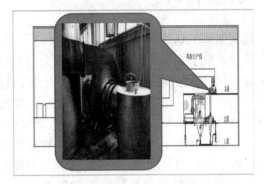

图 6　复塔风机方位示意图

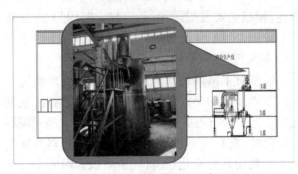

图 7　水膜除尘塔方位示意图

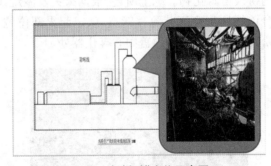

图 8　玻璃钢罐方位示意图

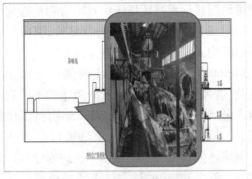

图 9　玻璃钢罐方位示意图

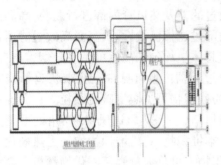

图 10　鸡粉生产线到除味线二层平面图

2.4　细项勘验

对除味环保车间及其内部设备进行勘验。除味环保车间外里面课件部分过火烟熏痕迹,过火烟熏程度从上到下、从中间至南北两边依次递减。在除味环保车间西墙外课件两根横向布置的圆柱形玻璃钢风管,玻璃钢风管整体保持完好。玻璃钢风管一头接入喷雾干燥车间,一头接入除味环保车间,靠墙体里侧的一根为 200 压力塔热风排风管,靠墙体外侧的一根为 500 压力塔(事故塔)热风排风管。500压力塔(事故塔)等离子除味环保设备与玻璃钢缓冲罐连接的风管完全过火烧毁脱落,其内部可见大量烟熏痕迹,其南北两端控制箱金属外表均可见过后受热痕迹,呈灰白色。三台等离子除味环保设备南段排风口均与一台引风机相连接,引风机排风口为一竖向玻璃钢烟囱,引风机过火全部烧毁,玻璃钢烟囱全部过火烧毁倒塌,在 500 压力塔(事故塔)等离子除味环保设备排风口内壁可见明显烟熏过火痕迹。对 500 压力塔(事故塔)水膜除尘塔进行勘验,水膜除尘塔外壁观察口可见明显烟熏痕迹,烟熏程度从观察口先四周依次递减,水膜除尘塔内壁可见明显烟熏过火痕迹。对 500 压力塔(事故塔)引风机进行勘验。引风机大部分可见过火烟熏痕迹,过火烟熏程度北侧(复塔侧)大于南侧,引风机与复塔之间的软性连接管道全部过火烧毁碳化脱落,管道内壁可见明显烟熏过后痕迹以及附着物料碳化残留物。对引风机电机机器电路进行勘验,引风机电机机器电路均未见过火烟熏痕迹保持完好。

对 500 压力塔(事故塔)主塔热风进风管道进行勘验,进风管道为一直径约 50 厘米的不锈钢圆柱体"U"形风管,风管一端与主塔顶端物料雾化器相连接,一端与二层燃气热风炉出风口相连接。在"U"顶端热风管中间部位可见一长约 60 厘米、宽约 60 厘米、高约 1.2 米的长方体不锈钢高温高效过滤器。热风管道与高温高效过滤器外表均未见过火烟熏痕迹保持完好。打开高温高效过滤器门板,对高温高效过滤器及热风管内部进行勘验,高温高效过滤器内部过滤棉已被拆除,高温高效过滤器机器门板内壁总体呈均匀红褐色可见轻微烟熏痕迹,在高温高效过滤器内壁可见少量粉末状鸡粉残留物附着,鸡粉残留物可见微量碳化颗粒。在高温高效过滤器出风口(主塔热风进风口)拐角处可见大量粉末状基本堆积物,鸡粉堆积物均匀受热糊化呈红褐色,堆积物上可见大量黑色碳化物颗粒。高危高效过滤器热风进风管内壁可见明显过火受热痕迹呈红褐色,在"U"形风管顶端内壁上可见少量鸡粉残留物附着,鸡粉残留物部分碳化可见大量黑色碳化颗粒。

2.5　专项勘验

对 500 压力塔(事故塔)热风燃气炉进行勘验,热风燃气炉主体为一直径约 1.5 米,长约 4 米的不锈钢圆柱体,呈卧式安装在鸡粉喷雾干燥车间二层东南角,燃气炉外表不均匀附着有大量油污,燃气炉外表与油污部分受热变色呈黑色或红褐色,受热变色程度由上到下依次递减。燃气炉顶部为一长宽各约 2 米的平台,平台上安装一电动送风机,送风机整体未见过火烟熏痕迹保持完好。送风机进风口为一宽约 1 米、高约 50 厘米的长方形金属过滤器,过滤器进风口设一层白色过滤棉,过滤棉呈竖向方格状向内凹陷,过滤棉凹陷部位表面可见大量粉末状残留物附着。对送风机电机机器电路进行勘验,送风机电机机器电路均未见过火烟熏痕迹保持完好。对热风燃气炉南端盖板进行勘验,盖板为一直径约 1.5 米的圆形金属板,周围有一圈螺丝将盖板固定在热风燃气炉炉体上,盖板中心部位看见一直径约 10 厘米的圆形观察空,盖板表面大部分可见受热变色痕迹呈黑色,受热变色程度由上至下依次递减。打开

盖板周围的落实将盖板拆卸下来,进行勘验,盖板内壁看见明显受热变色痕迹呈黑色,受热变色程度由上至下依次递减。盖板里侧为一层被色隔热棉,隔热棉基本保持完好。将隔热棉拆除对炉体内部进行勘验,燃气炉内部以圆柱形炉体中心为中心向外依次为燃烧室(直径约 1 米)、环装热交换室、环装回风管、炉体外壁。在燃烧室南端与热交换室之间围一圈焊缝,对焊缝进行渗透试验,焊缝除燃烧室顶部部分(长约 10 厘米)保持完好外,其余部分均开裂。

3　火灾原因认定

3.1　起火时间的认定

通过调取宁夏春升源生物科技有限公司鸡粉喷雾干燥车间监控视频显示,宁夏春升源生物科技有限公司鸡粉喷雾干燥车间喷雾干燥塔主塔、复塔下料口于 2022 年 6 月 17 日 20 时 54 分有烟雾冒出。根据对马鑫和牛龙的询问笔录显示,马鑫和牛龙在鸡粉喷雾干燥车间分别进行控温操作和配料作业的过程中发现鸡粉喷雾干燥塔主塔和复塔下料口于 2022 年 6 月 17 日 20 时 50 分左右有烟冒出。综上所述,根据火灾发展规律,认定起火时间为 2022 年 6 月 17 日 20 时 50 分许。

3.2　起火部位的认定

根据对牛某的询问笔录显示,牛某发现喷塔下料口有烟冒出后第一时间上到二楼查看情况,发现鸡粉喷雾干燥塔复塔清洗口有明火冒出。经对现场进行勘验,鸡粉喷雾干燥塔主塔顶端雾化器外壁附着大量鸡粉残留碳化物,且在主塔顶盖内壁中心部位可见辐射状鸡粉残留碳化物,在主塔塔体内壁可见鸡粉残留碳化物。综上所述,根据火灾发展规律,结合该场所生产工艺流程特点,认定起火部位位于鸡粉喷雾干燥塔主塔顶盖中心雾化器处。

图 11　主塔顶盖内壁照片

图12　主塔顶盖内壁照片

图13　燃烧炉顶端内部照片

3.3 起火原因认定

经对现场进行勘验,将燃烧炉顶端闷盖拆除,发现燃烧室与热交换室焊接处可见明显焊缝开裂。热风管道上的高温高效过滤器过滤棉被拆除,在热风管道内壁可见明显过火受热变色痕迹。火灾的发生原因可以推断为热风燃气炉燃烧室内的明火进入热交换室,继而沿着热风管道未经任何过滤和阻拦直接而进入主塔顶盖中央部位的物料雾化器与可燃物料接触。明火可以进入热交换室的途径只有是焊缝裂缝,如何取证是火灾认定的难点。调查人员考虑多种方法:

采取便携式X光机探伤。燃烧炉体积较大,一旦固定后就难以拆解,便携式X光机探伤无法全面照射到燃烧炉内部。采取接通燃气燃烧再通过红外探测仪检测漏火情况。为现场勘验,调查人员已经对燃烧炉顶端闷盖进行了切割故难以复原,此外燃气燃烧难以控制用量易发生次生事故。同理,采用接通燃气再用可燃气体探测器检测漏气情况的方法也不现实。

经过多方考虑,调查人员委托具有资质证书的陕西天源检测公司采用超声波无损探伤技术进行了检测,同时出具检测报告显示:对焊接处裂缝进行渗透试验,焊缝开裂等级为Ⅲ级,开裂深度为通体。

根据火灾发展规律,认定起火原因系热风燃气炉内的明火通过焊缝裂缝进入热交换室,沿着热风管道进入喷雾干燥塔主塔引燃可燃物料,继而引燃复塔、水膜除尘塔、引风机、除味环保设备内壁可燃物致灾。

4　调查体会

超声波无损探伤技术是一种最为重要且广泛应用的无损探伤检测方法,在建筑业和冶金业得到了全面应用。本起火灾事故调查中采取超声波无损探伤技术,通过超声波无损探伤技术对燃烧室与热交换室焊接处缺陷检测,有效佐证燃烧室内可燃气体及火焰进入热交换室从而确定起火原因,为今后管道类火灾调查提供新的思路及方法。随着各种先进技术的发展,火灾事故调查中跨界使用其他领域先进技术将是一大趋势。

参考文献

[1] 曹国梁. 超声波探伤技术在钢结构无损检测中的应用 [J]. 黑龙江水利科技,2021(4):202-203.

[2] 曾一彪,袁邱浚. 焊接质量的超声波探伤无损检测 [J]. 中国石油和化工标准与质量,2020(16):55-56.

[3] 曾泽翔. 焊接质量的超声波探伤无损检测探析 [J]. 世界有色金属,2020(6):294-295.

[4] 刘威. 焊接质量的超声波探伤无损检测探析 [J]. 南方农机,2019(22):193.

[5] 中国国家标准化管理委员会. 无损检测 接触式超声波斜射检测法:GB/T 11343—2008[S]. 北京:中国标准出版社,2008.

现场照相制卷系统在火灾调查案卷照片编排制作中的应用实践与体会

裴 华

（青岛市消防救援支队，山东 青岛 266600）

摘 要： 本文介绍通过使用"现场照相制卷系统"软件对火灾调查案卷现场照片进行模板化编排和标准化制作，快速完成火灾现场照片制卷工作，取得应有效果，分析了当前火灾事故调查案卷现场照片编辑制作及照片档案应用的工作现状，阐述了"现场照相制卷系统"软件符合《法庭科学照相制卷质量要求》（GB/T 29351—2012），具有推广应用价值，以及在实现中对火灾现场照片制卷进行模板化编排和标准化制作的几点体会。

关键词： 火灾调查；照片案卷；制卷系统；工作体会

1 火灾调查案卷照片编辑制作的工作现状

火灾现场照片是再现火灾事实、展示火灾痕迹、记载火灾证据的重要载体，火灾现场照片拍摄、选取、编排是专业性和技术性非常强的一项工作，需要较高的专业知识和丰富的工作经验。入卷照片的关联性、系统性和逻辑性直接影响火灾事故调查档案的质量和火灾原因认定结论的说服力。由于入卷照片缺少有效编辑排版，火灾事故调查档案照片混乱，不能和现场勘验发现的重要痕迹物证互相对应，导致案卷事实不清、证据不足的事例比比皆是。

1.1 现场照相制卷制作不规范，时效性不强，证明力不足

火灾现场照片案卷制作仍处于传统冲印、手工粘贴、编排、手工标线阶段，制作周期长，制作随意性强，一起火灾现场照片案卷制作需要几天时间，火灾现场照片卷编辑、制作不能有效执行现场照相制卷相关标准。

1.2 现场照相信息不能实现信息共享

目前，火灾现场图像的管理还处于人工的文档管理，不便于较大范围的信息传递，难以实现信息共享，与电子网络信息化的现代社会发展水平不相适应，跟不上新形势下信息共享互通、提高办理火灾案件质量的要求。

1.3 档案保存存在遗失损坏情况，影响证据的作用力和档案材料宣传使用

由于人为的原因、现场照片制作材料的客观因素和保管条件的限制，现场照片资料的丢失和损坏现象时有发生，而火灾事故现场照相事后又不能补拍，影响证据作用的发挥，给证据的作用力和档案材料宣传使用带来不可弥补的损失。

1.4 现场照片损耗严重，工作成本高

现场照片卷制作要经过相片选取、编排环节，据统计，实际选用的有效照片仅占现场拍照总数的20%，而冲印的现场照片有80%不能使用，造成不必要的浪费。

2 现场照相制卷系统在火灾调查案卷照片编辑制作中的应用实践

为提升现场照片编排质量和工作效率，解决这一困扰火灾调查工作多年的顽疾，青岛市消防救援支队积极探索，吸收公安机关制作刑事照片案卷经验，运用"现场照相制卷系统"对火灾调查案卷照片进行模板化编排和标准化打印制作，取得了较好的效果。

作者简介： 裴华，男，湖北江陵人，山东省青岛市莱西市消防救援大队中级专业技术职务，主要从事消防监督和火灾调查工作。地址：山东省莱西市上海路118号，266600。邮箱：peihua1010@163.com。

"现场照相制卷系统"是沈阳天元科技股份有限公司根据我国公共安全行业标准《法庭科学照相制卷质量要求》(GB/T 29351—2012)的要求开发的产品。该系统具备完整的火灾调查案卷现场照片编辑、排版及打印功能,操作简便。该制卷系统包括用户管理、模板设置、照片导入编辑、照片标引、痕迹标注、页码自动排序、封面信息自动生成、专用四联卡纸打印、图片导出、数据备份及恢复、远程在线升级等功能,能够直观展示案卷照片的关联性和痕迹证据的系统性,方便了火灾调查照片的筛选、编排和存档,有效提高了火灾调查的工作效率和质量。其具有以下特点。

2.1 现场照片拍摄针对性、方向性更强

"现场照相制卷系统"相关内容符合《火灾现场照相规则》《火灾事故调查案卷制作》要求,可以按照《火灾现场照相规则》要求,灵活选择使用照相装备,如无人机、广角镜头、标准镜头、全幅镜头和微距镜头,方位照相使用无人机和广角镜头拍摄;起火部位需拍摄室外5个面、室内6个面,要使用标准镜头、全幅镜头进行拍摄;起火源、起火物要拍摄本身特征,要使用微距镜头;痕迹拍摄要有标号号牌、比例尺。帮助和指导拍摄人员进行现场照片拍摄时具有更强的针对性、方向性。

2.2 现场照片编排模板化

"现场照相制卷系统"能够做到现场照片的模板化编排,能够完整准确按照《法庭科学照相制卷质量要求》《火灾现场照相规则》与《火灾事故调查案卷制作》要求,进行火灾现场照片数字化、模板化编排,能够提示初学者按照现场勘验顺序逐张选取照片,标引照片展示内容和重要痕迹物证,从而充分说明事实。

2.3 现场照片打印一次成型,实现电子存储

"现场照相制卷系统"打印功能完善,可以虚拟打印存储电子版,可以纸质打印照片,照片一次打印成型后,装订成制作照片卷,纸质打印使用专用打印机和四联专用打印照片纸,照片卷可以单独成卷,也可以作为现场照片插入火灾事故调查案卷中。

到目前为止,"现场照相制卷系统"在火灾调查案卷照片实行模板化编排和标准化打印的实践应用工作中,制作完成的火灾现场照片案卷发挥着越来越重要的作用。

案例1:2021年8月28日,在山东省火灾调查大比武活动中,青岛市消防救援支队现场照片案卷参赛作品,在规定时间内,从拍摄的近800张照片中

挑选出32张照片,其中现场方位照片6张、现场概貌照片8张、重点部位照片14张,利用"现场照相制卷系统"软件编排制作的火灾现场照相案卷,完整、全面,详细地说明了现场情况,获得现场照相单项科目全省第一名,并获得了现场专家评委的称赞和领导的一致好评,见图1至图4。

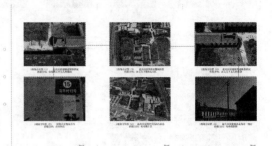

图1　案例1方位照相

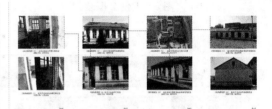

图2　案例1概貌照相

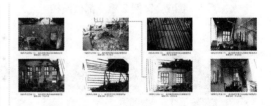

图3　案例1重点部位照相

图4　案例1细目照相

案例2:青岛东庄头蔬菜批发市场"3·6"火灾事故涉及6家火灾当事人,在现场调查勘验期间,6家当事人对事故原因各持己见,在查明事故原因开展火灾事故认定前说明时,调查人员展示使用"现场照相制卷系统"制作的现场照片案卷,6家当事人在查看照片案卷后,认为其完整有序、层次分明、说明

到位,打消了当事人顾虑,都及时在《火灾事故认定说明记录》中签字,且未提出复核,见图5至图8。

图 5　案例 2 方位照相

图 6　案例 2 概貌照相

图 7　案例 2 重点部位照相

图 8　案例 2 细目照相

火灾调查案卷现场照片进行模板化编排与标准化制作,相比传统的方法具有以下几个优点。

(1)节省经费,提高工作效率。不用为冲洗照片、粘贴案卷、而浪费人力、物力 。

(2)提高现场照片制卷的可操作性、整洁性和保密性 。以往的纸制案卷又厚又重,保存下来要占用很大的空间。现在的电子案卷可以打印出来,也可以根据情况不用打印,直接保存在电脑硬盘上,也可刻录成光盘。

(3)档案管理检索方便。以前要查找一个历史案件的资料要翻查很多档案,现在只要将存有指定年份案件的光盘放入电脑进行搜索,很快便有结果。

现场照片是现场勘查记录中的重要部分,它以照相的方法将现场状况和与案件有联系的痕迹物证,客观准确地加以固定和记录,且能永久保存。现场照片作为证据的一种,一套完整的现场照片案卷应是现场证据之间相互关联,然而在实际工作中,往往容易忽视的就是照片间的关联问题。不完整的、脱节的照片案卷则不能将各种证据完整连贯地展示出来,不能形成证据链,而失去自身的法律效力。因此,加强火灾调查案卷照片模板化编排和标准化制作刻不容缓、迫在眉睫。

3　做好火灾现场照相制卷工作的思考

3.1　制定火灾事故调查案卷照片编辑制作标准,建立单独火灾现场照片案卷

火灾事故调查案卷制作质量是反映消防救援机构火灾事故调查工作规范程度化的重要载体。现场照片案卷作为一份完整有序的法律文书,整体完整、各个环节之间相互关联,层次分明地将一个现场平铺有序地展现出来。目前,火灾现场照片整理包含在《火灾事故调查案卷制作》中,火灾现场照片也未独立成卷,也无火灾现场照片制卷相关标准。我国火灾事故调查专业人员经过多年的火灾事故调查实践,积累了火灾事故调查案卷制作的丰富经验,形成了较为科学、系统的技术手段和管理成果。但是,我国目前尚缺少火灾事故调查案卷照片编辑制作标准。为使火灾事故调查案卷的制作更加科学、系统、规范和统一,确保火灾事故调查案卷的制作质量,适应当前执法规范化建设和当事人法律维权意识普遍提高的现实要求,依据现行消防法律法规,应尽快制定火灾事故调查案卷照片编辑制作标准,不断提升火灾事故调查案卷照片编辑制作质量。

3.2　"现场照相制卷系统"适用于消防各个专业领域,具有推广应用价值

"现场照相制卷系统"符合行业标准《法庭科学照相制卷质量要求》(GB/T 29351—2012)制卷要求。该标准于 2012 年 12 月 31 日发布实施,适用于各类刑事案件现场照片、治安案件和灾害事故现场照片的制卷,也适用于火灾现场证据照片的制卷。火灾现场照片既是灾害事故现场照片,也是证据照片,火灾现场照片案卷制作也必须执行该标准。"现场照相制卷系统"具有操作便捷、编排快速、成本低、易保存、易于自制的特点,是火灾调查案卷现场

照片编排制卷的发展方向,填补了国内火灾调查档案照片编辑排版技术方法的空白。该系统不仅适用于火灾调查案卷现场照片编辑制卷,还适用于消防机构消防行政处罚、消防行政强制、消防安全检查等执法案卷现场照片的编辑制作,也适用于消防宣传照片档案的编辑制作等,"现场照相制卷系统"是专用照片编辑软件,适用于消防各个专业领域,具有推广应用价值。

3.3　建立火灾现场照片案卷数据库,做到火灾调查领域数字信息互通共享

使用"现场照相制卷系统"实行模板化编排和标准化打印制作火灾调查现场照片案卷,免去了冲扩胶卷、放大照片及筛选粘贴等烦琐过程,由传统洗印照片粘贴到数码相机拍照通过计算机编排打印,在数字化、信息化上迈上了一个新台阶。运用计算机制作现场照片的电子案卷是对传统制作方法和保存手段的一次新的挑战和质的飞跃,是火灾现场照相的发展方向。要通过建立火灾现场电子照片数据库,整合火灾现场照片电子信息,做到火灾调查领域现场电子照片信息资源互通共享,通过火灾现场照片制卷、建库及应用,提高工作效率,发挥其实际的应用价值。

参考文献

[1]　中国国家标准化管理委员会.法庭科学照相制卷质量要求:GB/T 29351—2012[S].北京:中国标准出版社,2013.

[2]　中华人民共和国应急管理部.火灾事故调查案卷制作:XF/T 1034—2012[S].北京:中国标准出版社,2013.

[3]　中华人民共和国应急管理部.火灾现场照相规则:XF/T 1249—2015[S].北京:中国标准出版社,2015.

[4]　程艳,胡军.现场照片案卷的数字化与标准化制作[J].广东公安科技,2010(2):35-38.

智慧消防物联网系统在火灾调查中的应用

张庆杰

（黑河市消防救援支队,黑龙江 黑河 164300）

摘　要: 近年来,随着社会不断发展与法制观念提供,人们的防护意识有了很大提高,火灾调查也更加具有规范性、科学性。智慧消防物联网系统为传统火灾调查中面临的技术问题带来了新思路,帮助火灾调查提供灾前的建筑物信息,为科学认定火灾原因提供有力证据。基于此,本文分析了传统火灾调查中存在的问题,探讨了智慧消防物联网系统中的消防新理念,研究了智慧消防物联网系统在火灾事故调查中的应用以及智慧消防物联网系统设计要点,以供参考。

关键词: 智慧消防;火灾调查;消防物联网

1　传统火灾调查中存在的问题

1.1　设施装备不够完善

在进行火灾调查工作时,使用的设备主要有摄像机、录音笔、物证采集以及现场绘图、图像处理设备等。随着高科技的广泛应用,现在火灾调查会使用先进的仪器,并且能够在计算机三维成像技术的帮助下,模拟出火灾发生时的场景,先进的仪器可以精准定位出起火点、相关数据,能够精准分析火灾起因等,不过目前这些先进的仪器和技术只用于大城市中,其他城市尤其是基层火灾调查单位,对先进的仪器设备不够了解,更是无法利用先进的仪器设备展开工作,一般都是在火灾结束后,利用原有的基础性设备进行调查,但是这种传统调查方式已经无法解决火灾事故中出现的问题,也不利于保证火灾调查结果的科学性。

1.2　重调查,轻实践

火灾调查工作有两项不可缺少的重要环节:现场勘查与询问,两者互为印证,不能缺少任一环节。当前进行火灾调查时,工作人员到达火灾现场后,首先会对目击者做详细询问,然后会对现场拍照留证,最后会进到火灾现场做进一步的勘查。虽然通过这种调查方式所得到的目击者口供较为精准,但是现场勘查环节的推迟对于火灾原因调查以及分析是十分不利的,现场的一些细微变化都会影响工作人员的准确判断。

2　智慧消防物联网系统中的消防新理念

2.1　完善信息系统,提高信息传达率

与传统的火灾调查工作相比,智慧消防物联网处理信息更加准确,同时也可节省收集信息的时间。对于消防事业来讲,火灾预警是其重要的一项工作,对火灾的发生地点和时间做精准预估,可以帮助后续消防工作获得第一手资料,并且能够避免信息出入较大而造成不必要的错误,降低出现较大的人力、物力损失的可能。智慧消防物联网可对火灾进行精准把控,再向平台传递准确信息,然后经过科学地判断与核实,最终将有关信息告知居民,提醒居民提前进行预防工作,尽量将损失降到最小。对于潜在发生火灾的现场,若有居民居住,需要首先确保居民人身安全;若没有居民,可通过信息进行传达。如果没有人员及时发现灾情并且报警,智慧消防物联网系统能够向消防部门传递火灾信息,安排小区物业部门进行详细的排查。

2.2　加强安全保障,及时排除火灾隐患

随着社会经济的快速发展,城市管理越加看重对城市公共区域的相关安全管理。所以,进行城市消防安全治理工作时,应当将现今的高科技应用到

作者简介: 张庆杰(1982—),男,汉族,黑河市消防救援支队,专业技术八级工程师,主要从事火灾调查工作. 地址:黑龙江省黑河市爱辉区通江路,164300。电话:17804560088。

消防管理中,使其更加智能化,符合智能消防的各项要求。例如,目前已经有不少消防中队引进了RFID射频通信技术,将其设置到宣传板内,该技术能够和移动终端实现信息交互,可以帮助消防部门及时查看火灾报警信息,并且第一时间赶到现场,减少火灾发生的风险。

2.3 打造消防平台,推进科学智慧化建设

现在我国的火灾调查工作还处于阶梯性发展的阶段,所有事情不可能一蹴而就,对于提高民众身心安全,有关单位不能为潜在隐患展开不成熟实验,要减少人力、物力的消耗。我国的消防事业已经经历了很长的螺旋式发展历程。智慧消防理念是在2014年智慧城市健康发展指导意见首次提出的,此后我国消防事业开始朝智慧消防发展,并且进入智能化、科学化的重要阶段,如智慧用电子系统、消防水子系统、消防设备管理子系统等。

3 智慧消防物联网系统在火灾事故调查中的应用

3.1 提取事故现场静态信息

开展火灾调查工作时,通过智慧消防物联网系统能够更快更精准地收集相关静态信息。当前消防设施的分布与运行都记录在智慧消防物联网系统内,这样做能够节省工作人员在调查时查阅资料的时间,并且能够更加灵活、方便地获取资料信息。除节约资料收集时间外,智慧消防物联网还提高了火灾调查的工作效果,加强了现场资料管理。其中,主要信息有建筑方面的信息、单位的基础信息、火灾现场的位置与图片信息等。此外,通过智慧消防物联网还可以了解火灾内部以及周围附近的消防水源、消防最佳救援路线、灭火后的最优疏散信息等。

3.2 辅助确定起火时间、起火部位

智慧消防物联网系统能够搭建相关的三维模型,并且可以编制相应的消防工作预案,对每个监测点进行标注。智慧消防物联网系统中的传感器能够采集消防设施应用数据,并将这些数据信息统一传输到物联网监管平台,若有报警信息,则可以及时通过三维模型来确认起火时间和起火部位,第一时间通知消防救援人员赶到起火地点进行灭火工作。在后续的火灾事故调查中,工作人员能够在智慧消防物联网系统中直接查询到关于本次火灾的有用信息,对于之后其他的火灾调查工作有极大的帮助。

3.3 系统联动,减少火场破坏

充分利用智慧消防物联网系统,能够确保建筑物在发生火灾的时候,其内部的消防设施可以及时运作,达到消防设施和报警一起联动的目的,消防设施可以及时发挥作用,阻止火势进一步蔓延,尽可能地降低损失,减少火灾现场的破坏。前文提到,智慧消防物联网系统中早已输入消防设施有关运行数据,因此在出现火灾的时候,系统可以自动记录信息,对比消防设施运行情况和消防设施动作的先后顺序,对火灾发生、发展、蔓延进行监测分析,为火灾调查提供有利的证据支撑。

3.4 支持火灾延伸调查

火灾发生后,消防救援机构为深入推进火灾"一案三查"(查原因、查教训、查责任),分析火灾事故暴露出的深层次问题,进一步推动消防安全责任制的落实,需要对火灾事故进行延伸调查,火灾调查人员需要及时掌握和监测火灾现场的消防设施运行情况,进而查证单位日常管理、中介服务机构、消防产品质量和各部门依法监管等工作开展情况,辅助火灾调查人员完成后续的延伸调查工作。此外,根据智慧消防物联网系统,火灾调查人员能够及时收集以及存储火灾事故中有用的数据信息,对单位的日常管理,火灾发生、发展、蔓延的过程,人员疏散逃生的路线以及灭火救援的实施等进行总结,及时对不足之处做调整,有利于后续火灾防控工作,减少相同性质火灾发生的频率。

4 智慧消防物联网系统设计要点

从当前应用较广的智慧消防物联网系统分析研究来看,其建设模块主要集中在物联网硬件、依托计算机技术搭建的系统软件以及运营服务等三方面,在这三大模块之上,结合现代新型技术又细化成了能够实现远程监控的平台、出现火灾可以自动报警的装置、能够自动处理安全应用工作的系统、无线电气火灾监控等板块,根据系统设计要求做出的智能分级预警算法,在实际的火灾调查工作中效果斐然。

4.1 系统软件设计

智慧消防物联网系统就功能问题,将平台分为消防安全应急自动管理系统和实现远程监控的智慧消防远程监控平台,这两个平台都可以利用手机或者浏览器进行控制。在计算机和软件的帮助下,工作人员能够实时对与智慧消防物联网系统平台联网的有关单位进行掌控,能够了解单位内部消防设施

运行,为单位提供远程服务,并且可以根据单位的实际情况和有关人员进行及时的沟通,帮助单位将消防安全工作落到实处。智慧消防远程监控平台能够同时接入多个联网单位的相关消防设施运行情况,将这些信息在系统中进行集成化呈现,并且会依照分级预警算法和火灾隐患等级,打造可以实现社会单位自动管理的系统平台,并且在有关部门的监督与指导之下,对监控中心工作进行协调监督,这样做可以更加方便、高效地采集数据信息。在系统平台出现潜在火灾信息的时候,平台能够以短信、微信信息的方式告知工作人员第一时间去处理。此外,系统上还可以查询到各单位消防管理的有关信息,在这些数据信息的加持下进行科学的评估,为预防火灾提供有力依据。

搭建社会单位消防安全管理系统,能够减少消防部门的压力,提高社会单位对消防安全的了解和管理,督促社会单位履行职责。之前的社会单位缺少消防安全的意识,在落实消防安全责任工作的时候存在一定难度,有些单位会拒不配合。例如,有些单位缺少完整的消防设施,没有定期为单位人员开展消防演练,没有事先设计好消防预案,这些问题会造成在火灾发生的时候,单位第一时间没有任何的应对措施,严重威胁生命财产安全。所以,对社会单位搭建智慧消防安全应急自动管理系统,能够提高社会单位的消防安全管理能力,解决潜在的火灾隐患,帮助火灾调查相关工作高质量地开展。

4.2　物联网硬件设计

物联网硬件设计对智慧消防物联网系统进行优化,并且对其硬件设施进行完善,其中主要有报警装置以及信息传输装置。此外,在常用的消防设施消火栓与喷淋末端装置无线水压监测,能够帮助工作人员及时查看装备的信息。有些系统还会在现在的基础上,为完善消防设备的防排烟系统,安装消火栓压力监控装备、可燃物状态监测装备。

物联网硬件设计涉及火灾调查工作质量,所以需要做好相关设计工作,完善系统建设,对维护难点进行精准设计。消防部门应该和社会单位加强沟通,要利用共用的消防系统,做好现场勘查工作,方便开展后续的火灾调查。当前有些单位因为消防安全设施中存在许多漏洞,加之对消防安全不够重视,严重影响了对智慧消防的了解,如果消防部门与社会单位沟通不畅,有可能会影响智慧消防物联网系统发挥作用。在硬件选型与配置方面应当明确要求,并且与消防监督管理工作进行结合,从而能够完善智慧消防物联网系统的一系列监测设备。

4.3　操作功能设计

智慧消防物联网系统和之前的消防系统相比,消防流程得到了优化,并且添加了能够实时监控的可视化操作平台,使操作更加便捷。在进行操作功能设计的时候,对通信功能的设计是其中的重点,应当结合智慧消防系统的特点,选用 CAN 总线作为通信传递媒介,对平台和终端设备进行信息传输。对于线上系统平台而言,若操作不当有可能会造成数据丢失,因此智慧消防系统可以利用 FIFO+Hash 算法,对 CAN 总线所传输的数据进行优先处理。此外,还可以使用多线程方式对 A 线程的信息进行读取,将所获取到的 CAN 数据直接放置到 FIFO 队列,这样做能够减少 CAN 数据丢失的情况,确保信息的完整性。

5　结语

总之,在进行火灾调查工作时,若想保证调查结果精准度,需要应用智慧消防物联网系统,该系统不仅能够优化之前火灾调查存在的问题,而且还能通过预警系统发出预警通知,减少火灾发生的频率。智慧消防物联网系统能够与火灾现场进行结合,帮助工作人员收集数据,为后续的火灾事故调查分析提供数据参考。智慧消防物联网系统的应用可以减少火灾事故对社会的负面影响,促进社会更加稳定发展。

参考文献

[1]　常健. 智慧消防物联网系统在火灾调查中的应用 [J]. 中国高新科技,2022(9):159-160.

[2]　卢京明. 智慧消防的发展与研究现状 [J]. 电子世界,2020(13):42-43.

[3]　美努·阿布力汗. 火灾调查中智慧消防物联网系统的应用 [J]. 今日消防,2022,7(4):109-111.

[4]　袁春,孙守宽. 智慧消防物联网系统在火灾调查中的应用 [J]. 消防科学与技术,2021,40(2):296-298.

[5]　何中旭,王悦,李继繁,等. 消防物联网大数据平台的构建及应用 [J]. 南开大学学报(自然科学版),2020,53(5):15-20.

视频分析技术在火灾调查中的应用现状及对策研究

刘丹宇

（内蒙古呼和浩特市消防救援支队，内蒙古　呼和浩特　010010）

摘　要：近年来，随着各类火灾频繁发生，火灾调查工作的难度也不断加深，传统的调查技术和调查方式已经无法满足当前的工作要求，视频分析技术为火灾调查提供了强有力的证据材料，在实际工作中得到广泛应用。本文探讨了视频分析技术在火灾调查工作中的作用优势和应用价值，剖析了在实践应用中存在的问题，提出了规范视频分析工作流程、加强软硬件设施投入等具体措施，以期切实增加火灾调查的准确性。

关键词：火灾调查；视频分析技术；监控视频

1　引言

火灾视频是指记录火灾现场原貌以及与火灾发生、发展和蔓延过程相关的一切视频资料，不仅包括监控视频、移动终端拍摄视频，还包括网络视频等资料。近年来，在全国各地的火灾调查工作中，火灾视频资料以其实时记录火灾发生、发展、蔓延过程的直观性，为查明火灾原因、厘清事故责任提供了客观真实的证据材料。利用计算机通过现代技术手段对火灾视频图像数据进行处理分析，提取火灾调查关键要素，还原火灾发生现场，对火灾发生的原因进行准确判断，可以为火灾调查提供有价值的参考，进而提高火灾调查的工作效率，有力地推动了火灾调查技术的发展和进步。

2　视频分析技术在火灾调查中的重要性

视频证据以其超强的真实性、直观性、关联性，正在强力推动着火灾调查方式方法的变革和转型升级。传统火场勘验证据的有效性会随着时间推移大幅下降，而监控视频作为重要的视听资料之一，数据质量不会随着时间推移而劣化，保存得当的数据在任何时间都可以追溯，且在任何时间都可以提供和

录制时相同的信息量。而且监控视频不仅能实时记录火灾发生、发展、蔓延的全过程和火灾现场的实际情况，还可以记录火灾发生前后的情况，让调查人员直观地了解到火灾现场的每一处细节，便于快速准确地发现和提取与火灾相关的线索和证据。但由于有些监控设备自身清晰度不够高以及受到光照、环境、介质、距离、前端设备部署的高度、照射角度和分辨率、噪声干扰、视频存储模式、目标的高速运动等客观原因影响而造成的视图信息模糊，让任何已掌握的视频资料都显得弥足珍贵。在这种情况下，就需要利用专业、系统的方法和软件对火灾视频图像进行检验鉴定。同时，随着科技的进步，视频监控系统也可能被人为使用技术手段进行修改或删除，也需要通过视频分析技术进行有效的辨别和还原，从而为科学、准确地认定火灾原因、火灾性质等提供线索和证据，切实增加火灾调查的准确性，提高火灾调查工作的质效。

3　视频分析技术在火灾调查中的应用现状

3.1　在比武竞赛中逐步发展

自 2020 年全国火灾调查比武竞赛兴起，视频分析作为单项比武和团体比武的一部分，受到了全国各省市单位的高度重视。据不完全统计，截至目前，甘肃、青海、内蒙古、浙江等总队以及广东惠州等支队在各自开展的火灾调查比武竞赛中均设置了视频

作者简介：刘丹宇，女，硕士，呼和浩特市消防救援支队工程师，从事火灾调查等工作。地址：内蒙古呼和浩特市新城区北垣东街 42 号，010010。电话：15326058813。邮箱：776937409@qq.com。

分析比赛项目。2021 年已在全国配发了应急管理部天津消防研究所研发的"火察"视频分析系统,不断强化科技赋能、装备增效。2020 年起,广西消防救援总队林松工作室开展了视频分析系统实训工作。2021 年,上海市消防救援总队与天津消防研究所合作在全国消防率先建立了首个完整、系统的火灾调查视频分析中心,运用现代化技术开展火灾调查工作,快速提高火灾视频证据的调查分析能力。

3.2　在实战应用中凸显优势

火灾视频分析技术是科研人员和基层火灾调查人员大胆实践、不断总结出的火灾调查技战术方法,已经在很多重特大和复杂疑难火灾调查工作中发挥过十分重要的作用,在基层日常火灾调查实战中也被广泛应用。2023 年 2 月,中央电视台新闻频道《新闻直播间》栏目报道了一起汽修店纵火骗保案件,在嫌疑人做伪证的情况下,火灾调查人员对汽修店附近小区的公共视频进行了提取和分析,发现店内人员在火灾发生前的异常行为,综合其他证据认定该起火灾有人为纵火嫌疑,后公安机关立案侦查,经人民法院做出一审判决被告人执行有期徒刑 10 年,起到了强烈的警示震慑和宣传教育作用。从这个案例可以看出,火灾视频分析在火灾调查过程中具有十分明显的优势。(图 1、图 2)

图 1　起火前将店内汽车开出停放在 10 米远处

图 2　调取公共视频发现逃出男子为店主

3.3　基层人员学习渠道较少

目前,在中国消防救援学院和中国人民警察大学等设有火灾调查相关专业的院校还尚无火灾视频分析技术的课程。除在国家消防救援局火灾调查微

课堂中有一节培训课程,在《火灾调查与处理:高级篇》和全国火灾调查比武用书中有专章内容外,目前消防领域尚无专门教材。只有部分总队、支队聘请相关科研人员进行了火灾视频分析培训。目前,许多基层火灾调查人员并不了解视频分析技术,也没有接受过专业培训,学习渠道较少,对现有书本一些晦涩的理论理解起来较为困难;加之各类视频分析软件专业性很强,基层人员上手操作存在一定困难。

3.4　工作开展程序亟须规范

由于一些基层消防部门经费不足,软硬件设备配备滞后,在很大程度上影响了火灾视频分析工作的开展。此外,基层火灾调查人员不了解采集火灾监控视频的注意事项和程序方法,导致在采集火灾视频的时候,有的不知道如何操作;有的不了解监控设备的特点,采集时间太晚,火灾发生时的视频已经被后来的视频自动覆盖或清除;还有的在提取监控视频后,没有使用正确的方法保存,导致视频损毁或失效。此外,当前在火灾调查工作中,火灾视频的提取流程、视频分析报告的出具等还没有相关标准进行统一规范,在一定程度上影响了火灾视频证据的证明力。

4　加强视频分析技术应用的具体措施

4.1　规范视频分析工作流程

4.1.1　发现视频

火灾调查人员要通过调查走访和综合勘验,发现室内和室外的监控情况,确保无遗漏。在环境勘验阶段,要及时到现场查看周围的监控设备,重点在进出中心现场的关键道路上查找,如果没有找到有效观察点,很容易失去最佳的监控视频证据。同时要查看和发现火灾现场内的监控,尽可能去查找现场存在的多个相关的监控视频。勘验时对所有待采集监控设备进行拍照,记录监控设备采集前的状态。确定监控所处的位置,找到每个监控的拍摄角度和方向,绘制视频监控点位图,最大限度地保证火灾调查工作的精准性与科学性。

4.1.2　调取视频

视频监控系统通常为 24 小时连续录像,其影像经压缩后存储于硬盘,当硬盘容量满了之后,就会开始循环覆盖,从最早录制的视频开始逐一覆盖。因此,在火灾事故发生后,就要求调查人员一旦发现有可以利用的视频监控资料,务必在最短的时间内尽快调取,标注每个通道画面和其实际录制的监控点位的关联关系以及和北京时间的时差。在调取视频监控资料时,调查人员不能单一地只调取火灾发生时的内容,还应调取火灾发生前、光照条件充足、距离火灾发生时间最近时段内的清晰画面,以用作对火灾发生时起火部位的定位,起到互相参照印证的作用。

4.1.3　分析视频

对获取的视频资料,如需转换格式就要进行格式转换,然后进行初步筛选,可以通过快速播放等方式,准确把握起火时间段内的重点内容。通过图像增强、图像复原、视频融合、微变分析、爆闪检测等技术手段,以及特征比对、逻辑判断、光影关系分析、平面计算、模拟实验等方法,缩小勘验范围,确定或估算起火部位、起火点的水平位置,判断起火时间、分析起火原因。在此基础上,应将火灾视频分析的初步结论带到火灾现场辅助标定、对比关键部位,从而系统分析起火特征、起火部位和起火点、起火原因,为火灾调查工作提供直接或间接证据。综合火灾视频的证据线索和验证结论,制作视频分析意见作为参考。(图3、图4)

图3　夜晚起火时视频截图

图4　白天起火前视频截图

这里通过一些真实火灾事故案例进行说明,可以充分展示出视频监控的分析方法。

如果起火时间段的视频看不清起火的具体位

置,并且能够得到其他时间段的清晰视频,比如白天或夜晚灯光充足,那么可以使用背景融合的方法分析视频,将起火部位反应在清晰的画面背景中。以一起电动自行车车棚火灾为例,融合过程见图3至图5。

图5　视频融合法确定起火部位、起火点

火灾发生后,往往先出现烟雾,可以在烟雾连续后倒放,找到最初一帧,通过逐帧分析法截取首次出现烟气和光亮的单帧画面,来确定起火时间。若使用小面积、短时间间距可以进行微变分析。例如,某地一小区车棚发生火灾,调取车棚内监控,对视频微变分析,最早有烟气冒出时间为监控时间2020年10月12日01:29:29,可确定起火时间为视频监控时间2020年10月12日01:29许(见图6)。

图6　微变分析法确定起火时间

还可以通过视频分析技术确定火灾发生的过程以及原因。例如,某地区一临街住宅发生火灾,对现场调查组提供的监控视频进行分析,可以发现起火前(2023年1月29日23时46分许),有人员停放了一辆电动自行车(见图7、图8)。1月30日6时39分29秒,该电动自行车底部突然冒出大量烟雾,火焰为橙黄色,呈喷射状猛烈燃烧,火势增大后出现强烈的白色火光,39分30秒瞬间发生爆炸,符合电动自行车锂电池热失控起火特征,起火后,火势向旁边汽车及建筑物蔓延(见图9)。通过特征分析法确定了本起火灾的起火过程及原因。

图7　起火前人员停放电动自行车视频截图

图8　起火前视频截图

图9　特征分析法确定起火过程及原因

4.2　加强软硬件设备投入

火灾调查工作亟须行之有效的电子数据勘查、取证和分析手段。由于火灾现场的破坏性,容易出现高温、火烧、水渍、砸压、突然断电、爆炸、冲击波、电磁波等导致监控设备和视频遭到损坏的情况,影响最后场景图像信息的获取,还有人为故意删除、损坏视频监控等情形,不借助现代化的手段很难获取有用的视频资料,所以需要配备相关设备来恢复视频、提取视频内容,有的还需要送到专业实验室进行恢复。要加大视频分析、视频编辑、图像处理软件的配备,改变传统的通过人工、手绘等方式来观看视频、分析图像,且用时长、准确率低的现状,有效提升火灾视频画面质量和清晰度,满足火灾调查工作中影像处理、视频分析查看等不同人员的多种需求,为后续调查工作奠定坚实基础。

4.3　提升调查人员分析水平

软件和硬件只是视频分析的工具,调查人员才是开展视频分析工作的主体,视频分析技术在实践运用中需要调查人员综合使用自然科学和社会科学等专业知识,导致在火灾调查工作中存在一定的局限性。消防部门应健全与高校、科研机构、高新企业的合作培养机制,积极向公安刑侦、专家学者学习探索经验做法,紧紧依托专业理论知识,加深火灾调查人员分析视频的思维深度和广度。视频分析技术在不断发展,调查人员也应与时俱进,及时了解、吸收、熟练掌握新技术,加强各类分析软件的学习和应用,不断积累经验,灵活运用软硬件解决实践问题,

切实提高工作效率和火灾调查的准确性。

4.4　提高视频分析证明力

视频分析已成为火灾调查中重要的技术手段,基层调查人员对视频分析技术的依赖性也会越来越高,但在实践中不应只依靠视频分析来调查火灾,应当将现场勘查、询问笔录等与视频信息有机结合,相互佐证、反复论证,才能使视频监控中的信息得以最充分地发掘和利用。同时,要针对火灾视频来源是否合法,视频提取是否合规,采集的视频是否为原件,视频内容是否真实,有无人为删减、编辑、修改等情形,不断完善相关规范、制度,使视频提取、鉴定、分析过程合法合规、细致严谨,从而确保火灾视频分析的有效性和证明力。

综上所述,随着经济社会不断发展和城市化、工业化建设的不断加快,火灾调查的难度也不断加深,传统的调查技术和调查方式已经无法满足当前工作。因此,要不断加强视频分析技术在火灾事故调查中的应用,为火灾调查提供可靠的信息支持,提高火灾事故调查质量,保障经济社会和谐发展。

参考文献

[1]　朱晨皓,吴瑞生. 视频分析技术在一起火灾事故调查中的应用 [J]. 消防科学与技术, 2022, 41(9):1325-1328.

[2]　牛小林. 视频分析技术在火灾事故调查中的应用实践 [J]. 科技与创新, 2022(11):171-173.

[3]　王鑫, 梁国福. 视频分析技术在火灾事故调查中的应用 [J]. 消防科学与技术, 2019(3):453-454.

浅谈调查访问在火灾事故调查中的应用

罗邦荣

（台州市路桥区消防救援大队,浙江 台州 318000）

摘 要:在火灾事故调查过程中,为了全面、快速地了解和掌握火灾知情人的相关信息,以获取有效的火灾线索,调查人员需要及时开展调查访问。在当前大数据、自媒体时代,与火灾有关的信息载体非常丰富,调查访问在火灾事故调查工作中的作用更加凸显。本文从调查访问的作用出发,认真分析了当前调查访问工作中的不足,提出了加强和改进调查访问工作的初步建议。

关键词:火灾;调查访问;线索

在火灾事故调查初期,调查人员对火灾现场了解和掌握的信息非常有限,因此需要通过大范围的调查访问来尽可能地了解和掌握火灾的基本情况,并从中发现、筛选出关键信息,以指导下一步火灾调查工作。如何合理确定调查访问的范围、准确运用调查访问的技巧,对及时获取有价值的火灾知情人和火灾线索具有至关重要的作用。本文通过分析当前调查访问工作过程中存在的一些不足,提出调查访问的启动时间是在火灾扑救期间,在火灾事故调查的初期阶段投入足够力量,组织力量收集线上线索并开展调查访问等初步建议,希望对加强和改进调查访问工作有所启发。

1 调查访问在火灾事故调查中的作用

1.1 为火灾后续调查提供线索

火灾事故发生后,火灾调查人员需要初步确定调查方向,才能开展下一步调查工作。对于一些难以第一时间确定起火部位的火灾现场,除通过火灾现场的监控视频、蔓延痕迹等进行分析外,调查访问就成了关键环节。例如,在市政供配电故障引发的火灾中,往往会导致多户用电户发生用电异常,火灾调查人员如果在第一时间开展调查访问,及时收集用电异常信息,就可以为后续火灾事故调查提供初步的方向。

1.2 为现场询问精准提供询问对象

在火灾事故调查初期,调查访问是广泛、快速地寻找知情人的一种有效方式。根据《火灾现场勘验规则》(XF 839—2009),调查询问的对象主要为火灾发现人、报警人、最先到场扑救人等知情人,对于精准确定现场询问的对象,调查访问就显得非常重要。通过调查访问,可以初步筛选有询问价值的知情人,可以在一定程度上减轻现场询问的负担。

1.3 弥补监控设施不足的缺陷

很多火灾事故现场没有有效的固定监控设施,但在当前自媒体时代,火灾发生后,现场围观群众会用手机进行拍照、录音和录像,这些照片、音视频资料真实记录了起火部位、火灾的特征以及蔓延的方向,为火灾调查人员提供了直观的线索。火灾调查人员在调查访问过程中要及时调取有价值的照片、音视频资料,在一定程度上可以弥补固定监控设施不足的缺陷。

2 当前调查访问过程中的一些不足

2.1 调查访问的重视程度不够

在部分火灾事故调查过程中,火灾现场勘验人员往往急于查明火灾原因,弱化或忽略调查访问环节,在没有明确火灾事故调查的方向和重点的情况下,就匆匆分组开展调查询问和现场勘验,却没有安排足够的人员开展大范围的调查访问,导致遗漏部分有价值的火灾线索信息;有时也会因现场勘验进度过快,导致部分调查访问获取的线索信息得不到现场勘验的印证。

作者简介:罗邦荣(1985—),男,汉族,台州市路桥区消防救援大队,副大队长,主要从事火灾事故调查工作。地址:浙江省台州市路桥区桐屿街道桐东线 119 号,318000。电话:15868692569。邮箱:15868692569@139.com。

2.2　调查访问的覆盖面不全

受限于火灾事故调查的人员力量,调查访问的范围往往比较有限,容易遗漏一些有价值的线索。除一些亡人火灾、较大及以上火灾和一些有影响的火灾外,基层队站在火灾事故调查过程中一般仅由主协办两人负责,由于力量的不足,调查访问往往也仅限于火灾现场周边的部分人员,未能实现应访尽访。另外,在当前自媒体时代,很多火灾知情人通过手机记录火灾的照片、视频,甚至上传到快手、抖音等线上媒体,但是很多火灾调查人员的调查范围还是局限于线下,忽略线上的有价值的线索信息,从而失去了部分调查访问的对象。

2.3　调查访问的时效性不强

第一时间组织开展调查访问,可以有效获取真实的线索。调查访问应该在火灾扑救的过程中就启动,此时大部分火灾知情人都还集中在火灾事故现场周围,通过围观人员及周边群众即可基本覆盖大部分调查访问对象。但在基层队站的实际工作过程中,调查人员往往在火灾扑救后启动调查访问,并同步开展现场保护、实地勘验和现场询问等工作,没有投入更多的精力到调查访问中;根据艾宾浩斯遗忘曲线,如果未能迅速启动调查访问,后期知情人员的记忆将迅速淡化,难以获取有价值的线索。

2.4　调查访问的拒访率较高

火灾事故发生后,部分访问对象会由于外出、上班等各种原因拒绝接受访问;在有些特殊的火灾事故中,也有访问对象会考虑邻里关系、怕打击报复、不信任访问人员等因素,不接受访问或不愿意提供真实、有价值的信息,存在较高的拒访率。

2.5　缺乏调查访问的技巧

调查访问与现场询问有较大的区别,调查访问侧重于访谈,是一个初步了解情况、甄别事实、发现线索的过程。部分火灾调查人员在调查访问中不注重运用谈话技巧,未拉近与访问对象的距离,不注重倾听,直接套用现场询问的方式进行询问和记录,导

致部分访问对象产生抵触情绪。

2.6　线索的应用不强

调查访问的过程就是一个收集信息的过程,需要在交谈过程中及时发现有用的线索。但很多调查人员对信息不敏感,不能及时记录重要信息,导致遗漏重要线索。单一的照片、音视频和调查访问的信息可能价值不大,但是在汇总分析后可能会得出重要线索,部分调查人员不注重线索的汇总、分析和应用,导致调查访问的作用大打折扣。

3　加强和改进调查访问工作的建议

3.1　分阶段科学开展调查访问

调查访问应分为三个阶段进行,分别是火灾扑救期间、现场勘验前和现场勘验期间(详见表 1)。火灾扑救期间的调查访问,能够及时获取客观的信息,因此需要高度重视。基层队站负责火灾事故调查的值班人员到场后,携带笔记本、录音录像等设备,重点围绕火灾现场围观的群众、现场火灾扑救人员和火灾现场逃生人员开展调查访问,以快速找到有价值的线索。现场勘验前开展的调查访问,主要目的是为现场询问提供范围、为现场勘验提供方向和重点,因此在这个阶段,现场勘验负责人可以成立调查访问小组,也可以将现场询问和现场勘验的力量先行整合,重点安排在调查访问方面,主要对着火建筑周边的群众、火灾发生前最后离开起火部位的人员、视频监控和电子数据等管理人员等开展调查访问,以快速获取有效线索。现场勘验期间的调查访问,主要是针对现场询问和实地勘验过程中发现新的知情人和新的线索,针对目标人群进行调查访问,也可以对前期调查访问过的人员进行再次调查访问,从而印证现场询问的真实性,验证实地勘验发现的痕迹物证。

表 1　不同阶段调查访问的特点

	调查访问的阶段	调查访问的重点对象	调查访问的目的	调查访问的人员组成
1	火灾扑救	火灾现场围观的群众、现场火灾扑救人员、火灾现场逃生人员等	快速找到有价值的线索	基层队站负责火灾调查的值班人员
2	现场勘验前	着火建筑周边的群众、火灾发生前最后离开起火部位的人员、视频监控和电子数据管理人员等	为现场询问提供范围、为现场勘验提供方向和重点	成立调查访问小组
3	现场勘验期间	目标人群、前期调查访问过的人员等	印证现场询问的真实性、验证实地勘验发现的痕迹物证	现场询问和现场勘验人员

3.2 科学制定调查访问策略

要正确认识调查访问和现场询问的区别（详见表2），采用自由陈述法、广泛提问法和联想刺激法等方式，针对不同的访问对象科学制定访问策略，激发访问对象主动反映火灾现场真实情况的热情。比如根据访问对象的语言特点，安排会讲方言的人员进行调查访问，拉进与访问对象的距离，防止因语言不同出现描述和理解不一致的情况；对有心理顾虑的访问对象，可以灵活确定访问地点，也可以采用视频、电话等形式进行调查访问，尽可能降低拒访率，全面收集有价值的信息线索。

表2　现场询问和调查访问的区别

	现场询问	调查访问
询问（访问）方法	自由陈述法、广泛提问法、联想刺激法、检查性提问、质证性提问	以自由陈述法、广泛提问法和联想刺激法为主
询问（访问）人员数量	不应少于二人	可以一人
记录方式	以询问笔录的方式固定为主，录音、录像为辅	灵活运用执法记录仪、录音、录像或者纸质记录的方式记录
是否需要签字确认	需要交于被询问人核对并签字确认	不需要签字确认
结果运用	经审查后作为证据使用	仅作为分析、判断案情使用

3.3 合理确定调查访问的范围

调查访问的覆盖面要适当扩大，确保能够涉及所有有效的知情人，为后续火灾事故调查工作打下基础。根据火灾的实际情况，可以调查访问火灾现场周围围观的群众以及附近居住、工作、学习及经营人员，调查访问火灾当事人的社会关系，同时也可以通过相关监控视频、微博、抖音、快手等网络媒体等查找知情人信息，继而进一步开展实地调查访问，这也是调查访问的重要方面之一。

3.4 注重线索的收集和应用

调查访问期间，应全程佩戴执法记录仪记录原始的访问资料，还原最真实的线索；积极收集访问对象提供的照片、音视频资料。调查访问后，要对访问情况进行汇总、鉴别、分析，排除不真实的、没有价值的线索；对有价值的线索制作清单，视情况进一步开展现场询问。对于大型的火灾事故，调查访问可能涉及多个小组，也可能和调查询问、现场勘验等工作同步进行，这就需要各调查访问小组之间、调查访问的人员和现场勘验的其他人员保持沟通和联系，第一时间掌握关键的信息，及时调整调查访问的重点。

3.5 制定保护和激励制度

为提高访问对象的积极性，减少访问对象的顾虑，消防救援部门可以出台一些保护和激励的制度，并进行公开宣传，根据需要视情况在调查访问时予以宣读，降低拒访率，提高调查访问的有效性。

4 结语

为全面收集火灾事故的线索和证据，调查访问成为火灾事故调查不可或缺的重要环节。高度重视调查访问工作，合理运用调查访问技巧，及时掌握知情人信息，为火灾事故的后续调查打下基础，将对火灾事故调查工作起到极大的促进作用。

参考文献

[1] 中华人民共和国应急管理部. 火灾现场勘验规则: XF 839—2009[S]. 北京: 中国标准出版社, 2009.

[2] 邵峥亚. 谈火灾调查访问中的细节比对 [J]. 武警学院学报, 2010, 26（8）: 72-74.

[3] 李玥. 消防火灾调查取证的难点及解决策略探讨 [J]. 今日消防, 2021, 6（7）: 119-121.

[4] 西尔扎提·阿迪力. 火灾调查的难点及相关对策探究 [J]. 今日消防, 2023（3）: 109-111.

浅谈调查询问在一起疑难火灾调查中的应用

戴芷妮

(珠海市消防救援支队,广东　珠海　519000)

摘　要:本文以一起疑难仓库火灾调查为案例背景,探讨调查询问在火灾调查中的应用。调查人员通过细致的现场勘查,在全面掌握火灾现场线索的基础上,针对当事人采用调查询问的方式获取关键证据,查明火灾原因。通过该起火灾调查,使火调人员充分了解在日常火灾调查中调查询问的重要性和基本的询问技巧,为今后的火灾事故调查提供借鉴与参考。

关键词:仓库火灾;火灾调查;调查询问

1　引言

调查询问是了解和掌握火灾发生前后线索的重要途径。火灾现场受到大火高温、救援扑救、寻找遇难者等因素影响,导致火灾现场大量线索和痕迹被破坏或灭失,使火灾调查工作进程受到影响。因此,对火灾事故知情人进行调查询问就成为调查人员第一时间掌握火灾现场基本情况最经济、快捷的渠道,也是火调人员必须了解和掌握的基本技能之一。所有了解火灾经过、熟悉火灾现场情况、与火灾发生有直接利害关系以及能够提供有效证据的人,都应该被列为询问对象,针对不同的知情人,有针对性地设置调查询问提纲。同时,部分询问对象会在趋利避害、少管闲事、回避责任等因素影响下,刻意隐瞒起火时行为或误导火灾调查人员,这需要调查人员结合火灾现场勘验等证据验证询问内容的全面性和真实性。

2　典型案例分析

2.1　火灾基本情况

2023 年 5 月 23 日 10 时 49 分,某市 119 指挥中心接到报警,称该市一仓库发生火灾,经消防救援人员奋力扑救,火灾被扑灭,烧毁简易仓库一座,工业原料一批,未造成人员伤亡,直接经济损失约 27 万元。

起火建筑位于某市新工业大道,为一层钢架结构建筑,建筑面积约为 500 m²,墙体 1 m 以下为砖墙,1 m 以上为铁皮,屋顶为可燃夹芯彩钢板。该建筑大部分作为仓库、调漆和喷漆房使用,东北角被改造为茶室,见图 1。起火建筑未取得建设工程消防设计审核、验收手续。

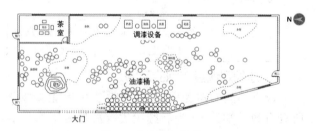

图 1　火灾现场平面图

2.2　火灾事故调查

2.2.1　初步现场勘验

勘查现场发现,该钢架结构厂房被烧坍塌,大部分夹芯彩钢板屋顶残骸救火时被拆除挪开,建筑内堆放有大量用铁桶盛装的化学危险品,铁桶均过火,其中西部摆放的铁桶被烧严重变色、变形和鼓包,部分铁桶被烧呈敞开炸裂状,见图 2。

作者简介:戴芷妮(1998—),女,汉族,广东省珠海市消防救援支队初级专业技术职务,主要从事火灾调查、防火监督工作。地址:广东省珠海市高新区,519000。电话:13924717359。邮箱:ni8122869@163.com。

图2 起火建筑西部的铁桶烧损状况

2.2.2 调查询问

火灾调查人员第一时间对仓库老板和第一到场的救火人员开展调查询问。该建筑主要用作油漆原材料的存放仓库，仓库内堆放天那水、油漆、布料和纸箱，着火时仓库内只有老板叶某一人。仓库老板与第一救火人员均反映，起火部位位于仓库大门口右手边靠墙（即西墙）的铁桶处，初期火势很大，已经无法用灭火器扑灭，仓库老板在火灾初期用手机对起火部位进行了录像，见图3。在随后两次消防和公安调查人员的询问中仓库老板叶某的笔录基本没有太大变化。

图3 仓库老板手机视频截图

2.2.3 矛盾初现

调查人员认真核对分析仓库老板叶某的手机通话记录、微信支付记录及三次调查询问笔录，还原起火当天上午起火前后叶某的行动轨迹：10时30分（北京时间，下同），叶某吃完早餐付款离开；10时44分，叶某回到仓库，打电话给李某和冯某后进入

茶室；两三分钟后（即约10时46分、47分），他听见异常声响，出来查看发现大门边的铁桶起火，最初起火的部位均为空桶，不知道是什么东西起火，当时非常害怕，跑出仓库叫人救火。

调查组随后对参与救火的仓库房东项某开展调查询问。10时42分，仓库老板叶某已经发现火情并打电话向他求助，有手机通话记录佐证，这个线索表明仓库老板叶某早就发现火情，而不是其笔录中表述的10时46分、47分发现火情，说明叶某在发现火灾的时间上故意隐瞒事实；房东项某反映，在火灾初期，看到火焰只在桶的上表面，火势很大，用灭火器无法扑灭，这个线索与仓库老板叶某自述的起火部位只有空桶的情况矛盾，说明叶某在起火物品上也存在故意隐瞒事实的情形。

2.2.4 现场勘查

为从根本上揭穿仓库老板叶某的谎言，获取更多的调查线索，调查组从现场入手，对火灾发生、蔓延痕迹进行了重新梳理。现场航拍照片显示，起火仓库大门南侧钢结构墙面被烧变色、变形和脱落严重，屋顶彩钢板被烧脱落，脱落程度由该部位向四周逐渐减轻，见图4。

图4 火灾现场航拍照片

对大门南侧的西墙（距离大门南立柱5 m）铁桶勘查发现，铁桶被烧呈现空鼓、炸裂开口状，均表明此处的铁桶内部装有易燃液体物品，现场勘验结论与仓库老板反映该处铁桶是空桶的证言存在矛盾，见图5。

调查组根据现场勘查线索，认定起火部位（点）位于仓库大门南侧靠墙的第8、9个铁桶处，见图6。

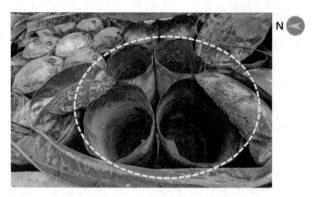

图 5　仓库大门南侧西墙边铁桶空鼓炸裂照片

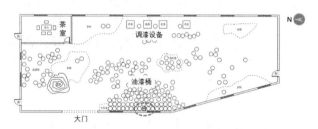

图 6　起火部位示意图

2.2.5　矛盾突破

调查人员有了现场勘查的证据在手,乘胜追击,提取仓库老板叶某与技术人员张某的微信聊天记录,发现张某回复叶某的微信中提到,起火原因可能是甲缩醛挥发产生静电,表明仓库内装有甲缩醛的铁桶是开口的,且在搬运、抽取或使用中存在泄漏、挥发的可能,仓库老板叶某与事故原因有着直接利害关系;第一救火人员项某反映,起火时火焰在桶表面,火势很大,无法用灭火器扑灭,符合桶内液体受热溢出到桶表面,流淌燃烧的特征。综上所述,初步判断仓库老板叶某了解火灾发生经过,事故原因与叶某存在关联的可能。

初期矛盾百出的笔录、清晰燃烧蔓延痕迹的发现促使调查人员制定了针对仓库老板叶某的详细询问对策和问话提纲,对叶某再次进行询问。在询问过程中,叶某始终坚持自己最初的说法,采用拖延、不配合的态度消极对抗火灾调查人员及公安机关人员的调查询问工作。调查人员先向他表明了利害关系,同时提出了现场的桶并不是空桶的证据,叶某当即提出是他在抽取甲缩醛的过程中产生静电引起的火,是意外事故的说法。调查人员告诉叶某,起火当天上午起火区域的空气湿度达到80%,无法满足静电积聚的条件事实。随着时间的推移,叶某的谎言一个又一个被攻破,心理防线一点点被击溃。终于,叶某在火灾调查人员充足的证据支撑和凌厉的心理攻势下,坦白了整起事件发生的经过。当天上午

(10 时 35 分左右),他抽取环氧树脂的过程中随手将自己点着的烟头放在铁桶附近,引燃了环氧树脂挥发的可燃蒸气,从而引起大火的事实,见图 7。叶某现场指认最初起火部位位于仓库大门右侧靠墙的第 9 个桶处,见图 8。

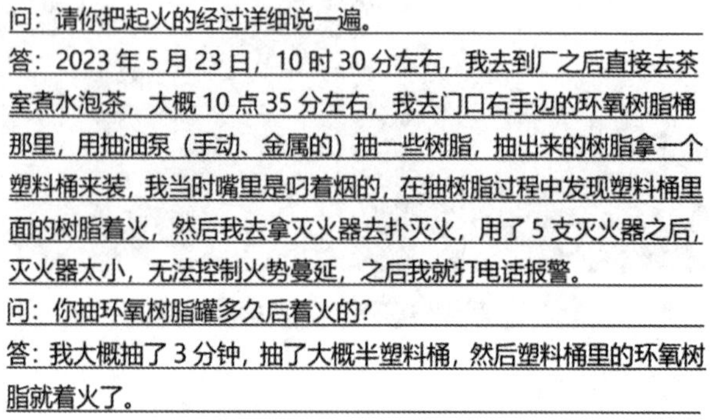

> 问: 请你把起火的经过详细说一遍。
> 答: 2023 年 5 月 23 日, 10 时 30 分左右, 我去到厂之后直接去茶室煮水泡茶, 大概 10 点 35 分左右, 我去门口右手边的环氧树脂桶那里, 用抽油泵 (手动、金属的) 抽一些树脂, 抽出来的树脂拿一个塑料桶来装, 我当时嘴里是叼着烟的, 在抽树脂过程中发现塑料桶里面的树脂着火, 然后我去拿灭火器去扑灭火, 用了 5 支灭火器之后, 灭火器太小, 无法控制火势蔓延, 之后我就打电话报警。
> 问: 你抽环氧树脂罐多久后着火的?
> 答: 我大概抽了 3 分钟, 抽了大概半塑料桶, 然后塑料桶里的环氧树脂就着火了。

图 7　仓库老板叶的询问笔录截图

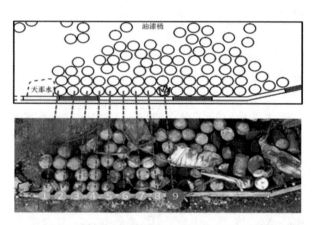

图 8　叶某现场指认最初起火部位位于 9 号桶

调查人员综合现场勘验、调查询问、视频分析、电子数据分析等证据,认定该起火灾是叶某违规使用明火引燃环氧树脂挥发的可燃蒸气所致。

3　关于调查询问的几点感悟

3.1　调查询问在火调工作中有着不可替代的作用

在现实火调工作中,调查人员不善于与当事人沟通,往往对一个当事人的询问笔录就一两页字,除告知权利义务内容外,有用的询问线索不多,或者调查人员容易听信当事人"声泪俱下"的表述,误入歧途,使调查工作陷入被动,这些现象的存在都是由于对调查询问技术的了解不深导致的。在上述火灾调查中,由于起火建筑地处偏僻地段,周边均无监控视频,除仓库老板叶某外,再没有人熟悉仓库布局、存放物品和物品的理化性质,也没有其他人员目击起

火最初经过,调查工作的突破口仅剩对叶某调查询问这一环节,调查人员及时将询问笔录与电子数据、现场勘验结合起来互相验证,第一时间梳理出叶某的时间线,紧抓关键矛盾点,勇于在公安机关已经初步认定叶某陈述为真实的情形下提出质疑,依据过硬的现场勘查证据,一步步突破叶某的心理防线,最终取得突破性进展,为认定起火部位(点)提供了强有力的证据支撑,也进一步说明了调查询问在火灾调查中的重要性,是火灾事故调查工作不可或缺的一环。

3.2 调查询问在火调工作中还有很多短板需要补齐

3.2.1 调查询问不及时

调查询问是火灾原因调查的主要方法之一,通过询问知情人可以第一时间了解火灾发生的实际情况。但在现实中,由于火灾调查人员的短缺,经常出现询问不及时,尤其是一些较小的火灾,调查人员都是在火灾发生后几小时,甚至几天后才对部分知情人进行询问,很多人由于受到火灾的惊吓与时间的推移,无法准确叙述火场的细节,给调查工作带来重重困难。

3.2.2 询问内容不准确

调查询问绝不是单打独斗,只有与现场勘查结合起来,才能精准获取关键信息。在日常工作中,为尽快查明火灾原因,往往调查询问与现场勘验同步开展,询问人员不了解现场具体情况,现场勘验人员也不了解发现人的情况,调查询问和现场勘查人员缺乏有效沟通,导致询问工作收效不大,勘查工作进展缓慢。

3.2.3 询问技巧不恰当

很多调查人员缺乏必要的询问技巧,有时询问内容过于跳跃,从某个部位跳到另一个部位,容易使知情人产生记忆混乱,回答内容与实际有出入。有时候调查人员破案心切,询问内容带有一定诱导性,容易使被询问者的观点受到诱导,影响证言的真实性。

3.3 调查询问技术的提升有章可循

调查询问是火灾事故调查的重要一环,为进一步推动火灾事故调查工作,调查人员应从方法、技巧两方面做好调查询问工作。

3.3.1 做好调查询问的准备工作

调查询问人员在开展询问前必须先到火灾现场,熟悉现场的基本信息,如了解起火建筑类型、结构、用途,发现人所在位置,保安巡逻路线等信息,并针对不同的知情人拟定调查询问提纲,如最后离开火灾现场人员、第一时间到达现场并救火的人员、火灾发生初期的目击证人、起火单位的相关负责人或巡逻人员等,不同的知情人所掌握的线索有所不同,获取的信息侧重点也不一样,所以调查询问人员需要根据每个人的不同情况拟定询问内容,确保在最短的时间内获取更多且有效的线索。

3.3.2 提升调查询问的技巧

在调查询问的过程中,火灾调查人员应该根据知情人的不同特性,采取不同的询问技巧。一是自由陈述法。被询问人自由陈述自己所见、所闻、所听,火灾调查人员在知情人陈述过程中不制止或者提问。二是细节询问法。火灾调查人员将知情人陈述的内容与现场勘验结合起来,针对存在的疑点、不确定因素、两者相矛盾的地方对被询问人进行更详细的询问。三是问题破解法。当事人在询问中大多选择趋利避害来对"实事"进行陈述,当调查人员发现陈述事实与现场勘验关键信息有误(矛盾)时,一定要以现场勘验为主,将矛盾点抛出,反复追问被询问者,以攻破其心理防线,让其做出真实陈述。

调查询问是火灾调查工作中不可或缺的一环,它可以使调查人员高效、便捷地获取到火灾现场的关键线索,客观描述火灾事实。因此,为提高调查询问的效率,需要调查人员全面掌握火灾现场痕迹、电子数据分析、视频分析结论等综合证据,及时制定询问提纲,巧用询问技巧,为尽快查明火灾原因提供支撑。

参考文献

[1] 陈琨. 浅谈调查询问与现场勘验的协同 [J]. 消防技术与产品信息, 2008(1):75-77.

[2] 廖俊华. 调查询问在火灾事故调查中的应用研究 [J]. 科技风, 2015 (5):82.

[3] 管崇生. 浅谈火灾调查询问的技巧 [J]. 科技风, 2011(5):177.

[4] 林英健,潘伟烽. 浅谈火灾调查询问的方法与技巧 [J]. 卷宗, 2014 (7):556-557.

施工工地火灾事故延伸调查的研究

薛　静

（锦江消防救援大队,四川　成都　614000）

摘　要:本文对一起装修施工工地涉及多家单位的电气火灾事故延伸调查进行分析论述,分析火灾发生的诱因和导致火灾蔓延扩大的成因,调查产权单位、设计单位、施工单位、监理单位、消防工程设计单位以及政府部门监管责任、属地管理责任,分析厘清火灾事故各方面责任,总结此类火灾的应对方法以及防范措施。

关键词:施工工地;延伸调查;电气线路;现场勘查;监管责任

1　火灾基本情况

2020 年 9 月 22 日 20 时 35 分,成都市某区一装修施工工地发生火灾。成都市 119 指挥中心接到报警立即调派 12 个中队,1 个工程机械大队,1 个通信保障分队,共计 40 台消防车,171 名指战员赶赴现场处置,当日 22 时 25 分 15 名被困人员全部救出,次日 2 时 40 分明火全部熄灭。火灾烧毁部分墙体、顶棚、家具、装修材料,过火面积 700 m²,15 人受伤,直接财产损失 148 万元。此次火灾过火面积以及财产损失较大,并造成了装修工人 15 人被困,给周边群众带来了巨大的恐慌,影响较为严重。

2　起火建筑情况

2.1　周围环境勘验

起火建筑位于成都市某区,西南面为下沙河铺街,西北面为塔子山南街,东北面为安宁河路,东南面为大凉山路。整个在建项目共 15 栋楼,1 号楼、15 号楼为高层住宅,2 号楼、3 号楼为办公楼,4 至 14 号楼为别墅,总占地面积 34 491.72 m²,3 号楼占地面积约 1 800 m²。

2.2　建筑基本情况

起火建筑高 149 m,地上 33 层、地下 2 层,为混凝土浇筑建筑结构,每层有 2 部楼梯,有 10 户房间,

走道西南侧为 4 户、走道东北侧为 6 户,套内每户绕层房间(1、2、3 楼)面积均约 200 m²,产权单位为 A 公司。该建筑修建于 2016 年 10 月,设计单位为 B 公司,施工单位为 C 公司,监理单位为 D 公司。

2.3　火灾发生、蔓延过程

2020 年 9 月 22 日 20 时 10 分左右,A 公司当日巡逻人员尤某反映,他在 2 号楼楼下巡查,突然看见 3 号楼 8~10 层对中庭位置窗户有烟冒出,随即拨打电话给 C 公司甲方负责人林某,确认火情后,由于火情较严重未盲目向楼上冲,组织疏散 8 层以下施工人员,并拨打 119 电话报警。由于起火楼层较高,且火势正处于猛烈燃烧阶段,火势未在第一时间得到有效控制,查看天网监控视频,火势由 8 层东南侧楼梯间迅速向西北侧楼梯间蔓延,同时由 8 层楼梯间蔓延至 9 层,瞬间整个 8 层所有房间均处于猛烈燃烧。明火于 2020 年 9 月 23 日 2 时 40 分全部熄灭。

图 1　建筑烧毁情况

作者简介:薛静,女,汉族,成都锦江消防救援大队文职,主要从事配合火灾事故调查工作。地址:四川省成都市锦江区锦逸路 59 号,610011。电话:19938264119。

3　火灾成因分析

3.1　起火部位勘验情况

据现场勘验发现以下情况。

（1）3号楼整个过火楼层为8~9层，其中整个8层过火痕迹重于9层；8层、9层东南侧过火痕迹重于西北侧；8层内走道过火痕迹重于9层；8层两侧楼梯间前室过火痕迹重于9层两侧楼梯间前室；8楼房间过火痕迹重于9层房间过火痕迹。

（2）进入8层楼梯间内，楼梯间前室东南侧墙面上部墙皮烧毁脱落在地，靠近地面墙根位置少许墙皮未脱落，墙面上部墙皮烧毁脱落痕迹重于下部；楼梯间前室西北侧有两部电梯，电梯口铁质边框全部烧毁变形脱落，脱落方向由西北向东南方向倾倒；整个楼梯间前室顶棚吊顶石膏板吊顶全部烧毁脱落，顶棚已烧穿，全部钢架裸露在外；电梯间前室与内走道之间无防火门，楼梯间前室一侧门头过火痕迹轻与内走道一侧。

（3）进入8层楼梯间内，楼梯间前室东南侧墙面上部墙皮烧毁脱落在地，靠近地面墙根位置少许墙皮未脱落，墙面上部墙皮烧毁脱落痕迹重于下部；楼梯间前室西北侧有两部电梯，电梯口铁质边框全部烧毁变形脱落，脱落方向由西北向东南方向倾倒；整个楼梯间前室顶棚吊顶石膏板吊顶全部烧毁脱落，顶棚已烧穿，全部钢架裸露在外；电梯间前室与内走道之间无防火门，楼梯间前室一侧门头过火痕迹轻与内走道一侧。

（4）8层8号房间密码锁防盗门外侧过火痕迹重于内侧，8号房间内全部过火烟熏，8号房间门内西北侧通往9层木质楼梯全部烧毁碳化，由下向上呈烧穿状态；房间内白色地板砖部分呈高温炸裂状态，房间西南侧立式空调箱东南侧倾倒，房间内顶棚吊顶东南侧过火痕迹重于西北侧。房间内西南侧窗户玻璃全部高温炸裂在地，窗框烧毁变形部分脱落，顶棚东南和西北两侧吊灯全部烧毁变形掉落在地。

（5）8层7号房间密码锁防盗门外侧过火痕迹重于内侧，7号房间内部分过火烟熏，7号房间门内东南侧通往9层木质楼梯全部烧毁炭化，由下向上呈烧穿状态；房间内白色地板砖完好，窗框烧毁变形未脱落，顶棚石膏板吊顶东南侧烧毁脱落在地，西北侧吊顶完好未脱落，且东南侧顶棚吊灯烧毁脱漏在地，西北侧顶棚吊灯未过火保持完好。

（6）8层6号房间密码锁防盗门外侧过火痕迹重于内侧，6号房间内部分少许过火，部分烟熏。8

层2号、3号房间全部过火，窗户均呈高温炸裂状态，房间内顶棚石膏吊顶全部烧穿脱落在地，吊顶钢架裸露在外，2号、3号房间两侧通往9层木质楼梯烧毁炭化完全。整个8楼2号3号、7号8号房间过火严重，5号房间部分过火，少许烟熏。8层东南侧烧毁痕迹重于西北侧。

据监控视频显示情况如下。

据3号楼附近天网监控视频显示，2020年9月22日20时43分3号楼8层东南侧楼梯间前室有明火和光亮；20时48分时8层东南侧3号房间开始有微微光亮；20时51分8层东南侧2号房间有微微光亮；20时51分8层西北侧楼梯间前室有微微光亮，9层东南侧楼梯间前室有光亮；20时52分58秒8层西北侧楼梯间前室发生轰燃，20时54分04秒9层东南侧楼梯间发生燃烧伴有明火；20时56分05秒9层东南侧第一间房间有微微光亮伴有浓烟，57分01秒时出现明火；20时58分10秒整个8楼9层有大量浓烟冒出；21时01分23秒8层2号房间发生轰燃；21时03分47秒8楼3号房间有明火；21时04分15秒8层3号房间有明火窜出，同时瞬间发生轰燃。（已与北京时间校准）

据询问笔录发生如下情况。

首先发现火情的尤鹏反映，火灾发生时，他在2号楼楼下巡查，突然看见3号楼8~10层对中庭位置窗户有烟冒出，随即拨打电话给甲方负责人，通知赶紧派人灭火，拨打电话时间为2020年9月22日20时50分左右。

综上，认定起火部位为3号楼8层东南侧楼梯间前室与8号房间门之间内走道处。

3.2　起火点勘验情况

据现场勘验：

（1）进入8层东南侧内走道，内走道由东南向西北方向右侧房间号依次为8号、7号、6号、5号，内走道由东南向西北方向左侧房间号依次为2号、3号；3号房间门口外右手边留有临时配电箱（大）残骸以及外接电箱（小）残骸，临时配电箱（大）与外接电箱（小）之间留有电动搅拌机残骸；整个内走道过火以及烟熏痕迹东南侧重于西北侧，上部过火痕迹以及烟熏痕迹重于下部；整个8层内走道有多股铝芯线路残骸，残骸从西北侧临时配电箱（大）位置一直连接到东南侧楼梯间位置，长约20 m；

（2）东南侧内走道靠8号房间房门口堆放5卷部分炭化墙壁纸，墙壁纸西北侧炭化痕迹重于东南侧，靠近地面下部炭化痕迹重于上部；8号房间门烧毁变形向外鼓起；8 号房间门下部向东南和西北两侧过火烟熏以及墙皮脱落痕迹呈"V"字形，8 号房间正门口上方顶棚吊顶钢架部分烧毁脱落在地；内走道左手边西南侧墙面上室内消火栓门烧毁变形脱落在地，室内消火栓边框东南侧变形痕迹重于西北侧；

（3）在 8 层东南侧楼梯间前室门口与正对 8 号房间之间内走道地面提取物证一（多股铝芯线），铝芯线烧断位置距离东南侧墙面 9.12 层，距离西南侧墙面 1.16 层，距离东北侧墙面 1.09 层。

综上，认定起火点为 3 号楼 8 层东南侧楼梯间前室与 8 号房间门之间内走道地面距离东南侧墙面 9.12 层、距东北侧墙面 1.09 层处。（起火点位置见图 2）

图 2　起火点位置图

3.3　起火原因的认定

3.3.1　直接原因

通过调取监控视频，排查走访和询问装修工人、物业工作人员得知，3 号楼现场无可疑人员和具有放火动机的人员出入；现场勘查未发现任何爆炸装置，排除人为放火的可能；气象局气象证明显示，起火时间段天气晴朗，无雷电活动记录，排除雷击致灾；通过分析现场视频、现场勘验以及提取物证鉴定，综合认定本次起火原因为 8 层东南侧电气线路绝缘层破损发生短路引燃周围可燃物蔓延成灾，火灾现场平面图见图 3。

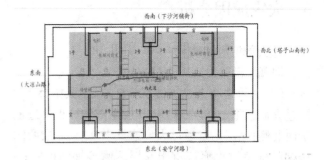

图 3　火灾现场平面图

3.3.2　火势蔓延扩大原因

一是在建工程室内装修过程中，地板、墙面、吊顶等采用易燃、可燃材料进行装修、装饰；且整个建筑内内走道、楼梯间全部堆放各类易燃、可燃装修材料以及装修材料纸质外包装、塑料外包装、泡沫等可燃物连成一片；火灾发生时易燃、可燃材料被引燃后迅速蔓延；楼上楼下防火门上方实体墙未进行防火封堵形成烟囱效应，未在有效空间内起到防火阻火作用。二是 3 号楼停用消防设施，火灾发生时，3 号楼消火栓阀门处于关闭状态，无法供水，自动喷淋系统未动作；室内安装的火灾报警器由于装修施工中经常产生误报，导致控制室值班人员以为 8 层火灾报警器报警依旧是因为装修导致的误报，未能及时派人前往现场进行检查，延误了报警时间。火灾报警系统、独立式感烟探头、喷淋系统未在有效时间内启用，未能控制火灾蔓延速度。三是电气线路敷设不符合规定，施工现场用电混乱，且长时间运行、拖拽、摩擦未采取有效措施保护、固定，间接造成线路绝缘层破坏，导致多股铝芯线电缆发生故障起火。

4　火灾延伸调查

4.1　火灾延伸调查的意义

根据《火灾事故调查规定》和《火灾原因认定暂行规范》的规定，火灾延伸调查是指在查明火灾原因的基础上，对火灾发生的原因、灾害成因以及防灭火技术方法等相关因素开展深入调查，分析查明火灾存在风险、消防安全管理存在的缺点以及漏洞，对此提出针对性的建议和方法措施，推动相关部门、企事业单位发现问题、改正问题、追究责任。

4.2　火灾延伸调查的过程

由于该起火灾的社会影响较大，区政府牵头消防、应急、公安、综合执法、住建等部门骨干成立"9.22"火灾事故调查组，专门组织开展火灾延伸调查，启动火灾事故调查程序，市级火灾事故调查专家亲临现场跟踪指导。调查过程中制作询问笔录33份、《火灾现场勘验笔录》1份、拍摄火灾现场照片24张、绘制火灾现场图2张、提取起火当日时间段视频3份。未，委托鉴定中心出具《鉴定文书》1份、委托第三方公估公司出具《评估报告书》1份。准确查明火灾原因，为相关部门和单位铸就整改责任落实消防安全责任提供了有力证据支持。9月29日，市政府安办以该商业楼宇"9.22"火灾事故为典型案例召开了一次全市安全警示现场会，全市各应急、住建、消防救援机构，以及建设、施工、监理等单位主要负责人200余人参加会议。

4.3 相关责任调查和处理情况

4.3.1 施工单位

3号楼装修工程于2020年3月开始进行，施工单位为C公司，该公司在施工过程中，未按照《建筑设计防火规范》的标准进行施工，违反了设计标准和国家相关规定，未采用符合标准的材料进行装修。项目施工违反建筑安全生产管理相关规定，建筑内部装修工程承包管理混乱，多项施工存在随意转包指定他人进行施工的现象，且施工人员在施工现场吸烟。并未按照《中华人民共和国消防法》对施工人员进场施工前进行消防安全培训。

4.3.2 消防设施维保单位

3号楼消防设施维保单位为XX物业有限公司，该公司未对3号楼的消防设施进行全面维护保养，未及时发现消防设施设备存在未保持完好有效的现象，导致消防设施设备运行不正常未在第一时间维修。

4.3.3 装修工程单位

该装修工程由XX家居集成股份有限公司负责室内装修，包括整个楼内的电器设备及线路安装。安装工人在3号楼工地安装敷设、使用室内电气线路时，未按照国家相关规范进行安装、使用，导致火灾发生，财产损失1436148.40元。

4.3.4 行业监管部门

3号楼装修改造工程未向住建部门申请办理施工许可证和消防设计审核，行业监管部门未及时发现3号楼存在的相关隐患。经住建和交通局、综合执法局会商，按照相关要求进行行政处罚；公安根据《中华人民共和国诉讼法》第一百零九条之规定，对恒大望江华府安全生产事故立案调查；消防救援机构根据《中华人民共和国消防法》、《四川省消防条例》立案调查。

4.3.5 行政责任追究

3号楼装修改造工程未向住建部门申请办理施工许可证和消防设计审核，行业监管部门未及时发现3号楼存在的相关隐患。由区政府成立调查工作组对住建部门分管领导和相关科室负责人作出通报批评处理

5 延伸调查取得的成效

5.1 火灾事故暴露出的问题

（1）3号楼装修施工人员流动大、人员素质偏低、专业水平较差、消防安全意识薄弱，导致室内堆放大量易燃可燃物，影响人员疏散。

（2）3号楼建筑内未安装应急照明灯、疏散指示标志，火灾发生后对疏散被困人员造成了严重影响。

（3）3号楼室内消火栓无水、自动喷淋系统在火灾发生时未动作，导致火势迅速蔓延，造成重大财产损失。

（4）3号楼物业单位值班人员责任落实不到位，当火灾自动报警系统控制主机反馈火灾信号时，未及时处理，导致火灾在初期未被发现，不能及时预警并报警。

（5）施工单位电气安全管理意识薄弱，没有开展电气检测，存在装修过程中使用大功率电器的情况，电气火灾风险大，同时没有安装电气安全监测设备，不能及时发现电气故障。

（6）相关部门在日常监督检查中不深不细，未及时发现存在的安全隐患，同时对电气安全专业技术掌握不实，未关注可能引发火灾的电气安全问题。

5.2 工作意见和建议

（1）据统计，该项目3号楼二次装修改变建筑使用性质的行为未向住建部门进行申报；建筑内部装修工程中改变建筑结构，存在搭建现象。以上行为建议由住建部门牵头，督促该项目尽快完成相关手续的申报，住建部门对该建筑二次装修工程进行审核、验收，做好施工现场安全监管。

（2）针对事故单位用电安全问题，建议由住建部门牵头督促该项目物业单位安装电气火灾监控设施，加强技防措施。

（3）建议政府在该项目3号楼或附近地点建立微型消防站，由消防部门指导微型消防站人员进行培训；区政府建立行业系统消防培训制度，提高行业部门消防安全检查能力，强化定期通报机制。

6 结语

火灾事故延伸调查精准分析致灾成因,明确相关责任单位、企业、公民各项职责,及时排查发现隐患问题,并积极整改,从中吸取经验、教训,反思解决今后所面临的各类问题,为落实消防安全责任制和加强属地管理提供有效措施。

典型案例调查与分析

关于一起废旧洁净厂房拆除中引发 较大火灾事故的调查分析与认定

邓玉梅

（广州市消防救援支队，广东 广州 510650）

摘 要：本文介绍了一起废旧洁净厂房在聘请临时施工队进行拆除作业时发生的亡人火灾事故调查，由于建筑内部视频关闭，迅速调取外围视频进行分析，仔细勘验现场，对现场作业人员准确定位并掌握施工作业流程，结合火灾中心现场死者生前作业位置与尸体姿势推断逃生轨迹，迅速查明火灾原因。

关键词：

1 火灾基本情况

2022 年 9 月 2 日 11 时 1 分许，位于某市某食用菌有限公司园区内发生火灾。东莞市消防救援支队指挥中心调派 11 个大队、35 辆消防车、138 名消防指战员赶赴现场进行处置。火灾事故过火面积约 14 600 m²，火灾损坏部分建筑结构、机器设备及物品，直接经济损失 1 048 万元，造成 7 人死亡、5 人受伤。

1.1 起火建筑基本情况

东莞市某食用菌有限公司园区位于清溪镇长山头村清溪大道 62 号，东邻宝进汽车销售部，北邻海霖水处理厂空地，南面为清溪大道，西面为某特鼎精密厂房。该园区内有 7 栋建筑和 2 处搭建雨棚，其中厂房 4 栋（A、B、C、D），起火建筑为厂房 A 和厂房 B，厂房 A 为三层建筑，高 15.25 m，占地面积为 3 500 m²，建筑面积为 10 620 m²，一、二层属钢筋混凝土结构，三层为钢架结构；厂房 A 和厂房 B 采用连廊与雨棚连接。（图 1）

1.2 生产厂房使用情况

起火区域拆除设施前为洁净生产厂房，用于培育、生产、冷藏、储存菌菇类食用农产品。火势波及

作者简介：邓玉梅，男，广东省广州市消防救援支队高级专业技术职务，主要从事火灾事故调查和消防监督工作。地址：广东省广州市天河区车陂路 463 号，510650。电话：020-38766218，13902323923。邮箱：103965066@qq.com。

厂房 B 与雨棚，过火面积约 14 600 m²，事故发生部位位于厂房 A 二层中部，主要燃烧物质为聚氨酯泡沫、聚乙烯泡沫等保温材料。该公司已于 2022 年 4 月全面停产，火灾前拟拆除原有设备用于出租。

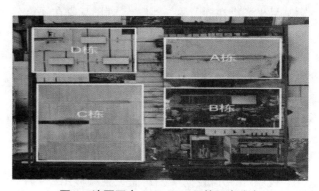

图 1 该园区内 A、B、C、D 四栋厂房分布

2 事故原因调查情况

2.1 调查走访情况

东莞市某食用菌有限公司发包东莞市某再生资源回收有限公司雇用 7 人到园区进行切割作业，东莞市某装饰设计工程有限公司雇用"李某伟施工队"的 13 人到园区进行拆除泡沫板和清运工作，于 9 月 1 日进场，在厂房 A 一层清理墙壁、顶棚上的聚氨酯泡沫保温材料；9 月 2 日上午，安排施工作业人员对厂房 A 一、二层同时进行施工作业。据现场目击证人李某反映，9 时 40 分左右，二层内的彭某、刘阳某、邓

某举着铁管接长的气割枪在厂房 A 中部位置进行切割作业，刘雄某操作挖掘机在厂房 B 距厂房 A 与 B 连廊 16 m 处清理墙壁、顶棚上的聚氨酯泡沫保温材料；10 时 58 分许，厂房 A 二层传来轰响声，通过外围某公司视频监控可见此时厂房 A 二层的烟雾和火势迅速向四周蔓延。

2.2　尸体所处位置和特征

火灾前厂房 A 内有 14 人在作业，一层有 4 人，二层有 4 人，三层有 6 人。火灾后二层内清理工彭某、刘阳某、邓某与挖掘机操作工刘雄某均死亡。彭某尸体处于厂房电梯井后侧处，呈俯卧状，头部朝东，炭化严重，与地面接触腹部衣物部分残留。邓某尸体处于电梯东面靠第二个窗处，呈俯卧状，头部朝东，炭化严重，四肢炭化缺失。挖掘机操作工刘雄某尸体处于厂房 A 与 B 二层连廊传输链槽孔内处，被掉落物覆盖，尸体整体炭化严重，未见衣物。据一层生还者反映，在厂房 A 一层的李某（施工负责人）和欧阳某（遇难者）在得知二层发生火灾后就近乘坐电梯去二层查看，李某、欧阳某与逃生至电梯内的刘阳某一同遇难于电梯内，电梯停在二层，电梯门关闭，经救援人员撬开电梯门后，可见三人均带有一次性蓝色口罩，衣物均过火，鼻腔内均有烟熏积碳。李某仰躺在电梯内，欧阳某呈坐姿靠在刘阳某胸部位置，刘阳某靠在梯箱东侧。三层的黄某、周某某、李某、周某某、陈某、吴某（遇难者）往三层西北侧逃生，黄某、周某某、李某、周某、陈某从三层废物清倒口跳至二层搭建的连廊顶部并走到厂房 D 逃生成功，并反映吴某因身体肥胖不敢从三层废物清倒口跳下，其尸体位于三层北侧层梯口，呈仰躺状，尸体严重炭化，部分肢体烧蚀，未见衣物。

2.3　视频分析情况

视频（1）分析：据某公司监控视频显示，9 月 2 日 10 时 54 分 17 秒（校对北京时间为 9 月 2 日 10 时 58 分 42 秒），东北侧外墙开始出现黄色烟雾，54 分 30 秒（北京时间 58 分 55 秒），外墙窗外孔洞开始出现明火，并出现轰燃现象。（图 2）

图 2　相关视频资料

视频（2）分析：据公安机关高处的治安视频显示，北京时间 10 时 58 分 38 秒厂房开始冒出黄褐色烟，火势发展迅猛。

结合现场目击证人证词、视频分析、施工作业点及逃生轨迹分析，初步确定厂房 A 二层为重点勘验部位。

2.4　现场勘查情况

2.4.1　初步勘验情况

起火层呈长方形分布，长 69.2 m，宽 49.2 m，对角线为南北方向。东北墙和西南墙均含八根柱子，由东南往西北方向依次编号为 1~8 号，1 号、2 号柱子间距和 7 号、8 号柱子间距均为 9.6 m，其余相邻柱子间距为 10 m。西北墙和东南墙均含六根柱子，由西南往东北方向分别编号为 A、B、C、D、E、F 号，其中 F 号与 8 号柱子为同一根柱子，A 号、B 号柱子间距和 E 号、F 号柱子间距为 9.6 m，其余相邻柱子间距为 10 m。中间含有 24 根柱子，东北墙和西南墙 7 号柱子之间 4 根柱子由西南往东北方向依次编号为 #1-1、#1-2、#1-3 和 #1-4，6 号柱子之间 4 根柱子由西南往东北方向依次编号为 #2-1、#2-2、#2-3 和 #2-4，依此类推，2 号柱子之间 4 根柱子由西南往东北方向依次编号为 #6-1、#6-2、#6-3 和 #6-4。西侧角落和南侧角落为层梯入口，78EF 格区域中间为洞口 1，67EF 格区域中间为洞口 2，E 号柱子旁边为电梯。该层整体上建筑结构较好，未出现坍塌痕迹。天花板覆盖焦黑色墙皮表面保温层燃烧残骸，内部钢筋龙骨支架裸露，墙皮脱落，地面散落大量塑胶和纸类燃烧残骸。残骸过火痕迹整体上东南重、西北轻，且中间重、四周轻。18AB 格区域地面残骸过火程度东南方向比西北方向重，且东北方向比西南方向重，东南侧靠近西南墙残骸存在部分未完全炭化。18BC 格区域地面残骸过火程度东南方向比西北方向重，其中 #5-1 和 #5-2 柱子之间有一根管路靠近 #5-2 柱子方向向下倾斜，且出现轻微弯曲变形痕迹。18CD 格区域过火痕迹东南方向较重，其中 34CD 格区域地面有电箱两个，电箱受高温作用锈蚀明显，其中一个变形严重，倒塌在地面。该区域天花板金属架由东南方向往西北方向分布，金属架受高温作用锈蚀变形明显，其中靠近电箱区域金属架变形锈蚀痕迹最明显。18DE 格区域地面残骸过火程度东南方向比西北方向重，西北侧残骸未烧尽。18EF 格区域地面残骸过火程度东北方向比西南方向重。67ED 格区域中间洞口周边散落铁架与铁皮，铁皮受高温烘烤锈蚀变形明显。整体上过火痕迹呈现由 34CD 格区域往四周蔓延趋势，且该区域内过火

痕迹呈现由 #5-2 柱子向其余方向蔓延。34CD 格区域 #5-2 柱子管路有切割痕迹，切割口有明显熔痕，切割口相近 #5-2 柱子西北侧出现明显断裂撕裂痕迹。

2.4.2　现场施工工具及切割管道支撑柱专项勘验

起火建筑现场施工工具气瓶位于 #4-2 与 #5-2 柱中部区域，切割枪位于 #5-2 与 #5-3 柱中部区域，气管连接由气瓶引至切割枪，管路轻微过火，外表皮烧损，切割枪有增加铁管延长使用痕迹，延长铁管距离约 2.70 m，切割枪共有三处开关阀门，阀门均呈关闭状态。

2.4.3　对现场气瓶专项勘验

厂房 A 一、二层共有五个液化石油气气瓶，其中一层有两个，均呈爆裂状；二层有三个，包括一个液化石油气气瓶和两个氧气瓶，现场使用燃气检漏仪对液化石油气气瓶进行检测，内部有残留气体，液化石油气气瓶总重量约 17.59 kg。

2.4.4　现场切割痕迹专项勘验

事故发生当天，施工人员对厂房 A 二层进行拆除，使用气割枪对管道支撑架进行切割，1234CD 中部区域管道支撑架共切除 8 个，#5-2 与 #5-3 柱之间西南区域管道支撑架共切除 2 个，#5-2 柱区域管道支撑架东南侧连接口已全部切除，切口处有明显高温熔痕，西北侧无进行切割痕迹，断裂口明显撕裂，其切割点（10 号）距离地面约 3.20 m。（图 3）

图 3　火灾现场图 1

综上所述，二层中部（10 号切割点）处顶棚的烧损痕迹最严重，并以此为中心，向四周递减；二层中部附近（距离东墙约 19 m，距离北墙约 29 m 范围）有切割作业工具，液压推车上放置有一个液化石油气瓶、两个氧气瓶，附近有一具射吸式割炬（气割枪）；顶部金属管道吊架断裂，有切割痕迹，塌落方向从东向西，现场标记 1~10 号切割点，中间柱子（10 号切割点）顶部附近金属管道吊架两端均断裂，有切割痕迹，金属管道吊架另一端半断裂，有管道塌落撕扯痕迹。（图 4）

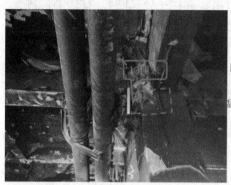

吊架跟柱的距离约 13 cm，柱子和顶棚的聚氨酯泡沫保温材料 10~15 cm

图 4　火灾现场图 2

3　起火原因的分析

结合现场目击证人证词、视频分析、施工作业点、人员逃生轨迹、金属切割系列证据，经综合分析，认定起火原因为东莞市某再生资源回收有限公司雇用无特种作业操作证人员，违规使用射吸式割炬（气割枪）在东莞市某食用菌有限公司厂房 A 二层中部区域对金属管道吊架进行切割作业时，割炬火焰引燃周围的聚氨酯泡沫保温材料，并发生轰燃蔓延成灾。具体依据如下。

（1）据赖某、黄某等多人反映，可印证起火前有彭某等三人在二层中部位置采用气割枪对金属管道进行切割作业。

（2）视频记录显示分析可印证目击证人火灾前后事实情况。

（3）现场勘查情况。二层中部中间柱子（10 号切割点）（距离东墙约 19 m，距离北墙约 29 m 范围）聚氨酯泡沫保温层完全烧毁，抹灰层脱落呈上重下轻，底部抹灰层未脱落，烟熏痕迹呈上重下轻，顶部与金属管道吊架处残留部分聚氨酯泡沫保温材料，中间柱子（10 号切割点）有气割枪火焰燃烧痕迹，金属管道吊架靠柱子处已断裂，有切割痕迹，金属管道吊架另一端半断裂，有管道塌落撕扯痕迹；顶棚横梁处残留部分聚氨酯泡沫保温材料，烧损情况向四周递减。

（4）起火部位（10 号切割点）周围有聚氨酯泡沫保温材料等可燃物，具备遇火源引发火灾的条件。

（5）对起火部位周围的电线进行专项勘验，除电梯用电外，未发现其他电线存在，可以排除电线故障引发火灾的可能。

（6）根据现场提取无证检材，鉴定结论成分为聚氨酯热塑性塑料，燃点为 311 ℃。其热释放速率较大，燃烧残留物较少，热值较高，加速了火灾的蔓延。

（7）经公安刑侦和消防部门调查，可排除人为放火可能。

4 结语

（1）第一时间快速调取能拍摄到现场的所有视频资料并进行分析，帮助确定起火部位和起火点。

（2）相对密封性较好的洁净厂房拆除散落的聚氨酯热塑性塑料，热释放速率较大，燃烧残留物较少，热值较高，蔓延快，易产生轰燃，要确切分析清楚是轰燃还是爆炸，且要排除火灾后用于切割的液化石油气爆炸，厘清轰燃和爆炸的先后问题。

（3）要加强气焊工、电工等特种员工安全管理并及时掌握施工流程及安全操作要求和安全防范措施。

（4）要提高对作为重要证据载体的尸体痕迹认识，分析人员遇到火灾后的想法和逃生轨迹判断，加大宣传逃生避难救助措施。

（5）要密切与公安等部门协作，联合调查，快速确定事故性质，强化火灾事故延伸调查，为政府成立事故调查组提前做好调查工作。

对一起 220 kV 变电站火灾事故的调查与分析

杨秉轩

（萍乡市消防救援支队,江西　萍乡　337000）

摘　要: 某电力公司 220 kV 变电站发生火灾,火灾发生后造成市区部分区域停电,影响了广大市民生活及工厂生产,引发社会高度关注。本起火灾主要燃烧物为高压电力设备,燃烧机理较为复杂,涉及学科较广,笔者在市供电公司协助下开展了大量深入的调查工作,通过现场勘验、调查访问,及时、准确地认定了起火点,固定并提取了关键物证,科学认定了起火原因,为事故的善后处理争取了时间、奠定了基础。

关键词: 变电站;火灾调查;刑事侦查技术

1　案例背景

　　某年 11 月 12 日 18 时 34 分许,萍乡市安源区某村某电力公司 220 kV 变电站发生火灾,火灾烧损开关柜、电缆等物品,烧毁建筑面积 81 m²。火灾发生后,造成萍乡市部分区域停止供电,当地消防救援支队和市供电公司迅速成立火灾事故调查组对此起火灾进行调查。

2　调查访问情况

　　（1）11 月 12 日 14 时 40 分,变电检修分公司 1 号主变压器（以下简称主变）10 kV 侧 901 开关柜更改电流互感器二次线极性,第一种票工作结束后,变电站向地调申请 1 号主变转运行。

　　（2）18 时 24 分合上 1 号主变高压侧 201 开关,因 901 开关柜更改 CT 二次极性,按相关规程规定,1 号主变将带负荷及带负荷试验,退出主变 A、B 套差动保护。18 时 33 分合上 101 开关,1 号、2 号主变高中压并列运行。18 时 34 分 7 秒合上 901 开关后,10 kV 高压室传出爆炸声。值班人员及在场检修人员立即赶到继保室后门查看,发现 1 号主变10 kV 母线桥限流电抗器起火,高压室靠 10 kV 的Ⅰ段母线侧从窗户喷出火焰、浓烟和响声。随后变

电站照明熄灭,18 时 34 分 56 秒 327 逆变电源跳闸,后台机无显示。事故发生的同时,值班人员与调度人员向公司相关部室、公司领导做了汇报,并拨打 119 报警。

　　（3）18 时 16 分,在调度人员命令断开 101、901 开关的同时,1 号主变重瓦斯保护动作,跳 1 号主变三侧开关。

　　（4）19 时左右,安源区消防救援站接警后迅速赶到现场实施灭火,由于高压室高热高温,将起火10 kV 的Ⅰ段方向的防盗铁门熔紧无法打开,由于 2 号主变侧处于运行状态,内部情况不明朗,消防员只能打破玻璃窗（包括被气浪冲开的玻璃窗）、底层纱网,用站内灭火器从高压室墙开展灭火,灭火进展缓慢,20 时 10 分左右,才将火彻底扑灭。

3　现场勘验情况

3.1　环境勘验

　　变电站位于萍乡市安源区某村,四面环山,周围无其他建筑,无监控设备。变电站与周围环境用围墙分隔,变电站内建筑物为高压室和主控室,高压室为南北朝向建筑,地上 1 层,无地下室,砖混结构;主控室为坐北朝南建筑,地上 1 层,无地下室,砖混结构,如图 1 所示。

　　变电站周围无烟囱及临时用火点,周围道路、通道未发现放火及其他可疑痕迹。高压室内部过火,外部窗户上部有烟熏痕迹,高压室外 1 号主变

作者简介: 杨秉轩,男,汉族,现任江西省萍乡市消防救援支队综合指导科科长,工程师,主要从事火灾调查工作。地址:江西省萍乡市武功山中大道 365 号,337000。电话:18307990000。邮箱:310881101@qq.com。

10 kV 限流电抗器局部过火,其他建筑无过火及烟熏痕迹,如图 2 所示。

图 1 变电站概貌

图 2 高压室概貌

3.2 初步勘验

高压室南北长 35.6 m、东西宽 5.3 m,北面设有一个高 1.7 m、宽 3.5 m 铁质双开门,南面设有一个高 2 m、宽 0.95 m 铁质单开门,东面墙体距离地面 1.2 m 处均匀设有 8 个高 2.4 m、宽 1.2 m 的铝合金推拉窗,西面墙体距离地面 0.6 m 处均匀设有 6 个高 3.6 m、宽 1.2 m 的铝合金推拉窗户,如图 3 所示。

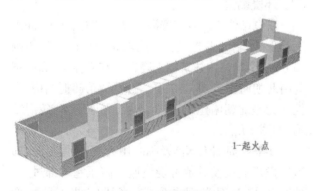

1-起火点

图 3 火灾现场复原图

高压室中间位置设有 20 组高压开关柜,距离南面墙体 3.3 m,开关柜高 2.6 m、长 1.3 m、宽 1.1 m;距离南面墙体 6 m 处设置 1 号主变开关柜,该开关柜通过开关连接 1 号主变母排,距离北面墙体 11.5 m 处设置 2 号主变开关柜,该开关柜通过开关连接 2 号主变母排;高压室南侧的开关柜、地沟电缆及铝合金推拉窗过火,距离南墙 2 m 的变电站自用变压器过火烧损,北侧的开关柜、地沟电缆及窗体烟熏,未过火;高压室南侧屋顶上方抹灰层掉落严重,烧损程度较其他部位重,如图 4 所示。

图 4 高压室南侧内部概貌

以 1 号主变开关柜为中心,1 号主变开关柜及左右开关柜东侧形成一个上端长 1.2 m、下端长 3.4 m、高 2.6 m 的梯形烧洞,西侧形成一个高 1.7 m、宽 1.1 m 的电熔烧洞,电熔烧洞范围的铁质开关柜外壳已被电熔烧掉;高压室南侧东面窗体受热熔化全部掉落,西面窗体还有部分残留,如图 5 所示。

图 5 1 号主变开关柜烧损情况

3.3 细项勘验

1 号主变开关柜外壳为铁质材料制作,内部设备从上至下依次为开关柜母排、上闸刀、互感线圈、真空开关、互感线圈、下闸刀、1 号主变母排,闸刀、互感线圈、真空开关之间以铜排连接,如图 6 所示。

图 6   1 号主变 901 开关柜上部

母排、上闸刀、下闸刀全部采用铜质材料制作;互感线圈中心内部为铜排,中部为铜质线圈,外部采用绝缘材料包裹;真空开关内部为铜质桶形原件(灭弧装置),外部包裹绝缘材料制作,如图 7 所示。

图 7   1 号主变 901 开关柜中部

上、下闸刀静触头与铜排连接,动触头为可机械操作活动的铜棒。开关柜南北两侧正下方设有深 1 m 的电缆沟,内部敷设有电缆,1、2 号主变开关柜连接分开关柜,下方未连接电缆,其余开关柜均连接有相应的电缆,电缆沟电缆未断开,高压室南侧开关柜下方电缆外层绝缘层部分有焦化,其他电缆无明显受热变化痕迹,1 号主变开关柜两侧分开关柜除铁质外壳受热熔化变形外,内部设备基本完整,如图 8、图 9 所示。

图 8   1 号主变 901 开关柜下部

图 9   1 号主变 901 开关柜正下方电缆沟

3.4   专项勘验

1 号主变北侧操作面板上操作杆已被取走,面板显示上、下闸刀为合闸状态;1 号主变上部三相铜质母排均完整,外部绝缘材料全部烧毁,有变形痕迹。上闸刀与母排连接的静触头保留,有严重变形痕迹,动触头 3 根铜棒掉落在地面上,1 号动触头受热呈黑色,2、3 号动触头受热呈蓝白色,3 个静触头及其连接铜排掉落在地面上,如图 10 所示。

图 10   1 号主变 901 开关柜静触头及连接开关

1 号主变互感线圈基本完整,内部匝间铜线有明显熔化痕迹,绝缘已炭化;除 4 号真空开关外部绝缘材料受热炸裂外,其余两个真空开关均完整,且均受热变色呈黑色,如图 11 所示。

图 11　1 号主变 901 开关柜互感线圈

下闸刀连接铜排、触头均被电熔,留一段长 10 cm、宽 5 cm 椭圆形铜棒残片掉落在地面上,其他部件未在现场发现;连接各部件的铜排被电熔成不完整铜件分段掉落在地面上,如图 12 所示。

图 12　1 号主变 901 开关柜铜排

4　火灾认定

4.1　起火时间认定

通过现场勘验及对有关人员的询问分析,认定起火时间为 11 月 12 日 18 时 34 分,认定理由如下。

（1）通过查询萍乡市消防救援支队指挥中心调派出动单报警时间,可以得知报警时间为 11 月 12 日 18 时 34 分。

（2）通过调取某供电公司监控数据资料可以发现 11 月 12 日 18 时 34 分设备出现异常。

（3）经询问第一报警人陈某,报警时间为 11 月

12 日 18 时 34 分。

4.2　起火部位认定

起火部位认定为高压室 1 号主变开关柜的东侧,认定理由如下。

（1）高压室南侧开关柜及铝合金推拉窗过火,北侧开关柜及窗体仅有烟熏,未过火;开关柜正下方设有深 1 m 的电缆沟,内部敷设有电缆,1、2 号主变开关柜连接分开关柜,下方未连接电缆,其余开关柜均连接有相应的电缆,对电缆沟内全部电缆进行勘验,发现电缆基本完整,未断开,除高压室南侧开关柜下方电缆外层绝缘层部分有焦化现象外,其他电缆无明显受热变化痕迹。1 号主变开关柜左右两侧分开关柜除铁质外壳受热熔化变形外,内部元件基本完整。

（2）高压室南侧屋顶上方抹灰层掉落严重,烧损程度较其他部位重。

（3）对比高压室南侧开关柜东西两侧烧损程度,以 1 号主变开关柜为中心,1 号主变开关柜及左右两侧开关柜的东侧形成一个上端长 1.2 m、下端长 3.4 m、高 2.6 m 的梯形烧洞,西侧形成一个高 1.7 m、宽 1.1 m 的烧洞。通过比较可以反映东侧较西侧烧损程度更为严重。

（4）对比高压室南侧东西两侧对称位置的铝合金窗体烧损程度,东面窗体受热熔化全部掉落,西面窗体还有部分残留。由以上比较可以得知火势从东向西蔓延。

从整体上看,以 1 号主变开关柜为中心,火势呈由南向北、由东向西蔓延。起火部位可以确定为高压室 1 号主变压器开关柜的东侧。

4.3　起火点认定

起火点为 1 号主变开关柜内下闸刀处,认定理由如下。

1 号主变上部三相铜质母排均完整,外部绝缘材料全部烧毁,有变形痕迹;上闸刀与母排连接的静触头保留,有严重变形痕迹,动触头 3 根铜棒掉落在地面上,1 号动触头受热呈黑色,2、3 号动触头受热呈蓝白色,3 个静触头及其连接铜排掉落在地面上;互感线圈基本完整,内部匝间铜线有明显熔化痕迹,绝缘已炭化;除 4 号真空开关外部绝缘材料受热炸裂外,其余两个真空开关均完整,且均受热变色呈黑色;下闸刀连接铜排、触头均被电熔,留一段长 10 cm、宽 5 cm 椭圆形铜棒残片掉落地面,其他部件未在现场发现;连接各部件的铜排被电熔成不完整铜件分段掉落在地面上。现场勘验反映,以 1 号主

变开关柜内下闸刀处为中心向四周电熔渐轻、火灾燃烧渐轻,因此 1 号主变开关柜内下闸刀处是起火点。

4.4 火灾原因认定

（1）根据现场勘验,现场周围道路、通道未发现放火及其他可疑痕迹,通过调查询问了解起火当日除维修人员到站维修外无其他人员进站,起火时除站内工作人员在场外无其他人员,且站内人员均在主控室内工作,排除放火的可能。

（2）调查反映起火点周围物品为非自燃物品,物品堆放不具备自燃条件,可以排除自燃引起火灾的可能。

（3）根据询问了解,起火当天工作人员未在高压室内吸烟及用火,起火点位置不符合吸烟引起火灾的特征,排除用火不慎及吸烟引起火灾的可能。

（4）当天天气无雷雨,排除雷击引起火灾的可能。

（5）经调查,在合 901 开关（1 号主变开关柜真空开关）前,10 kV Ⅰ、Ⅱ 母线均带电,901 开关柜（1 号主变开关柜）处在热备用,仅 901 开关没有合上,405 ms 时,在 9013 隔离开关 B、C 相裸露部分（静触头）相间短路,经过半个周波后发展成三相短路故障,故障产生的电弧同时引起接地故障,产生巨大声响,在短路电弧巨大能量作用下,901 开关柜烧损,事故后检查发现 901 开关真空泡外壳完好,没有发生爆炸,说明起火点并不是 901 开关。根据现场烧损残骸情况和分析录波图,故障点为 9013 刀闸处（1 号主变开关柜内下闸刀）。

综上所述,结合调查访问和现场勘验,该起火灾排除了放火、自燃、用火不慎、吸烟、雷击引起火灾等可能,最后认定为 1 号主变开关柜内下闸刀 B、C 相间短路引起火灾。

参考文献

[1] 金河龙. 火灾痕迹物证与原因认定 [M]. 长春:吉林科学技术出版社,2005.

[2] 公安部消防局. 火灾事故调查 [M]. 长春:吉林科学技术出版社,1999.

[3] 王希庆,韩宝玉,邸曼. 电气火灾现场勘查与鉴定技术指南 [M]. 沈阳：辽宁大学出版社,1997.

[4] 中华人民共和国应急管理部. 电气火灾痕迹物证技术鉴定方法 第 4 部分:金相分析法: GB/T 16840.4—2021[S]. 北京:中国标准出版社,2021.

对一起奔驰 G500 汽车火灾的调查与体会

祝　强,赵　蔚,董晓飞

(杭州市消防救援支队,浙江　杭州　310000)

摘　要:本文介绍火灾为复核火灾,因起火车辆价格超过 200 万元,奔驰公司对原事故认定不服向杭州市消防救援支队申请火灾复核。杭州消防救援支队受理后,通过全面详细的重新调查,在奔驰 4S 店对比拆解同款同型号车辆,检查保险盒处线路设置,了解原厂车辆发动机舱电气线路情况。同时,对车主进行询问,确定车辆存在非官方改装,改动过的线路在保险丝位置发生电气故障导致起火。杭州消防救援支队以事实为证据,结合技术鉴定意见,对该起车辆火灾事故做出重新认定,有效维护了当事人的合法权益。

关键词:汽车火灾;预熔保险丝盒;短路;改装

1　火灾概况

1.1　火灾基本情况

2020 年 4 月 30 日,杭州市消防救援支队 119 指挥中心接到报警,称吴某驾驶的梅赛德斯 - 奔驰 G500 汽车行驶到杭州市西湖区时,汽车突然冒烟着火,过火面积约 1 m²,现场无人员伤亡。

1.2　车辆起火过程

车主吴某某驾驶车辆于 4 月 30 日 17 时许从杭州市西湖区前往滨江区,车辆出发后以正常速度行驶十几分钟,行驶至西湖区时,车辆发动机舱右前侧有烟冒出。驾驶员吴某下车打开发动机舱盖发现有浓烟和明火,随后吴某向路过车辆借用灭火器将火扑灭,后事故车辆被拖离现场至奔驰 4S 店待勘验。(图 1)

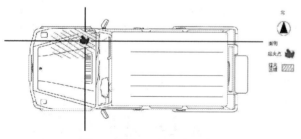

图 1　奔驰 G500 起火示意图

作者简介:祝强(1988—),男,杭州市消防救援支队,初级专业技术职务,主要从事火灾调查工作。地址:浙江省杭州市上城区鲲鹏路 363 号,310000。

1.3　起火车辆基本情况

起火车辆为梅赛德斯 - 奔驰 G500 越野车。2019 年 12 月 23 日,吴某从案外人姚某处作为二手车购买,转让时车辆行驶里程为 590 km。车辆发生火灾时,行驶里程约 7 000 km,车辆尚未进入 4S 店进行首次保养。

2　火灾事故调查认定情况

2.1　起火时间认定

起火时间为 2020 年 4 月 30 日 17 时 44 分许,主要依据如下。

2.1.1　接警时间显示

2020 年 4 月 30 日 17 时 46 分杭州市消防救援支队指挥中心接到第一个报警电话。

2.1.2　路面监控显示

2020 年 4 月 30 日 17 时 41 分 18 秒事故车辆发动机舱出现少量烟气,42 分 57 秒发动机舱烟气变大,44 分 25 秒发动机舱右前方出现明火。

2.2　起火部位和起火点认定

起火部位为梅赛德斯 - 奔驰 G500 汽车发动机舱内,起火点为发动机舱右后侧接线盒处,主要依据如下。

2.2.1　起火车辆外观和车厢内勘察情况

起火车辆为奔驰 G500 汽车,车头发动机舱盖右侧部分烧损变色,其余部位相对完好。事故车辆四只轮胎及轮毂完好,未见明显燃烧痕迹。车窗玻璃、车灯均完好,未见高温破裂、熔融痕迹,车头部分有灭火器喷射后残留痕迹,车尾较为干净,整车车体外壳烧损较轻。车辆前挡风玻璃有部分烟熏和灭火器残留痕迹,玻璃未见破裂痕迹。对事故车辆车厢进行勘验,内部车厢干净完好,胶条、塑料件、座椅等均未见烧损、熔融及烟熏痕迹。(图2)

图3 发动机舱内部燃烧情况

2.2.3 接线盒附近专项勘验情况

接线盒塑料外壳整体烧损熔融,上方保险丝熔断,金属变色明显,接线盒下部烧损轻于上部,部分线路绝缘层保留,见图5。连通起动机方向的螺栓烧损变色较为严重,且螺栓整体松动。将螺帽拧开取下金属垫片,垫片表面金属有大量疑似电弧造成的凹坑,螺栓侧面也存在电弧痕迹,正常垫片上无凹坑,见图6至图9。靠近接线盒螺栓处一多股铜导线,线路上存在疑似短路痕迹,见图4。车身负极处残留部分银色细多股导线,且残留导线压接在负极桩头内侧,该残留导线未见短路痕迹。将螺栓、金属垫片整体和带熔痕铜导线提取送检。

图2 车辆车头外观

2.2.2 起火车辆发动机等部位勘察情况

打开起火车辆前部发动机舱盖板,舱盖内侧靠右隔音棉烧损炭化严重,左侧未烧损。银色塑料板部分烧损,整体呈右重左轻,右侧烧损炭化,左侧颜色保持较为完整。发动机舱内部分过火,横向金属稳定杆右侧烧损,金属变色较为明显,左侧较轻,有部分烟熏痕迹。发动机上方保护塑料盖右侧有部分熔化痕迹,机油盖没有烧损,整体烧损较轻。靠近前挡风玻璃处塑料件,右侧烧损严重。右侧风口处熔融炭化明显,左侧风口处较好。右侧靠近接线盒位置塑料件整体炭化明显,且正对接线盒处炭化熔融最为严重,呈现 V 形痕迹。接线盒后侧模块整体烧损较轻,靠近接线盒一侧塑料壳有熔融痕迹;接线盒右侧车身金属有烧损变色痕迹,部分金属有变形痕迹,车身金属内侧有较明显的炭化和烟熏;接线盒前方冷却液储水壶塑料未见明显烧损熔融。将车辆右前轮拆下,从右前轮下方由下往上看,接线盒下方零部件较为完好,减震器、制动盘等部件未见烧损,有少量灭火器喷射后残留痕迹。发动机舱内烧损最严重的部位为接线盒处。(图3)

图4 保险丝熔断情况

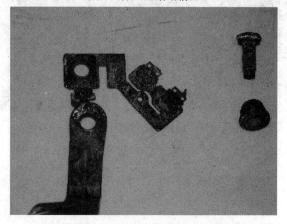

图5 13号螺栓处金属件拆解

图 6 螺栓及金属热片拆解

图 7 螺栓处电弧痕迹

图 8 金属热片边缘电弧凹坑

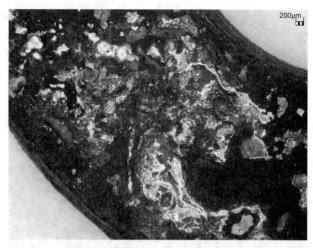

图 9 金属热片表面大量电弧烧蚀痕迹

2.3 起火原因的认定

起火原因为接线盒连接起动机处螺栓松动接触不良，导致产生电弧引燃周边可燃物引发火灾，主要依据如下。

（1）通过专项勘验发现，紧靠预熔保险丝盒的车身负极桩头连接了一根已经被拽断的第三方加装线束的残留，保险丝盒连接起动机的 13 号螺栓松动，两处均存在人为改装的痕迹且包含正负两极，因此可以推断此处曾经加装过第三方电气设备，见图10。在拆下 13 号螺栓后发现，本应被螺栓压紧的导电金属片没有压痕，而且接触面呈现大量电弧作用后金属局部熔化的痕迹，见图11、图12。

图 10 保险丝盒连接起动机的 13 号螺栓附近的烧损痕迹

（2）电弧是在电路两端接触不良时，即两端接触面积不断变化的过程中产生的，其温度可达5 000 ℃，当负责压紧两端导电片的螺栓没有拧紧时，导电片之间会因为车辆的振动反复接触和分离，在这个过程中产生的电弧会逐渐聚集热量，最终熔化和点燃附近的塑料部件，引发火灾。

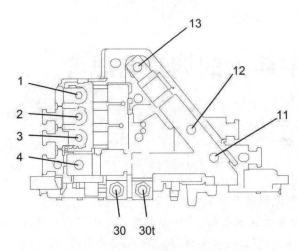

图 11 发动机舱预熔保险丝盒图

图 12 13 号螺栓压紧的导电金属片和正常导电金属片的对比

（3）进一步检查整个预熔保险丝盒，其余的导电片完好，没有任何短路或局部过热的痕迹。保险丝盒内大部分保险被火烧断或熔断，部分线束与金属部件接触粘连，熔断和粘连这两种现象均为起火后线路绝缘层被烧毁，引发线路和金属部件直接接触短路后产生的，均属于火烧熔痕。

（4）火灾无法造成螺栓的松动，也无法造成导电金属片表面被电弧作用过的烧蚀痕迹。因此，起火点位于预熔保险丝盒内，靠近 13 号螺栓处。

（5）送检起动机处线路导电金属片及螺栓经天津火灾物证鉴定中心鉴定，鉴定结论为电热熔痕。

3 灾害成因

3.1 违规改造导致火灾隐患

该起火灾存在车辆电气线路改造的情况。车辆在加装不明线路后，再次改动时，操作不规范，导致车身

接地处线路残留，13 号螺栓未拧紧。车辆行驶时颠簸致使 13 号螺栓进一步松动，导电片间接触不良形成电弧打火，从而导致火灾发生。

3.2 驾驶员缺乏消防安全常识

当事驾驶员吴某在发现火灾时，缺乏基本的消防常识，在尚未充分准备灭火器具的情况下，贸然打开车辆发动机舱，导致新鲜空气进入发动机舱，促使火势加快燃烧。

4 火灾调查体会

4.1 依托企业技术支持

涉及汽车、大型精密仪器的火灾，在对原理与结构不是十分了解的情况下，可以依托企业的技术人员和第三方技术人员的支持，在当事人见证的情况下对火灾现场进行勘验。既能维护当事人的合法权益，又能得到专业的技术指导，帮助更快查准火灾原因。在该起火灾事故的调查中，调查人员充分吸纳奔驰大中华区车辆事故调查人员的专业经验，对保险丝盒附近线路进行梳理，确定起火部位线路的走向及用途。同时，在邀请企业技术人员协助调查的同时，调查人员根据自身对火灾痕迹的知识进行判断，避免技术人员将起火原因引导向对企业有利的方向。

4.2 确定违规改造行为

针对存在非官方改装的行为，调查人员应针对车辆异常的部位，要求当事人提供相应的维修、保养及更换的记录。此次火灾，调查人员在勘查过程中发现 13 号螺栓的松动、金属导电片表面的电弧痕迹及车身负极桩头压接的已被拽断的线束等异常情况，为询问的重点提供了方向。在现场痕迹、调查询问和鉴定报告的多方印证下，进一步确定了该起火灾为违规改装的行为造成。

4.3 比对未改造同款车型

不同品牌、不同型号车辆的发动机舱布置、高低压线路走向、油路的设置完全不同。调查人员在调查过程中咨询专业人士的同时，第一时间找到同款车辆进行对照调查。通过起火部位相同零部件烧损后和正常状态之间的对比，尤其是改装过的车辆，可以找到原本不属于车辆原装件的部件，帮助调查人员精确找到故障点，确定了起火原因。

参考文献

[1] 应急管理部消防救援局. 火灾调查与处理：高级篇 [M]. 北京：新华出版社，2021.

[2] 赵增昌，戴洪尚. 汽车发动机舱主线束短路火灾研究 [J]. 武警学院学报，2013（4）：88-89.

对一起冰箱在运输途中起火的调查与思考

方梓财

（揭阳市消防救援支队,广东　揭阳　515300）

摘　要：本文以一起冰箱在运输途中起火的火灾事故调查为背景案例,调查人员通过缜密的案情分析、细致的现场勘查和全面的文献检索等技术手段,寻找和发现火灾现场的燃烧痕迹,获取关键物证,结合证人证言线索,认定事故起火部位、起火点及起火原因,同时通过分析总结同类型火灾调查案例,简述冰箱、空调等制冷设备火灾的调查注意事项,为今后同类型的火灾调查工作指出了调查方向。

关键词：冰箱;空调;火灾;制冷剂;冷冻机油;调查

1　引言

现代社会,冰箱、空调等制冷设备已经得到广泛运用,为我们的生活提供了便利与舒适,然而因冰箱、空调等制冷设备引发的火灾事故不胜枚举。制冷设备火灾事故成因较为复杂,如本文所阐述的冰箱火灾发生在运输途中,冰箱内部在未通电工作的状态下起火,火灾原因成为货运公司和生产厂家纠纷的核心问题。作为火灾调查人员,应当全面掌握冰箱、空调等制冷设备的制作工艺与工作原理,认真分析研究在产品设计、生产制作、运输存储和产品使用等环节的火灾事故隐患点,同时要结合火灾现场勘查、调查询问、物证分析等调查分析手段,才能够准确查找火灾原因。

2　火灾案例分析

2.1　火灾基本情况

2023 年 8 月 6 日,某地一台外观受损被客户退换货的 586 L 双开门冰箱在运输途中突然起火,火灾导致冰箱烧毁,未造成人员伤亡。虽然该起火灾直接财产损失只有数千元,但是事故发生后,冰箱运输企业和冰箱生产企业因起火原因引发纠纷,影响较大。

2.2　调查询问情况

据运输货车司机兼送货员反映,该冰箱在送至顾客家中后,因冰箱左门下方有磕碰凹陷的情况被拒收,遂将冰箱运回仓库,该冰箱外包装完整,被竖放在小货车车厢前部。火灾发生前,司机未发现异响和异味,在行驶途中突然发现冰箱起火,司机随即将货车停靠在路边并将冰箱推倒至地上,最初起火位于冰箱底部,见图 1。

图 1　货车司机拍摄的火灾视频截图

2.3　现场勘查

冰箱整体过火,其外包装与内部可燃部件大部分被烧毁,仅冰箱右门上部残留部分纸质包装材料,冰箱门与主体脱落分离;冰箱铁质外壳及内部金属部件过火变色变形,烧损程度呈由下往上逐渐减轻,冰箱底部烧损变形重于顶部;冰箱左侧烧损变形重于右侧,见图 2。

作者简介：方梓财(1992—),男,汉族,广东省揭阳市消防救援支队初级专业技术职务,主要从事火灾调查、防火监督、消防宣传工作。地址:广东省揭阳市榕城区新阳路 4 号,515300,765882655@qq.com

图 2 冰箱损烧变形、变色照片

对冰箱内部勘查发现,内部整体过火,保温材料及塑料部件完全烧毁;冰箱左右两侧箱体内的冷凝器管路完整,表面光滑,未见破损痕迹;冰箱底部的铝质蒸发器完全烧毁熔化;压缩机区域整体过火,控制电路板烧损炭化,压缩机外部整体保存较完好,压缩机连接三根铜管,见图 3。其中,工艺管路和排气管路表面过火、整体完整,吸气管与冰箱蒸发器管路连接的洛克复合环(管路连接件)脱落,见图 4、图 5。

图 3 冰箱底部压缩机照片

图 4 压缩机铜质吸气管洛克复合环连接处照片

图 5 铜质吸气管洛克复合环连接处特写照片

2.4 相似案例

调查人员通过了解发现一起制冷设备火灾相似案例,值得借鉴。

2017 年 9 月,某地一住宅阳台发生火灾,起火物品是一台还没有拆开包装的空调室外机,初步调查后,可以排除遗留火种引起火灾的可能,见图 6。

图 6 某地一住宅阳台空调室外机起火烧损照片

进一步勘查发现,起火空调室外机的包装全部过火,设备还没有连接电源,空调室外机冷凝管中部的铝质翅片局部烧损熔化,见图 7;室外机风机侧的冷凝器铜管出现外翻炸裂缺口,缺口长度为 4 cm,见图 8;空调使用 R410a 制冷剂。

综合所有调查证据,认定该起火灾起火原因是空调室外机冷凝管意外破裂,泄漏制冷剂遇管壁摩擦静电火花而起火成灾。

该火灾案例表明空调、冰箱类制冷设备即使处在未工作、未通电的情况下,也存在起火的可能。

图 7　空调室外机冷凝管外侧烧损照片

2.5　起火原因认定

经查证,冰箱压缩机铜质吸气管、排气管与蒸发器和冷凝器管路连接的洛克复合环结构可以承受的工作压力达到 5 MPa;现场勘查发现压缩机吸气管处的洛克复合环整体脱落、洛克复合环接口的弯曲痕迹特征表明,起火前压缩机吸气管处的洛克复合环连接处存在连接不紧密、松动隐患,在磕碰、颠簸等不利因素作用下,极易造成洛克复合环松动、脱落故障,导致压缩机管路中的制冷剂高速泄漏,进而引发火灾事故。

通过进一步的调查走访、视频分析和现场勘查工作,可排除人为放火、外来火源、雷击起火、遗留火种、冰箱电气线路故障等引发火灾的可能。综合所有证据,认定该起火灾起火原因为冰箱压缩机进气管的洛克复合环松脱,制冷剂泄漏后遇静电火花起火所致。

由于制冷剂泄漏起火案例较为少见,许多调查人员这方面的经验和知识储备不足,调查工作的难度较大,作为火灾调查人员,充分学习和掌握冰箱、空调等制冷设备灌注的制冷剂、冷冻机油的理化性能、燃烧性能以及其起火特征的独特性十分重要。

3　冰箱、空调等制冷设备火灾调查方法和要点

冰箱、空调等制冷设备的起火原因除常见的因散热不良、电气线路及电气设备故障导致火灾的因素外,还存在因制冷剂泄漏、高速喷出的雾状易燃易爆气体(压缩机冷冻机油为易燃液体,燃点约为 250 ℃)摩擦产生的静电或设备工作产生的电火花引燃起火的情形。因此,作为火灾调查人员,应当打破思维定势,坚持以事实为依据,让证据说话。

3.1　全面掌握火灾线索

调查人员必须尽可能多地向知情人了解火灾发生的经过,除询问制冷设备的购买、使用、摆放情况、工作时长、异常现象和故障维修等情况外,还要向厂家调取产品的爆炸图、制冷剂及冷冻机油类型和理化性质等资料,充分掌握起火物品结构、工作原理及内部填充物质。

3.2　细致勘查火灾痕迹

3.2.1　电气线路、电气设备故障引发的火灾

电气线路、电气设备故障是制冷设备常见的起火原因,线路绝缘层老化破损、用电过载等极易造成短路,引燃周边易燃保温材料蔓延成灾。冰箱、空调等制冷设备内部的电动机、温控器、继电器、照明灯等用电器也是故障的高发器件,针对该类型火灾,调查人员应当了解起火冰箱、空调的电气线路敷设方式及各部位电气设备设置情况,细致勘查电气线路及各部位电气情况,善于发现细微痕迹,当设备金属壳体存在缺口、裂口等熔痕时,可使用合金分析仪、扫描电镜等设备分析熔痕成分,判断是否属于短路高温熔化痕迹。

3.2.2　燃气泄漏遇制冷设备电火花引发的火灾

冰箱通常放置在厨房,而厨房常常存在燃气炉灶泄漏燃气的风险,一旦泄漏燃气达到爆炸极限范围,运转冰箱产生的电火花即能引起燃气爆炸起火。有关资料显示,日本每年发生的由于冰箱引起的燃气爆炸事故不低于 200 起。因此,当起火地点位于厨房时,调查人员须提高警惕,勘查的范围不能仅局限于设备本身,应当对其周围环境一同进行勘查,除掌握起火设备的基本情况外,还须了解燃气管道敷设情况、燃气灶具等设备放置和使用情况,细致勘查是否存在燃气管道、设备发生泄漏的痕迹特征。

3.2.3　制冷设备散热不良引发的火灾

冰箱、空调等制冷设备在运转过程中会散发大

量热量,若设备散热口未与相邻物体保持适当距离,或散热口附近放置有易燃可燃物品,极易导致制冷设备散热不良而引发火灾事故。此类火灾起火部位多位于制冷设备的通风口、压缩机、冷凝器等发热器件附近,应重点对起火部位的燃烧、炭化痕迹进行研判,分析火势蔓延方向、可燃物种类和点火源引燃特征。

3.2.4 制冷剂泄漏引发的火灾

制冷剂泄漏引发的火灾多是由于制冷系统存在管路老化破损、接口脱焊、连接装置(如接口洛克复合环)松动等原因造成的,且制冷系统的泄漏点通常仅有一处。对于此类火灾,调查人员应当通知设备厂家技术员、专业检修人员到场协助调查,在对制冷设备外部、内部痕迹特征拍照固定后,才可以进行制冷设备拆解分析,并重点检查制冷设备的压缩机、冷凝器、蒸发器、过滤器、毛细管及制冷剂管路的破损、变形、变色痕迹。拆解可能会对物证造成不可逆的损毁,应当全程照相、录像,避免因设备拆解导致关键证据损毁。

3.3 分析研究火灾视频

在静止和工作状态下,冰箱、空调等制冷设备中的制冷剂始终处于高压状态(如使用 R600a 制冷剂的冰箱的静止压力是 0.6~0.8 MPa,工作时排气时压力为 1.6~1.8 MPa),制冷系统制冷剂密闭管路一旦破损,高压制冷剂呈雾状喷出,被引燃后火呈现喷射状燃烧,见图 8。调查人员通过分析起火前、火灾初期的火灾视频,观察火焰颜色、火势状况、火焰形状等特征,有助于判断制冷设备起火的原因。

图 8 空调制冷剂泄漏起火实验,火势呈喷射状特写

3.4 大胆求证火灾结论

对涉及制冷剂泄漏、压缩机过热引发火灾等不常见起火因素的认定,可在调查过程中开展调查实验进行检验,例如通过模拟火灾现场状况,验证制冷剂、压缩机冷冻机油(润滑油)的燃烧特征,分析起火、蔓延的影响因素,调查实验可大大增加调查人员对此类火灾的直观认识。例如开展 R410a 制冷剂在空气中引燃的实验,见图 9。调查实验表明,当冰箱、空调等制冷系统管路破损泄漏,高压 R410a 制冷剂和压缩机冷冻机油会从泄漏点以雾状高速喷出,接触点火源后极易被引燃,火焰呈喷射状燃烧,这验证了制冷设备中不燃的 R410a 制冷剂泄漏起火的可能性。

图 9 R410a 制冷剂泄漏无法被明火引燃调查实验

冰箱、空调等制冷设备内部可燃物和电气部件较多,火灾成因复杂,火灾调查人员必须细致勘查现场,全面收集证人证言、火灾视频线索等证据,形成完整的证据链后,才能有效提高冰箱、空调等制冷设备火灾的调查效率和精准度,还原事实真相。

参考文献

[1] 任召峰,孙清典. 洛克环连接工艺规范 [J]. 科技创新导报,2009(28):228-229.

[2] 余壮壮. 制冷剂与润滑油的混合物性及可燃性研究 [D]. 天津:天津大学,2013.

[3] 王忠. 电冰箱火灾原因认定 [J]. 山东消防,1997(3):40-41.

[4] 刘彬. 视频分析技术在火灾调查中的应用研究 [C]//Proceedings of 2023 Seminar on Engineering Technology Application and Construction Management. 上海筱虞文化传播有限公司,2023:243-245

对一起电动喷雾器库房火灾的调查与分析

刘宗宏,马　宁

（兰州市消防救援支队,甘肃　兰州　730000）

摘　要: 本文介绍一起典型的库房内电动喷雾器蓄电池故障引发的火灾事故调查过程,分析视频监控证据、物证鉴定证据等在案件调查中的证明作用。通过火灾现场勘验、询问笔录、调查走访、视频分析和物证鉴定等方式综合分析火灾蔓延的过程和起火原因,排除了雷击、遗留火种、自燃、人为放火等引发火灾的可能性,对火灾原因的分析较好地利用视频监控证据、现场物证鉴定证据及证人证言等形成完整的证据链,确定起火原因。通过此次火灾调查,总结事故原因和调查体会,有利于促进仓储物流企业规范储运蓄电性物品,减少火灾事故发生,助力社会经济健康快速发展。

关键词: 库房;电动喷雾器;火灾调查

1　引言

随着社会发展,仓储业处于快速发展期,仓储业火灾也呈现逐年上升趋势,该行业安全形势不容忽视。2022 年 8 月 9 日 12 时 24 分许,兰州市东岗东路 1068 号的兰东建材装饰批发市场发生火灾,火灾造成该市场库房大部分烧损烧毁,受灾户 14 户,过火面积 700 m²,据初步统计,火灾造成直接财产损失 600 余万元,无人员伤亡。

2　事故调查经过

2.1　起火建筑基本信息

兰东建材装饰批发市场位于甘肃省兰州市城关区东岗东路 1068 号,建筑总面积 13 848 m²,市场东临时代伟业小区,西临七四三七家属院,南临兰州龙辰五金机电市场,北临飞天家园 B 区。

2.2　调查询问情况

2.2.1　最先发现起火的证人证言(三个最后离开起火部位的人)

根据孙某霞的笔录描述,起火当天大概 12 时 25 分,她回喷雾器库房(3-35 号库房)准备取货,发现附近站了三四个人,说着火了,孙某霞一看着火的是喷雾器库房,当时卷帘门距地面七八十厘米高,火焰从卷帘门下部往外卷,火势很大。

根据康某和张某的询问笔录,孙某霞要去喷雾器库房(3-35 号库房)取货,出门不到 1 分钟,就喊着火了,随后三人一同跑过去查看,当时卷帘门是半开着的,大概距地面一人多高, 12 时 27 分,康某拨打 119 电话报警,之后康某和张某就去斜对面电焊铺想接水灭火,结果没水,两人就跑回来了,当时火势很大,康某跑到中 3 排南侧查看情况,看到南面全是火,卷帘门都烧红了。

2.2.2　邻近商铺人员的证言

根据中 3 排 3-35 库房斜对面电焊铺吕某的询问笔录,他 8 月 8 日在自己家电焊铺过夜,8 月 9 日 12 时 26 分左右,在床铺上听到玻璃破裂声出来查看,发现斜对面库房(3-35 号库房)着火,当时斜对面仓库卷帘门是敞开着的,火已经烧到门口,二层在冒黑烟,相邻商铺 3-34 号库房卷帘门处未发现明火。

2.2.3　文具库房的证人证言

文具库房(中 3 排 3-2 号库房,与中 3 排 3-35 相接的北侧另一半库房,采用钢丝网石膏板分隔)老板李某的笔录证实, 8 月 9 日 12 时 28 分到达市场门口远望发现库房着火了,感觉位置像自己的库房,到现场后,马上就去自己库房打开卷帘门想灭

作者简介: 刘宗宏(1973—),男,兰州市消防救援支队高级专业技术职务,专业技术八级,主要从事火灾事故调查工作。地址:兰州市城关区均家滩 364 号,730000。

火,当时发现烟火正从3-35号库房向自己库房蔓延,烟和火已经充满自己库房的一半,就赶紧把自家库房内停放的三轮车推出来,火势增大,自己无力扑救。

综合上述证人证言证实:火灾首先是从中3排3-35商铺起火,起火部位位于3-35商铺。(图1)

调查组共计走访询问40余人,正式询问现场当事人、报警人和现场有关的外围人员11人,制作笔录共计43份

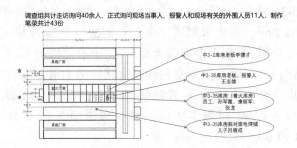

图1 被询问人火灾初期所处位置及关系图

2.3 视频监控分析情况

(1)共提取监控视频3个,分别为市场内监控视频2个,4S店门口监控视频1个,监控点位见图2。将市场内西门口摄像头标记为1号、办公室右摄像头标记为2号,4S店门口摄像头标记为3号。经校准,市场监控视频(1号、2号摄像头)比北京时间慢3分49秒,4S店监控视频(3号摄像头)比北京时间快9分23秒。

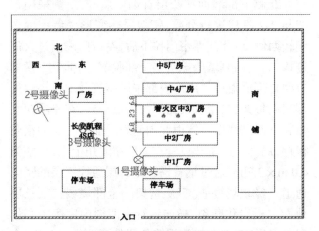

图2 监控点位图

(2)对2号摄像头视频关键帧进行截取并拼接,视频时间8月9日12时20分50秒,画面左上角楼顶处出现白色烟气;12时21分11秒,白色烟气逐渐增大;12时21分35秒,烟气变为黑色,并自北向南蔓延;12时26分33秒,黑烟浓密并出现火光,见图3。

(3)对3号摄像头视频关键帧进行截取并拼接,视频时间8月9日12时33分50秒,屋顶朝南窗户开始出现烟雾;12时34分6,秒白色烟雾较为明显,且自西向东第二跨窗户的烟雾量大于第一跨窗户;12时34分47秒,烟雾变为黑色并大量涌出,烟气自北向南蔓延;12时34分53秒,有黑烟从库房北侧窗户冒出;12时35分44秒,朝南窗户出现明火,对应位置为自西向东第二跨窗户;12时36分6秒,火焰逐渐增大,并突破自西向东第一跨窗户;12时36分51秒,火焰已突破窗户猛烈燃烧,见图4。

图3 2号摄像头的画面分析

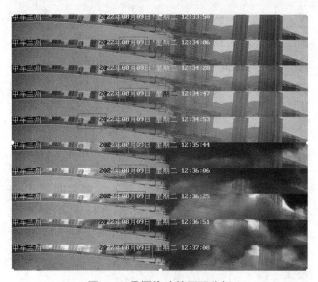

图4 3号摄像头的画面分析

(4)视频分析结论:综合分析两个摄像头拍摄记录的火灾现场情况,3号摄像头视频时间8月9日12时33分50秒(对应北京时间为8月9日12时24分27秒)屋顶朝南窗户开始出现烟雾,此为三个摄像头最早拍摄到的冒烟时间。结合"119"指挥中心第一接警时间为12时24分53秒,根据火灾发生规律及发展蔓延情况,判断起火时间为8月9

日 12 时 20 分许。3 号摄像头拍摄到窗户最早出现烟雾时,自西向东第二跨窗户的烟雾量大于第一跨窗户,初步判断起火部位在建筑西侧西起第二间仓库与第三间仓库之间范围内。

2.4　火灾现场勘验情况

火灾当天天气情况:局部多云,风向为北风,风力为 3~4 级,温度为 21~33℃。

2.4.1　环境勘验

起火建筑为中 3 排厂房,东西走向,西侧毗邻一栋南北走向二层砖混建筑厂房,东西长约 91.7 m,南北宽约 23 m,建筑高度约 9.75 m,总建筑面积约 2 109 m²,见图 5。

兰东建材市场东临时代伟业小区,西临七四三七家属院,南临兰州龙辰五金机电市场,北临天天家园 B 区。起火建筑为厂房,位于兰东建材市场西侧中部中 3 排,北邻中 4 厂房,南邻中 2 厂房,西临道路,道路西侧为七四三七长安凯程 4S 店,东侧毗邻一栋南北走向二层砖混建筑商铺。

图 5　起火建筑方位照片

2.4.2　初步勘验

中 3 排厂房为大跨度、大空间钢混结构,租赁给各个商户后,商户自行分隔,各个商户的库房上部相互贯通,部分商户在库房内搭建简易二层作为库房使用。厂房改为库房后,南北两侧各分隔为 14 间,共 28 间库房,平均每间库房东西开间 6 m,南北进深 11.5 m,建筑面积约 70 m²;卷帘门平均高度为 3.9 m,宽度为 3.5 m,卷帘门上方均设置尺寸为 3.5 m×1.0 m 的窗口共 28 个。各库房之间采用钢架、木板、彩钢板或实体墙在下部进行分隔,隔墙上部通透或采用木板进行分隔,整个厂房上部至顶面形成连通空间,厂房顶部南北方向设置采光通风窗口。

从火场整体来看,呈现出火灾是以中 3 排 3-35 库房为中心向四周方向蔓延,整个中 3 排库房内物品过火炭化痕迹也呈现 3-35 库房炭化程度最大,尤其是 3-35 库房内搭建二层的钢管变形痕迹最大,钢管变色痕迹呈现出明显偏黄的铁锈色,由于局部较长时间遭受高温,3-35 库房内部分区域钢管呈现"死弯"状态,过火程度明显区别于同排相邻库房内物品。其他商铺由于采用的隔墙分隔物材质不同,

各个库房内物品烧损出现差异化现象。

综合对厂房南北侧外立面、屋顶观察情况及库房内部勘查情况,火势由建筑西侧向东侧蔓延趋势十分明显,北侧库房普遍比南侧库房过火程度重,其中 3-35、3-34 库房过火程度最重。

2.4.3　细项勘验

对过火最严重的 3-35 库房进行细项勘验。3-35 库房东西开间 5.8 m,南北进深 11.5 m,面积 66.7 m²。东侧采用泡沫夹芯彩钢板与 3-34 库房进行分隔,彩钢板全部过火变形,向中心位置坍塌,彩钢板外层铁皮变形变色程度由北向南加重,南侧铁皮完全变形收缩,位置较低,北侧铁皮未完全收缩,位置较高;西侧实体墙南侧抹灰层呈 V 形脱落。(图 6)

3-35 号库房西侧墙壁除北侧下方抹灰层有烟熏痕迹,基本保持完整以外,其他部分抹灰层由下至上呈 V 字形脱落　　3-34 号库房内过火烧损,防水材料烧损较彻底

图 6　起火部位相邻商铺形成的过火痕迹

北侧下部墙面抹灰层有烟熏痕迹;南侧采用钢架与 3-2 库房进行分隔,钢架受热变形变色程度东侧较西侧重;北侧卷帘门拉下后,卷帘门表面过火痕迹均匀,门两侧墙壁抹灰层全部脱落,门框上方横梁有明显烟熏痕迹。库房内部采用钢管及木板搭建局部三层货架,二层货架面积与一层一致,在一层西北角紧靠西侧墙壁位置由北向南设置通往二层的钢质楼梯,局部三层货架设置在二层东北角上方,尺寸为 4.0 m×3.7 m,通过钢管搭设由二层通往三层的竖向通道。经现场勘查,三层货架已全部烧塌,二、三层地面木板炭化断裂,横向钢管由四周向库房中心位置变形塌陷,东侧横管塌陷位置较西侧低,基本完全塌陷至地面,二层西侧横管位置较高,西南角位置部分钢管未完全塌陷,呈西南高、东北低的塌陷斜面;东侧立管向西变形弯折,西侧立管向东变形弯折,靠近西北侧墙壁处设置的钢质楼梯向东侧倾斜塌落;全部钢架结构整体形成明显的 V 形立体倒塌,呈东低西高、南低北高之势,塌陷低点位于库房中心偏东南侧位置。(图 7)

3-35号仓库内的三层钢架结构烧损塌落，钢架弯曲变形严重，呈现高温过火痕迹　　与3-34号库相邻区域的铁皮烧损严重，中间部分区域破损缺失

图7　起火点周围的火灾痕迹

库房门口位置可见三层堆放的塑料喷壶未完全燃烧残骸，东侧横管下方可见二层货物，由北向南依次为铺膜机、铁杆播种器、绞管机，表面均严重过火，有明显变色；西侧楼梯下方堆放十余台水泵，摆放较为整齐，水泵表面锈蚀变色程度由西侧向东侧逐渐加重，靠东侧的水泵过火最严重，向东南方向塌陷；水泵北侧靠近墙面位置发现部分电池残骸；水泵北侧靠近墙面处有铁架、绞管机配件，表面均过火变色；库房中线位置，塌陷钢架上方有炭化黏连的木板及塑料制品。对位于塌陷中心的低点范围进行勘验，在距离东侧彩钢板1.6 m、距离南侧隔断2.6~3.3 m范围内，将钢管移除后可见大面积二层地面木板残骸，将残骸180°反转后，可见木板受火面均匀炭化痕迹；木板下方为"花果山"牌与"双狮"牌喷雾器燃烧残骸，上部完全炭化，底座部分保持完好，燃烧残骸下层存在两具完整的"花果山"牌喷雾器，无过火痕迹。将低点南北侧发现的喷雾器按原来位置进行90°翻转，发现低点北侧喷雾器底座燃烧残骸呈现北高南低的斜茬，低点南侧喷雾器底座燃烧残骸呈现南高北低的斜茬，可见库房一层距离东侧彩钢板1.6 m、距离南侧隔断2.6~3.3 m范围内，火势由该中心向四周蔓延。

2.4.4　专项勘验

（1）电气线路专项勘验：经询问及现场勘验证实，3-35库房起火前处于断电状态。

（2）对3-35库房喷雾器及铅酸蓄电池残骸专项勘验：在3-35库房一层距离东侧彩钢板1.6 m、距离南侧隔断2.6~3.3 m范围内提取喷雾器燃烧残骸，残留的塑料外壳为橙色及黄色，判断为"花果山"牌喷雾器。（图8）

在3-35库房一层距离东侧彩钢板1.6 m、距离南侧隔断2.6~3.3 m范围内提取喷雾器燃烧残骸，残留的塑料外壳为橙色及黄色，判断为"花果山"牌喷雾器。塑料外壳烧毁缺失，仅剩底座及铅酸电池残骸，其余部分基本完全炭化，炭化痕迹均匀。

"花果山牌"喷雾器原貌

喷雾器燃烧残骸

图8　"花果山牌"喷雾器燃烧残骸

塑料外壳烧熔缺失，仅剩底座及铅酸电池残骸，其余部分基本完全炭化，炭化痕迹均匀。电池残骸长约15 cm，高约6 cm，宽约8 cm，电池表面黏连有塑料外壳燃烧残骸。电池残骸上方留有金属铜导线，观察导线表面存在熔珠痕迹，提取送检。（图9）

电池残骸长约15 cm，高约6 cm，宽约8 cm，电池表面黏连有塑料外壳燃烧残骸，电池残骸上方有金属铜导线，提取一节导线，导线表面形成熔珠。

提取电池位置　　　　铅酸电池原貌

图9　电池故障线路提取位置

3　火灾原因分析确定

3.1　现场痕迹分析

（1）中3排厂房过火烧损严重，两侧中2排和中4排厂房基本保持完好，中3排厂房北侧的3-26至3-35号库房均有过火痕迹，南侧的3-1至3-10号库房烟熏较重，以上库房均呈现由西向东的燃烧蔓延痕迹，东部区域顶部过火烧损严重，与早期烟气的火羽流沿贯通的顶部集聚有关。

（2）3-28、3-32至3-35等5个库房卷帘门对应窗口玻璃全部炸裂脱落，窗口上方墙壁有明显烟熏痕迹，3-35号库房窗口上方墙壁抹灰层脱落严重，卷帘门整体过火变形严重，上方广告牌已全部烧毁，整体呈现由3-35号库房向附近区域燃烧蔓延的痕迹。

（3）3-25号库房南侧的文具仓库3-2库内过火烧损，整体呈现北侧重于南侧的烧损痕迹，库房内还有大量的包装纸箱未燃尽,与 3-35 交界区域的钢架等均倒向 3-35 号库房一侧,说明火是从 3-35 号库房一侧向 3-2 文具仓库一侧燃烧蔓延的。

(4)3-34 号库房内过火烧损,防水材料烧损较彻底,屋内钢架倒向西侧区域,变形相对较轻,靠近3-35 号库房区域的钢架弯折严重,靠近西北侧的油毡等保持完好,房间对应的上部横梁混凝土脱落程度西侧重于东侧,整体呈现 3-35 号库房一侧向 3-34 号仓库燃烧蔓延的痕迹。

(5)3-35 号库房内的三层钢架结构烧损塌落,钢架弯曲变形严重,呈现高温过火痕迹,与 3-34 号库房相邻区域的铁皮烧损严重,中间部分区域破损缺失。靠近门口区域的铁质楼梯及钢架变形相对较轻,南部靠东区域的钢管弯曲变形最重,中部区域的货物及对应的上部木板因早期烧损塌落而烧损较轻,下方货物部分保留完整,西部区域的铁质构件基本保持原有形状,整体呈现 3-35 号库房东南侧区域向西北侧区域燃烧蔓延的痕迹。

(6)3-35 号库房东南区域过道东侧从北向南依次堆放有"花果山"铅酸喷雾器、"双狮"铅酸喷雾器和"利民"锂电喷雾器。"花果山"铅酸喷雾器堆放区域烧损炭化严重,部分喷雾器只残留底部壳体,上方的铅板烧损严重,壳体完全烧失,线路部分熔融缺失。以此区域为中心向周围燃烧形成一个凹坑状的烧损痕迹。二层木板及货物烧损塌落至下方,在该区域上部发现了部分圆柱单体残骸。

3.2　火灾蔓延分析

(1)从早期人员离开到最早发现火灾,中间间隔 20 多分钟时间,在第一时间顶部南侧天窗冒出烟气时,北侧一侧卷帘门处已经发现有较大的火焰向外卷出,符合一层区域燃烧,向上快速蔓延热烟气突破顶部窗户玻璃,同时沿一层顶部燃烧产生烟气迅速向外传至卷帘门处的现象。

(2)与 3-34 号库房的隔墙由铁皮夹芯聚氨酯泡沫制成,早期火起来后将泡沫引燃后可快速生成大量的黑烟,应为北京时间 12 时 25 分 30 秒许房顶南侧快速升起的黑烟,因此说明起火部位距离隔墙较近。

3.3　起火原因的认定

3.3.1　排除人为放火的可能性

(1)调取火灾现场周围监控视频,未发现起火前一段时间内有可疑人员活动迹象。

(2)从人员离开到发现起火间隔时间较短,当时为白天中午时分,不具备放火的客观条件。

(3)现场勘验过程中没有发现库房内及附近地面有放火用器具以及低位液体流淌痕迹。

3.3.2　排除遗留火种引发火灾的可能性

(1)经调查询问,库房内工作人员均说在仓库内没有吸烟。

(2)从离开仓库到发现起火时间间隔较短,不符合遗留火种的引燃规律。

3.3.3　排除仓库内堆放危化品及锂电池热失控引发火灾的可能性

(1)经调查询问和现场勘验,3-35 号库房内堆放的为喷雾器、播种机等产品,只有部分喷雾器的供电电源为锂电池,未放置火药、化学品等危险品。

(2)在起火点处堆放的为铅酸电池,锂电池类的喷雾器在二层及一层东南角区域。

(3)起火前在对过商铺睡觉的人并未听到有连续的爆炸声,且锂电池类的喷雾器在二层放置了较长的时间。

3.3.4　排除雷击引发火灾的可能性

根据当地气象部门提供的天气信息,火灾当天未出现雷雨天气。

3.3.5　存在 3-35 号库房的铅酸电池喷雾器内线路短路引发火灾的可能性

(1)起火点位于库房内一层东南部"花果山"喷雾器堆放区域,该区域堆放的均为纸盒包装的"花果山"喷雾器。

(2)起火前 20 分钟,孙某霞、康某、张某三人在起火部位区域进行了搬运卸货等,在此过程中,可能导致电池的正负极线路等搭接,形成持续放电。

(3)起火点处喷雾器烧损严重,上部外壳烧损缺失,电机等锈蚀变色严重,部分铅板灰化严重,现场对起火部位处喷雾器的残留线路进行了检查,提取残余的线路进行了实验室分析,起火点处提取的线路熔痕中有一次短路熔痕。

(4)12 V 的铅酸蓄电池的线路在短接后可释放较强的能量,足以引燃周围的壳体、纸箱等可燃物,初期火势变大后可引燃隔墙的聚氨酯泡沫及其他可燃物,产生的热烟气聚集到库房顶部迅速引燃其他区域并造成大面积扩散。

3.4　起火原因

综上分析认定,此起火灾起火原因为 3-35 号库房内存放的铅酸电池喷雾器线路短路引燃周围可燃物发生火灾。

4 总结与思考

该起火灾起火原因的科学认定过程值得总结和推广。尤其视频分析较科学客观地认定了起火时间,另外是在起火点处提取了有价值的线路短路点,权威的鉴定结论有力佐证了起火点认定的准确性。此类火灾,现场勘验显得尤为重要,首先是起火点的确定很关键,由于该库房内存放有大量的锂电池喷雾器和铅酸电池喷雾器,加之采用钢管脚手架临时搭建的简易二层库房,上下两层都存放有这两种喷雾器,火灾后由于扑救及火灾影响,部分喷雾器的位置已发生变化,在勘验过程中,结合原始物品摆放位置科学分析各种痕迹状态,确定起火点位置显得尤为重要。另外,现场发掘时一定要认真仔细,对现场痕迹物证要结合经验做出初步判断,并送法定机构进行客观检验,最终科学认定起火原因。据不完全统计,近年来生产生活中蓄电类产品火灾增多,产品质量良莠不齐,因产品质量差及存储搬运使用不当造成的火灾事故已呈逐年迅猛上升的势头,政府相关监管部门应加强蓄电类产品质量的监管力度,尤其是对蓄电类产品电池质量的监管更为重要,尽量减少或避免此类火灾事故发生,有效维护广大人民群众的切身利益。

参考文献

[1] 余韬,刘义祥,李阳,等.护套线过电流诱发短路故障起火过程及痕迹特征 [J]. 消防科学与技术,2022(1):142-145.
[2] 高黎锋. 火灾事故调查视频资料的取证与审查 [J]. 消防科学与技术,2020,39(11):1599-1602.
[3] 郭华杰,苏文威. 浅析视频监控录像在火灾事故调查中的运用 [J]. 消防科学与技术,2020(10):1469-1473.
[4] 朱晨皓,吴瑞生. 视频分析技术在一起火灾事故调查中的应用 [J]. 消防科学与技术,2022(9):1325-1328.

对一起高尔夫球车火灾的调查与体会

杨　云

（海口市消防救援支队，海南　海口　570203）

摘　要：一起高尔夫球车火灾涉及起火单位、电池生产厂家、电芯生产厂家三方矛盾，本文通过
分析该起火灾的调查经过，阐述如何利用现场实验的措施解决锂离子电池热失控火灾
认定中的难题，妥善化解矛盾纠纷，为类似火灾调查工作提供借鉴。

关键词：高尔夫球车；锂离子电池；火灾调查；现场实验

1　引言

高尔夫球车，又称电动高尔夫球车，是专为高尔
夫球场设计开发的环保型乘用车辆，也可在度假村、
别墅区、花园式酒店、旅游景区等处使用。高尔夫球
车通常是以蓄电池为动力源，由电动机驱动，具有四
个或四个以上车轮的非轨道、无架线的低速（车速
低于 50 km/h）乘用车辆。我国把高尔夫球车等观
光游览车纳入特种设备的"场（厂）内专用机动工业
车辆"进行管理。由于高尔夫球车不属于机动车范
畴，起火高尔夫球车一般不会购买车辆保险，火灾之
后往往涉及多方当事人的赔偿纠纷，给消防救援机
构提出了更高的调查要求。本文分析一起高尔夫球
车火灾事故的调查经过，为此类火灾调查提供借鉴。

2　案例分析

2.1　火灾基本情况

2022 年 5 月 1 日 8 时许，海口市某高尔夫球场
室外车库发生火灾，造成车库内多辆高尔夫球车及
相关设备烧毁，无人员伤亡，直接财产损失统计为
10.99 万元。火灾扑灭后，消防救援机构及时封闭火
灾现场展开调查，并通知熟悉车辆情况的技术人员
参与调查。

作者简介：杨云（1979—），男，汉族，海南万宁人，海南省海口市消防救援
支队，高级工程师，专业技术 8 级，工学学士，多年从事火灾事故调查工
作。地址：海南省海口市兴丹路 2 号，570203。电话：0898-65230053。
邮箱：1660768043@qq.com。

2.2　火灾现场勘验

2.2.1　环境勘验

车库为单层钢架结构，顶棚为单层钢板，四周为
砖墙抹灰，北墙和东墙上有窗户（见图 1）。车库长
27.5 m、宽 26 m、高 5 m，建筑面积约 715 m²，整体呈
长方形布置，南侧为车库入口，西侧和东侧为车辆停
放区域，库内停放的车辆全部烧损（见图 2）。棚顶
彩钢板变色严重，呈橘黄、深褐色。车库外东侧为人
工湖，西、南、北侧为空地，周围未发现盛装助燃剂的
容器，无架空线路经过，车库内外均无监控视频。

图 1　起火建筑方位图

2.2.2　初步勘验

车库东、西侧顶棚向下塌落，库内钢柱整体由南
向北弯曲倾斜，东北侧的一钢结构框架呈明显的由
北向南斜坡形塌落。整体墙面抹灰层脱落，停放车
辆烧损痕迹整体呈东侧重于西侧、北侧重于南侧。

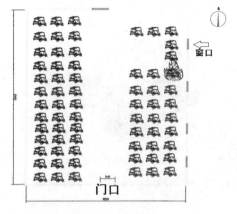

图2　车库平面图

2.2.3　细项勘验

东侧墙有四个窗口,其中由北至南第二个窗槛木质材料炭化严重,左下角水泥批荡层脱落,该处顶棚彩钢板呈现"泛白"痕迹。以此处为中心,顶棚彩钢板变色逐渐减轻。对北墙、东墙处车辆动力电池部分进行勘验,东墙由北起第四辆车锂离子动力电池金属外壳存在四个烧洞(上表面三个烧洞,底面一个烧洞),正极接线口处有熔化痕迹(见图3)。打开电池盖板,发现电池组电芯排列整齐,部分接线柱铜排连接松动(见图4),电芯整体呈炭化状,电芯安全阀有1个爆开,其他未见爆开。

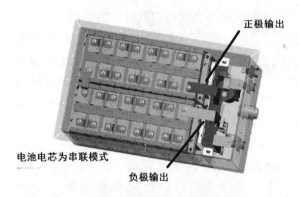

正极输出

电池电芯为串联模式

负极输出

图3　电芯串联电池包示意图

电芯接线柱松动

图4　电芯接线柱松动

2.2.4　专项勘验

东侧墙面配电盘整体过火,铜导线绝缘层烧毁,进线口处铜导线有熔断点。对电池包线路进行勘验,发现电池包正极接线柱有明显熔痕;电池充电口处一根铜插针中部有熔化的缺口(见图5)。现场提取高尔夫球车电池包正负极接线柱以及残留的充电插针等,经电气熔痕鉴定,配电盘熔断点为火烧熔痕,电池包正极输出端、充电接口铜插针上存在电热熔痕。

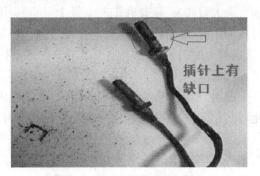

插针上有缺口

图5　充电插针上有金属熔化痕迹

2.3　调查询问

调查人员相继对最先发现起火、最后离开起火部位、负责日常管理等人员、厂家技术代表进行询问。经询问得知,西侧的车辆均为铅酸蓄电池,为待报废车辆,不再使用;东侧的车辆部分为锂电池,部分为铅酸蓄电池,均正常使用;车辆归位后驾驶员会将充电插头插上,待当天14时由管理员打开车库充电电源总闸统一充电,22时30分断电;起火当天7时45分巡查人员曾到过车库巡查,未见异常,能肯定起火时未处于充电状态;8时许发现车库有火光,不到3分钟火势就蔓延到门口,火势发展较快,伴随有黑色浓烟和类似鞭炮的声音。最先起火区域球车使用的锂电池为磷酸铁锂蓄电池(见图6),在铅酸蓄电池车基础上改装。

充电口

图6　高尔夫球车锂离子电池位置

2.4　其他证据收集

调查人员到气象部门查询起火当天该区域的气象信息,掌握当天天气晴朗,无雷击现象;而且公安机关排除了放火嫌疑。

2.5　火灾原因认定

2.5.1　起火时间认定

经调查和询问了解,消防救援支队指挥中心于2022 年 5 月 1 日 8 时 6 分接到报警;火灾发现人及到场灭火人员张某、宋某在询问笔录中说明,火灾发生时间为 7 时 59 分许,综合现场燃烧痕迹和蔓延特征,认定起火时间为 2022 年 5 月 1 日 7 时 59 分许。

2.5.2　起火部位认定

①通过现场勘验发现,车库内部支撑柱皆由南向北弯曲;②通过东侧墙面窗户烧损情况对比可见,由北至南第二个窗口处烧损最为严重;③对北侧所有高尔夫球车电池进行勘验,发现仅有北墙起由北向南第 4 列,紧贴东侧墙面的第 1 辆高尔夫球车电池铁皮外壳存在 4 处烧洞,其余电池外壳未见烧洞。综合相关人员的询问笔录,认定起火部位为高尔夫球场室外电瓶车车库东北角。

2.5.3　起火点认定

①该处锂电池外壳存在 4 个金属熔化的小孔(外壳上部 3 个,底部 1 个),电池正极进线卡口处有熔痕,打开电池盖板发现内部电池组整体呈由内至外膨胀状;②电池充电口处插针上存在熔痕。综合相关人员询问笔录,认定起火点位于靠北墙起由北向南第 4 列紧贴东侧墙面的第 1 辆高尔夫球车。

2.5.4　起火原因认定遇到难题

调查到此阶段基本上有了初步认定,可以排除放火嫌疑和雷击可能,初步认定由高尔夫球车锂离子电池热失控导致。此时,三方矛盾进一步明晰,起火单位认为是电池包生产厂家(球车改装方)的责任;电池包生产厂家技术人员则认为电池的保险没有熔断(见图7),可能是电芯内部短路的问题,也可能是外部火源导致;电芯厂家人员认为只有少数 1~2 个电芯出现泄压口破开(见图8),其他未见破开,且电池外部接线柱有明显电熔痕,不符合内部短路特征,否认电芯存在问题。

2.6　开展现场实验

围绕上述存在的矛盾焦点,调查人员没有马上做出认定,而是针对当事人之间的矛盾和问题展开现场实验,并邀请某大学机电工程、动力电池专业的教授参与。

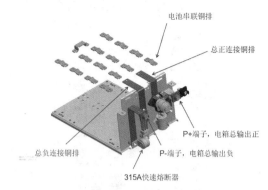

若电池箱外部短路,即P+和P-端子在电池箱的外部短路,315A快速熔断器应该被熔断。

图 7　电池包快速熔断器位置

图 8　电芯少量安全阀有爆开

2.6.1　实验验证外部短路引发电池热失控

通过选用与起火球车上同型号磷酸铁锂电池,单芯电压为 3.2 V,电池组的电压为 22.4 V,SOC 值为100%。电池组串联后,与多个大功率负载电器(可模拟短路时的大电流)并联组成回路(见图9)。通过闭合不同负载端的开关,可调节负载的电阻大小以实现回路电流的调节。在电池和负载端安装热电偶,监测温度变化。实验现象显示:开关闭合瞬间,短路电流高达 296 A,接近熔断器的额定电流315 A。从所记录的温度来看,3 号电极温度上升最快,在外部短路的情况下,8 分 37 秒 3 号电极温度上升到 611.7 ℃。电极绝缘材料为 PFA(一种含氟塑料),熔点在 290~312 ℃。电极温度 611.7 ℃远远超过了绝缘材料的熔点,绝缘材料开始熔化。由于3 号和 4 号电极由同一个铜排连接,4 号电极绝缘层8 分 40 秒时也开始熔化。此时,短路电流一直维持在 200 A 以上的较高水平。(见图10)

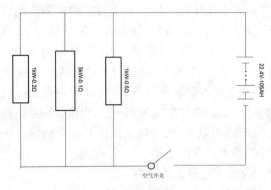

图9　现场实验装置电路图

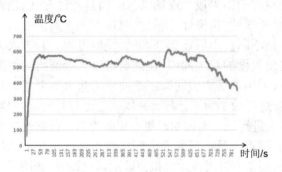

图10　电芯电极温升曲线图

2.6.2　实验验证电池包个别电芯安全阀未爆开的现象

12分10秒时，6号电芯率先出现了安全阀爆开。15分11秒时，3号电芯发生安全阀爆开，电解液在爆阀后喷出，随即产生明火。20分15秒时，与3号电芯相邻的4号电芯的安全阀爆开，电解液在爆阀后喷出，随即被3号电芯正在燃烧的火焰点燃。24分19秒时，5号电芯安全阀爆开，随即被引燃。通过实验证实，全阀爆开的原因有两个：一是电极的发热程度；二是电池的有效膨胀鼓包。根据实验证明，只有二者兼备情况下，安全阀才会爆开。火灾中个别安全阀未爆开的原因，很可能是外部短路未能持续，且电芯电极的大电流放电，一方面消耗了电芯的较多能量，另一方面松动的电极破坏了密闭的原本较为密闭的环境，导致泄压通道增多，呈现出安全阀未爆开的现象。（见图11）

1.6.3　实验验证电池包总保险未断开原因

315 A 是电池的放电保险，用于保护电池包，避免内部铜排短路引发火灾。65 A 是电池包的充电保险，用于保护电池包在充电过流中的安全。实验目的为验证315 A 保险丝可靠性和排除接线柱搭铁短路可能。在预混火焰燃烧器上接通 LPG（液化石油气）和空气，通过调解二者比例改变火焰温度，同时用 B 型热电偶观察火焰温度。模拟火场高温，当火焰温度达到最高1 500 ℃时，保持 LPG 和空气的比例不变。将315 A 熔断器分别放置在火焰上灼烧0.5 小时，期间每隔10分钟用万用表测量熔断器是否断路。在熔断器火烧实验中，65 A 熔断器在1 500 ℃下经过0.5 小时燃烧被烧断路，315 A 熔断器在1 500 ℃下经过0.5 小时燃烧未被烧断路。（见图12）

图11　实验电芯部分安全阀爆开

分别对65A和315A保险进行高温熔断实验

图12　保险装置耐高温测试

2.7　起火原因分析与认定

①起火部位处所有锂电池车辆的熔断器测得的万用表欧姆值，证明未发生大电流故障；②插针和正极接线柱电气熔痕为电热熔痕；③询问笔录、勘验笔录等证据；④某大学实验团队所做锂电池火灾现场实验结果。经过综合分析，排除电池电芯热失控，因为若电芯热失控，则整体串联的电池包输出端电压输出为0，正极输出端不会出现电热熔痕。排除电池包正负极输入端子故障，因为起火时没有处于充电状态。分析剩下两个原因：正极输出端子或充电口插针的电气故障导致。调查人员进一步调查发现，在车库停电情况下，球车的充电插口电源指示灯仍是"点亮"的（见图13）。其原因是不充电时，球车继电器断开，但充电插头不拔，插针与充电插座处于连接状态，指示灯仍与电池包正负极导通，"点亮"的指示灯使用的是动力电池的直流电，属于负载端（见图14）。可能存在插针松动接触不良，长时间故障不断发热进而引发周围可燃材料起火蔓延成灾。根据负载侧电熔痕的证明力大于电源侧的认定规则，结合调查人员的调查，认定起火原因为该高尔

夫球车充电口处发生电气故障导致电池热失控引起火灾。三方当事人对认定无异议。

图 13　停电情况下充电口仍然点亮

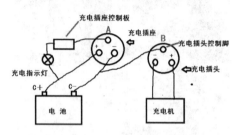

图 14　充电指示灯点亮原理图

3　调查体会

现场实验是消防救援人员在开展火灾调查时采用的一种调查措施。现场实验的广泛应用,为起火原因的认定提供了科学的辅助。《火灾事故调查规定》中明确了现场实验的基本流程和现场实验报告的内容要求。《火灾现场勘验规则》(XF 839—2009)有专门章节明确了现场实验的目的和要求。《现场实验报告》应当纳入火灾档案,作为火灾现场勘验记录的一部分。本文中的现场实验,其目的是复原锂离子电池热失控后的特征,验证锂电池因外部线路故障而起火的假设,为起火原因认定提供科学依据。

3.1　现场实验与调查实验的区别

相关法规中明确,现场实验及其实验报告均不能作为火灾证据之一。《火灾原因认定规则》(XF 1301—2016)在证据种类中规定,"调查实验笔录"可以作为证据。笔者认为,调查实验是调查人员为了查明案情,在与案情发生相同或相似的条件下,采用现场模拟、过程重演、亲身经历等方法,证实在一定条件下违法犯罪行为能否发生、如何发生及相关危害后果的一种调查措施。调查实验的本质是

通过调查方法实施的以个人为对象的实验。而现场实验侧重于引火源、可燃物以及火灾蔓延特征,本质上是通过调查方法实施的以物体为对象的实验。在法律层面上,《现场实验报告》只能作为火灾调查的参考;"调查实验笔录"可以作为火灾调查的补充证据,应予以采纳。在火灾调查工作中,不能混为一谈,应严格加以区分,在运用证据时要严格执行法律法规的要求。

3.2　现场实验具备的特点

现场实验主要是服务于起火原因认定,是现场勘验的辅助手段。现场实验应当具备针对性、偏差性、科学性、模拟性、重复性的特点。火灾调查的过程是不断提出假设,又验证假设的过程。调查人员提出假设的起火原因,在证据难以直接证明的情况下,采用现场实验的措施把抽象的起火原因变为现实,这样做是为了让起火原因认定更有底气,在向当事人进行认定前说明时更有说服力。以该起火灾为例,调查人员不可能完全模拟高尔夫球车起火的场景,而是有针对性地模拟锂电池起火场景;选用了与起火车辆一致的锂电池,但比实际电芯量少的电池包,这是具有一定偏差性。为了确保实验的科学严谨,调查人员邀请了专家现场指导,利用大功率电阻模拟了接线柱搭铁故障产生的大电流,反复进行多次实验,直至电池起火燃烧,再从燃烧过程得到需要的数据,体现了现场实验的针对性、模拟性、科学性、重复性的特点。

4　结语

在锂电池替代铅酸电池的大趋势下,高尔夫球车的"换电"改造可能会埋下电气火灾隐患。调查锂离子动力电池车辆引发的火灾,应当建立现场实验的思维,不断地提高新能源车辆起火原因认定的科学性和准确性。

参考文献

[1]　刘振刚. 汽车火灾原因调查 [M]. 天津:天津科学技术出版社,2008.
[2]　中华人民共和国应急管理部. 火灾现场勘验规则: XF 839—2009[S]. 北京:中国标准出版社,2009.
[3]　公安部令第 121 号. 公安部关于修改《火灾事故调查规定》的决定 [Z].2012.
[4]　中华人民共和国应急管理部. 火灾原因认定规则: XF 1301—2016[S]. 北京:中国标准出版社,2016.
[5]　孙佳奇. 论火灾事故调查中调查实验制度的完善 [J]. 中国人民警察大学学报,2022,38(8):11-14.
[6]　廖建伟. 火灾现场实验现状及其结论的运用 [J];武警学院学报,2015,31(2):90-93.

对一起工程车辆火灾的调查分析与体会

温梓沐,曾文淇

（福建省漳州消防救援支队,福建　漳州　363000）

摘　要:本文介绍一起吊车火灾事故的调查处理,通过调查询问寻找调查突破口,通过现场勘验确定起火部位,进一步认定属于电气火灾引发的事故,为类似火灾事故调查提供一些经验和借鉴。

关键词:吊车火灾;火灾调查认定;调查体会

1　火灾基本情况

2022 年 4 月 16 日 18 时 30 分许,一辆中联汽车起重机行驶到漳州市龙文区北溪特大桥上时突然起火,火灾烧毁起重机车头及发动机,火灾损失约 68 万元,无人员伤亡。

事故调查人员按照"依法依规、注重事实"的原则,通过调查询问、现场勘查、技术勘查、调阅资料,查清了火灾事故原因。笔者通过实际调查经验对车辆火灾原因进行认真梳理,提出了针对此类车辆火灾事故调查的建议。

2　火灾调查认定

2.1　调查询问

2022 年 4 月 16 日,该地天气晴转多云,平均气温为 20.1℃,偏东风,最大风速 2.7 m/s,因此排除雷击引发火灾的可能。

起重机火灾事故地点位于漳州市龙文区北溪特大桥上,事故发生地路面没有刮擦、碰撞痕迹,车辆外观也无碰撞痕迹,因此排查车辆在行驶过程中发生事故引发火灾的可能。

起重机为林某 2022 年 4 月 7 日用抵押工程款的形式从罗某处过户而来。火灾发生地位于刚通车

作者简介:温梓沐,男,汉族,初级专业技术十级,福建省漳州市龙文区消防救援大队主要从事防火监督及火灾事故调查工作。地址:福建省漳州市龙文区蓝田开发区檀林路 26 号,363000。电话:13779909180。邮箱:627698178@qq.com。

的道路上,无监控视频记录。消防救援大队专门走访交警部门,核查车辆近期行驶轨迹,与驾驶员田某和车主林某述说相符,排查放火骗保的可能。

对驾驶员田某进行调查,排除烟蒂等遗留火种引发火灾的可能。

综上所述,本次起重机火灾是由起重机在行驶过程中自身故障引起的。

2.2　现场勘验

起重车前后左右方位方向均以驾驶员正常坐驾驶室作为参照基准,发动机的左右与起重车的左右相统一,即起重车的左边就是发动机的左边（进气管）,起重车的右边就是发动机的右边（排气管）。

2.2.1　事故现场与起重车整体燃烧痕迹

事故现场位于福建省漳州市龙文区北溪特大桥北侧路面的主道,起重车停止于北侧路面主道的左起第 3 车道内,车头朝西,车尾朝东,如图 1 所示。

图 1　起火车辆燃烧痕迹

起重车尾部未见过火和火烧痕迹;右侧过火痕迹较左侧严重;左前车轮上方向车头和排烟管两个方向形成"V"形火烧痕迹,如图 2 所示;右侧外表灰色油漆脱落后侧比前侧重,如图 3 所示。这说明火灾呈现从起重车右侧向左侧、中部向前方蔓延的态势。

图 4　驾驶室燃烧痕迹

图 2　起火车辆左侧燃烧痕迹

图 3　起火车辆右侧燃烧痕迹

2.2.2　起重车驾驶室燃烧痕迹

起重车驾驶室内部基本烧毁,如图 4 所示,方向盘周围未见过火痕迹,线束外表的绝缘皮有烟熏痕迹;驾驶室中部后下端的铝质散热器较完好;前挡风玻璃熔化脱落,前面板整体较完好,外表灰色油漆有被烟熏黑痕迹,如图 5 所示;左车门外表较完好,外表灰色油漆有被烟熏黑痕迹。驾驶室整体呈现由后向前、由内向外的燃烧蔓延痕迹。

图 5　前挡风玻璃燃烧痕迹

2.2.3　起重车底盘燃烧痕迹

发动机右侧位置下方的路面可见大量燃烧后掉落散落物(灰烬),右前轮内侧过火熏黑,左前轮内侧未见过火熏黑痕迹;发动机铝质散热器未见过火痕迹,胶质水管未见过火痕迹;驾驶室下方线束和左侧纵梁线束见较轻微过火痕迹,绝缘皮出现部分熔化,但绝缘皮的颜色依旧可辨;蓄电池盒外部未见异常;左侧纵梁外侧见塑料烧熔往下流淌痕迹;前桥右侧前部见塑料烧熔往下流淌痕迹;前桥右侧后部见塑料烧熔等大量往下流淌痕迹,后部流淌比前部严重;发动机右侧滤清器外表可见塑料烧熔等大量往下流淌痕迹;变速箱尾部检见渗漏齿轮油,但未见火烧痕迹;从发动机位置往后的地面干净,底盘干净,未见过火和火烧痕迹与掉落的灰烬,如图 6 所示。以上痕迹呈现由发动机部位向底盘燃烧蔓延及发动机右边向左边蔓延燃烧的痕迹。

图6 底盘燃烧痕迹

2.2.4 起重车发动机燃烧痕迹

发动机上盖板在火灾中全部化为灰烬；右侧进气管有大量灰烬，左侧排气管灰烬较少，右侧过火痕迹较左侧严重；右侧的高压共轨油管可见高温过火痕迹，发动机电脑板掉落，只见金属安装螺栓裸露，如图7所示；右后侧部位机油滤清器右面从下往上呈"斜插"形燃烧痕迹，如图8所示。以上痕迹呈现由发动机右边向左边蔓延燃烧的痕迹。

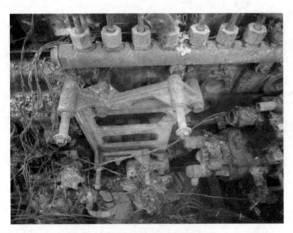

图7 高压共轨油管燃烧痕迹

图8 机油滤清器呈"斜插"形燃烧痕迹

2.2.5 起重车右侧纵梁燃烧痕迹

发动机右边的右侧纵梁内有燃烧受损痕迹；与机油滤清器相对位置的纵梁槽内金属变色严重，形成"V"字形金属变色痕迹，如图9所示；右侧纵梁内侧的线束有两根线束熔断并在熔断处产生线束烧熔后凝结及熔珠迹象，如图10所示。以上痕迹呈现由发动机右边的右侧纵梁内向四周蔓延燃烧的痕迹。

图9 "V"字形金属变色痕迹

图10 线束烧熔后凝结及熔珠迹象

综上所述，起火部位位于中联汽车起重机的发动机右侧；起火点为中联汽车起重机的发动机右边的右侧纵梁内。

2.3 物证提取鉴定

提取起重机发动机右边的右侧纵梁内的电线痕迹，做进一步鉴定。经鉴定中心鉴定，发现发动机右边的右侧纵梁内电线有一次短路熔痕。

3　车辆火灾调查体会

3.1.1　找准调查方向

田某驾驶的起重机刚好在新修建完工的道路上起火,着火路段恰巧又没有监控。笔者联合交警部门对车辆的行驶轨迹进行调查,确定与驾驶员田某和车主林某所说的一致,证明无人为骗保等人为引发火灾的可能;结合当地气象局报告,排除雷击的可能;对车辆外观和行驶道路勘验,排除行驶过程中交通事故引发火灾的可能;查询购买合同、保养维修记录,排除人为改装引发火灾的可能。

3.1.2　掌握询问要点

工程车辆结构较为复杂,该火灾事故中起火车辆为抵押工程款的二手车,为掌握起火前车辆基本情况,一方面对车辆保险情况、车辆维修保养情况、出险情况、维修情况及近期行驶轨迹进行询问;另一方面询问车辆工作原理,动力系统是否中断、液压系统是否正常,仪表板有无报警、电源开关是否正常、有无发现短路现象。

3.1.3　同款车型对比

笔者第一次接触此类工程车辆,为了调查的需要,一是查阅了相关资料,大概了解该类型车辆的结构与原理;二是找到同类同型号起重机,以对该类车辆结构、工作原理有更进一步的认识;三是邀请相关专业修车师傅到勘验的现场,帮忙解答疑难问题。

3.1.4　注重勘验细节

该起车辆火灾事故为电气线路故障造成的,呈现从发动机部位向后、向前、向上、向下的燃烧痕迹,因此可以确定起火部位为发动机部位;发动机右侧烧损较左侧严重,发动机右后侧部位机油滤清器右面从下往上呈"斜插"形燃烧痕迹,与机油滤清器相对位置的纵梁槽内金属变色严重,形成"V"字形金属变色痕迹,因此可以确定起火点为发动机右边的右侧纵梁内。

参考文献

[1]　刘振刚. 汽车火灾原因调查 [M]. 天津:天津科学技术出版社,2008.

[2]　公安部消防局. 火灾事故调查 [M]. 北京:国家行政学院出版社,2015.

[3]　周宁. 一起汽车火灾事故调查 [J]. 中国安全生产, 2019, 14(5):52-53.

对一起居民住宅亡人火灾事故的调查与认定

王 亮

（甘肃省消防救援总队，甘肃 兰州 730070）

摘 要： 本文介绍了一起因小孩玩火造成亡人火灾的调查认定与起火过程分析。通过细致的现场勘验、物证鉴定、走访询问，在缺乏有效目击证人和直接证据的情况下，结合现场实验印证了小孩玩火引发火灾的合理性，最终准确认定了起火原因。从小孩玩火的构成要件、现场实验验证结果、延伸调查的主要方向等方面讨论了火灾调查的体会，为今后开展火灾调查提供了参考。

关键词： 住宅；小孩玩火；火灾调查

1 引言

2022 年 4 月 9 日 9 时 16 分，某市消防救援支队 119 指挥中心接到报警称，某住宅小区 1301 室发生火灾，造成 1 名儿童死亡，过火面积 6 m²，直接经济损失约 6.4 万元。

2 火灾基本情况

起火建筑为某住宅小区 16 号楼，坐北朝南，钢混结构，地上 18 层、地下 1 层，由西向东共设 2 个单元，每个单元一梯 4 户。起火住宅 1301 室位于 2 单元 13 层，户门朝西，建筑面积 80 m²，以户门为中轴线，北侧依次为洗漱台、厨房、客厅、小卧室，南侧依次为过道、大卧室、卫生间（见图 1）。火灾发生时，吴某年（男童，8 岁）从厨房窗户跳楼坠亡，户内无其他人员。

3 起火部位认定

从建筑外立面观察发现，1301 室北侧客厅窗户对应的外墙面烟熏较重，厨房窗户对应的外墙面烟熏较轻，其余部位无异常。进入 1301 室所在楼梯走道，发现楼梯间、电梯前室仅有轻微烟熏痕迹，内走

道顶棚有明显烟熏痕迹。1301 室入户门朝西开启，户门因灭火救援被破拆变形、门锁损坏，且双保险锁呈打开状态。

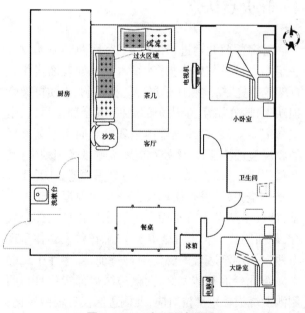

图 1 1301 室平面布局图

对 1301 室户内勘验发现，除客厅有明火燃烧痕迹外，其余房间均为轻微烟熏痕迹，由此确定客厅为起火重点区域。对客厅勘验发现：①除西侧、北侧多人沙发烧损炭化外，其余部位地面均无炭化物（见图 2）；②客厅四周墙面有烟熏痕迹，其中西侧墙面部分抹灰层脱落，北侧窗户玻璃炸裂、窗框局部烧损变形，窗帘全部烧损，窗帘支架及罗马杆靠西侧烧损

作者简介：王亮，男，汉族，甘肃省消防救援总队，高级专业技术职务，主要从事火灾事故调查。地址：甘肃省兰州市安宁区安宁西路 84 号，730070。电话：13893640165。邮箱：250435416@qq.com。

脱落,东侧电视机显示屏烧损软化,电视机金属壳体、底部电视柜均无烧损变形痕迹;③顶棚四周装饰金属条脱落,吊灯烧损变色,西侧沙发正上方石膏吊顶表面局部脱落,其余部位完整;④客厅吊顶过火烟熏较重,中间吊灯装饰烧损变形,靠西北侧吊坠脱落,其余部位吊坠尚存。综合认定起火部位为客厅西北角。

图2　客厅西侧沙发烧损痕迹

4　起火点认定

对客厅西北角进行勘验:①客厅西侧靠墙放置一组多人沙发整体烧损,沙发木质框架表面炭化且框架轮廓完整,北侧扶手局部烧损穿洞、木质框架烧损缺失,该处靠背、坐垫全部烧损,其余部位靠背、坐垫海绵布艺残留,沙发整体呈现由北向南逐渐减轻的燃烧痕迹特征;②该处对应墙面壁纸烧损缺失,其余部位墙面壁纸完好、表面仅有烟熏痕迹;③北侧沙发整体烧损,沙发木质框架部分炭化但框架轮廓完整,沙发坐垫及靠背布面海绵炭化焦化且大部分残存,靠西侧扶手炭化明显重于东侧,该沙发整体呈现由西向东逐渐减轻的燃烧痕迹特征;④客厅中央的木质茶几台面整体完好,西侧边缘局部炭化且与西侧沙发烧损较重部位对应,北侧边缘仅有轻微炭化,茶几其他部位均无异常;⑤茶几北侧与沙发之间并排放置两个小方凳,其中西侧方凳面板边缘炭化重于东侧,东侧方凳无异常,由此判断火势由西向东蔓延。根据上述火灾痕迹特征综合判断得知,起火点为客厅西侧沙发北侧扶手区域。

5　起火时间认定

119指挥中心最先接到报警电话时间为2022

年4月9日9时16分;现场勘验发现1301室厨房顶棚设有一处火灾自动报警系统探测器(采用防尘罩遮挡),经调取火灾自动报警控制柜查询,发现该感烟探测器动作时间为4月9日9时14分;询问证人张某霞(路人)得知,当日9时10分左右其经过1301室楼下发现该户窗户冒烟;询问证人李某华(1201室住户)得知,当日9时9分左右听到1301室地板上有小孩跑动及呼叫声音。根据上述时间轴及火灾蔓延规律,综合认定起火时间为2022年4月9日9时9分左右。

6　起火原因分析认定

6.1　排除外来放火

现场勘验发现,1301室门锁保险处于开启状态,发生火灾时吴某年无法开启逃生,经询问死者母亲崔某梅证实其最后离开时将户门从外部反锁。经公安机关现场勘验,吴某年跳楼逃生时打开的窗户窗框上未提取到除吴某年以外其他人员的指纹。由此证实发生火灾时无其他人员进入1301室,故排除外来人员进入1301室放火的可能。

6.2　排除遗留火种

经走访询问得知,吴某年家庭成员均无吸烟习惯,起火点处未放置使用蚊香等。对起火点处炭化物勘验发现,该处沙发扶手为木质,沙发靠背及坐垫均为海绵布艺,不具备阴燃蓄热条件。根据生活常识推断,该季节尚无须使用蚊香且在当事人住宅内未发现蚊香,起火点处无金属蚊香底座等物品。结合起火时间认定得知,吴某年从发现起火到呼救逃生时间较短,证明火灾从发生到明火快速发展用时较短,故可排除烟头等弱火源阴燃引发火灾的可能。

6.3　排除生活用火不慎

经现场勘验发现,起火点处无液化气、煤炉等生活用火设备。经询问崔某梅得知,其离开时早餐已经做好并放在厨房操作台上,现场勘验发现早餐无变动,吴某年无用餐迹象。由此排除生活用火不慎引发火灾的可能。

6.4　排除电气故障

通过现场勘验发现,起火点处除电暖风机外无其他用电设备,该电暖风机无使用和电热烧损痕迹。起火点处墙面上设置两处嵌入式五孔插座,其中一处距地面0.32 m,另一处距地面1.2 m,上述插座塑料壳体熔化变形,裸露的线槽内电线绝缘皮完好,插座触片未与其他用电设备连接(见图3)。对1301

室电气开关盒勘验发现,空气开关均处于闭合状态,经向供电部门调取该户电流曲线示意图显示,起火当日该户用电无异常。由此排除电气故障引发火灾的可能。

图3 起火点处插座接线完好

6.5 认定为小孩玩火引发火灾

①起火部位对应的茶几抽屉里发现一枚蓝色打火机和一支红色蜡烛,该打火机可正常使用,经公安机关指纹比对发现打火机上遗留有吴某年指纹。红色蜡烛端部燃烧缺失 1.5 cm,经询问崔某梅(死者母亲)得知,起火前蜡烛未被使用,由此推断起火前存在吴某年点燃蜡烛的可能。②对吴某年尸表观察发现,尸体右手有烟熏痕迹及轻微灼伤,前额发梢部分卷曲,证明起火前吴某年被火势灼伤手部及头发的可能。③经询问崔某梅得知,起火前客厅窗帘在两侧分开折叠,其中西侧折叠部位距起火点沙发扶手仅 5 cm,符合吴某年在沙发上玩火不慎引燃窗帘引发火灾的可能。④经走访询问得知,上述窗帘材质为丝质。经现场实验,从使用明火源点燃到形成立体燃烧仅需 48 s,上述时间亦符合火灾在初期阶段燃烧蔓延特征。结合起火点处排除其他引火源的可能,综合认定为吴某年玩火不慎引燃窗帘引发火灾。

7 几点体会

7.1 认定小孩玩火的要件必须完整

本案中,吴某年具有玩火的能力和条件,打火机和蜡烛在火灾前出现异常使用痕迹,该起火灾符合明火点燃并在短时间内迅速蔓延成灾的燃烧特征,起火点处可排除其他引火源引发火灾的可能,且死者尸体烧损痕迹符合玩火烧损特征,故综合认定为吴某年玩火不慎引发火灾。

7.2 必要时通过现场实验验证

现场实验结果虽不能作为直接认定火灾原因的证据,但在直接证据缺乏的情况下,可验证当事人是否具备玩火的能力、玩火的起火特征是否与现场燃烧痕迹相吻合等推断的合理性。本案中,通过现场勘验提取到打火机、蜡烛等点火源且证实吴某年有使用上述点火源的行为,通过现场实验可进一步证实当事人在起火点处玩火具备引燃可燃物引发火灾的环境条件。

7.3 强化火灾延伸调查

小孩玩火作为城镇住宅火灾的重要原因之一,近年来造成了大量人员伤亡和财产损失。虽然小孩玩火的动机、点火方式、点火过程各不相同,但大多数火灾都发生在缺少监护人的情况下。本案中,因监护人消防安全意识淡薄而反锁户门,造成火灾发生后安全出口锁闭,当事人无法逃生引发伤亡值得我们深思。通过延伸调查,查明火灾造成小孩伤亡的主要原因,为精准开展火灾防范和治理提供科学依据。

参考文献

[1] 金河龙. 火灾痕迹物证与原因认定 [M]. 长春:吉林科学技术出版社,2005.

[2] 彭大伟,张小翠. 祭祀香烛引发亡人火灾事故的调查与分析 [J]. 中国人民警察大学学报,2022(6):16-19.

[3] 胡建国. 火灾事故调查工作实务指南 [M]. 北京:中国人民公安大学出版社,2013.

对一起厢式海鲜运输货车火灾事故的调查与体会

王锦辉,曾文淇

（漳州消防救援支队,福建 漳州 363000）

摘　要: 本文以一起运送海鲜的厢式货车因货厢监控电池故障而引发火灾事故为例,在根据痕迹特征及监控视频分析确认起火部位和起火点的基础上,排除可能的起火原因,并对可能引发火灾的原因进行合理分析,从而认定了车辆起火的真正原因。通过这起车辆火灾事故调查,总结几点体会,望对此类火灾调查有所帮助。

关键词: 海鲜运输车火灾;火灾调查;原因分析

1　火灾事故基本情况

2022 年 5 月 17 日 11 时 47 分左右,漳州市东山县铜陵镇大沃社区水产运输码头海鲜水产运输车发生火灾,过火面积约 486 m²,火灾烧损码头内小卖铺铁皮房 2 间及附属商品、执法站铁皮房 1 间,烧毁海鲜运输车 1 辆、燃油小轿车 4 辆、电动自行车及摩托车 374 辆,造成 5 人轻微伤,统计直接财产损失 200 余万元。火灾发生当日,当地公安刑侦部门协作调查,排除人为放火的可能。

在这起火灾事故中,起火货车为东山县存在较多的海鲜运输车,且发生在人员流量较大的水产码头,现场连带发生多次爆炸现象,造成较大的社会影响,地方党委、政府要求消防部门尽快对该起火灾给予调查认定,及时消除社会面不良影响,恢复码头正常的运营使用。因此,厘清火灾现场爆炸原因,准确认定起火原因,成为这次火灾事故调查的关键所在。

2　调查询问情况

2.1　对驾驶员陈某询问

2022 年 5 月 17 日 11 时许,起火车辆驾驶员陈某驾驶重型厢式货车到东山县铜陵镇旧海军码头准备装"篮子鱼"鱼货。停好车以后,他和装鱼的工人打开后车厢的右边车厢门,并一起登上后车厢。那名工人在车厢中部弄冰,他则是在靠近车尾的地方整理车厢内的氧气管道、开关等设备。他从后面逐个打开机氧开关,突然听到"咚"的一声异响,他以为是工人在敲冰发出来的声音,后突然就发现在车厢最内部也就是整体车厢前部左侧顶角部位有火焰,且火已经比较大了,并且伴有浓烟缓缓地往外飘出,他就跟那名工人说车里怎么着火了,然后就下车去拿灭火器,那名工人也跟着他出了车厢。他拿了灭火器上去喷了几下,效果不大,烟主要集中在上半部,而且一直往外面涌。

这辆车主要用于运输活的海鲜,车厢里面顶部有暗敷线路的照明灯,车厢里面两侧装载有 18 个装海水的水桶,车厢尾部装载 2 个高度大约 1.7 m 的氧气瓶（杜瓦罐）用于运输过程中给海鲜供氧的。

2.2　对装鱼工人林某询问

2022 年 5 月 17 日 11 时 42 分许,司机陈某驾驶重型厢式货车到码头停好并熄火之后,他就跟陈某一起打开了后车厢的其中一扇车厢门并一起登上后车厢。他先进入车厢,就开始在车厢中部搬运冰块,这个时候陈某在靠近车尾的地方整理车厢内的氧气管道、开关等设备。没几分钟,他突然听到"咚"的一声异响,他并不清楚是搬运冰块发出来的声音还是其他,突然他就发现在车厢最内部也就是整体车厢前部左侧顶角部位有黑烟冒出,然后也有冒出火焰,他就跟陈某说车里着火了,然后陈某就下车去拿灭火器,他也跟着出了车厢,并第一时间报了警,陈某拿灭火器喷了一会并没什么效果,里面已经被黑烟笼罩了,陈某随即也下来了。

作者简介: 王锦辉(1988—),男,汉族,福建省漳州市消防救援支队火调技术科,初级专业技术 11 级,主要从事火灾事故调查和消防科技工作。
地址:福建省漳州市龙文区蓝田开发区檀林路 26 号,363000。

2.3 对运输公司股东吴某询问

着火车辆是重型厢式货车,车身(车头、底盘)是重汽豪沃牌的,车厢是在福州福清中闽中集公司购买并装配上去的,装备完之后没有再改装过。车厢的材质应该是总共由四层构成的,最外层是玻璃纤维材质硬化之后形成车板,往里分别是一层硬塑泡沫加上一层海绵丝状组织物,塑料泡沫材质主要是用于保温的,最里层也是玻璃纤维材质硬化之后形成车板。车厢内的主要电气线路是照明线路,从车辆底盘右侧的蓄电池沿着车厢右侧靠近车头部位的顶部接入一路电线作为照明,另外从驾驶室接入一路监控线路用于观察车厢内部情况,监控探头就直接挂设在车厢前部的墙体上正中央。

在现场勘验发现部分电线残线、监控探头残骸,一个小型马达线圈残骸,以及数个柱状电池组的残骸后,对股东吴某进行二次询问,其描述:车厢左侧顶部确实装有一个自带蓄电池的监控设备,是之前由于车上存在鱼货丢失现象才安装的,装完之后不再出现鱼货丢失现象就没怎么使用了。

2.4 对监控安装店老板陈某询问

在了解到车上装有自带蓄电池组监控设备后,调查人员找到安装该监控设备的商铺。商铺老板陈某描述:曾做过一个车厢内的监控,应该是前六七个月,大概是年前装安装上去,在车厢前部靠左侧顶角部位安装了一个磷酸铁锂电池,在磷酸铁锂电池相邻位置,往车厢尾部方向装了一个探头,车厢前部右侧顶部装了一个光伏板,从光伏板往车厢里面明铺线路到磷酸铁锂电池,利用太阳能发电给磷酸铁锂电池蓄电,最后用来给监控探头供电。

3 监控视频分析情况

3.1 火场周边固定监控视频分析

经外围环境勘验,火灾现场外围发现有利用价值的监控探头1处(厦门东山县海关东山港监控),位于东山港2号堆场西南角位置,自西向东拍摄。在见证人的见证下,侦查人员对监控主机进行时间校准,并对现场的监控主机数据进行了数据的提取和备份工作。根据该监控显示,2022年5月17日

11时36分39秒,车尾部有大量白色烟气涌出。(图1、图2)

图1 监控点位图

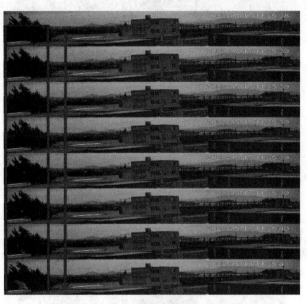

图2 起火初期监控视频分析图

3.2 收集现场群众拍摄视频分析

经过公安机关搜集网络视频,共搜集有分析价值视频5段,分别命名为"起火初期""猛烈燃烧""爆炸前""爆炸""爆炸后"。

3.2.1 起火初期情况分析

经分析群众拍摄视频"起火初期"显示,烟气呈黑色,车厢尾部(北侧)及氧气杜瓦罐未见明火,黑色烟气从车厢内靠车头一侧(南侧)向车尾蔓延,故推测起火部位位于车厢内靠近车头一侧,即车厢内南侧。(图3)

图 3　起火初期货厢燃烧情况

图 4　爆炸现象

3.2.2　爆炸情况分析

经分析群众拍摄视频"起火初期""爆炸""爆炸后"显示，由车厢内车头一侧起火，蔓延至整个车厢及尾部的液氧杜瓦罐，继而车右后侧的液氧杜瓦罐发生爆炸，火势蔓延至车辆两侧的电动车、小轿车。（图 4）

4　现场勘验情况分析

火灾发生后，调查人员立即展开调查。调取气象报告了解到，起火当时气象条件为多云，风速为 15~16.6 m/s，风向为：东北风，温度为 21.2~22.7 ℃。

4.1　环境勘查情况

着火区域位于码头停车场内，东毗邻东山县东山港；西毗邻东山旅游集散服务中心北侧停车场；南毗邻东山县海港路，北毗邻海面、渔港 31 号楼；在着火区域周边的视频监控仅厦门东山海关东山港 2 号堆场 11 云台能拍摄到着火区域部分周边情况，走访周边群众，获取部分现场拍摄视频，其余码头停车场监控均烧毁或无储存云端。

4.2　初步勘查情况

经现场初步勘验，结合收集的固定监控视频及现场群众拍摄视频进行分析，认定起火部位位于起火海鲜水产运输车。从码头整体来看，码头停车场北侧渔港 31 号楼南面墙体较西面墙体烟熏严重，楼下摩托车烧损，东北侧部分烧损较轻，说明火源是从码头停车场向东北蔓延。码头停车场东侧摩托车停车棚东北侧较东南侧烧损变形严重，东南侧有部分摩托车未过火，说明火源是从码头停车场向东南侧蔓延。码头停车场西侧四部小车车尾与起火海鲜水产运输车相毗邻，四部小车均烧毁，车头均朝西，车尾燃烧变色较车头严重，说明火源是从码头停车场向西侧蔓延。码头停车场西南侧两间相邻的彩钢板结构板房（与西侧围墙下摩托车停车相邻的是执法站，执法站南面相邻的是小卖部）过火烧损，执法站较小卖部距离起火海鲜水产运输车近，执法站侧面钢板均已烧损掉落，顶棚凹陷，执法站过火烧损较小卖部过火烧损严重；小卖部过火烧损，小卖部内部烟熏严重，门面部分烧损脱落，货物部分未过火，说明火源是从码头停车场向西南侧蔓延。

4.3　细项勘查情况

经对着火车辆整车进行勘验，根据同款同型号车辆进行现场比对，并结合车辆驾驶员、装鱼工人及运输公司股东现场指认情况，分析认定起火点位于起火海鲜水产运输车货厢前部靠左侧区域。

4.3.1　对该车结构进行复原

该运输车为长 12 m、宽 2.6 m，12 轮的重型厢式海鲜水产运输车，货厢材质为复合材料，内有聚氨酯泡沫保温层。货厢内部设有 18 个玻璃纤维材质鱼缸分两侧布置，货厢两侧悬挂有 18 个氧气输送方形铁栏，货厢两侧铺设有两条 PUC 管道供气，一条由机氧发电机供氧，另一条由货厢尾部两个液氧储罐供氧。

4.3.2　对起火海鲜水产运输车车头、底盘车架部分进行勘验

起火车辆车头右侧副驾驶门较左侧主驾驶门过火变色严重，驾驶室棉麻制品、塑料等设备均过火烧毁，驾驶室顶部铁皮过火烧熔掉落、部分熔融附着在驾驶室上部框架。底盘车架左侧主柴油油箱烧损熔融掉落，呈横截面熔断状；中间左侧轮胎较右侧轮胎烧损严重，底盘车架中部右侧车载蓄电池烧毁、相邻机氧发电机箱箱体处于锁闭状态，外壳过火变色，位于副驾驶室下面的机氧发动机油箱烧毁；车尾部轮胎左侧较西侧过火烧损严重，西侧尾部轮胎还有部分轮胎橡胶残骸。（图 5 至图 7）

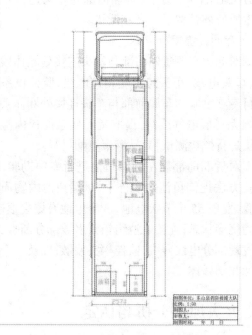

图 6　起火车辆底盘结构布置图

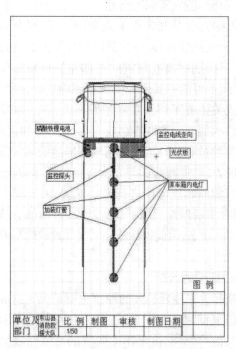

图 7　起火车辆货厢电气线路示意图

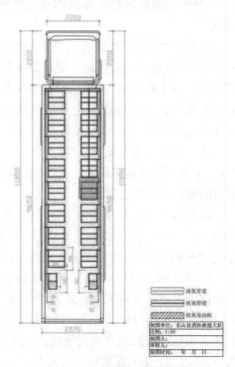

图 5　起火车辆氧气管路和水槽示意图

4.3.3　对起火海鲜水产运输车货厢进行勘验

起火车辆货厢尾部、中部鱼缸受爆炸冲击掉落，车尾部地板爆裂掉落的碎片、残骸较前侧地板碎片、残骸多，前侧地板碎片烧损较尾部烧损严重，右侧地板碎片烧损较左侧严重；货厢尾部左侧的厢体轻钢龙骨受爆炸冲击掉落，右侧轻钢龙骨过火受热扭曲变形；货厢尾部右侧原液氧气瓶放置处呈凹陷状；货厢中部至货厢前部鱼缸过火，残存鱼缸呈后低前高斜坡状；货厢前部与车头连接处厢体面板左侧还有

部分夹心泡沫板残骸,货厢前部与车头连接水箱上部木质残骸骨架呈右高左低状。

4.4 专项勘查情况

对起火车辆货厢前部与车头连接处厢体残余面板、车头电线、车头与车厢相连电线、监控设备电线进行专项勘验。车厢前部与车头连接处厢体残余面板内无夹层电气线路,提取货厢残余面板内泡沫保温层进行燃烧测试,为易燃聚氨酯材料。

对货厢前部靠左侧储鱼池进行专项勘验,采用钻孔方法把储鱼池内水排干,对储鱼池内物质进行勘验,发现 55 个节状电池,3 个电池有爆裂痕迹,其余为烧穿状态;连接电池组铅条多数部分断裂;现场还发现部分电线残线、监控探头残骸,以及一个小型马达线圈残体。

5 火灾原因分析与认定

5.1 可排除的火灾原因分析

根据驾驶员和装鱼工人询问笔录,水产运输车到达码头后他们两人一并开门到货厢内做装鱼前的准备工作,随后就发现货厢前部左侧顶角部位有火焰,期间不可能有其余人员到货厢内放火,同时通过公安机关排查了解及观察他们两人情况,排除他们两人放火嫌疑,因此排除放火引起火灾的可能性。根据驾驶员和装鱼工人询问笔录描述的起火部位及燃烧现象,对货厢前部与车头连接处厢体残余面板、车头与货厢相连电线进行专项勘验,未发现剩磁情况,同时车辆停靠后属于熄火状态,货厢部分线路属于未通电状态,因此排除货厢电气线路故障引起火灾的可能性。

5.2 爆炸原因分析

该起火灾蔓延扩大的原因主要是火灾造成货厢尾部纯氧储罐(杜瓦罐)爆炸产生大量飞火引燃码头内其他可燃物,由于车上装置的液氧储罐储量较少,在火烧高温环境下,液氧升温变成气态氧,体积迅速膨胀,超过罐体承受的压力,所以产生爆炸。

5.3 火灾原因的分析认定

5.3.1 起火条件分析

根据现场勘验,发现现场残留的部分供气管阀门开关属于半开启状态,因此在驾驶员打开纯氧储罐后,供气管存在氧气泄漏现象,由于货厢属于相对封闭空间,造成货厢内形成富氧状态。

5.3.2 起火初期现象分析

根据驾驶员和装鱼工人询问笔录,他们均听到

"咚"的一声异响,同时看到货厢最内部也就是整体货厢前部左侧顶角部位有火焰和浓烟,符合磷酸铁锂电池故障爆炸的现象。根据监控安装店老板询问笔录,在货厢前部靠左侧顶角部位安装了一个带磷酸铁锂电池监控设备,货厢前部右侧顶部装了一个光伏板,利用太阳能发电给磷酸铁锂电池蓄电,最后用来给监控探头供电,该设备相当于一组小型的储能设备。

5.3.3 起火物分析

对货厢前部靠左侧储鱼池进行专项勘验,发现 55 个节状电池,3 个电池有爆裂痕迹,其余为烧穿状态,爆裂的电池符合节状电池爆炸痕迹。

综合分析起火原因为货厢内部自带蓄电池热失控引燃货厢内塑料管路等物品蔓延成灾。

6 火灾调查几点体会

6.1 加强与公安部门协作调查,及时调取、收集相关监控录像及网络视频

该起火灾事故发生后,消防救援大队第一时间联系公安机关,要求协助收集群众拍摄的网络视频,通过收集的网络视频,了解了火灾发生初期、现场爆炸的现象,对后续调查提供了有利依据。

6.2 善于利用现场勘验掌握的证据反向进行调查询问

该起火灾发生后,调查人员第一时间对货厢内的驾驶员、装鱼工人及运输公司相关人员进行询问,获取的信息相对片面,在现场勘验发现部分物证后,对以上相关人员进行二次、三次询问后,才获取了车上装有自带蓄电池的监控设备等重要信息,对火灾原因认定提供了重要支撑。

6.3 注重与同车型车辆对比,全面掌握车辆相关信息,正确解读车辆火灾痕迹

该起火灾事故中车辆烧损较重,为便于分析,确保勘验工作有效进行,调查人员调用同品牌同车型同年代的车辆进行对比,并逐一排查甄别,确保起火原因的认定准确、高效。为掌握起火车辆基本情况,一方面调查人员对车辆保险情况、保养情况、出险情况、维修情况及近期行驶轨迹进行调查;另一方面查明车辆基本参数、构造,结合现场痕迹还原火灾发生蔓延路径,通过综合分析精准认定起火点。

对一起在建构筑物高空火灾事故的调查处理

王德刚

（青岛市黄岛区消防救援大队，山东　青岛　266000）

摘　要：在构筑物高空施工作业过程中，施工作业工艺复杂，尤其是在多方施工的情况下，如果各施工方疏忽大意，防护措施不到位，极易发生火灾事故。本文详细介绍了一起化工高层构筑物在多方施工的情况下，发生高空火灾的调查过程及引发的思考。

关键词：焊渣；现场实验；高空

1　基本情况

1.1　火灾基本情况

2021年3月9日，某市的某化学有限公司工地脱乙烷塔（DA3001）发生火灾，火灾将脱乙烷塔（DA3001）中上部的保温材料部分烧损，未造成人员伤亡。

1.2　起火构筑物基本情况

起火构筑物为 DA3001 脱乙烷塔（图1），高度为 60 m，底部直径为 4.9 m，顶端直径为 1.3 m。脱乙烷塔采用的是低温钢，塔的外面是难燃聚氨酯保冷层，还有可燃聚乙烯丙纶防潮层和铝板外护层，主体建成后因生产工艺变更进行附塔管道支架施工，且需将施工区域塔身保温防水层及外包铝箔破拆漏出金属主体后施工。现场施工分为焊接施工和外保温施工，分别有两家单位独立进行。

2　现场勘验情况

2.1　环境勘验

起火工地位于 204 国道南侧，且远离北侧道路，该构筑物四周无高层烟囱，上方无电气线路经过，周围村庄已拆迁，周边无其他企业。起火工地施行门禁管理且仅能从北侧进入，非施工人员无进出卡不能进入；起火工地现场无任何视频监控系统。

图1　起火脱乙烷塔情况

2.2　初步勘验

2.2.1　起火构筑物四周勘验情况

对该起火构筑物四周进行勘验，DA3001 脱乙烷塔东面是一个消防通道，再往东是火炬回收单元，距离 DA3001 脱乙烷塔 25 m；西面是冷箱框架，距离 DA3001 脱乙烷塔 3 m；南面是装置管廊，距离 DA3001 脱乙烷塔 5 m；北面是脱油塔框架，距离 DA3001 脱乙烷塔 2 m，经现场查看，除北侧脱油塔框架上有保温烧损脱落物外，其他建筑均未过火和烟熏。

2.2.2　起火构筑物勘验情况

对该起火构筑物进行勘验，该构筑物下方部分保温施工未进行，金属主体裸露在外，无烟熏过火痕迹（图2）。该构筑物中上部西南侧脚手架上的木板未过火，三根竖立的金属管最北侧一根烟熏重于其他部分，金属立管东南侧保温材料大部分完好，过火较轻，铝箔未脱落（图3）；金属立管北侧保温材料过火，部分铝箔脱落（图4）。该构筑物中上部西北侧脚手架上木板已烟熏变黑，该区域的保温材料也全部烧毁，铝箔已经全部脱落，除该区域外其他区域铝箔未全部脱落（图5）。

作者简介：王德刚，男，汉族，青岛市黄岛区消防救援大队，三级指挥长，主要从事火灾事故调查工作。地址：山东省青岛市黄岛区海王路899号，266000。电话：18678965579。邮箱：18678965579@163.com

图 2　构筑物下方烧损情况

图 3　构筑物东南侧保温材料烧损情况

图 4　构筑物东北侧中上部烧损情况

图 5　构筑物西北侧中部烧损情况

根据初步勘验情况,综合认定起火部位位于脱乙烷塔西北侧中部。

2.3　细项勘验

2.3.1　调查走访情况

对现场甲方、保温施工方、管道更改施工方进行了解得知,最先发现起火时,甲方人员刘某第一时间登上北侧脱乙烷塔框架六层平台,拍摄起火区照片一张(图 6),通过查看照片发现此时外保温破拆处刚刚冒出火苗,而外保温铝箔均完好,根据最先发现起火人员提供照片对比现场发现,最先起火的位置为脱乙烷塔距地面 25.2 m 处的西北侧外保温处(图 7)。

图 6　最先发现起火人员拍摄起火点照片

图 7　起火点局部放大图片

2.3.2　现场勘验情况

对脱乙烷塔西北侧中部进行重点勘验,在起火部位从西向东第二根立管处,东侧脚手架在该部位向东弯曲(图 8),在该部位上方的槽钢有一倒 U 形变色痕迹,并且该部位的脚手架板底部有较重的烟熏痕迹,在该部位周围的立管保温材料朝向该部位一侧已烧毁,另一侧铝箔未脱落;未保温立管面向该部位一侧烟熏痕迹明显(图 9)。

根据细项勘验情况,综合认定起火点位于脱乙烷塔距地面 25.2 m 处的西北侧外保温处。

图8　脚手架弯曲变形及槽钢变色痕迹

图9　立管保温烧损及烟熏情况

2.4　专项勘验

2.4.1　证人证言

根据调查走访和询问有关人员,进一步确认现场有两方人员进行施工。通过双方施工人员的相互指认,进一步确认了起火前施工的双方在现场的位置和具体施工内容,其中一方施工人员在起火部位上部进行外保温施工,另一方施工人员在起火区域进行焊接施工,进一步缩小了现场调查的区域。

2.4.2　排除放火引发火灾

该施工现场施行门禁管理,外来人员不能进入;现场存在施工人员作业,外人难以接近,并且起火点位于脱乙烷塔距地面25.2 m处,该部位离北侧脱油塔框架2 m,难以实施放火。

2.4.3　排除电气线路故障引发火灾

该施工现场脱乙烷塔未施工完毕,现场查看起火部位及周围无电气线路,外保温施工不需要用电,电焊施工的焊机位于北侧脱油塔平台,焊机和焊枪连接线路完好,绝缘外皮无破损和电气故障痕迹(图10),电焊焊机连接的配电箱线路从平台下方套管接入,线路完好无破损(图11),进一步排除电气故障引发火灾的可能性。

图10　焊机与焊枪连接线情况

图11　焊机与配线箱接线情况

2.4.4　排除未熄灭的烟头引发火灾

根据现场施工情况,起火物质为脱乙烷塔外保温及外部的防水布,存在现场施工人员吸烟引发火灾的可能性。为了进一步验证这种猜测,消防救援大队火调人员现场截取在铝箔保护下未过火部分的保温材料进行了现场实验。首先对外保温和防水布进行直接点燃实验,发现保温层为难燃材料,而防水布为可燃材料;其次选取现场人员身上不同型号的香烟进行了测试(图12),发现均不能引燃脱乙烷塔外保温及外部的防水布。通过实验观察和分析发现,防水布在烘烤时会产生油性物质直接将香烟熄灭,从而排除了未熄灭的烟头引发火灾的可能性(图13)。

图12　现场实验过程照片

图 13　现场实验结果照片

2.4.5　确定高温金属熔融物引发火灾

对起火点上方进行勘验，发现现场施工的电焊焊枪（图 14）上存在一段未用完的焊条；对现场施工人员进行询问，进一步确认了起火区域的铝箔保护层在起火前已被剪掉，保温材料和防水布具备被电焊焊渣引燃的条件。在做好安全防护措施的基础上，现场勘验人员指导甲方工作人员利用强力磁铁在起火点进行物证提取，现场吸取焊条一段、焊渣熔珠三个（图 15）；通过现场物证的准确提取进一步确定了电焊施工产生的高温金属熔融物引燃保温层引发火灾。

图 14　起火点上方遗留的电焊焊枪

图 15　起火点提取的电焊焊渣

3　调查体会及收获

3.1　充分发动现场各方提供证据

施工现场人员复杂，各类证据仅依靠消防人员的力量难以收集齐全，在火灾调查过程中要充分发动火灾当事人各方的力量，让他们相互举证对方隐瞒的火灾事实，对火灾调查需要的证据进行提供和补充。

3.2　利用现场痕迹对证人证言去伪存真

在存在多方当事人的火灾现场，各方当事人都会隐瞒对自己不利的火灾事实，甚至还会出现说谎的情况。在现场勘验过程中，要结合火灾现场对证人证言进行分析验证，做到去伪存真，为火灾事故的进一步调查提供依据。

3.3　利用现场实验排除干扰项

在火灾原因认定的最后阶段，往往会存在一到两个难以确定的选项，同时火灾事故当事人也会存在异议。在现场条件允许的情况下，火灾调查人员可以模拟火灾发生的条件，用现场实验来验证起火原因的可能性，以进一步确认或排除相应的火灾原因选项。

3.4　以火灾为参考指导单位采取改进措施

该火灾发生后，甲方单位采取消防救援大队建议，将脱乙烷塔外保温材料全部更换为不燃材料，杜绝了此类火灾事故的再次发生，为企业安全生产起到了保驾护航的作用；施工方及时吸取事故教训，进一步加强焊接作业安全管理，严格规范安全防护措施，严防焊接火灾事故的再次发生。

参考文献

[1] 应急管理部消防救援局. 火灾调查与处理: 高级篇 [M]. 北京: 新华出版社, 2021.

[2] 中华人民共和国应急管理部. 火灾现场勘验规则: XF 839—2009[S]. 北京: 中国标准出版社, 2009.

[3] 中华人民共和国应急管理部. 火灾原因认定规则: XF 1301—2016[S]. 北京: 中国标准出版社, 2016.

[4] 公安部令第 121 号. 火灾事故调查规定 [Z].2012.

对一起弱电故障引发空调室外机火灾的调查与分析

归金樑

（河北区消防救援支队，天津　河北　300020）

摘　要： 本文通过对起火空调外机燃烧蔓延痕迹进行分析，排除起火物为空调外机；基于外机外壳破损这一现象，对周围可燃物进行分步骤排查，细致分析查找起火原因，最终利用视频确定由于弱电线路故障和周围可燃物较多，弱电线束因故障积聚热量自燃，并反复熄灭和自燃，导致引燃弱电线束绑带、空调外机排水管等自身塑料元件及周围可燃物，进而导致火势加剧，大量周围机体可燃物发生燃烧。最后对导致弱电线束自燃的因素进行了详细分析。

关键词： 电气火灾；燃烧痕迹；弱电；火灾调查

1　火灾概况

2020 年 6 月 8 日 5 时 13 分，天津市河北区某小区住户空调外机发生火灾。外机起火后住户经同小区路过邻居上门提醒用水扑救减缓了蔓延速度，待消防人员到场后将火扑灭，火灾造成该空调外机部分过火烧损，未造成人员伤亡。

起火前该空调因许某一家未使用，空调内机外罩一制式防尘罩尚未摘下，电源线放置于其内，许某及其爱人、儿子一家三人均在各自卧室休息。5 时许反复听到有人敲门，1-2 分钟后开门经同小区路过邻居提醒得知外机着火，随即立刻跑到阳台查看，同时叫醒其他家人共同灭火，此时楼下同小区邻居报警，后消防队到场将火完全扑灭。

2　现场勘验情况

2.1　整体分析

从空调外机外部整体燃烧痕迹（图 1）分析，空调外机部分过火，由远及近对比发现空调外机底部烧损程度重于上部，临近空调外机架设位置底部的一楼住户窗户雨篷部分烧损痕迹较为严重，南侧位于悬空位置，多组弱电线束烧损严重，空调外机排水管全部烧毁；空调外机机体越远离其底部处烧损越轻，机体底部部分烧损，顶部部分烧损，整机体安装有扇叶挡盖，其部分烧损，机体内扇叶全部完好，其标识铭牌完好，无过火痕迹；位于外机右侧连接有动力电源，电源靠近底部位置部分烧损；外机上方安装有该住户的窗户护栏，护栏西侧外机上部部分过火；护栏左右两侧对比，锈蚀变色程度无明显差别，护栏内左侧住户放置的木质地板部分过火，以外机宽度为临界，右侧无过火痕迹；护栏左右两侧对比，左侧护栏锈蚀变色程度重于右侧。经初步勘验，能够确定起火部位位于外机一侧。

作者简介：归金樑，男，汉族，天津南开区人，现任天津市河北区消防救援支队监督三科初级专业技术职务，主要从事火灾调查、消防监督工作。地址：天津市河北区江都路街重光路河北区消防救援支队，300020。邮箱：guijinliang@qq.com。

图 1　空调外部整体燃烧痕迹

2.2　局部分析

对起火位置进行细项勘验发现,该住户窗户护栏内部临时放置的杂物烧损严重,受热锈蚀变色严重,局部有凹陷(图 2)。该住户放置的用于垫底的木质底板部分过火烧损,未见变形,仍能起到部分支撑作用,除部分金属质杂物外,所有纸质、织物等非金属物品均过火;护栏内部有过火痕迹,其内部部分受热锈蚀变色,未见变形。临近护栏位置窗户部分烟熏,金属件使用正常,窗户玻璃有烟熏痕迹,未见破损;以空调外机宽度为临界,临界外部未见过火烧损痕迹,对比护栏内外机宽度为界两侧发现,空调外机宽度内部烧损程度重于外部,且内表面呈蜂窝状,有过火烧损烟熏痕迹。经细项勘验,能够确定起火部位位于护栏外的外机机体处。

图 2　护栏内部烧损情况

2.3　视频分析

提取该小区 7 号楼位置的 6 月 7 至 8 日的监控视频,发现 6 月 7 日 21 时 30 分 25 秒外机底部东侧方向位置出现第一次明显“打火”,与外机扇叶挡盖部位过火方向位置对应,且有较大面积的燃烧痕迹,

同时形成燃烧,但始终未形成稳定燃烧;至 8 日 0 时 34 分 25 秒燃烧熄灭,外机下部过火痕迹轻微,且表面部件无破损情况;8 日 3 时 9 分 44 秒第一次“打火”位置再次形成明显燃烧,但依然未能形成稳定燃烧,无明显过火痕迹;外机机体各部件及其周围视频中均显示完好,无烧损情况;由上及下,该住户窗户护栏以及一楼住户窗户雨篷部分均未烧损(图 3)。

图 3　空调外机底部状况监控视频截图

至 8 日 4 时 58 分 51 秒,外机底部 7 日 21 时 30 分 25 秒明显“打火”位置再次形成燃烧,且形成稳定燃烧;至 5 时 8 分 17 秒,燃烧达到猛烈燃烧阶段,开始持续蔓延,并掉落大量余烬;至 5 时 19 分 50 秒,火势由空调排水管蔓延至该住户窗户护栏处,直至护栏内左侧该住户放置的木质底板部分;且起火位置由下至上已出现的大量烟熏痕迹与整体燃烧痕迹相符,其外机扇叶挡盖部位尚未烧损(图 4);至 5 时 24 分 42 秒,辖区消防站到场后将火势完全控制并扑灭,外机底部部分过火烧损。

图 4　空调外机底部同位置阶段变化对比

2.4　弱电产权商断网数据分析

提取中国联通、中国移动、中国电信以及中国广电四家通信商的河北区分公司在此小区的断网数据记录,分析比较后发现联通断网数据首次申告记录时间为 6 月 8 日 9 时 19 分 51 秒,对应时间为火灾报灭后时间,数据语言解读为数据端子前圆未受波及,波及范围为数据端子后圆,从系统收取的信息为用户报修记录集合(图 5),数据断网情况属实,可以确认为此线束中弱电线束。

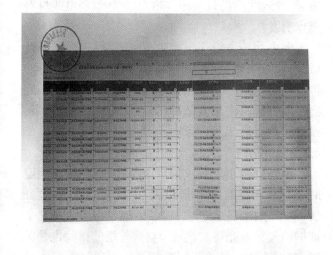

图 5　联通断网数据记录

分析比较后发现,电信断网数据首次申告记录时间为 6 月 8 日 6 时 9 分 55 秒,对应时间为火灾报灭后时间,数据语言解读为数据端子前圆受波及,波及范围为数据端子整圆,从系统收取的信息为用户宽带故障记录集合(图 6),数据断网情况属实,可以确认为此线束中弱电线束。

图 6　电信断网数据记录

分析比较后发现,移动断网数据首次申告记录时间为 6 月 8 日 8 时 40 分 09 秒,对应时间为火灾报灭后时间,数据语言解读为数据端子前圆未受波及,波及范围为数据端子后圆,从系统收取的信息为用户报修记录集合(图 7),数据断网情况属实,可以确认为此线束中弱电线束。

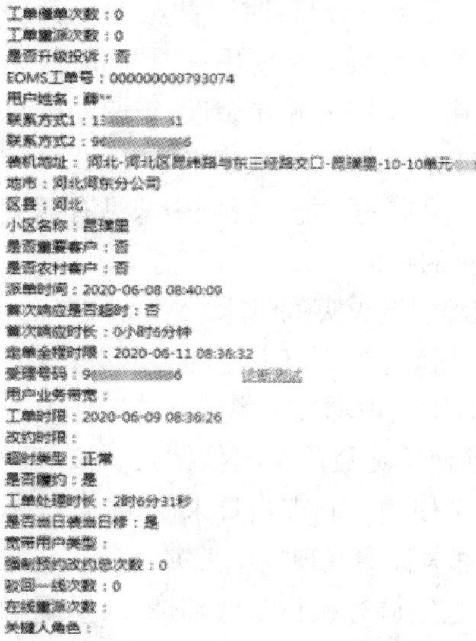

图 7　移动断网数据记录

分析比较后发现,广电未收到断网数据,技术原因为广电有线电视及宽带线路敷设在此小区,按照广电行业线缆架设施工规范架设高度为 6 m,即此 6 层到顶住宅小区 3 楼位置(图 8),故未收到故障数据。

图8　电信未断网情况说明

3　起火原因认定情况

3.1　排除人为纵火引发火灾的可能

对该小区 7 号楼位置 6 月 7 日 0 时至 21 时 30 分 25 秒的视频进行检查分析,时间截至发现首次"打火"部位处始终无可疑人员使用火源并靠近,无该住户及其邻近住户使用火源并靠近,空调外机及其他部位线束均亦保持完好,未发现异常,因此可以排除人为纵火引发火灾的可能。视频中未见有烟头掉落后的阴燃起火的特征。

3.2　排除空调故障引发火灾的可能

(1)此"格力"牌空调的户主为许某所有,该电器于 2019 年 5 月购买,电器安装由该品牌工作人员入户安装,起火前使用无故障和维修记录。该电器主要在冬夏两季节使用。起火当日未使用,直至早上经同小区路过邻居提醒发现发生火灾。

(2)现场勘验,空调外机仅是底部烧损,呈现由外机下部线路向上蔓延燃烧的痕迹。

3.3　存在弱电线束故障引燃周围可燃物的可能

(1)通过视频分析,起火现象符合电气起火特征。

(2)经初步勘验得知,位于该空调外机底部位置的线束为多家通讯商敷设的光纤网络弱电线,常见的弱电线材料包括聚氯乙烯(PVC)、交联聚乙烯(XLPE)、低烟无卤(LSZH)等,此种弱电线材料聚氯乙烯(PVC)。一般情况下,PVC 弱电线的燃点在 200 ℃左右,熔点在 120 ℃左右,弱电线路中出现故

障,线路过载、过电压导致线路过热温度可以达到 600 ℃左右,击穿起火时电弧可达到 2 000 ℃左右。因此,该处弱电线束聚集热足以引燃聚氯乙烯(PVC)弱电线材料及周围可燃物,进而导致 6 月 7 日 21 时 30 分 25 秒发生燃烧至 6 月 8 日 4 时 58 分 51 秒形成稳定燃烧。断网记录后期下线是因为线路彻底断掉,早期放电引燃绝缘的情况下属于连接状态。

(3)起火部位处唯一的火源是该线路,由于当时线路被公司更换,没有第一时间取证查看。

4　弱电线路故障成因及调查心得

4.1　线路过载、短路、过压

当弱电线路超过额定负载时,会导致线路过热,温度达到弱电线材料燃点引发。在弱电类线路被强电流入侵时,同样存在线路故障引发火灾的可能,调查类似火灾时注意查找侵入点。当弱电线路中的两个电极之间发生短路时,会导致线路电路损坏过热,温度达到弱电线材料燃点引发。当弱电线路中的电压超过额定电压时,会导致线路设备损坏过热,温度达到弱电线材料燃点引发。

4.2　线路老化、敷设不当、操作不当

弱电线路长期使用后,可能会出现老化、腐蚀等情况,导致线路设备损坏过热,温度达到弱电线材料燃点引发。

弱电线的敷设应该避免与强电线路交叉、平行敷设,应该采用独立管道或隔离距离等方式进行防护。同时,弱电线路的敷设应该避免与易燃物接触。

弱电线路中出现故障,如导线接头松动、断裂、设备短路过热,温度达到弱电线材料燃点引发。

4.3　调查心得

由于弱电引发火灾的可能性相对较低,在认定时必须有充足的证据排除掉其它因素,对于视频分析、电子数据、证人证言、现场痕迹和物证分析几个证据因素尽量完备。此案中空调外机的排除也是关键,在调查中大胆假设,细心求证,再通过模拟实验进行验证。

参考文献

[1]　郭林佳. 基于事故树分析法的医院高层建筑弱电竖井火灾事故致因分析 [J]. 建筑安全,2021,36(10):73-76.

[2]　彭百川. 综合管廊弱电系统设计简析 [J]. 土木建筑与环境工程,2016,38(S2):131-136.

[3]　李志峰,余明高. 对一起高层建筑火灾事故原因的调查和思考 [J]. 消防科学与技术,2011,30(12):1197-1200.

一起车辆火灾事故调查处理权限调整的实例解析

张淼泉

（湖州市消防救援支队,浙江 湖州 313000）

摘 要: 消防救援机构火灾调查人员在调查车辆火灾时,应当根据法律依据和案情事实,有理有据地对事故类型进行定性,当事故性质为非火灾事故时,应当按照调查程序规定,及时移送给具有管辖权的相关部门。本文解析了湖州市一起高速公路上行驶过程的货车火灾事故调查处理案例,以视频分析为主、现场勘验为辅,找准事故起因,迅速与公安交警部门沟通,将事故定性为交通事故,公安交警部门快速准确地出具事故认定书。本案例对于基层交通工具火灾调查工作具有一定借鉴意义,并对行驶过程中车辆火灾事故调查管辖权限进行了探讨。

关键词: 车辆火灾事故;视频分析;调查权限

1 引言

2021年10月6日8时36分,湖州市消防救援支队指挥中心接到报警,位于G25高速公路湖州北出口往杭州方向3 km处货车起火。该事故造成起火车辆整体过火,所载货物整体过火。图1为灭余火过程中在车辆左后方对车辆整体所拍摄的照片。

图1 车辆整体过火情况

2 调查情况

2.1 现场勘验情况

勘验图1所示车体情况,从车头、车斗看,车体过火烧毁程度,车体前段明显重于后段。结合图2勘查轮胎,车头部分轮胎橡胶部分已燃烧完全,图1中尾部轮胎保持较为完整,橡胶部分未过火。

图2 车头部分过火情况

作者简介:张淼泉(1988—),男,湖州市消防救援支队,初级专业技术职务,主要从事火灾事故调查工作。地址:浙江省湖州市三环北路3588号,313000。

勘验右侧油箱部分(图3),发现油箱后侧车轮橡胶部分完全烧毁,油箱上部金属外壳部分高温熔融缺失,油箱架基座固定件处于正常位置。

图 3　右侧油箱烧损情况

勘验左侧油箱(图4),发现左侧油箱已完全烧毁,并熔融脱落,对比油箱架基座前后两个固定件,靠车头部分出现倾斜状。

图 4　左侧油箱烧损情况

2.2　视频分析情况

查询高速公路路段监控视频,截取 2021 年 10 月 6 日 8 时 32 分 54 秒至 37 分 53 秒监控视频,作为此次事故视频分析检材。

2.2.1　监控点位图

监控为高速公路单方向路段监控,现场方位关系较为简单。

2.2.2　起火及发展过程

8 时 33 分 3 秒,起火车辆右下方地面处在监控画面中出现白色爆闪光,同时两侧轮胎处出现火光,如图5所示。

图 5　起火初始帧情况

起火车辆司机发现起火冒烟后继续开到稍远处,并靠边停车,至 8 时 36 分 55 秒,车辆全面燃烧,形成流淌火,如图6所示。

图 6　起火车辆停靠位置和全面燃烧情况

2.2.3　分析起火前异常情况

在起火车辆出现闪光起火前,车辆尾部出现地面油迹。对此进行帧差分析,在 8 时 32 分 59 秒时有一不明物体(方框标注)进入起火车辆,随即在车辆左侧出现白色雾状(三角形标注),约4秒后地面形成油迹,如图7所示。

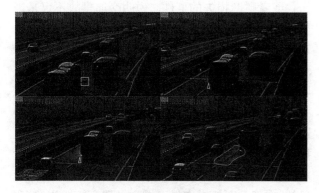

图7 地面油迹形成情况

对撞击物运动过程进行分析,起火车辆右前车辆尾部下方出现不明物体,向左后方向飞入起火车辆,采用帧差法提取并融合后如图8所示。

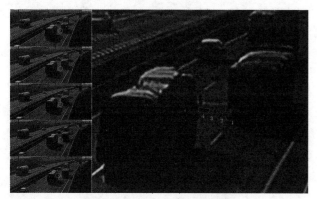

图8 不明物体运动轨迹情况

2.3 专项勘验情况

在进行专项勘验过程中,在右侧油箱下方发现一四孔铁块,质量约为15 kg,基本形状保持完好,表面呈现烧损锈蚀状,右半部分弯曲程度较左半部分大,如图9所示。

图9 掉落撞击物烧损情况

2.4 初步结论

经过上述现场勘验和视频分析,不明物体撞击起火车辆后,该车辆漏油后闪燃冒烟,并快速形成流淌火,在时间上存在一定紧密的逻辑关系,车辆行驶过程中存在高温、电火花等点火因素点燃柴油蒸气的可能性,并通过以上现象可排除其他起火原因。因此,初步判断此事故为高速物体撞击高速行驶中的车辆导致发生火灾,可定性为交通事故,应移送公安交警部门进一步调查。

3 事故案件移送及处理

3.1 案件移送

南太湖新区消防救援大队调查人员将此案件现场和分析材料一并移送至湖州市公安局高速公路交通警察支队五大队,公安交警部门予以接收并立案。

3.2 协作调查

公安、消防共同协作,一起勘验现场和询问当事人,对证据材料再次确认,并对起火车辆和掉落物车辆的车主进行询问,起火前车辆内是否存在图9形状的物体。年某某承认驾驶的车辆(掉落物车辆)所载货物中存在图9所示物体,张某驾驶的车辆(起火车辆)内无该物体。

3.3 认定及处理情况

湖州市公安局高速公路交通警察支队五大队于2021年10月11日出具道路交通事故认定书(简易程序)。做出如下认定:2021年10月6日8时33分,年某某驾驶车牌号为皖C×××××的重型货车,沿G25长深高速行驶至G25长深高速下行2 228 km附近时车上掉落的铁块与张某驾驶车牌号为鲁D×××××的重型货车油箱发生碰撞引起失火,致鲁D×××××的重型货车烧毁、货物损失、路产损坏的交通事故。

根据《中华人民共和国道路交通安全法》有关"第四十八条第一款 机动车载物应当符合核定的载质量,严禁超载,载物的长、宽、高不得违反装载要求,不得遗洒、飘散载运物"的规定,认定当事人年某某负全部责任,当事人张某无责任。

4 调查体会

4.1 交通工具火灾数据统计情况

2021和2022年两年湖州市交通工具火警接警数为682起,占总火警数的近16%,2023年前5个月已发生交通事故火灾 184 起,呈现逐年递增的趋势。

4.2　交通工具火灾调查案件情况

统计湖州市火灾调查工作开展情况,2022 年 1 月至 2023 年 5 月底,交通工具火灾事故调查数量为 143 起,简易程序为 70 起,一般程序为 73 起,居各起火场所火灾事故调查案件之首。

4.3　交通工具火灾事故调查特点

交通工具火灾中以货车和轿车为主,多数火灾损失较大,调查技术难度较大,且涉及车主方、货物方、车辆销售方、车辆生产方、保险公司等多方当事人,往往容易产生矛盾纠纷。基层大队在交通工具火灾事故调查处理工作中牵扯精力较大,极易出现复核申请或者信访事项。

4.4　交通工具火灾事故调查建议

基层火灾调查人员在调查交通工具火灾时,要第一时间尽可能全部调取车辆行驶过程中道路监控和行车记录仪等视频资料,采取清晰化处理和帧差法对比等方法逐帧做好技术分析,现场勘验中要倾向于环境勘验,做到两者结合后再进行有目的地调查询问,从而确定关键物证。如能明确事故属于交通事故,应及时有理有据地将案件移送至公安交警部门。

本案例参照了意外造成财产损失这一要件成功地移送至公安交警部门,按照交通事故准确地进行了调查管辖权限调整,快速对事故进行处理。

4.5　对《中华人民共和国道路交通安全法》有关条款的理解

2021 年 4 月 29 日,《中华人民共和国道路交通安全法》经第十三届全国人大常委会第二十八次会议通过并自公布之日起施行,重新定义了交通事故的概念:指车辆在道路上因过错或者意外造成人身伤亡或者财产损失的事件。说明交通事故不仅是当事人违反交通管理的法律法规造成的,人为的过失和车辆本身的意外也可引起,地震、台风、雷击等自然灾害也可造成,如飞石或落物砸伤汽车等意外,也属于交通事故。

在火灾调查工作中,如碰到以下情况可确定为道路交通事故:司乘人员在车内使用明火不慎(包括吸烟)、违法携带易燃易爆危险品乘车、车辆装载货物引起自燃导致车辆燃烧的;司乘人员以骗保为目的,在驾驶车辆时点燃可燃物导致车辆燃烧的;车辆在道路上行驶时由于车辆自身故障或外界飞石、落物抛砸引发车辆起火的;车辆不管在行驶状态还是静止状态,如遇地震、台风等不可抗力等意外引起车辆燃烧或碰撞后发生燃烧的,均应当按照道路交通事故定性。

消防救援机构火灾调查人员在调查交通工具火灾事故中应准确理解道路交通事故的定义,清晰把握"道路"和"过错或意外"两个关键词。只要掌握了交通事故与车辆火灾事故的区别,就能厘清车辆火灾事故调查管辖权限,及时做好与公安等部门协作配合,更快捷地服务好事故当事人。

参考文献

[1] 应急管理部消防救援局. 火灾调查与处理:高级篇 [M]. 北京:新华出版社,2021.

[2] 中华人民共和国主席令第四十七号. 中华人民共和国道路交通安全法 [Z]. 2011.

[3] 张锋. 浅析我国火灾调查管辖制度的完善 [J]. 今日消防,2022(2):93-96.

对一起燃油摩托车火灾事故的复核认定与思考

卢 志

（贺州市消防救援支队，广西　贺州　542899）

摘　要：本文对一起住宅小区楼梯间的摩托车火灾事故复核认定进行复盘，着重通过现场痕迹和视频分析进行火灾原因认定。该起火灾从发生之日起，就产生了社会舆情，如何在舆论压力下进行火灾事故认定，考验了火灾调查人员工作的细心和耐心。该起火灾通过走访和对监控视频的细致梳理，最终进行了复核认定，化解了群众的矛盾，具有一定的借鉴意义。

关键词：复核认定；社会舆情；调查思考

1　火灾基本情况

2022 年 6 月 25 日 2 时 34 分，贺州市消防救援支队指挥中心接到报警，称贺州市平桂区金泰花园小区 18 号楼 1 单元楼梯间发生火灾，该起火灾烧毁摩托车、电表箱等物品，过火面积 5 m²，火灾造成 3 人受伤，直接财产损失 33 000 元。火灾发生后，辖区消防救援大队及时开展了火灾事故调查。

2　火灾事故调查情况

辖区消防救援大队于当日进行了立案调查，前期进行了走访和现场勘验调查。为了慎重起见，辖区消防救援大队于 7 月 12 日对现场提取的物证进行了送检，并于 7 月 21 日向支队申请了调查延期。应急管理部消防救援局天津火灾物证鉴定中心于 7 月 26 日出具了检验结果，辖区消防救援大队于 8 月 24 日出具了火灾原因认定。

该起火灾起火时间为 2022 年 6 月 25 日 2 时 15 分许；起火部位为平桂区金泰花园小区 18 号楼 1 单元一楼楼梯间；起火点为一楼楼梯间东侧墙距离单元门 130 cm 处停放的某摩托车处；起火原因为该摩托车蓄电池正极接线柱发生故障引燃摩托车塑料踏板引发的火灾。

2022 年 9 月 2 日，摩托车车主林某对辖区大队的认定结果不服，向支队提交复核申请，9 月 13 日支队受理了该起火灾事故认定复核申请。

3　舆情发酵过程

（1）该住宅小区的开发商已于几年前破产重组，截至目前，起火的 18 号楼及相邻的 17 号楼一直未通过验收，因此公用的水电亦未经过相关部门验收，住户的电表时常发生故障，起火的 18 号楼 1 单元的 401 户在发生火灾前的 6 月 21 日也发生了故障。因此，发生火灾后，电气故障引发火灾的说法就在小区中蔓延开来，且问题源头指向了 18 号楼 1 单元的 401 户的电表。（图 1）

作者简介：卢志（1984—），男，广西贺州市消防救援支队，中级专业技术职务 9 级，主要从事火灾事故调查。地址：广西贺州市八步区贺州大道南段，542899。电话：15907745827。邮箱：359624305@qq.com。

图1　18号楼业主群中谈论401户电表故障

（2）该起火灾发生后，当地的城区警务民警也迅速赶到现场参与处置，火灾处置结束后当天，公安部门未与消防部门沟通，便用"小区电箱凌晨起火，贺州警方紧急救援"的标题在网络上对该起火灾进行了警情发布，文中写到"警务人员发现一楼电箱正在起火，并点燃了多辆停放在楼道的电动车"。由于是官方发布的消息，该警情发布后，该小区的住户就认为是电箱先起火继而引发的火灾。（图2）

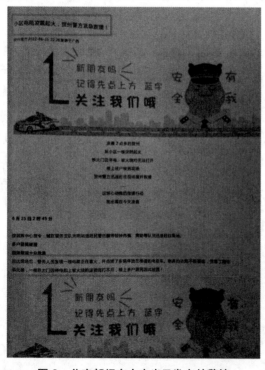

图2　公安部门在火灾当日发布的警情

（3）极个别群众为帮摩托车车主答疑解惑，"热心"地对其进行心理开导，不断对车主进行不当引导，致使车主对起火原因是电箱起火深信不疑。

图3　"热心"群众的不当引导

（4）因为起火楼栋还未通过验收，公用水电仍属于物业负责管理，如是电箱先起火，那么物业应该对住户进行赔偿，而且辖区消防救援大队历经2个月才下达了火灾原因认定，致使小区住户认为是消防部门在维护小区物业的利益，所以小区住户就不再信任消防部门的认定。

4　火灾事故复核认定

支队受理火灾事故认定复核申请后，调阅了辖区消防救援大队的调查案卷，并对火灾现场进行了复勘。

（1）经现场复勘和查阅案卷，发现该起火灾现场较为简单，起火物为18号楼1单元一楼楼梯间靠东墙的一辆摩托车和墙上的电表箱过火，其他停放的车辆只是受火势轻微辐射受损，无过火痕迹，起火部位呈现较为明显的V形痕迹。（图4）

图4　起火部位呈现较为明显的"V"形痕迹

（2）对起火车辆和电表箱进行勘验。起火车辆靠墙一侧燃烧重于外侧，且过火最重的地方位于车辆脚踏板下部的蓄电池处。对比17号楼的电表箱，箱门为密闭且无玻璃破损，而起火处的电表箱外表面和内部的过火痕迹都是右上角重于左下角，且最有争议的401户电表无明显的故障痕迹。（图5、图6）

图6 电表箱内外部痕迹对比，圆圈处为401户电表

图5 起火车辆靠墙侧过火程度重于外侧

（3）分析监控视频。该起火灾调查提取的监控视频来自对面的楼栋上，两排楼栋间的过道上停放了车辆，未能拍摄到起火的楼梯间，但记录了事故发生的经过。结合报警记录和住户网络断电时间，对事故发生建立时间轴，确认车辆起明火时间比住户的断电时间早了约12分44秒，从而排除电表箱故障引发火灾的可能性。（图7、表1）

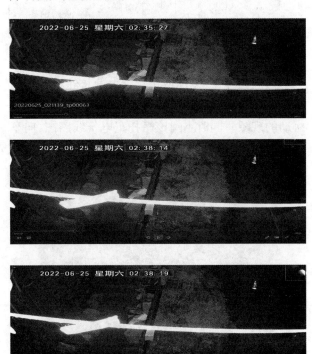

图7　对面楼栋监控从侧面记录了事故的经过（监控时间比北京时间快 27 分钟）

表 1　综合梳理事故发生的时间轴

序号	监控时间	北京时间	事件经过	信息来源
1	2:35:27	2:08:27	有类似爆炸的声响	监控视频
2	2:38:14	2:11:14	车头映照出火光	监控视频
3	2:38:19	2:11:19	火势突然增大	监控视频
4		2:24:58	住户的网络开始陆续断开	通信公司提取的网络离线时间
5		2:34:26	第一个报警电话打入反映闻到烟味	119 指挥中心接警记录
6		2:41:25	第二个报警电话打入确认发生火灾	119 指挥中心接警记录
7	3:11:26	2:44:26	城区警务到达现场	监控视频

（4）同型号车辆对比。查看同一时期购买的同一型号的摩托车，发现该车辆蓄电池接线柱采用螺丝紧固线路的方式进行接线，也存在蓄电池接线柱松动的现象。同时查阅该摩托车电气线路图，向车主说明车辆的用电工作模式，消除其车辆停车后不带电的疑虑。（图8、图9）

图8　同款车型的 12V 蓄电池及接线方式

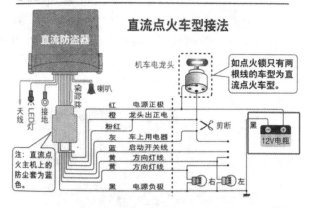

图9　该款摩托车用电负载图

通过走访询问排除人为纵火的可能性，结合火灾现场痕迹、事故发生的时间轴、同款车型比对，最终对该起火灾事故复核进行了认定，并维持原辖区消防救援大队的认定。

5　火灾事故调查的几点思考

（1）火灾调查认定的风险在急剧上升。近些年来，因火灾事故调查引发的信访案件呈逐年上升趋势，发生火灾后当事人围绕火灾后的民事纠纷和争议，提出的涉及侵害赔偿、合同纠纷、不当得利等民事诉讼，主要围绕侵权损害赔偿产生纠纷和争议。本起火灾事故当事人提出认定复核，主要原因也是其无经济能力赔偿因火灾造成的损失而不接受消防部门的认定。因为消防救援机构所做火灾事故认定结论是处理民事纠纷的一种证据，侵权损害赔偿过错判定通常结合起火原因、灾害蔓延因素、管理人权利义务等综合确定，所以消防部门的火灾调查认定往往是矛盾的集中焦点，过往的和稀泥与摆平的错误火调理念应当坚决杜绝。

（2）火灾事故舆情管控能力需及时提升。从该起火灾事故认定复核来看，舆情监测和信息发布存在很大问题，消防部门还没有发布相关火情信息，公安部门就在公众号上发布了与事实不相符的火灾原因，一些群众在自媒体上转载了公安部门的火情信息公告，导致了群众对火灾原因产生先入为主的错误思想。所以，消防部门要正确引导火灾信息发布，协调政府以及应急、公安等相关部门统一火情信息发布口径，同时要精准快速认定火灾原因，及时在官方媒体上发布火灾事故的相关信息，正面引导社会舆论。

（3）基层火灾调查力量亟须建立完善。改革转制五年以来，三人大队的不利局面仍然未发生改变，基层大队火灾调查能力欠缺，火调人员每天忙于其他事务，对火灾事故调查专注度不高，继而导致基层的火调水平徘徊不前，对当下的防火工作造成了被动。笔者认为，火灾事故调查应由一个稳定的金字塔结构组成，基础为人力、物力、时间、技术，支撑起稳固、精准、高效的火灾事故调查。（图 10）

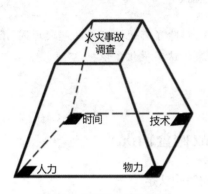

图 10　火灾事故调查结构

其中，人力要配备数量足够的火调人员，物力为配置完备的火灾调查设备，时间为给予充足的调查时间，技术为火调人员要全面掌握火灾调查技能。只有把基础打牢了，才能筑起稳固的火灾调查事业。

参考文献

[1]　林松. 燃烧规律与图痕 [J]. 消防技术与产品信息, 2004(12): 70-74.

[2]　中华人民共和国民法典 [Z]. 2021.

[3]　宋晓疆. 浅谈火灾事故证据的收集与火灾事故调查工作 [J]. 中国高新技术企业, 2011(23): 151-152.

对一起废旧车间火灾事故案例分析

梁作胜

（滨州市消防救援支队,山东　滨州　256600）

摘　要: 本文通过对一起废旧车间火灾进行深入分析、调查,排除了其他不可能的起火原因,准确认定了起火时间、起火部位和起火原因,为火灾事故认定提供了依据。

关键词: 消防;废旧车间;火灾事故;案例分析

1　火灾基本情况

2023 年 3 月 2 日 17 时 47 分,山东省滨州市无棣县消防救援大队 119 指挥中心接到报警,称无棣县铭仕汽车城东一车间发生火灾。无棣县消防救援大队接到报警后,迅速调集全市 10 个消防站和 2 个企业专职消防队到场扑救, 20 时 29 分火灾被彻底扑灭。

起火车间为山东鲁拓畜产品有限公司所有的废旧车间,过火面积 1 000 m²,火灾造成该车间、车间内废旧纸箱等物品烧损烧毁,未造成人员伤亡(图 1)。

图 1　着火车间过火痕迹

火灾发生后,滨州市消防救援支队立即启动火灾调查应急预案,全市火调专班赶赴无棣县开展帮扶指导火灾调查,在无棣县公安局刑侦大队的配合下,重点围绕起火时间、起火部位(点)、起火源和起火物等情况,认真开展调查取证、现场勘验,组织开展火灾事故调查工作。

2　事故调查情况

2.1　起火时间认定

对几个证人进行询问,确定起火时间。①经对当事人于某询问了解到,"17 时左右,我从二楼看见的……";②经对证人杨某询问了解到,"正常下班时间是 17 时 30 分,我走的时候不到 18 时,走的时候能看到东侧车间有烟";③经对证人闫某询问了解到,"昨天下班 17 时左右我去巡查……有人喊着火了,然后我过去看烟就很大了";④经对证人孙某询问了解到,"我是 17 时 20 左右经过走廊,上厕所的过程中看到走廊南边的废旧车间着火了";⑤经对当事人李某询问了解到,"下班后我还没走,看见办公楼东北角方向冒烟,没有明火"。经调查分析,认定起火时间为 2023 年 3 月 2 日 17 时 33 分许。(图 2)

图 2　火灾初期情况

作者简介:×××

2.2 起火部位(点)认定

(1)证人证言。经对公司员工孙某询问了解到,"我经过废旧车间北侧的玻璃门进入废旧车间,发现废旧车间的西北角墙面有红光,随后我经过废旧车间的西门逃到库台车间,我就呼救灭火,并去拉库台车间东北角的电闸"。

(2)视频监控。经对山东鲁拓畜产品有限公司废旧车间西侧视频监控进行分析,情况如下:监控系统时间2023年3月2日17时32分57秒,废旧车间从西数第二个立柱东侧配电箱上方出现第一次火花(图3);3月2日17时33分4秒,出现轻微火苗(图4);3月2日17时33分9秒,火势处于猛烈燃烧阶段(图5)。综上所述,该起火灾起火部位位于废旧车间从西数第二个立柱东侧配电盘上方位置。

图3 着火车间东侧配电箱1

图4 着火车间东侧配电箱2

图5 着火车间东侧配电箱3

2.3 火场勘验

(1)通过火场勘验,废旧车间部分过火,其他车间完好。整个火灾现场在火灾扑救过程中被破坏;对火灾现场周围进行勘验,未发现烟囱、架空电力线路、临时用火等明火散发物和其他可疑物品,周围环境未见异常,现场周围有监控设备。该车间部分过火,该建筑为混凝土+钢结构,墙体下部有一0.8 m高砖墙,上部砖建为单层彩钢瓦,房顶为彩钢瓦搭建,夹芯材料为玻璃丝绵。整个车间长为60 m,宽为20 m,建筑面积为1 200 m²,其中过火面积约为1 000 m²。纵观火灾现场呈由废旧车间北侧偏西位置向四周蔓延痕迹。废旧车间东侧部分在救火过程中被拆除,墙体和房顶缺失,只留有钢梁和支柱部分;西侧尚留有部分房顶和钢梁、支柱,过火痕迹明显。废旧车间和西侧分割车间有一彩钢瓦隔墙,隔墙部分过火,分割车间完好,无过火痕迹(图6)。

图6 烧毁车间北侧西部火灾痕迹

(2)车间西侧房顶过火痕迹明显,房顶过火程度北侧重于南侧,废旧车间房顶西北处被烧穿,房顶上有一孔洞,房顶彩钢板过火痕迹明显,外表面涂层烧失。废旧车间东侧房顶在救火过程中被拆除,只剩有钢结构钢梁和立柱部分,西侧钢梁立柱弯曲程度重于东侧,西侧房顶过火痕迹明显,颜色为灰白色。办公楼后部东侧位置过火痕迹明显,墙壁墙皮脱落,露出砖墙原貌。废旧车间西侧全部过火,车间吊顶过火塌落在地面上,车间南侧有部分过火残存散落在地面,颜色为黑色;车间北侧偏西位置有两台废旧纺织机,纺织机设备全部过火,设备油漆脱落,颜色为红褐色;偏东位置有大量废旧纸箱,废旧纸箱全部过火炭化散落在地面上。废旧车间北侧墙壁东部过火痕迹明显,墙皮部分脱落;西部窗户过火痕迹明显,窗户玻璃破碎缺失,散落在地面上。在车间北侧从西数第二个立柱东有一配电箱,配电箱过火痕迹明显,箱门处于关闭状态,配电箱内部分器件过火熔融,上部连接电线全部过火,绝缘层脱落,只剩有钢质导线部分(图7)。

图 7　烧毁车间北侧配电箱火灾痕迹

(3)废旧车间电缆由分割车间总配电室经过房顶进入车间从西数第二个立柱东侧配电箱处,配电箱长度为 0.95 m,宽为 0.64 m,厚度为 0.26 m,距西侧立柱 0.2 m,距地面 0.81 m,距车间西墙 8.05 m;配电箱过火痕迹明显,配电箱外部涂层缺失,颜色为红褐色;配电箱内部分器件过火熔融,配电箱上部连接电气线路过火痕迹明显,电线绝缘层脱落,只剩有铜质导线部分。在配电箱西侧地面上有多束电气线路,电气线路绝缘层脱落,上有导线熔痕,作为 1 号物证现场提取;在配电箱东侧地面有一束电气线路上有熔痕,作为 2 号物证现场提取(图8、图9)。

图 8　多束电气线路导线熔痕

图 9　电气线路导线熔痕

以上勘验证实山东鲁拓畜产品有限公司火灾是废旧车间电气线路故障引燃周围可燃物继而引发火灾。

3　火灾原因分析

3.1　排除人为放火引发火灾的可能性

(1)经询问相关当事人。着火车间为废旧车间,无人员在车间上班,未发现有可疑人员进入,所以排除人为放火引发火灾的可能性。(2)查看视频监控,未发现有其他人靠近起火位置。

3.2　排除遗留火种引发火灾的可能性

经对生产经理吴新海进行询问,公司有明确要求不允许员工带烟火进入车间,且现场安全检查记录证实了单位对进出人员做了烟火检查,排除遗留火种的可能性。

3.3　排除外来火源引发火灾的可能性

着火车间为封闭车间,当天厂区内部及周边并没有燃放烟花和飞火,所以排除外来火源引发火灾的可能性。

3.4　认定起火原因

(1)查看视频监控录像所知,废旧车间从西数第二个立柱东侧配电盘上方电线开始打火后,发生猛烈燃烧,导致火灾事延扩大。(2)经现场勘验、在配电箱下方地面位置发现多束电气线路上有短路熔痕,并作为物证进行提取。(3)证人证言:企业的安全管理员杨某称,"这个废厂房是原来一个纺织厂的,里面靠边堆放了一些废旧的纺织物料。正常的生产过程中没有停电的情况。"

综上所述,拟作出认定如下:起火时间为 2023年 03 月 02 日 17 时 33 分许;起火部位位于废旧车间从西数第二个立柱东侧配电箱上方位置:起火原因为废旧车间电气线路故障引燃周围可燃物引发火灾。

4 这起火灾引发的思考及建议

4.1 火灾事故原因调查中存在的难点

（1）起火点难以迅速确定 开展火灾事故原因调查工作中,尤为重要的一项工作就是确定火灾起火位置,绝大多数情况下,火灾事故现场都会烧毁比较严重,灭火救援过程中建筑破拆和灭火药剂的使用,也会对现场的痕迹和物品造成二次破坏,这就导致火灾调查人员很难通过火场内燃烧程度和燃烧蔓延方向,来判定火灾的正确起火点。

（2）现场证据难以发现和提取 火灾对现场证据的破坏性较大,发生火灾后迅速延烧,例如本次废旧车间火灾其周边可燃物全部烧毁无法识别,由于调查取证困难,消防人员无法对起火原因进行全面的分析和判断,导致火灾调查取证工作的效率和质量低下。

（3）调查程序违规 在火灾现场实际的勘察过程中,部分调查人员存在着没有按照正确法定要求来进行监控视频录像的提取的情况。提取证据不符合法定程序,这样就难以用于火灾原因认定的具体环节。随着火灾案件逐步增多工作量巨大,或多或少存在着关键证据提取不规范、提取完证据难以有效保存等问题,这样会造成后期调查存在着被动性。

4.2 开展火灾调查环节的防消结合和区域协作

火灾调查环节的"防消结合"要求灭火救援人员和火灾事故调查人员相互配合,灭火人员要有保护火灾现场和搜集火灾物证的自觉性,讲究科学施救,避免不必要的水渍破坏和其他人为的现场破坏,注意观察火灾燃烧的特征、蔓延方向等,搜集利于火灾事故调查的信息。火调人员赶赴现场后要及时与灭火人员沟通,在最短的时间内协调派出所民警或企事业单位的治安保卫人员落实现场保护工作,严防人为破坏火灾现场。及时全面地对火灾第一发现人、参加火灾扑救人员、最后离开起火部位的人员等

相关人员进行询问,最大限度还原火灾发生前后的真实情况,为开展现场勘验做足准备。探索建立火灾调查区域协作机制,弥补单一地区的火调人员数量不足、素质不高等弱点和缺陷。另外,建立区域协作机制,还可以整合该片区的火灾调查技术装备资源,实现火灾调查技术装备的整体调配和资源共享。

4.3 提高调查工作证据完整性和证明力

本次火灾调查中使用了视频监控的帧频分析法,通常状况下,一段完整的视频能够以秒为单位划分成 24 帧或是 30 帧不等的静态画面。借助帧频分析法能够科学划分火场的视频资料,可以更加科学、准确地分析火场的火势蔓延情况与起火原因等。此外,火灾现场不但有火情,还会有易燃易爆品引起的爆炸浓烟,因此,需要对视频资料中的每一帧画面进行认真、细致分析,在此基础上才可以发现人们通过肉眼无法观察到的起火原因,通过静态的影像更加准确、清晰地展示出复杂并且多变的火灾事故现场,全面了解火灾事故的变化情况,准确发现事故的起火点。在越来越多火灾事故调查工作中,视频监控技术被不断广泛应用,视频监控作为证据的地位是无法替代的,但这并不意味着有了监控录像就不用进行火灾现场调查。在火灾调查工作中,视频监控录像经常会遇到技术问题,可能无法充分反映火灾的实际情况,还需其他证据的支撑。在这样的背景下,除了视频监控调查取证之外,火灾调查人员还要做好火灾现场实地勘验,询问火灾现场相关人员,以形成完整的证据链。视频监控和其他在火灾现场找到的证据要相互印证,以确保监控视频在火灾事故调查中的证明力度。综合证据可以分析出火灾发生的完整经过,确定火灾事故原因。

参考文献

[1] 张鹏. 监控录像证据在火灾调查中的应用探讨 [J]. 中国科技纵横, 2020(4):213-214.

[2] 王鑫,梁国福. 视频分析技术在火灾事故调查中的应用 [J]. 消防科学与技术,2019,38(3):452-454.

[3] 何洪源. 火灾现场调查与火场物证分析 [M]. 北京:中国人民公安大学出版社,2010:67-71.

[4] 许爱东. 现场勘查学 [M]. 北京:北京大学出版社,2011:145-165.

对一起自杀式放火事故的推定与分析

陈志艺,张维昊

(永嘉县消防救援大队,浙江 温州 325100)

摘 要: 本文通过对一起自杀式放火事故案开展火灾事故调查,运用多种调查手段,在综合分析基础上推定起火时间、起火部位、起火点、起火原因,并对火灾蔓延和伤亡原因进行分析,旨在对民房火灾的预防和扑救提出建议,对涉刑类火灾案件的处置与移送提出相关意见和建议。

关键词: 火灾调查;自杀;放火;刑事

2022 年 7 月 21 日 15 时 2 分,位于永嘉县某镇某村的一民房起火,过火面积约 13 m²,燃烧物质为家具电器等,火灾造成 1 人死亡、2 人轻伤。火灾发生后,消防部门迅速开展调查,公安部门同步介入调查。

1 火灾基本情况

1.1 起火建筑情况

起火建筑建于 2020 年,为地上四层半砖混结构,总面积约 180 m²,坐西朝东,每层前后 2 间,中部为开放式楼梯间和卫生间,为典型"通天房"式建筑,户主为盛某。其中,一层前间为门厅,后间为厨房;二层前间为客厅,后间为卧室;三层前后间均为卧室;四层前间为卧室,后间为杂物间;五层仅有后间为空房间。

1.2 毗邻建筑情况

该排建筑共 4 户,均为地上四层半砖混结构楼房,从左至右分别为谢某(死者)、盛某(户主)、卓某、戴某。在盛某、谢某楼房正前方约 1 m 有一单层石木结构坐北朝南的老房子(盛某所有),刚好遮挡住谢某房门的全部、盛某房门的一半,老房子正前方与左侧卓某、戴某 2 户正前方为空地(图 1)。

图 1 火灾现场外围俯瞰图

1.3 人员伤亡情况

火灾扑灭后,在二楼卫生间内发现谢某戴着口罩、口吐白沫、身体僵直躺在地面上,后送医院救治无效;另有 2 人受轻伤,均是因扑救火灾受伤。

2 事故调查情况

2.1 起火时间认定

综合报警时间、调查问询及火灾发生机理等,认定起火时间为 2022 年 7 月 21 日 14 时 58 分许,认定理由如下。

2.1.1 接警情况

永嘉大队接警中心接到最早报警时间是 7 月 21 日 15 时 1 分,为村民黄某报警。

2.1.2 问询情况

问询邻居卓某,得知其发现浓烟冒后第一时间灭火,未报警;问询村民盛某某,得知其 14 时 55 分许在家门口打电话,通话 1 分多钟后进屋,三四分钟

作者简介:陈志艺(1980—),男,汉族,温州市消防救援支队永嘉大队大队长。地址:温州市永嘉县南城街道广场路 92 号,325100。电话:13858886532。邮箱:25945401@qq.com。

后出门发现盛某家有浓烟冒出，遂即救火，未报警；问询报警人黄某，得知其在家中听到有人喊"着火了"才看到盛某家有浓烟冒出，遂打电话报警。

2.1.3 现场监控调查情况

该村内仅有2处监控，一处在村口，另一处在主干道的岔路口，盛某家均没有在两处监控范围内，但在15时0分23秒起有多位村民跑步前去救火经过路口时被监控拍到。

2.2 起火部位认定

经勘验，认定起火部位有2处，分别是二楼客厅和卧室，认定理由如下。

一是从现场来看，二层东侧客厅过火严重，仅剩电器家具残骸及木炭残渣等；二层西侧卧室床上有着火痕迹，卧室内有明显烟熏；但位于客厅与卧室中间的中部通道、卫生间仅有较重烟熏，无过火痕迹。

二是对比烟熏痕迹，二层中部通道、卫生间烟熏程度明显重于卧室，卧室木门正面烟熏程度明显重于门缝边沿（图2）。由此推定客厅和卧室的着火现场不连续，且火灾发生时卧室木门处于关闭状态，故认定起火部位有2处。

图2 木门正面与门缝烟熏程度对比

2.3 起火点认定

2.3.1 二层客厅起火点认定

经现场勘验，认定客厅起火部位的起火点为客厅沙发上、距东墙80~240 cm、距北墙10~50 cm位置，认定理由如下。

一是原客厅沙发背靠北墙中部处，墙面出现直径约2 m的圆形起鼓，其正下方有一80 cm×90 cm大小的墙体砖块脱落（图3），房内其他墙面虽有墙皮表层局部脱落，但整体保持完整。

二是在原沙发位置，距东墙约80 cm、距北墙约40 cm、距客厅西墙约3 m、距南墙约2 m的局部区域地砖碎裂较多（图4），房内其他区域地砖相对

完整。

三是在原沙发位置，距东墙约160 cm、距北墙约40 cm处的地面上有较大面积胶状熔化物；在距东墙约40 cm、距客厅北墙约40 cm处的部分地砖上有较大块状掺杂黑色杂物的深褐色半透明熔融物（图5），房内其他区域无此发现。

图3 东墙中部偏右下部位出现圆形起鼓

图4 客厅地面局部区域地砖碎裂较多

图5 部分地砖上有深褐色半透明熔融物

2.3.2 二层卧室起火点认定

经现场勘验，认定卧室的起火点有2处，分别是床尾距外侧10~30 cm床垫处和床头距外侧70~80 cm

床垫处,认定理由如下。

一是房内除床上有燃烧痕迹外,其余部位均无过火痕迹;床中部有一床尚未完全燃透的薄被褥,被褥下方竹席有 50 cm × 50 cm 大小区域被引燃(图6)。

二是掀开床垫表层,可见棕垫床头、床尾有2块不相连的阴燃区域(图7),其中棕垫床头部分阴燃区域较大,在靠外侧 70~80 cm 处有局部被烧穿,弹簧丝可见,床头靠背底部有明显高温炙烤后油漆变色、木质炭化迹象(图8);在棕垫床尾外侧边沿,有 30 cm × 30 cm 大小区域被烧穿,弹簧丝可见。

三是床垫外侧罩布已烧光,弹簧丝可见,透过床垫弹簧丝可见床垫内部无燃烧痕迹,床垫外侧上下边沿均有燃烧痕迹但在近床头处不连续(图9)。

图6　竹席部分被引燃

图7　棕垫床头、床尾阴燃区域不相连

图8　床头靠背油漆变色、炭化

图9　床垫内部无燃烧痕迹

2.4　起火原因认定

2.4.1　排除电气线路故障所致

经勘验,发现客厅电线虽过火后掉落埋藏在废墟中,但线路整体仍保持完整,无断开,未发现熔珠;检查客厅原有4处插座,塑料外壳均已烧光,仅剩裸露线头,均未发现熔珠(图10);检查电视和空调线路,均未发现熔珠;调取当日用电记录,发现各时段用电正常,无任何用电异常现象。

图10　插座外壳已烧光、仅剩裸露线头

2.4.2 排除用火不慎所致

经核实，火灾发生时户主盛某在地干农活，盛某妻子在邻居家串门，二人均是被告知家中着火后才回家中；子女均在外地，家中无设香烛明火习惯。

2.4.3 不排除人为放火所致

经分析，认为现场疑点较多：一是现场有 2 个起火部位、3 处起火点，非正常火灾特征；二是死者谢某被发现时有服毒症状；三是客厅内烧损重、烟熏少，为短时间内直接猛烈燃烧所致，不符合正常火灾蔓延规律；四是死者谢某与户主盛某存积怨已久；五是一楼厨房有明显的人为打砸痕迹（图 11）。此外，在现场没有发现打火机、火柴以及助燃剂瓶罐等物品。

图 11　一楼厨房有人为打杂痕迹

2.5 综合认定

经分析，最终认定起火时间为 2022 年 7 月 21 日 14 时 58 分许；起火部位为盛某民房二楼客厅和卧室；起火点包括二楼客厅沙发上、距东墙 80~240 cm、距北墙 10~50 cm 位置，二楼卧室床位外侧 10~30 cm 床垫处，二楼卧室床头靠外侧 70~80 cm 床垫处；起火原因为排除电气线路故障短路、用火不慎所致、不排除人为放火。

2.6 案件移交情况

经现场与辖区派出所、刑侦等部门及时沟通，促使辖区派出所于当日立案；根据火灾协查机制，在完成证据整理、现场勘验、原因认定等基础上，该火灾案件于第二日以涉嫌放火移交至公安机关，刑侦部门于移交当日刑事立案。该火灾从发生到移交用时不足 36 小时，移交顺利。刑侦部门受案后，根据消防部门意见和认定结论确定侦办方向，并展开尸体解剖和现场残留物证送检。

3　灾害成因分析

3.1　服毒自杀是人员死亡的直接原因

经核实，死者谢某是尿毒症晚期患者，本就时日无多，且因门前老房子遮挡影响装修无法入住而与盛某存在积怨两年之久。经法医解剖和病理分析，在死者谢某胃中发现敌敌畏农药残留成分，认定为其系农药中毒而亡。根据农药作用时间、火灾蔓延时间和卫生间地面烟熏痕迹（图 12）断定，谢某服毒时间在起火时间之前，在烟气扩散至卫生间前已经失去行动能力和意识。

图 12　卫生间地面烟熏痕迹

3.2　安全意识薄弱是人员受伤的主要原因

火灾发生后村民踊跃救火，2 人在救火中手臂不慎触碰着火门窗而被灼伤，另有几人冲进二楼救火不成反被烟熏逼躲到三层房间。村民们勇气可嘉，但在没有安全防护的情况下贸然靠近救火甚至直冲火场的做法并不可取，从侧面反映出村民缺乏扑救初期火灾的基本常识。

3.3　助燃剂是火灾剧烈燃烧的关键原因

经公安部门技术鉴定，确定客厅起火点处地砖上附着残留物中有汽油不充分燃烧后残留成分，据此推断火灾初期有使用汽油助燃，这也是火灾初期短时间内剧烈燃烧，造成客厅内烧损重、烟熏少，不符合正常火灾蔓延规律的最关键原因。

3.4　初期处置不力是火灾扩大的主要原因

该村无消防管网、无消火栓、无灭火器，日常生活用水仅靠山坡上的蓄水池以管道引流进户，村民除脸盆和水桶端水外无其他灭火方法。最近的专职消防队到场有 21 分钟的车程，县消防救援大队到场有 68 分钟的车程，且仅 3 m 宽的弯曲起伏山路上不适合消防车快速行进，致使专职消防队 21 分钟路程硬生生开了近 40 分钟才到场。

4　火灾处置体会

4.1　全程无缝对接是确保案件顺利移交的最省力方法

从封锁现场到同步开展现场问询、勘验、取证，再到尸检、鉴定认定等，与公安部门始终全程沟通协调、相互配合、信息共享，尤其是对移交、立案等关键环节都是提早对接、全程掌握进度，确保公安部门顺利接收并刑事立案。

4.2　强化消防宣传是确保农村消防安全的最有效举措

此次火灾暴露出偏远山村居民的消防安全常识薄弱，不知道及时正确报警，不会扑救初期火灾，足以说明消防宣传进农村、加强偏远山村的消防安全常识普及非常有必要，力度还需要进一步加大。

4.3　提升基础建设是确保火灾快速扑救的最有力保障

此次火灾暴露出偏远山村的消防基础薄弱，在偏远、缺水地区建设消防应急取水码头、建立微型消防站、组建义务消防队伍尤为紧迫与必要。要进一步强化乡镇专职消防队建设，强化 24 小时战备执勤，科学合理配备适用农村山路的小型化、轻型化消防车辆，因地制宜提升车辆装备水平。

4.4　指导依靠属地是确保火灾处置顺利的最便捷途径

指导好乡镇政府解决问题：一是要指导好信息上报，确保准确及时、信息统一；二是要对事故尽早定性，解除乡镇政府部门心理负担；三是要指导乡镇政府落实好应急措施和后续防范举措。

依靠好乡镇政府解决问题：一是要依靠乡镇政府、村干部等做好情况摸排；二是要依靠镇村干部、网格员做好矛盾化解；三是要依靠乡镇政府解决好火灾扑救、事故调查等后勤保障工作。

参考文献

[1]　黄志强,傅胜兰,谢荔珍,等.宁德霞浦"3·27"亡人火灾调查与分析[J].消防科学与技术,2012,31(12):1380-1382.
[2]　王炜,王净.一起较大火灾事故的调查和分析[J].消防科学与技术,2013,32(10):1178-1180.

对一起地下车库车辆疑难火灾的调查与体会

马海龙

（深圳市消防救援支队，广东 深圳 518000）

摘 要：本文针对一起疑难的地下车库车辆火灾事故展开深入调查，综合应用现场勘查、调查询问、视频分析、电子数据分析、检验鉴定和三维建模验证等技术手段，系统阐述了该起疑难火灾的调查经过及心得体会，为今后同类型火灾事故调查和防治工作提供借鉴与参考。

关键词：视频分析；火灾调查；地下车库；车辆火灾

1 引言

由于汽车空间结构狭窄、电气线路密集、整车装潢易燃，稍有使用不当、保养不善极易发生火灾，造成人民群众生命财产的重大损失，同时也导致汽车火灾存在燃烧彻底、痕迹特征不明显、起火因素复杂等特点，使其火灾调查难度极大。本文就一起地下车库车辆的疑难火灾进行分析，阐述在现有调查技术基础上，综合应用视频调查实验和三维建模验证等技术手段，调查该起疑难车辆火灾的方法及思路。

2 事故调查及认定

2.1 事故情况

2023 年 1 月 27 日，某消防救援大队接到警情，称辖区内一高层住宅小区地下一层车库发生大火，火灾造成停放在车库内的 4 辆燃油和电动汽车被完全烧毁，过火面积约 50 m²，所幸未造成人员伤亡。火灾现场全景照片和示意图见图 1、图 2。

图 1 火灾现场全景照片

2.2 前期调查情况

辖区消防救援大队调查人员第一时间开展走访摸查，重点对报警人、现场目击者、物业人员、受损车辆车主进行调查了解，并在物业、供电等部门人员和车主的见证下，提取了着火区域上方敷设的带熔痕电气线路及 4 辆被烧毁汽车内的带熔痕导线送检。

2.2.1 调查询问

事发当天 6 时 50 分许，第一发现人曾某与朋友到地下车库开车，首先闻到很浓的烧焦味，看到其车辆对面的电缆桥架处电线冒出火星，并听到"嘭"的

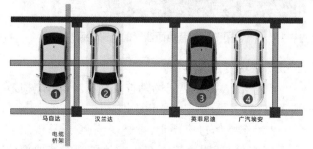

图 2 起火部位平面示意图

作者简介：马海龙（1998—），男，汉族，广东省深圳市消防救援支队三级指挥员，主要从事火灾视频分析研究和灭火救援工作。地址：广东省深圳市龙华区东环二路 465 号，518000。邮箱：1162781711@qq.com。

一声响,整个电缆桥架处也开始冒烟着火,他马上打电话报警。曾某明确表述,最先看到电线槽处着火,同行朋友反映的线索与其基本一致。曾某及其朋友身体精神正常,与受损车辆车主无利害关系,多次询问的表述均一致,不存在故意作伪证的情况。

2.2.2　视频分析

经调查,调取该地下车库监控视频均未能拍到最先着火区域,见图3。其中一过道的监控(19号监控)画面显示,在7时2分45秒(监控显示时间)车库东侧通道旁墙面出现一道显著的亮光,该监控显示时间比北京时间快2分31秒,这表明出现第一次亮光时间是北京时间7时0分14秒,见图4。

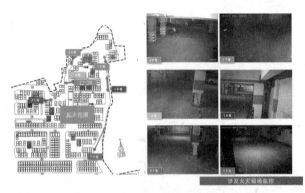

图3　地下车库监控分布图

图4　7时0分14秒现场东侧墙面出现亮光(箭头处)

2.2.3　物证鉴定

提取着火区域上方的电缆送检,发现带熔痕的铝质电缆导线中存在电热熔痕,见图5。

图5　现场电缆样品鉴定结果

2.2.4　电子数据分析

调取供电局计量系统监测数据进行分析,发现位于起火部位上方的电缆停送电记录显示,在北京时间7时10分12秒该部位的电缆出现停电故障,见图6。

用户编号	停电开始时间	停电结束时间	停电时长(分)
0314010012219583	2023-1-27 07:10:12	2023-1-27 18:25:57	675

图6　供电局计量系统监测数据

2.2.5　前期调查工作小结

初期证人证言和物证鉴定结果均指向被烧车辆上部的电缆铝质导线短路起火,但是分析供电局计量系统监控数据后,却发现处于起火部位上方的电缆短路时间晚于起火时间8分钟,现有证据之间互相矛盾,这使得调查组迟迟无法做出认定结论。

2.3　事故认定

2.3.1　视频分析线索

调查人员重新对19号监控视频采用逐帧分析后发现,在最初的火光出现时,车库地面出现了一道轮廓清晰的光影,对该光影的轮廓线进行划线标注,见图7。采用激光笔照射和拉线沿着光影轮廓延长线做视频调查实验,反向延长线均汇集于起火部位3号车发动机舱区域。

图7　车库地面清晰的光影轮廓

2.3.2　现场复勘

调查组重新开展现场勘查发现,3号车烧损最严重,故对3号车开展重点复勘。

3号车整体过火严重,被烧变色、变形呈现出前重后轻现象,证明火势由车头发动机舱向其他部位蔓延;3号车前发动机舱盖烧损,左前侧及右后侧贴临驾驶舱部位舱盖被烧缺失;前保险杠烧损较轻,表面过火;左前侧发动机舱呈整体烧损,线路脱落;右前侧发动机舱位置灯罩烧损缺失,内部整体结构完整;车辆右侧车门被烧呈现发白、发灰特征,车门底漆残留明显,上部被烧呈现红褐色氧化变色痕迹;车门左侧被烧锈化严重,整体呈现为红褐色;车辆后部火烧损较轻,基本未过火,残留有部分黑色漆料,后车灯罩残留较多,见图8。

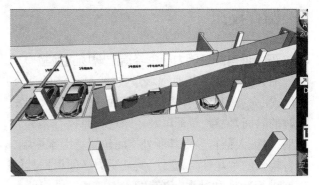

图 10　三维建模还原起火点

2.3.4　专项勘验

调查组对3号车发动机舱进行全面勘验,与同型号车型进行比对勘验,见图11。

图 11　3号车同款车型对比照片

3号车烧损最严重部位是车辆发动机舱左前侧增压泵区域,在该部位发现并提取多段带熔痕铜导线送检,后期鉴定结论表明1号带熔痕铜导线检出一次短路熔痕,见图12。

图 8　3号车全貌照片

2.3.3　三维建模

为进一步验证监控视频光影调查实验结果的准确性,调查组根据现场精确测绘数据,利用草图大师(SU)软件制作了火场三维模型,精确还原火灾现场全貌,见图9。

图 9　火场三维模型

通过对最初出现闪光的监控画面进行清晰化处理,准确定位和精确绘制光影轮廓线和反向延长线,发现在三维模型中最初火光的光影轮廓线交汇于3号车发动机舱部位,三维建模和光线模拟实验均指向该起火灾起火点位于3号车发动机舱位置,见图10。

图 12　3号车发动机舱左前方提取的带熔痕导线

2.3.5　综合认定

调查组综合现场勘查、调查询问、视频分析、电子数据分析、调查实验、三维建模和物证鉴定证据,认定该起火灾起火时间为2023年1月27日7时许,起火部位(点)为3号车发动机舱左前部,起火原因为电气线路短路所致。

3　调查反思

3.1　证人证言的证明力必须经得起现场的检验

证人证言作为还原现场最直接、最经济的调查手段,在火灾调查中有着举足轻重的作用,对火灾发生时的时间、位置、特征以及还原现场原貌有非常大帮助,但证人证言易受其所处空间位置等因素影响,具备较强的主观性、易变性,其证明力必须根据其他证据进行验证和补强。该起案例中,第一目击证人指认的起火点与现场痕迹、电子数据分析和视频分析认定的起火点均有较大出入。进一步调查发现,第一发现人看到起火时的视角与电缆架桥、3 号车发动机舱处于同一角度,当出现高位剧烈燃烧及大量烟气遮蔽影响时,极易出现误判,特别是在慌忙逃生情况下也会造成当事人误判。大量的火灾调查实践表明,证人证言必须与现场勘验紧密结合,谨慎印证后才能采信和应用,确保证人证言的客观性、真实性和准确性。

3.2　结合现场客观因素合理采信鉴定意见

在开展火灾分析的过程中,调查人员往往会出现片面相信鉴定意见的情况,出现根据鉴定结论认定起火点或起火原因的错误现象。痕迹物证鉴定结论作为司法证据之一,有着客观、科学的属性,但是火灾物证受到烧毁程度、灭火方式、提取部位、保存方式、鉴定方法等因素影响,具有极大的不确定性,同一物证出现不同鉴定结果的现象时有发生,这需要调查人员在全面获取现场痕迹证据体系,综合应用各项调查技术手段后,合理采信鉴定意见,分析认定火灾原因。

3.3　综合应用各项技术手段是科学认定的重要保障

每一项火调技术手段都有着各自的优点和局限性,例如第一目击证人的证言作用较大,但是第一证人因视角差异、身体状况、认知水平和利害关系等因素影响,未必能提供全面、真实和有效的线索,甚至造成误导,其他调查手段的补强和验证显得尤为重要,火调人员必须引起关注。特别是随着人民群众法治意识的提升,对火灾原因认定的科学性提出了更高的要求,消防部门的认定结论稍有不慎,当事人就会对消防救援机构提出复议甚至是诉讼。火调人员可通过综合应用现场勘查、视频分析、电子数据分析、调查实验、建模分析等调查方法,借鉴公安等部门的声纹分析、大数据分析技术,不断丰富火调手段,客观、科学还原事实真相,回应火灾当事人的合理诉求。

参考文献

[1]　梁军,吴威海. 火灾事故调查中证据量化思维的运用 [J]. 消防科学与技术,2016,35(1):132-136.

[2]　王伟轩,梁军,鲁志宝. 一起纺织品仓库火灾事故的分析 [J]. 消防科学与技术,2008,27(9):706-708.

[3]　张斌,鲁志宝,刘振刚,等. 一起排气管焊接缺陷引发汽车火灾的调查分析 [J]. 消防科学与技术,2018,37(3):426-428.

[4]　刘敏,毕箐. 视频技术及应用:浅谈公共安全视频监控领域的创新技术 [J]. 中国安全防范认证,2017(1):20-26.

[5]　许昳,王德兴,刘贤庆. 视频定位技术在城市公共安全视频监控系统中的应用 [J]. 梧州学院学报,2007(6):53-57.

[6]　刘志远. 调速器油压装置油泵启动频繁原因分析 [J]. 云南水力发电,2021(11):211-214.

对一起"三合一"五金店亡人火灾的调查与体会

傅斌峰

(河源市消防救援支队,广东 河源 517000)

摘 要:本文阐述了一起"三合一"五金店亡人火灾事故调查认定的全过程,通过现场勘查、调查询问、视频分析、物证鉴定和调查实验等技术手段,分析认定该起疑难火灾的调查经过和心得体会,为今后同类型火灾事故调查认定提供思路和指引。

关键词:"三合一"场所;短路;剩磁;火灾调查

1 引言

"三合一"场所是指人员住宿场所与加工、生产、仓储、经营等场所在同一建筑内混合设置。这类场所可燃物多,没有防火分隔,消防设施不健全,人员消防安全意识淡薄,一旦发生火灾,极易造成人员群死群伤。分析近年来"三合一"场所火灾的起火原因数据,发现电气线路短路引燃周边可燃物蔓延成灾因素尤为突出。2023年3月30日,某市一五金店亡人火灾就是一起典型的因电气线路短路引发的亡人火灾事故。本文以该起火灾事故调查认定与分析为着力点,阐述电气线路短路火灾事故的调查程序、方法和思考。

2 火灾调查与认定

2.1 基本情况

2.1.1 火灾基本情况

2023年3月30日2时15分许,某市一五金店发生火灾,明火于5时50分扑灭,过火面积约400 m²,消防救援人员在起火建筑二层房间内救出一名伤者,后经送医院抢救无效死亡。火灾发生后,由于起火建筑和相邻高层住宅建筑存在倒塌风险,当地政府及时疏散周边群众150余人,该起火灾在当地造成较大的社会影响。

2.1.2 起火建筑情况

起火五金店为一栋三层钢筋混凝土结构,占地面积约490 m²,建筑面积约750 m²。其中,一层与相邻高层住宅楼一层连通作为五金店日杂区铺面,夹层为小家电卖场,二层为仓库和住房,三层为店主住宅,见图1。

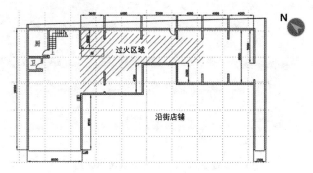

图1 五金店首层平面图

2.2 调查询问

调查人员第一时间对死者丈夫黄某、店工和第一到场灭火消防员进行询问。事故发生时,店铺内储存有7个充满的煤气瓶、1桶天那水、若干桶油漆和日杂用品。3月29日22时5分许,店主杜某和丈夫黄某清点完货物后打烊;22时10分许,黄某先回三楼房间洗漱休息;22时37分许,杜某关闭五金店主电源开关,上二楼房间洗漱休息;3月30日2时15许,杜某和黄某被烟气呛醒,先后拨打119电话报警;2时21分许,政府专职消防队到达火灾现场进行处置。

作者简介:傅斌峰(1984—),男,汉,河源市消防救援支队综合指导科,初级专业技术职务,主要从事火灾调查、防火监督工作。地址:广东省河源市源城区永福路303号,517000。邮箱 117683970@qq.com。

2.3　火灾原因认定

2.3.1　起火时间认定

3 月 29 日 22 时 40 分 7 秒(北京时间,下同,视频显示时间比北京时间慢 2 分 43 秒),五金店收银台旁带存储卡的次监控视频显示店主杜某关闭店内主监控电源,同时导致相连的 ADSL 路由器电源断电,见图 2。

图 2　店主关闭收银台主监控电源画面(显示时间 22:37:24)

22 时 40 分 7 秒,电信部门 ADSL 上网数据出现断网故障,见图 3。

图 3　五金店 ADSL 上网记录显示断网时间
(北京时间 22:40:07)

3 月 30 日 3 时 38 分 26 秒,带存储卡的次监控停止录像,画面静止,见图 4。

图 4　带存储卡的次监控停止录像,画面静止(北京时间 23:38:26)

3 月 30 日 1 时 45 分,距离五金店大门 15 m 的药店监控视频微变分析发现,五金店大门口上方有微量的烟冒出,药店监控视频显示时间比北京时间快 6 分钟,见图 5。

图 5　药店监控视频微变分析截图
(北京时间 01:51:00)

通过监控视频和电子数据分析,认定事故发生时间为 2023 年 3 月 30 日 1 时 45 分许。

2.3.2　起火点认定

对最先进入火场的消防员询问发现,火灾初期,现场烟雾很大,仅能看到日杂区域存在较大火光;现场勘查发现,五金店首层日杂区域 2 号铁质货架被烧软化坍塌,货架烧损变形程度由 2 号货架向四周逐渐减现象,认定起火点位于五金店首层 2 号货架处,见图 6。

图 6　2 号货架受热变形现场照片(圆圈处)

2.3.3　起火因素排查

经当地公安部门走访调查与视频监控分析,认定火灾发生前现场无可疑人员进入,在场人员之间无矛盾,排除放火因素。

根据调查询问、现场勘验和分析监控视频,首层厨房内的炉具和物品较完好,仅表面烟熏,起火前未使用煤气炉和电磁炉等用火、用电设备;最先起火的五金店首层未燃点蚊香;监控视频分析可见,事发前,五金店内人员均未吸烟,排除用火不慎和遗留火种因素。

2.3.4　火灾原因认定

对 2 号货架四周和楼板开展专项勘查。2 号货架地面残骸采用水洗法清理,筛洗出带熔痕熔珠和导线,见图 7;在裸露钢筋的楼板内发现两根带熔痕导线,见图 8。

图 7　2 号货架地面残骸清理出来的带熔痕熔珠和导线

图 8　2 号货架顶部楼板内提取的带熔痕导线(圆圈处)

对 2 号货架上方楼板的钢筋测量剩磁发现,与带熔痕铜导线相贴临处的钢筋剩磁最大,剩磁数据为 1.3 mT(距西北侧横梁 1.6 m 处),剩磁分布呈现出以此为中心向四周逐渐减轻现象,见图 9、图 10。该处钢筋剩磁数据表明相邻铜导线带电,并发生短路打火现象。

图 9　对五金店首层 2 号货架上方楼板钢筋测量剩磁

磁强mT	F	G	H	I	J	K	L	M
1					0.2			
2					0.4			
3	0.3	0.3	0.1	0.3	0.2			
4		0.7	0.7	0.3	0.3	0.4		
5					0.9			
6		0.5	0.8	1.3	1.0	0.4	0.4	
7					0.2			
8					0.4			
9					0.9			
10								

图 10　五金店首层 2 号货架上方楼板钢筋测量剩磁分布图

带熔痕导线和熔珠经送检鉴定,2 号货架地面带熔痕熔珠、导线均为火烧作用形成,楼板内提取的带熔痕导线为电热作用形成。

综合现场勘验、调查询问、视频分析、物证鉴定和剩磁测量等证据,认定事故原因为日杂区域过道上方电气线路短路,产生的高温熔珠引燃起火部位处的可燃物而蔓延成灾。

3　火灾调查的体会和思考

3.1　视频分析技术成为现代火调工作不可或缺的技术手段

近年来,我国视频监控系统高速发展,机关、企事业单位和个人安装了大量的视频监控系统,视频监控资料被广泛应用于火调工作中,发挥了越来越重要的作用。调查人员在火灾发生时,必须对起火建筑内及周边的视频监控进行提取,避免火灾视频资料被火烧毁或损坏。在本案中,第一时间提取五金店内两个监控视频并进行细致的分析,为调查工作提供了直观、准确、全面的视频证据线索,全面还原了火灾发生、发展过程,为认定火灾原因提供了有利证据。

3.2　火灾物证鉴定工作在火调中发挥越来越重要的证明作用

根据国家消防救援局发布《2022 年全国消防救援队伍接处警与火灾情况》数据显示,2022 年全国自建住宅火灾数量有 17 万起、亡 804 人,分别占比为 20.6% 和 39.1%,自建住宅火灾的起火原因中电气故障占总数的 42.8%,主要是由于电气线路原始设计敷设不规范、私拉乱接电线、超负荷用电等电气类因素导致火灾发生。为高效、准确、科学地查清此类电气火灾原因,合理运用电气火灾鉴定技术和方法尤为重要。如本案中,在现有证据无法确定起火部位、起火点时,运用电气火灾原因技术鉴定方法中的剩磁法,对楼板内的钢筋剩磁进行测量,为精准认定起火部位(点)和验证物证鉴定结论的准确性提供了有力支撑。

3.3 火调人员坚忍不拔的工作作风是火调工作攻坚克难的保障

火灾调查是一个复杂而严谨、不断追求真相的过程,需要严格按照勘查程序,耐心细致开展每一项调查工作,烦琐而漫长的调查过程需要调查人员具备坚忍不拔、吃苦耐劳的工作作风,才能够查清火灾发生原因,厘清事故责任。对每名火调人员来说,不但需要具备精湛的火调专业知识,还必须具备坚忍不拔的工作作风,才能够无愧于火调事业和人民群众。

参考文献

[1] 中华人民共和国应急管理部. 电气火灾痕迹特征技术鉴定方法 第2部分:剩磁检测法: GB/T 16840.2—2021[S]. 北京:中国标准出版社,2021.

[2] 陈惠明,孟庆庚. 剩磁法在火灾调查中的应用 [J]. 科技信息, 2012(6):446.

[3] 宋明,吕慧涛. 应用剩磁法鉴定导线短路及雷击火灾原因 [J]. 消防科技,1996(1):39-41.

对一起电镀厂火灾事故的调查与体会

田 天

（深圳市消防救援支队，广东 深圳 518000）

摘 要：本文通过对一电镀厂生产作业过程中发生的疑难火灾进行深入调查，结合现场勘验、调查询问、视频分析、检验鉴定等技术手段以及火灾燃烧蔓延规律，系统阐述了电镀厂隧道式涂层烘干室火灾调查经过和心得体会，并对事故教训进行剖析总结，为今后同类型的火灾事故调查和火灾防治工作提供借鉴和参考。

关键词：电镀厂；隧道式涂层烘干室；混合蒸汽；火灾调查

1 引言

近年来，我国电镀工业飞速发展，电镀制品被广泛应用于航天、通信、冶金等多个领域，已成为我国重要支柱产业之一。然而，电镀制品的工艺复杂多样，涉及的电器设备种类多，且使用的原料中含有较多的易燃易爆等危险化学品，厂房整体火灾危险性大，导致电镀企业火灾事故频发。本案是一起电镀厂内隧道式涂层烘干室使用高温烘烤喷涂后的电镀件过程中，高温引燃沉积在烤箱内的涂料（漆垢）挥发物引起的火灾，该类火灾具有过火面积大、有害物质多、易燃可燃物多等特点，加之发生火灾未及时报警，导致火势失控、火场破坏严重，这给灭火救援和火灾事故调查造成极大困难。本文以该起火灾案例为切入点，深入分析火灾事故的调查和体会。

2 基本情况

2.1 火灾基本情况

2023 年 2 月 14 日 19 时 40 分，某市消防救援支队指挥中心接到报警称，工业园某电镀厂发生火灾，消防救援人员立即奔赴现场，将大火扑灭。该起火灾过火面积约 480 m²，直接经济损失 400 多万元，虽未造成人员伤亡，但造成较大社会影响。

2.2 建筑基本情况

起火建筑位于工业园 A1 栋厂房，为四层钢筋混凝土建筑，附属楼 2 层，总建筑面积约 6 713.2 m²，一、二层单层面积约 1 956.6 m²，三、四层单层面积约 1 400 m²。

初步调查询问了解，最早发现起火位于四楼，见图 1。其中，四楼分 4 个分区：A 区 401 镀金、镀银车间；B 区 402 挂镀车间，2 个仓库主要存放光剂（化学原料、粉料）和硫酸铜（化学原料，主要用于化验）；C 区 403 镀金、镀银车间；D 区 405 挂镀车间。

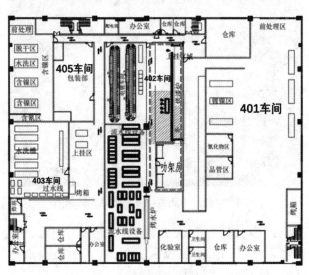

图 1 电镀厂四层平面图

2.3 生产工艺流程

402 车间主要从事五金配件电镀烘干作业。五金配件电镀好后，使用静电枪把叻架 KF-7110 油漆

作者简介：田天，女，汉，深圳市消防救援支队宝安区大队，初级技术职务，主要从事火灾调查工作。地址：广东省深圳市宝安区西乡街道银田路 51 号，518000。电话：13714843413。邮箱：262385707@qq.com。

和天那水混合物喷到五金配件上,在隧道式涂层烘干室烘烤1 h左右后把五金配件包装出货,见图2。

图2　电镀厂工艺流程图

3　事故调查

3.1　起火时间的认定

（1）119接警记录反映,最早的报警时间是2023年2月14日20时31分。

（2）对工厂当晚生产作业员工询问调查得知,19时40分左右,用作油漆烘干的隧道式涂层烘干室(以下简称"隧道烤箱")最先发现起火。

（3）对电镀厂内部监控视频分析发现,20时许(监控显示时间),402号车间门口监控视频出现冒烟现象,校准后冒烟时间为北京时间19时40分许,见图3。

图3　电镀厂内部监控发现冒烟视频画面

综合以上证据,认定该起火灾起火时间为2023年2月14日19时40分许。

3.2　起火部位的认定

3.2.1　调查询问

根据对电镀厂员工王某、元某、陈某询问,起火时他们正在402车间的包装台查看隧道烤箱出货口的产品质量情况。王某看到隧道烤箱加热段的位置冒烟,随后陈某看到隧道烤箱连接缝隙冒烟,随即元某把隧道烤箱的电源总开关关闭,陈某将出口处挂具取下数个后看到货物出口有黑烟冒出。402车间在场员工均指认隧道烤箱最先起火。

3.2.2　现场勘验

电镀厂厂房一至三层及附属建筑保存完好,四层全面过火燃烧。南、北墙中部的外窗烧穿,外墙严重烟熏;建筑屋顶中部及南面约三分之二区域过火,布置的各类管线和环保净化设备被烧毁,其中东部局部烧穿成洞,表明起火厂房四层东部区域烧得最重,见图4。

图4　起火建筑航拍照片

起火建筑四层由东至西分别是401、402、403和405车间。401车间中上部及顶棚有大量烟熏痕迹,部分隔断和装修被烧弯曲变形和塌落;402车间全面过火燃烧,内部隔断和装修全部烧毁,地面堆积大量被烧残留物;东侧与401车间中间隔墙上部由北向南第3个开窗完全烧穿;西侧与403和405车间的隔墙中部靠北位置也局部烧穿倒塌,四层物品烧毁程度和倒塌方向整体呈现出由中部402车间最先起火后向东西两侧燃烧蔓延特征。

402车间西面为脱挂区、自动电镀流水线区和半自动电镀槽区,东面由北至南为上挂区、包装区和叻架房,见图1虚线框处。叻架房中部隧道烤箱全面过火烧毁,仅剩铁质分隔框架、流水线管线、挂架和设备,残存金属构件大部分呈褪火后的深褐红色,通道地面上堆积大量掉落的灰白色被烧残留物,整体呈现以烤箱中部向中心倒塌现象,钢架严重弯曲变形、紧贴地面,南北两侧钢架受弯曲应力牵引呈斜坡状,残留物均向烤箱中心倾倒,且上部屋顶顶棚烧穿成洞,表明最初起火区域位于隧道烤箱中部,见图5。

综合调查询问和现场勘查证据,认定该起火灾的起火部位为402车间叻架房东侧隧道烤箱中部。

图5　402车间隧道烤箱烧毁照片

3.3　起火原因认定

（1）402车间的隧道烤箱为电加热烤箱，日常设定温度为125℃，设备上装设有烟雾报警器、超温报警器和强制排风等装置，见图6。

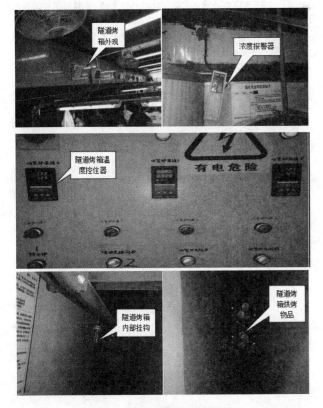

图6　同类型隧道烤箱照片

（2）402车间总配电开关完好，配电线路未发现异常情况，未发现电线故障和短路熔痕；经询问和查看现场监控视频，发生火灾事故时包装区的灯具照明正常，生产线上的电镀设备均正常运转，排除402车间电气线路设备故障引发火灾。

（3）根据现场勘验、公安机关排查，未发现人为破坏因素，未发现遗留有放火物品等相关痕迹物证，

排除放火引发火灾的因素。

（4）根据402车间电镀烘干工艺要求，喷涂在电镀件表面的液体晒架KT-7110油漆的主要成分为丙烯酸树脂、异丙醇等，遇高温明火有燃烧爆炸危险；亮油的闪点为47.5℃；哑油的闪点为45.5℃；天那水主要成分为丙二醇甲醚醋酸酯、异丙醇、二丙酮醇等，闪点为25℃，天那水蒸气与空气形成爆炸性混合物。

（5）根据工艺要求，该隧道烤箱设备内须设置超温报警装置，温度应控制在125℃，还需设置可燃气体浓度报警装置及烟雾报警装置。经现场勘查和调查询问发现，402车间隧道烤箱的超温报警装置设置的温度长期未校准，可燃气体浓度报警器火灾前出现故障，隧道烤箱内未设置烟雾报警装置。

（6）现场提取隧道烤箱内油垢及工艺所使用天那水、亮油、哑油等液体进行送检，鉴定结论表明：涂敷物（天那水、亮油、哑油混合物）涂抹在工件表面进行加热，在加热过程中持续有白烟飘出，未出现明火，涂敷物高温炭化；涂敷物（天那水、亮油、哑油混合物）在加热过程中持续有白烟飘出，产生烟雾遇加热棒高温后可以起火燃烧。

综上所述，认定起火原因为电镀厂402车间晒架房隧道烤箱内高温引燃烤箱内沉积油污产生的可燃性混合气体引发火灾。

4　灾害成因分析

4.1　公司经营者未履行安全生产责任

该公司经营者程某未督促、检查其单位的安全生产工作，对车间使用的隧道烤箱存在浓度报警器、超温报警器未校准等问题未予整改，未定期清理烤箱内附着的油污漆垢，对存在的隧道烤箱超温运行的生产安全事故隐患未及时发现及消除。

4.2　电镀厂起火后易形成流淌火

电镀厂生产中涉及化工原料液体多，而各种作业镀槽往往比地面高，发生火灾时液体容易从镀槽内溢出或漏出，由高处向下流淌，沿着楼面或地面扩散，蔓延迅速，导致短时间内形成流淌火灾，使火灾加速发展扩大，形成大面积燃烧。

4.3　报警延误及火灾初期处置不当导致火灾蔓延扩大

火灾发生时间为2月14日19时40分许，而消防指挥中心接到报警时间为2月14日20时21分，期间40分钟未有人员报警；火灾初期处置过程中由

于人员应急响应能力不足,未经消防安全培训,不能在第一时间控制火势,导致火灾进一步蔓延扩大。

5　火灾调查的体会和思考

5.1　生产企业火灾调查应第一时间掌握生产工艺流程

电镀制品的工艺复杂多样,涉及的电器设备种类多,且使用的原料中含有较多的易燃易爆等危险化学品,加之该类火灾过火面积大、燃烧猛烈,使火灾调查难度大。在该类火灾调查中,第一时间掌握生产工艺流程和涉及的危险化学试剂的理化性质至关重要。

5.2　电镀生产企业火灾调查应做好火场侦检及个人防护措施

电镀企业因日常生产需要,厂区内通常会存放一定量的危险化学品,着火后易产生大量毒害气体且气体存留室内短时间难以排放。生产中常用的硫酸、硝酸、盐酸等都属于强酸,腐蚀性强,火灾调查人员吸入腐蚀性挥发气体,或者身体衣服接触腐蚀性液体极易中毒和灼伤,调查人员进入现场前需做好侦检排危和个人防护工作。

5.3　在生产企业火灾调查中应联合应急管理部门协同开展调查

在生产经营过程中发生的火灾,很多是由于企业员工违规操作、违规存放易燃易爆化学品、未履行安全生产制度等因素,联合应急管理部门协同开展调查工作,一方面有利于在查实火灾原因的基础上,总结教训、提出防范措施;另一方面有利于通过移交违法线索,追究相关管理人员安全管理责任,从而压实企业安全生产主体责任。

参考文献

[1]　兰竹. 现代电镀技术在计算机网络工程与实践中的应用 [J]. 电镀与精饰,2021,43(4):55.
[2]　马港,徐晓楠,郭小芳,等. 基于贝叶斯网络的电镀企业火灾事故情景推演 [J]. 中国安全科学学报,2023(2):202-208.
[3]　中华人民共和国应急管理部. 火灾原因认定规则: XF 1301—2016[S]. 北京:中国标准出版社,2016.
[4]　金河龙. 火灾痕迹物证与原因认定 [M]. 长春:吉林科学技术出版社,2005.
[5]　黄文华. 一起化学电镀厂火灾的调查启示 [C].2022 中国消防协会科学技术年会论文集. 中国消防协会,2022.
[6]　沈建国. 电镀行业火灾特点及火灾扑救对策探讨 [J]. 消防技术与产品信息,2014(5):51-54.
[7]　王洪奎. 电镀企业的安全生产与事故防范 [J]. 电镀与精饰, 2010, 32 (9):35-38.

对一起儿童玩火火灾原因认定的分析与思考

张欣盛

（毕节市消防救援支队,贵州　毕节　551700）

摘　要：本文以一起居民楼亡人火灾为例,通过现场勘验、调查走访、视频分析、列举排除等手段,最终确定火灾原因,认定小孩玩火引发火灾,火灾事故调查人员运用技术手段,结合调查走访,在无直接人证、视频证据的情况下综合认定火灾事故原因,为类似火灾事故调查提供参考。

关键词：火灾事故调查；视频分析；排除法；儿童玩火

1　火灾基本情况

2022 年 3 月 21 日 15 时 13 分,六盘水市钟山区某小区 × 栋 ××× 室发生火灾,过火面积约 8 m²,造成 1 名 3 岁儿童和 1 名 65 岁老人死亡,直接经济损失 77 583.4 元。

2　灭火救援经过

2.1　接警出动

2022 年 3 月 21 日 15 时 30 分,六盘水支队指挥中心接到报警后,第一时间调集特勤站快反分队 1 车 5 人,主战力量 3 车 13 人前往处置,调度公安、卫健等联动部门到场协助处置,大队值班人员遂行出动。

2.2　外部控火

15 时 34 分,快反分队到场,通过现场围观群众反馈,不确定有无人员被困,火势处于猛烈燃烧阶段,并沿窗口向三楼蔓延。15 时 38 分,外部火势得到控制。

2.3　内攻搜救

15 时 40 分,内攻搜救组在水枪掩护下逐个房间搜索;15 时 42 分,消防救援人员在阳台发现唐某线和李某浩(其中唐某线下身未穿衣服,卫生间内有大量水渍,推测其在起火时正在洗澡,火灾发生后来不及穿衣服就拉着李某浩到阳台避难),两人均处于昏迷状态,搜救人员立即将被困人员救出。15 时 43 分,被困人员被转移至安全地带并进行心肺复苏施救。16 时 5 分,2 名被困人员被移交给医护人员。

2.4　清理现场

16 时,现场火势被成功扑灭;16 时 20 分,消防站撤离现场。

3　调查走访情况

火灾发生后,钟山区消防救援大队第一时间赶赴现场开展调查工作,总队派遣工作组到场指导,市、区两级政府立即成立火灾事故调查工作组,启动火灾事故调查协作机制。

3.1　火灾发生经过

15 时 18 分,火灾第一发现人员齐某看见 13 栋 201 室西南侧卧室东边起火,还未产生大量烟气,火势不是很大,其未报警,而是立即跑至 201 室门口呼喊,未得到回应。15 时 30 分,第一报警人员李某莹听见家人说外面发生火灾,随即进行报警。15 时 36 分,消防救援力量到场开展灭火救援,火势已突破外窗,向上蔓延。(图 1)

作者简介：张欣盛(1995—),男,贵州省毕节市消防救援支队七星关大队初级专业技术职务,主要从事火灾调查工作。地址:贵州省贵阳市南明区沙冲南路 231 号,550000。电话:15284677737。邮箱:407762896@qq.com。

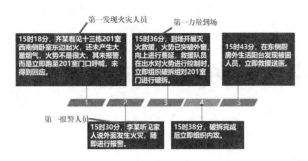

图1   火灾发生经过时间轴

3.2   火灾当事人基本情况及其家庭关系

通过调查走访,起火房屋位于小区 13 栋第 2 层,套内面积为 83.38 m²,为户主李某兵(47 岁)1 家 7 口人居住。李某兵与其妻子杨某(45 岁)均为出租车司机,平时交替运营,家中还有长子李某磊(22 岁)、次子李某阳(19 岁,智力残障人士)、女儿李某柔(8 岁,学生)、岳母唐某线(65 岁,死者一)、三子李某浩(3 岁,死者二)。(图 2)

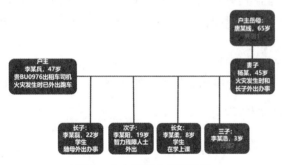

图2   火灾当事人家庭关系

3.3   火灾发生时所有家庭成员活动情况

起火当天,户主妻子杨某和长子李某磊(22 岁)外出办事;户主李某兵上午 10 时 53 分驾驶出租车外出工作;次子李某阳 19 岁上午外出后一直到火灾发生后才回到现场;女儿李某柔当天正常在学校上课;死者唐某线及三子李某浩(3 岁,户主三子)两人期间在家中未外出。(图 3 至图 6)

图3   6 时,妻子杨某驾驶出租车外出跑车

图4   9 时 25 分,杨某及长子李某磊乘坐面包车外出办事

图5   10 时 53 分,户主李某兵外出跑车

图6   13 时 39 分至 16 时 09 分期间,次子李某阳在人民广场游荡

4   现场勘验情况

4.1   环境勘验

起火住宅为勘二队家属楼 13 栋 1 单元 201 室,起火建筑的西面是过道,北面为空地,东面为围墙和空地,南侧是勘二队家属楼 11 栋和 12 栋,西侧有一个出入口, 201 室南侧窗户玻璃全部烧穿塌落,窗户上方外墙有严重的烟熏痕迹,北侧窗户无过火痕迹,有轻微烟熏痕迹, 201 室过道门口上方有一配电闸刀在救援过程中被救援人员断开,室内门口上方空气开关处于正常开启状态,未跳闸。(图 7)

图 7　火灾现场方位图

4.2　初步勘验

起火住宅户型为三室一厅，一厨一卫，外加一个约 3 m² 的生活阳台，入口处有较重的烟熏痕迹，东南侧的客厅屋顶烟熏痕迹呈南重北轻，西墙上形成南重北轻的坡斜状烟熏痕迹，除西南侧的卧室及该卧室入口附近有过火痕迹，其余部位未过火，从客厅整体来看，从上至下四周墙壁的烟熏痕迹逐渐变轻，烟气沉降层厚度约 1.3 m，烟熏痕迹呈西侧较东侧重、南侧较北侧重、上侧较下侧重，二号次卧附近较其他部位重。（图 8）

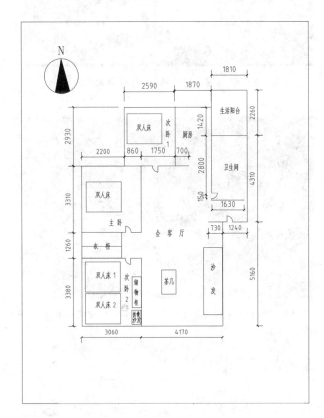

图 8　起火房屋平面图

4.3　细项勘验

对二号次卧进行细项勘验，二号次卧由北向南依次为衣柜、一号床、二号床、窗台，二号床东南侧有一折叠沙发，沙发北侧有一简易储物柜，从房间整体

燃烧情况来看，吊顶西侧脱落痕迹较东侧重，房间南侧较北侧烧毁较重，东南侧较西北侧烧毁严重，东南侧、西南侧墙面较北侧烧毁严重，北侧衣柜过火、炭化较轻，呈由北向南倒塌趋势，屋顶呈以南侧底部正中心处为起点向北侧逐渐扩散的 U 形过火痕迹，东墙呈以最南侧距地约 1.2 m 处为起点向北侧逐渐扩散的 U 形过火痕迹，西墙呈以最南侧距地约 1 m 处为起点向北侧逐渐扩散的 U 形过火痕迹，东西两墙上各有两个插座，未连接用电设备，插座附近无电气线路故障引起高温痕迹，房间内二号床较一号床炭化严重，二号床、一号床床尾较床头烧毁严重，两床床架整体呈由床头向床尾倒塌趋势。

4.4　专项勘验痕迹

二号床床尾横梁残骸上有一缺口，缺口宽约 0.2 m，一号床床架残骸床尾南侧有一缺口，缺口距二号床床尾最东侧约 30 cm，从一、二号床整体来看，床架残骸呈以二号床缺口处为起点的 U 形倒塌痕迹，缺口处附近木质地板炭化程度较其他区域重。（图 9 至图 12）

图 9　二号次卧烧损情况（由北至南拍摄）

图 10　二号次卧北侧衣柜烧损情况（由南至北拍摄）

图 11　二号次卧起火部位（由东至西拍摄）

图 12　起火部位照片

4.5　视频提取分析情况

李某兵家在客厅南侧装有一台监控设备，家庭视频时间 2 月 27 日 0 时—3 月 19 日 15 时，3 月 6—9 日视频被衣物遮挡，3 月 19 日至起火前因监控设备储存装置损坏，监控视频无法存储。经分析，李某兵一家日常生活习惯如下。

（1）李某兵 47 岁（户主）：10—15 时 30 分起床后在家休息，16 时接替妻子杨某跑出租车至转天 3 时，3—10 时在家睡觉。

（2）杨某 45 岁（户主妻子）：6—10 时跑出租车，10 时回家吃早餐，10 时 30 分—15 时跑出租车，15 时 30 分至转天 6 时在家休息。

（3）李某磊 22 岁（户主长子，就读于某大学，因疫情原因未返校）：无规律的生活习惯，一般 11 时起床，0—2 时睡觉，在家的大部分时间都在玩手机，回家时间也不固定，有抽烟习惯。

（4）李某阳 19 岁（户主二儿子，二级智力残疾）：3 月 17 日 9 时 59 分从老家来到城里生活，一般是 13 时午饭饭后就外出玩耍，傍晚时分回家。

（5）李某柔 8 岁（户主长女，就读于某小学）：工作日 7 时起床，7 时 50 分出门上学，16 时 40 放学回家，节假日一般在家休息。

（6）唐某线 65 岁（户主岳母，死者一）：一般 8 时起床，22 时休息，期间在家照顾家中外孙和外孙女，有定期洗澡的习惯。

（7）李某浩 3 岁（户主三子，死者二）：起床时间不定，有时 6 时起床，有时 8 时起床，晚上休息时间也不定，有时 22 时休息，有时 23 时休息，期间在家和外婆一起度过，无午睡习惯。监控记录分别于 3 月 10 日 11 时 10 分、3 月 11 日 10 时 31 分拿取客厅、玄关处的打火机点燃客厅茶几上的纸巾玩耍，但家中监护人未制止，另有多次携带打火机到其他房间玩耍的记录。（图 13、图 14）

图 13　李某浩拿打火机玩耍，家中大人未制止

图 14　李某浩在无人看管的情况下使用打火机点燃餐巾纸

5　火灾事故认定

5.1　起火时间认定

六盘水支队指挥中心于 2022 年 3 月 21 日 15 时 31 分接到报警，经询问报警人和当事人，发现火灾为 3 月 21 日 15 时 20 分左右。结合火灾发展规律，综合认定火灾发生时间为 2022 年 3 月 21 日 15 时 13 分。

5.2 起火部位认定

经询问报警人和当事人,发现 13 栋 201 室二号次卧东南侧角处首先冒出火苗。经勘验 13 栋 201 室各种痕迹均反映火灾是由 201 室二号次卧东南角附近向四周蔓延。因此,综合认定起火部位位于 201 室二号次卧东南角。

5.3 起火点认定

经现场勘查,二号次卧两张床、地面燃烧痕迹、墙面火势蔓延痕迹等燃烧痕迹均反映火灾是由距南墙约 50 cm 的二号床床架残骸东侧缺口处向四周蔓延。因此,综合认定起火点位于距南墙约 50 cm 的二号床床架残骸东侧缺口处。

5.4 起火原因认定

(1)排除雷击引发火灾的可能。根据气象部门出具的《气象报告》,当日天气晴,14~21 ℃,微风,起火区域附近无打雷闪电。

(2)排除人为纵火、飞火的可能。从起火当日 15 时至火灾发生,小区内进出人员无可疑行径,起火住宅门窗完好。根据市人民医院出具的诊断证明,在接到送医救治的被困人员时,2 人身上无烧伤和明显外伤,属于一氧化碳中毒(期间心脏骤停,心肺复苏成功),根据现场提取起火点周边残余物送检分析,无助燃剂成分,可排除外来人员造成火灾的可能性。根据火灾第一发现人齐某和报警人李某莹描述,火灾发生时,起火房间窗户纱窗紧闭,住宅门紧闭,无人员离开起火住宅,现场未发现多个起火点,根据起火点提取的燃烧残余物进行检测,未发现助燃剂成分。

(3)排除电气线路引发火灾的可能。一是起火部位处有四个插座,但附近未勘验到电气线路故障痕迹,现场勘验未发现大功率用电器。二是供电局对该住宅起火当时的用电报告无异常。三是电信公司出具的报告中说明,在起火时李某兵家中网络处于正常运行状态,退网时间在起火时间之后。四是根据户主夫妻描述,二号次卧无大功率用电器且住宅内的线路长期处于正常状态,未出现过故障情况。五是经现场勘验以及现场询问可以证实,整个住宅的空气开关处于正常开启状态,未跳闸。六是根据四川消防研究所物证鉴定中心出具的鉴定报告,东墙上的插座残骸均为火烧熔痕。

(4)排除遗留火种引发火灾的可能。根据对户主李某兵一家的调查询问,各家庭成员当日均未在起火房间进行抽烟等遗留火种的行为。依据火灾第一发现人和报警人等证人证言,起火当日看见小火

苗时未见大量浓烟。经现场勘验,起火部位痕迹特征与阴燃痕迹不一致。

(5)不排除李某浩玩火引发火灾的可能。一是经现场勘验,起火房间内客厅、厨房等地均发现打火机,且均可被李某浩轻易拿取。二是第一发现人齐某和报警人李某莹等人描述,起火当时未见大量浓烟,15 时 18 分火势较小,仅有小火苗位于二号次卧东南侧下方。三是经调取该房屋 2 月 27 日至 3 月 19 日以来的视频监控,在日常生活中,家庭成员对打火机等火源管控不力,李某浩有多次玩火经历和进入起火房间玩耍的习惯,家中打火机长期置于李某浩容易拿取的位置,且李某浩能够熟练使用打火机点燃纸张等可燃物。

综上所述,认定该起火灾原因为李某浩独自在房间玩耍,并进入卧室,点燃了李某磊床尾附近可燃物蔓延成灾。

6 调查体会

(1)2021 年,国家消防救援局组织了全国西、南、北、东四个片区的火灾调查大比武活动,让火灾事故调查工作从原来的"经验"调查进入了专业化、集成化调查新时代,视频分析、电子数据恢复、三维建模等技术成为现代火灾事故调查的重要技术手段,能够从多维度、多角度全面还原和分析火灾事故的全貌,提高火灾事故调查的准确性、有效性和可靠性,为快速确定调查方向,迅速查明火灾原因奠定了坚实基础。在该起火灾事故调查中,虽然火灾现场简单,但无直接监控视频,也无直接目击者,缺乏直接证据,调查人员通过视频分析还原火灾前人的行为轨迹和习惯,通过恢复电子数据准确确定起火时间,排除电气线路故障引发火灾可能性;通过三维建模为案例复盘还原分析、固定证据提供有效支撑。

(2)视频监控对于火灾事故原因调查至关重要,它可以提供实时的监控和记录,追踪和确定火灾起因,提供证据和支持。提取视频监控时不仅需要提取记录火灾发生时的片段,更要坚持全面提取的原则,将火灾发生前的监控内容一并提取,有助于全面了解火灾发生的背景和详细过程。本起火灾就是通过提取火灾发生前的监控视频,分析事前一个月起火房屋内各人员的活动轨迹和生活习惯,为火灾原因认定提供重要支撑,也取得了当事人家属认可。分析火灾发生前的监控视频有以下几个方面的重要意义。一是掌握火灾发生的前置事件。火灾往往是

由于某些事故或人为因素引起的,分析火灾发生前的监控视频可以确定事故或人为因素,为后续的火灾调查和预防提供重要的线索和依据。二是发现火灾的征兆。在火灾发生前,往往会有一些征兆,如烟雾、气味、声音等,如果能够及时发现这些征兆并采取措施,就有可能避免火灾的发生。三是发现普遍问题。在分析火灾发生前的监控视频时,不仅需要关注具体事故,还需要泛观全局,分析所有视频中的问题,如场地通道、消防设施、人员疏散等方面,及时发现普遍问题,为今后火灾预防和处理提供经验和参考。

(3)儿童玩火需要引起重视。以贵州省为例,2021 年 1 月至 2023 年 5 月共有 752 起火灾因儿童玩火导致,平均每个月 26 起,共造成 13 人死亡、7 人受伤。通过分析,儿童玩火火灾多发主要有以下几个方面原因。一是儿童天生好奇,对未知的事物总是充满兴趣。他们可能对火产生好奇心,想要了解它的特征和表现。这种好奇心可能导致他们试图玩火。二是儿童缺乏安全意识,很多儿童没有意识到火的危险性以及与之相关的危害,他们可能不知

道火灾的危险和可能的后果。因此,很多儿童可能会毫无防备地尝试玩火。三是儿童模仿能力强,家中大人平常点烟、用火等不经意的行为都可能会成为儿童关注和模仿的焦点。四是家庭教育不力,如本起火灾中,李某浩多次在家人面前使用打火机玩火,但均未受到教育和制止。家长和老师应该加强对儿童的安全教育,通过向儿童传授有关火灾的危险性和火源的使用方法,让他们了解火源的危险性,明白玩火危险的后果,并尽量做到时刻监护孩子,移除火源,将蜡烛、打火机、火柴等置于儿童不易接触到的位置,确保孩子不会在没有成年人的监护下玩火。

参考文献

[1] 王鑫,梁国福. 视频分析技术在火灾事故调查中的应用 [J]. 消防科学与技术,2019(3):452-454.
[2] 张金专,李阳. 火灾调查员 [M]. 北京:中国人事出版社,2020.
[3] 中华人民共和国应急管理部. 火灾原因调查指南:XF/T 812—2008[S]. 北京:中国标准出版社,2008.
[4] 应急管理部消防救援局. 火灾调查与处理:高级篇 [M]. 北京:新华出版社,2021.

对一起较大火灾事故的调查与思考

刘　琪

（金华市消防救援支队,浙江　金华　321000）

摘　要：本文介绍 2022 年 9 月 11 日永康市五金街较大火灾事故的调查,调查人员在调查询问、视频及电子数据分析和现场勘验过程中,探索解决遇到的监控视频音视频融合和网络电子数据提取分析方面难题,对火灾现场发现的锂离子电池移动电源的结构和工艺进行深入调查并开展调查实验,还原了火灾事故发生发展的经过,准确认定了起火原因,并结合实际提出开展火灾事故调查工作的一点思考。

关键词：音视频融合;锂离子电池移动电源;手机电子数据

1　火灾基本情况

2022 年 9 月 11 日 4 时 22 分许,永康市五金街道某锁具经营店发生火灾,造成 3 人死亡。起火建筑是 2 层钢筋混凝土建筑,建筑东西两侧各 15 间房间,发生火灾的场所是东侧从北往南第三间,过火面积约 40 m²。该起火部位第一层是锁具经营区,经营者为梁某。起火场所第一层南北两侧是货物木柜,中部是展柜,收银台位于店面西侧,靠西侧内墙有一部楼梯通往第二层,一层平面图如图 1 所示;第二层从北往南第一间是仓库、第二间是卧室、第三间是厨房,二层平面图如图 2 所示。

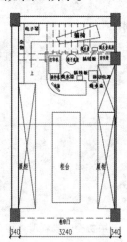

图 1　起火场所一层平面图

作者简介：刘琪(1983—),男,金华市消防救援支队法制与社会消防工作科初级专业技术职务,主要从事火灾事故调查工作。地址:金华市李渔东路 2346 号,321000。

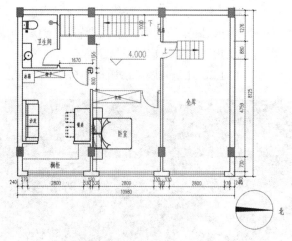

图 2　起火场所二层平面图

2　火灾事故调查情况

火灾事故调查组共调查走访 19 人,制作询问笔录 24 份;勘验火灾现场时提取现场物证 11 件,对从 6 个监控主机提取的 11 路监控视频及从 2 个手机中提取的电子数据进行审查分析;将提取的电源插座、导线和熔珠等物证送至上海火灾物证鉴定中心进行技术鉴定;对现场发现的锂离子电池移动电源进行复原,并开展火灾现场火源燃烧实验。

2.1　监控视频分析情况

调查组重点对起火场所东侧电器商行和东北侧轴承店门口的监控视频进行分析。东侧电器商行门口的监控视频有声音但因角度问题不能拍到起火建筑,极易被调查人员忽视。东北侧轴承店门口的监控视频能拍摄到起火建筑的正面但是没声音。调查人员经过反复计算调试,将东侧电器商行监控音频进行降噪、人声增强、时长压缩至 90.72% 等技术处理后,实现与东北侧轴承店视频图像完美同步,同步融合后的视频分析情况如下(图 3)。

(1)4 时 22 分 40 秒,一层卷帘门东北角门缝出现亮光,伴随有轻微气体排出声音。

(2)4 时 23 分 2 秒至 4 时 23 分 43 秒,一层卷帘门东北角连续出现亮光闪烁,伴随轻微排气声和爆裂声。

(3)4 时 24 分 7 秒,连续出现排气声和爆裂声,二层厨房窗户冒出白烟,烟雾快速变浓。

(4)4 时 25 分 35 秒,出现急促的"噼噼啪啪"声响,二层厨房和卧室有白烟翻滚而出。

(5)4 时 25 分 43 秒,二层卧室灯光亮起,卧室内人员呼救。

(6)4 时 26 分 3 秒,二层卧室和一层店面门口灯光同时熄灭,卧室窗户有大量黑烟冒出,随后一层卷帘门东北角门缝持续出现亮光。

(7)4 时 26 分 30 秒,二层厨房窗户出现火光。

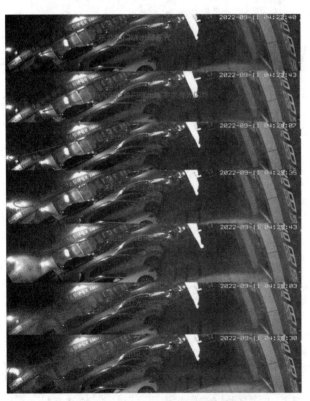

图 3　起火建筑外立面火光和烟雾变化情况

2.2　现场勘验情况

2.2.1　二层现场勘验情况

二层外窗有明显烟熏痕迹,二层房间内部烧损程度较一层店面轻,房间烧损程度上重下轻,且自房门向内部逐渐减轻(图 4),说明火势由一层向二层蔓延。

图 4　二层烧损程度自房门向内部逐渐减轻

2.2.2　一层现场勘验情况

一层南北两侧货柜和中间展柜烧损程度西重东轻,呈自西向东蔓延的痕迹(图 5)。靠近西墙的收银台区域炭化烧损严重,收银台桌面上的物品向北侧倒塌。收银台的西北角烧损最重(图 6),位于收银台西侧的楼梯外侧木板烧损缺失,收银台北侧隔墙的最西端木立柱烧损较其余立柱严重,下部烧损断裂。

图 5　一层货柜烧损程度西重东轻

图6 收银台西北角烧损最重

收银台上方的阁楼横梁由西往东第二根的北端炭化最为严重，距北端0.3~0.7 m处有炭化形成的凹坑，该凹坑正下方对应的收银台西北角地面瓷砖炸裂。在收银台西北角地面的残留物中发现插排、电线、电路板、电容等电气残骸以及塑料熔化形成的黏结物等物品；黏结物底部粘连有一个铁壳方形移动电源，该移动电源由24节2665型锂离子电池采用4串6并方式连接组成（图7），锂离子电池排气孔均被冲开，电池盒内有喷溅熔珠、带熔痕导线。

图7 锂离子电池移动电源内部结构

2.3 电子物证分析情况

在二层房间内发现2部手机，经修复后利用死者身份信息登录手机内的淘宝、抖音、云存储等应用，还原视频35段、照片550余张，还原了一层店面火灾前布局情况，特别是从淘宝的采购记录和聊天记录发现店主梁某为组装锂离子移动电源（图8），在6月购买21 V充电器、移动电源外壳和型号为14 V、60 A的电池保护板等物品。

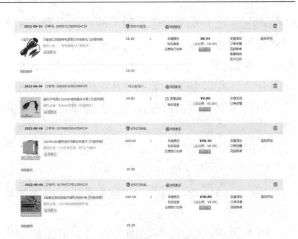

图8 在淘宝购买移动电源壳体和充电器记录

2.4 询问情况

询问组与现场勘察组紧密配合，及时交流案件线索，调整询问方向，推进调查逐步深入。通过调查询问了解到，店主梁某喜欢在户外演奏电子琴，之前是用铅酸电池给电子琴供电，近期自行组装了1个蓝色的锂离子电池移动电源，一共使用过2次。从知情人王某手机中提取到梁某第一次使用该移动电源演奏电子琴的视频。9月10日19时许，梁某去公园弹电子琴，约两个小时后回家，在平时都有回家后给电池充电的习惯。

3 火灾事故分析与认定

3.1 起火部分和起火点认定

综合现场勘验、视频分析和调查询问等情况，认定起火部位为一楼西侧收银台区域；起火点为收银台的西北角区域（距离北侧隔墙0.5~1.7 m、西侧内墙1~2.2 m范围内）。

3.2 起火原因分析

卷帘门是店面唯一出入口，根据监控视频和永康市公安局出具的尸体检验、理化检验结果，可以排除放火；起火点未发现用火器具，梁某夫妇都不吸烟，可以排除生活用火和吸烟；根据气象资料，可以排除雷击；对起火点处热水壶、插排等电器及线路进行勘察，用水洗法对燃烧残留物筛选送检，均未发现电气故障痕迹。

此次火灾的发展速度快，起火特征与锂离子电池发生热失控的火灾特征相符。移动电源充电器完全烧毁，起火点处发现的电容和插片残骸形状都与移动电源充电器的元件相似；分析用电数据，9月11日凌晨的电流较平时高0.1~0.2 A，与移动电源充电器的工作电流相符，结合梁某生活习惯，可判断起火时移动电源处于充电状态。梁某的移动电源在工艺和组装等方面存在较多问题,如充电器电压与移动电源不匹配、锂离子电池违规采用锡焊焊接、在移动电源壳体开孔改装等(图9),导致极易发生故障起火。调查组组装了同款移动电源用于调查实验(图10),该移动电源发生热失控时发出的声光、烟气及火势发展蔓延速度都与监控视频反映的情况十分相似,且在实验中将移动电源置于明火中加热10分钟以上才出现热失控,可排除因明火导致锂离子电池故障的可能。

综上所述,认定起火原因为锂离子电池移动电源充电时产生电气故障引燃周边可燃物所致。

图9　火灾现场的移动电源壳体上有打孔

图10　锂离子电池移动电源调查实验

4　事故教训与调查体会

4.1　事故教训

(1)锂电池的无序使用,极易引发火灾。根据统计,用火、用电不慎是造成火灾的第一大原因,其中蓄电池故障引发的火灾占电气火灾的8%左右,但目前对锂电池监管存在空白和盲区,如近年来使用锂电池的电动工具、电瓶车等大量进入消费市场,由此造成的火灾隐患增多;在电商平台销售的锂电池及其配件质量参差不齐,甚至有些锂电池是拆车件或回收的二手电池;对个人组装锂电池还没有出台相关规定;出现非法组装电瓶车电池和电动汽车电池包等新问题。这些都造成了火灾隐患,亟须引起重视。

(2)违规住人,极易造成人员伤亡。发生火灾的建筑二层原来是仓库,其中一个房间被改建成卧室,二层外窗安装有铁栅栏,一、二层通过楼梯直接连通,建筑内堆放大量可燃物且没有配备独立式火灾感烟报警器等消防器材。此类"三合一"场所火灾发生后人员逃生困难,救援和扑救也十分困难,极易造成人员伤亡。

(3)从业人员消防安全意识薄弱,造成隐患不断出现。近年来,通过对"三合一"场所开展消防安全专项治理,"两房一店"不得违规住人、生产经营与住宿要防火分隔等消防安全要求已经深入人心,但部分"九小"场所和沿街商铺的从业人员仍然存在侥幸心理,房屋出租业主对自身的消防安全职责认识不到位,隐患整治不彻底、隐患回潮等情况不断出现,消防安全综合治理有待进一步加强。

4.2　调查体会

(1)火灾原因遂行调查团队日趋成熟,但责任调查团队建设有待加强。火灾发生后,省消防救援总队立即启动区域协作机制,成建制调动火灾调查遂行团队力量,按照"1+7"模式组建调查小组,同步开展火灾调查工作,分领域、分专业解决火灾调查中遇到的技术难题,是准确快速查明火灾原因的关键。但是从调查实践看,消防救援机构还缺乏责任调查经验和专业力量,缺乏熟悉法律法规、有责任调查经验、能组织开展事故调查的综合型人才。

(2)电子证据对火灾调查有重要作用,但证据提取审查的规章依据有待完善。视频和电子数据提取分析已经成为当前火灾调查的重要手段。改制后,公安机关办理行政案件、刑事案件程序规定已经不适用消防救援机构开展火灾事故,消防救援机构进行火灾证据提取审查存在制度缺位,如对个人消费记录、通话记录等电子证据调查时容易出现取证不规范、调取难等问题,需要完善火灾调查法律法规制度,并强化与公安机关网安、刑侦等部门在电子数据方面的协作。

（3）火灾事故调查处理对推进消防工作十分重要，但调查权有待进一步明确。火灾事故发生往往反映出政府和部门履行消防安全责任不足以及行业领域监管的缺失，是社会管理不完善的体现。从近年发生的较大以上火灾事故看，消防处在社会体系管理的末端，在火灾中承受更大的社会压力。明确消防救援机构在火灾事故调查处理中的主导权显得十分重要，且有利于更好地发挥消防综合监管职能作用，提升消防工作社会化水平。

参考文献

[1] 王慧英. 论完善火灾事故调查处理法规体系的若干设想 [J]. 决策探索（中）,2020(9):71-73.
[2] 金静,李洋,张金专,等. 火灾事故调查创新机制的构建 [J]. 消防科学与技术,2017,36(5):724-726.

对一起电炸锅火灾事故的调查认定与处置

连 乐

(荆州市消防救援支队,湖北 荆州 433300)

摘 要:电炸锅,又名电烤锅(厢),是一种将电能转化为热能,加热食物的厨具。本文介绍一起电炸锅火灾事故的调查过程。通过调查询问、现场勘验、调取监控录像,分享此起电炸锅火灾调查认定和处置经过,为此类火灾调查、预防和处理提供经验。

关键词:

1 火灾基本情况

起火场所位于荆州市某地大型商业综合体容城天骄一楼西北角某奶茶店内。该奶茶店西面毗邻学校,北面为城区主干道容城大道,东面为容城天骄内消防车道、肯德基快餐店,南面为容城天骄内一理发店、电梯。奶茶店(二层)、理发店(一层)为搭建在消防车通道西侧的临时建筑。理发店为钢架结构,一层,约 6 m²。奶茶店为钢架结构,约 5.7 m 高,共两层吗,其中一层为卡吧、厨房操作区,约 20 m²;二楼为食物储藏区,约 12 m²。

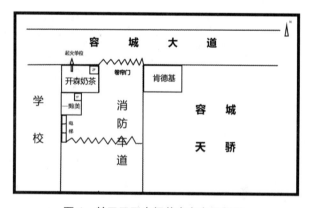

图 1 某天天开森奶茶店火灾平面图

1.2 起火经过及扑救情况

2022 年 10 月 19 日 3 时 6 分,荆州市消防救援支队 119 接警指挥中心接到报警,荆州某地容城大道某奶茶店发生火灾,当地消防救援站迅速调派 5 车 25 人前往处置,大队全勤指挥部遂行出动。3 时 20 分,火势蔓延被控制。4 时 10 分,明火基本熄灭,处置完毕。经统计,该奶茶店和理发店全部过火,容城天骄综合楼消防车通道内部分过火,无人员伤亡,火灾过火面积约 38 m²,直接财产损失约 14.5 万元。

2 起火原因认定

2.1 起火时间的认定

(1)火灾第一发现人张某。张某在容城大道开车,自东向西经过容城天骄商业综合体时,看到一楼西北角有火光和浓烟,于是在 3 时 6 分拨打 119 报警电话。

(2)容城天骄商业综合体巡逻人员熊某。容城天骄商业综合体一楼西北角某奶茶店起火后,路人围观。熊某寻着吵闹声,发现火灾,向管理方赵某报告火灾情况。赵某告知奶茶店店长谭某,并在 3 时 12 分报警。

(3)调取监控视频。调取与火灾相关联的两处监控视频,一处为物业监控,另一处为该地公安局安装的天眼工程。物业监控视频显示,10 月 19 日 1 时 41 分(经过时间校对,误差时间为 3 分钟,实际时间为 1 时 44 分),奶茶店方向出现稳定、持续明显火光。查看天眼工程,监控视频显示 10 月 19 日 1 时 44 分,奶茶店内突然出现稳定、持续明亮火光。1 时 45 分,烟雾出现,火光往北移动。1 时 47 分,火光被浓烟遮挡消失。3 时,奶茶店东墙旁的卷帘门下方出现亮光和烟雾。3 时 3 分,奶茶店内二楼隔

作者简介:连乐(1986—),男,湖北钟祥人,荆州市消防救援支队初级专业技术职务,工科学士,主要从事火灾事故调查、消防监督检查等工作。地址:湖北省荆州市监利市容城镇交通路 203 号,433300。电话:13627170868。

板处出现火光,并且有燃烧物等从二楼掉落。3时4分,大火从店内蔓延到店外。

现场勘查,火灾燃烧物为食用油、墙纸、木质夹芯板材、桌椅、冷冻食材等。根据证人证言、监控视频、报警记录、接警记录等证据,结合火灾发展规律,综合认定起火时间为2022年10月19日1时44分许。

2.2 起火部位的认定

（1）据张某的证言。他开车,停在该奶茶店附近、容城大道北侧,透过车窗,看到店内发生火灾,并对现场进行了指认。

（2）调取监控视频。天眼工程显示,该奶茶店西南角最先出现红光。

（3）火灾现场勘查。该奶茶店面由玻璃、木板搭建的外墙全部烧毁,只剩钢架结构和第一层部分门框,第一层全部过火,残留物较少,木质物品全部炭化;第二层有部分木质残留物未完全过火,表面轻微炭化。楼层木质隔板南面全部掉落,北面有部分残留。店内第一层,靠中间部位的混凝土立柱,东、南面部分墙体钢筋裸露;西、北面墙体完好,仅外层包裹的木板完全烧毁,见图2。

图2 某奶茶店一楼电炸锅周围烧损痕迹

综上所述,认定起火部位位于该奶茶店东南角。

2.3 起火点的认定

对离西墙约1.4 m电炸锅处进行细项勘验。自北向南共三具电炸锅,分别为双缸电炸锅和单缸电炸锅,均过火严重。双缸电炸锅的两个温度调节开关上的缺口方向相反,北面的一缸缺口朝上,开关后面电线脱落,南面的一缸缺口朝下,开关后面连接的电线表皮脱落,铜丝裸露。单缸电炸锅的温度调节开关上缺口朝下,开关后面电线脱落。该奶茶店二楼,东墙钢架结构靠南面向下弯曲,木质隔板下的钢架南面比北面过火严重,南面钢架略微向下凹,下凹

上方钢筋混凝土横梁南北各有一处过火缺口,横梁上方靠东侧钢筋混凝土楼板烟熏痕迹较西侧多,靠东侧的钢筋混凝土楼板部分脱落。放置电炸锅的不锈钢桌面向下凹陷,金属变形变色。

综上所述,认定起火点位于该奶茶店西侧墙体往南约140 cm、离地面约90 cm处电炸锅,见图3。

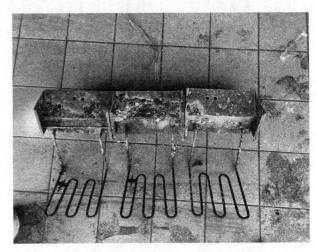

图3 火灾现场三个过火的电炸锅残留物

2.4 起火原因的认定

（1）排除人为放火引起火灾的可能性。询问容城天骄商业综合体管理方赵某,该奶茶店谭某童叟无欺,诚信经营。询问该奶茶店员工方某,该奶茶店谭某价格合理,买卖公平。询问附近店铺员工,该奶茶店谭某性格直爽,热情大方,与客人相处关系融洽。与片区网格员、公安民警沟通,谭某为人老实,安份守己。调取附近监控视频,监测范围内,火灾发生前后,无人员异常活动轨迹。因此,排除人为放火引起火灾的可能。

（2）排除雷击引起火灾的可能性。依据荆州某地气象局提供的天气证明,火灾发生当日,天气为晴天,且该奶茶店位于商业综合体一楼。因此排除雷击引起火灾的可能。

（3）排除遗留火种引起火灾的可能性。遗留火种引发火灾现场呈现阴燃特征。提取的监控视频显示1时44分,该奶茶店内突然出现稳定、持续明亮火光。询问该奶茶店谭某,昨晚客人无吸烟行为。查当地天气,气温转低,未使用蚊香。因此排除遗留火种引起火灾的可能。

（4）排除电动自行车电池故障引起火灾的可能。该奶茶店东侧消防车通道上停放有4辆电动自行车。电动自行车没有充电,周围无可燃物。勘验电动自行车电池部位,外部熏黑、胶化,内部完好,且

该奶茶店店门锁闭。因此排除电动自行车电池故障引起火灾的可能。

（5）勘验电炸锅电气线路，线路未接入总开关，不受总开关控制，因此电炸锅线路处于通电状态。该奶茶店二楼，通过楼板、横梁往下看，过火痕迹呈圆锥形，锥尖朝下。

询问该奶茶店谭某，10 月 18 日晚下班前，忘记关闭电炸锅开关。电炸锅位于钢架楼梯东侧，钢架楼梯采用木质夹心板、可燃墙纸包裹而成。询问该奶茶店方某，谭某以前烤鸡翅、火腿等冷冻食品时，有过开关未关、油锅冒烟的记录。

调取监控视频，1 时 44 分，该奶茶店东南角电炸锅处突然出现稳定、持续明亮火光。

综合上述，起火原因认定为该奶茶店内电炸锅持续加热，造成油锅起火，引燃周边可燃墙纸和木质夹芯板等可燃物形成稳定燃烧，引发火灾。

4　火灾灾害成因分析

4.1　产权方乱搭乱建

产权方是造成该起火灾事故的首要责任。该商业综合体产权方为了牟取利益，在未向住建部门报备的情况下，在消防车道旁违规搭建某天天开森奶茶店和"一剪美"理发店。

4.2　安全监管失控漏管

在原有商业综合体的基础上，产权方新建建筑，城管部门未介入调查，违章建筑未依法拆除。该商业综合体的物业管理方，与产权方、租赁方未签定消防安全协议，明确各方消防安全职责。平时，物业未履行防火检查、巡查职责。火灾发生时，物业未能及时发现火情，做出应急处置，是造成火灾迅速蔓延扩大的间接原因。

4.3　奶茶店主消防安全意识不强

该起火灾中，某天天开森奶茶店谭某私接乱拉电线。关闭总开关后，电炸锅仍处于通电状态。忘记关闭电炸锅开关，是引起火灾的直接原因。经营期间，该店发生过同样的火灾，因为发现及时，未酿成事故。抱有侥幸心理，不吸取教训，不积极整改，致使火灾再次发生。

5　火灾调查的体会和思考

5.1　火灾调查应急工作机制按步就班开展

火灾发生时，大队火调人员第一时间到达火灾现场，收集商业综合体产权方、物业、业主、受灾方、利益关系人相关信息，整理商业综合体商铺的建筑信息，固定周围的监控录像电子数据，联系火灾现场目击证人等。火灾扑灭后，大队封闭火灾现场，根据全员火调工作机制，对产权方、物业值班人员、受灾方、目击证人进行询问，第一时间调查掌握火灾基本情况。根据询问笔录、目击证人现场指认、现场勘验、监控录像，环环相扣，层层推进，查明火灾原因。

5.2　火灾调查中部门联动协同配合

火灾发生后，大队联系支队档案室，调取商业综合体验收档案（主要指竣工验收图纸）；联系当地公安局治安大队，调取路面实时监控视频；联系当地街道办事处，摸排受灾方与周围商铺、产权方社会关系等；联系当地城管局，协调拆除违建建筑。

5.3　针对电器火灾特点的调查研究

电器火灾的发生，必须是火灾前电器通电，并以电器为中心向周围蔓延。电器火灾，应先了解电器的品牌名称、型号规格、功率参数，购入时间、使用时间，维护保养时间、故障维修记录等，电器周围可燃物种类、数量，放置位置，电器的火灾危险性、注意事项等。电器的火灾现场勘验，观察电器的烧损情况、蔓延方向、蔓延痕迹等。

参考文献

[1]　公安部消防局. 火灾事故调查 [M]. 北京：国家行政学院出版社，2015.

[2]　中华人民共和国应急管理部. 火灾现场勘验规则：XF 839—2009[S]. 北京：中国标准出版社，2009.

关于一起营业房较大火灾事故的调查分析与认定

金 颖

（银川市消防救援支队，宁夏 银川 750000）

摘 要：在对2023年4月2日银川市兴庆区一起营业房较大火灾事故调查过程中，通过现场勘验、调查走访与现场询问、外围视频分析等，对火灾现场电动自行车电池外部构造、线路连接及使用过程中存在的安全隐患问题进行了深入研究，查明了火灾发生经过、火灾原因，分析了事故性质及灾害成因，提出了事故防范和整改措施。

关键词：

1 火灾基本情况

2023年4月2日，宁夏银川市兴庆区北安小区9号楼16号营业房发生火灾，过火面积61.58 m²，造成3人死亡，直接经济损失123 454.63元。

1.1 起火建筑概况

起火建筑所在的北安小区，位于银川市兴庆区凤凰北街400号，北侧为上海东路，东侧为凤凰北街，西侧为西桥巷，南侧为云开巷，1999年建成投入使用，由宁夏住宅物业服务有限公司管理。起火建筑为北安小区9号楼，呈L形分布，长边为东西走向，使用性质为住宅，地上6层，一至二层为商业服务网点，三至六层为住宅（图1）。

图1 起火建筑具体位置航拍图

作者简介：金颖（1991—），女，银川市兴庆区消防救援大队，初级专业技术职务，主要从事火灾事故调查、监督检查工作。地址：银川市兴庆区民族南街137号，750000。

1.2 起火场所内部结构

起火场所为北安小区9号楼16号营业房，坐东朝西，建筑面积61.58 m²，一层高3.4 m，二层高3 m，内设有1部楼梯上下连通。其中，一层作为生活用房，摆放有炊具、冰箱、橱柜、电视等；二层为住宿用房，摆放有床、衣柜、沙发等家具以及衣服、被褥等（图2）。

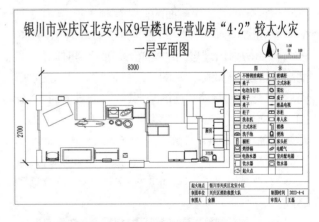

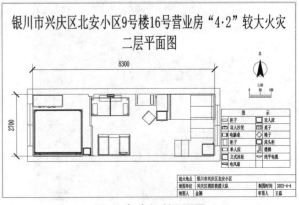

图2 起火场所平面图

1.3　起火场所使用及经营情况

经调查核实,起火场所房屋产权所有人为刘某,于2013年委托死者孙某先、高某兰借住看管。2019年,孙某先夫妇在此场所对外经营凉皮生意,未登记注册工商信息。2020年新冠疫情发生后,因经营状况不佳停止营业,此后该场所仅作为孙某先夫妇日常居住使用。

2　火灾事故调查情况

火灾事故调查组通过现场勘验、查阅资料、调查询问、检验鉴定、视频分析等方式,共调查走访19人,制作询问笔录22份,拍摄照片100余张,提取现场物证3件,提取监控视频1份及其他材料10余份;将提取的电动自行车电瓶、充电器、线路等物证送至天津火灾物证鉴定中心进行技术鉴定。

2.1　调查走访及询问情况

4月2日6时20分许,北安小区15-9-202号住户在家中看到对面屋内(9号楼16号营业房)一层有火光,并传来爆炸声,随后听到二楼有人呼救,并看到一名男子将二楼窗户玻璃打破,遂拨打119报警。

2.2　视频分析情况

2.2.1　火势发展情况分析

根据起火营业房对面的监控视频显示,4月2日6时11分53秒(校正时间为4月2日6时16分40秒),营业房内出现爆闪的亮光,爆闪持续时间短、亮度高,符合电气故障导致的爆闪特征(图3)。发生爆闪后,火光迅速收缩并逐渐减弱,4月2日6时12分30秒(校正时间为4月2日6时17分17秒),火光开始逐渐增强(图4)。4月2日6时18分18秒(校正时间为4月2日6时23分5秒),营业房内发生爆燃,有强光出现并有爆炸冲击,随后一层持续猛烈燃烧。

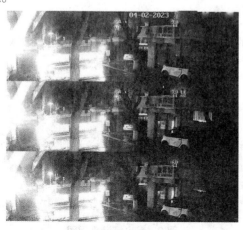

图 3　出现爆闪的监控画面

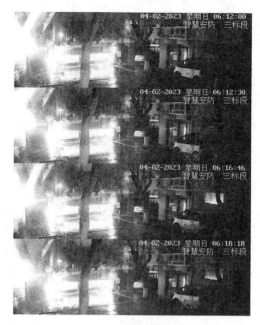

图 4　火光逐渐增强的监控画面

2.2.2　起火部位分析

根据起火营业房对面的监控视频显示,出现火光的反光位置位于门上方玻璃窗,根据光源位置分析为营业房的北侧,且火光下方光较强、上方光较弱,说明火光位于低位(图5)。

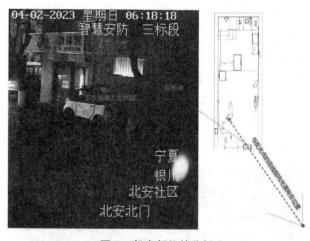

图 5　起火部位的分析

2.3　现场勘验情况

2.3.1　初步勘验

经现场勘验,一层全部过火烧毁,二层部分过火烧毁,并由东侧楼梯向西侧窗户烧毁程度依次减轻,说明火势由一层经过楼梯向二层蔓延。一层北侧墙面中部呈"U"形烟熏痕迹,靠近北侧墙面的物品自"U"形痕迹处向东西两侧烧毁程度依次减轻,"U"形痕迹底部放置的不锈钢置物架及物品整体烧毁并向地面方向塌落,南侧停放的电动自行车整体过火烧毁,仅剩钢质车架。电动自行车车头北侧地面处有电源适配器火烧残留物,适配器插头连接一个 3 位插排,适配器插孔端与近地面处的熔融物黏连(图6、图7)。

图6 北侧墙面及周围物品过火痕迹

图7 电动自行车烧毁痕迹

2.3.2 细项勘验

提取电动自行车地面残留物并进行 X 光拍照,残留物为线路残段、铝质电源适配器,线路存在铰接情形且有明显融珠(图8)。

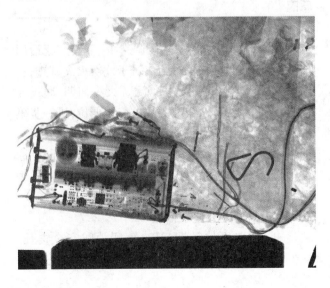

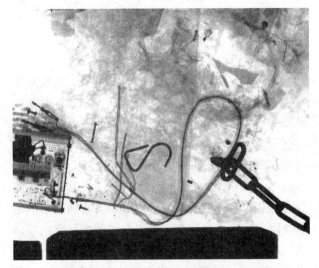

图8 电动自行车地面燃烧残留物 X 光照片

2.3.3 专项勘验

对电动自行车及其线路进行专项勘验,电动自行车为"小刀牌"48V12 A 规格的轻便型电动自行车,电池型号为 4812 型铅酸电池组,额定电压为 48 V,电池容量为 12A·h,该规格电池对应的铅酸蓄电池专用充电器材质为 PVC 材料,型号为 48 V/12A·h,插头为二位插头(插头规格 6A250 V),出线端插口为三孔或三柱形式,外侧两插片间距 1 cm,额定最大输出电压为 DC59.0 V,最大输出电流为 2A。

对现场残留的铝质电源适配器进行勘验,现场残留的电源适配器为铝质材质,长、宽、高分别为 18.4 cm、10 cm、6 cm,进线口插头为三位插头(插头规格 10A250 V),出线端插口处公口、母口插片互相连接,两插片内间距 2.5 cm(图9)。经相关人员辨认和走访,此类电源适配器俗称"充电机",通常为标称 60 V 以上电池组使用,最高输出电压为 DC73.5 V 以上,最大输出电流为 10 A 以上,且其充电器与 48 V/12A·h 充电器大小规格不一致,进出线规格也不一致。

图9 电动自行车电源适配器燃烧残留物

3　火灾事故分析与认定

3.1　直接原因的认定

通过现场勘验、调查询问及视频分析,起火现场室内停放的电动自行车处于充电状态。现场残留的电源充电器(最高输出电压为 DC73.5 V 以上,最大输出电流为 10 A 以上)与该电动自行车原装电源充电器(额定最大输出电压 DC59.0 V,最大输出电流 2 A)不一致,起火电动自行车充电口至电池组线路存在改装、铰接情形,地面提取的带有金属熔痕的电气线路为该电动自行车充电口至电池组线路。综合认定起火时间为 2023 年 4 月 2 日 6 时 16 分许,起火部位位于一层房间西北侧电动自行车停放处,起火点位于距北墙 0.8 m、距西墙 1.5 m 处的电动自行车底部,起火原因为使用大功率充电器充电过程中电动自行车电气线路故障引发火灾。

3.2　灾害成因分析

3.2.1　电动自行车充电及电气线路连接不当

住户违规将电动自行车停放在室内并进行充电,现场勘验时发现,起火电动自行车周围放置多个充电适配器,且型号均不相同,插头均与插线板处于连接状态,并将线路放置于置物柜下方,使用时极易混淆错接,使用不匹配的适配器给电动自行车充电。调查中还发现住户自电表前端接线入户且未安装空气断路器等紧急电源切断保护装置,入户后使用多级插线板布线,电动自行车线路发生故障时,起火场所电气线路无法实现断路保护,线路仍处于带电状态。

3.2.2　场所使用性质改变导致火灾荷载较大

该场所原为住宅建筑商业服务网点,由户主刘某租赁给孙某先夫妇对外经营凉皮生意,但后期生意不景气,成为夫妇居住并且囤积生活杂物的房间,经常有家人一起居住在二楼,导致场所内堆放了大量生活物品。火灾发生后,多种可燃物参与燃烧并产生大量高温、有毒烟气,经楼梯快速蔓延至二层,并且二层东、西两侧均设置防盗窗,导致二层人员无法通过楼梯进行逃生,受烟气作用死亡。

3.2.3　人员缺乏自救意识及火情发现不及时

监控视频显示,该场所 6 时 16 分出现火光,银川市消防救援支队 119 指挥中心于 6 时 24 分才接到周边群众报警电话,错过了最佳逃生和火灾扑救时机。且经现场勘验和尸表检验,3 名遇难人员均于二层西侧窗户口双人床上被救出,救出时女性尸体半坐于窗口处,生前有过求救意识,年轻男子由东侧单人床处逃生至西侧双人床上,生前发生过行动位移,但都未拨打报警电话或向他人求救,延误了灭火救援的最佳时机。

3.2.4　物业公司值班人员初期处置不力

火灾发生地位于物业小区值班室东南侧,与值班室仅相隔 10 余米远,值班室的值班人员未及时发现火情并拨打报警电话,该小区物业公司也未出动微型消防站人员,未及时使用公共消防设施、灭火器材控制火势,未组织扑救初期火灾,导致火势逐步扩大并蔓延至二楼,造成二楼人员无法及时获救。

3.3　调查分析与体会

3.3.1　X 射线成像法的应用

此次火灾调查中,对于地面提取的适配器及线路燃烧残留黏连物需要进行初步的无损分析,X 射线分析就成为一种最有效的分析方法,通过对物证的 X 射线影像进行分析,不仅能够在不破坏核心物证的情况下分析适配器的内部构造,还能够对黏连物中线路痕迹进行初步判断,为保留原始证据和查明火灾原因提供了可视化、更容易理解和解释的证据材料。在此后的调查中,对于电热器具、电器元件、锂电池等火灾可以广泛运用此方法分析内部结构、故障原因,为查明事故原因提供有力支持。

3.3.2　现场勘验重点内容的分析

此次火灾直接原因为使用大功率适配器对电动自行车进行充电过程中电气线路故障引发火灾,对于此类火灾的现场勘验工作,应首先确定线路是否处于通电状态,重点应对故障部位进行分析。大功率适配器可使电气线路整体过负荷,造成电气线路故障引发火灾,或适配器及电动车电瓶内部故障引发火灾。因此,对该类火灾的调查中,应着重对残留物的残骸缺损和熔融痕迹进行重点勘验来确定具体原因。

3.3.3　视频分析的提取及运用

视频分析技术在现阶段调查中,不仅广泛运用于对起火时间和部位的认定,对于此次火灾调查,也运用于对起火原因的分析认定。火灾初期,通过光影的照射范围,分析出起火部位位于低位,进一步确定起火部位及起火点,重点通过视频中光影的强度,分析爆闪原因,判断符合电气故障火灾的特征,并通过后续光影的变化,分析了火势发展及蔓延过程,为起火原因调查提供了直观形象的证据。

3.3.4　事故防范和整改措施

(1)吸取事故教训,坚决落实消防安全责任。党委政府、各行业部门要深入学习贯彻落实习近平总书记关于防范化解重大风险和安全生产的重要论述,深刻吸取火灾事故教训,坚持"人民至上、生命至上",牢固树立安全发展理念,正确处理发展与安全的关系。要按照"一岗双责、党政同责、齐抓共管、失职追责"的要求,严格履行《中华人民共和国消防法》《宁夏回族自治区实施〈中华人民共和国消防法〉办法》规定的法定职责,全面落实《消防安全责任制实施办法》规定的工作责任。充分发挥安委会、消安委会的平台作用,定期研判安全形势,加强工作交流,强化联合执法,消除监管盲区,进一步落实消防安全监管责任,提高消防安全管理水平,坚决杜绝类似事故发生。

(2)加大隐患排查,坚决稳控消防安全形势。各级各部门要按照"管行业必须管安全、管业务必须管安全、管生产经营必须管安全"的总要求,在各自职责范围内全面开展消防安全隐患排查,全力防范化解重大火灾风险,全领域做好本地区、本行业、本系统的消防安全工作,全方位保障广大人民群众生命财产安全。其中,住建部门要加大对建筑在建工地、住宅小区物管企业的行业指导排查;公安部门要加强对物业管理企业、居民委员会、村民委员会履行消防安全职责情况的监督检查;乡镇、街道要强化网格力量排查,发挥多种形式消防队伍工作优势,全面开展"敲门行动"排查消除火灾隐患;消防救援部门要加强对各行业部门、街道社区消防工作的业务指导,提升社会面"四个能力"建设。各级各部门要坚持严格执法,切实加大监管执法力度,敢于动真碰硬,对不符合消防安全生产基本条件、存在严重违法违规行为的企业,要严格按照"四个一律"要求依法严惩,坚决确保辖区消防安全形势平稳。

(3)强化宣传教育,全力提升群众消防意识。此次火灾暴露出居民消防安全意识淡薄、逃生自救能力不足的问题。各地要充分利用广播电视、报纸、互联网、新媒体等传播途径,高频次播发防火提示和消防公益广告;要利用微信、短信等形式开展对各类目标人群的定向、精准宣传;要通过宣传标语、村村响和上门入户宣传等方式,大力普及消防安全知识、用火用电用气安全常识和逃生自救技能,切实强化社会群众的消防安全意识。要加大舆论宣传和监督力度,发动群众群防群治,及时举报和曝光重大火灾隐患,督促企业切实履行社会责任和落实安全主体责任。

参考文献

[1] 应急管理部消防救援局. 火灾调查与处理:高级篇 [M]. 北京:新华出版社,2021.